中文版

Illustrator 商业案例项目设计完全解析

赵飒飒 编著

清华大学出版社
北京

内 容 简 介

本书全方位地讲述了现实设计中用AI制作的12类常用的商业案例。本书共分为12章，具体包括按钮设计、标志设计、名片设计、艺术字设计、户外广告设计、海报广告设计、DM画册设计、封面设计、产品包装设计、网页设计、UI设计、VI设计等内容。本书涵盖了日常工作中所用到的全部工具与命令，并涉及了各类平面设计行业中的常见任务。

本书资源包括书中的案例素材和效果文件，以及多媒体视频文件和PPT课件，方便读者在学习的过程中进行练习，以提高读者的兴趣、实际操作能力以及工作效率。

本书着重以案例形式讲解AI在平面设计领域的应用，针对性和实用性较强，不仅可以使读者巩固学到的有关Illustrator的技术技巧，更是读者在以后实际学习和工作中的参考手册。本书适用于有Illustrator经验的读者阅读，可以作为学校、培训机构的教学用书，以及读者自学Illustrator的参考用书。

本书封面贴有清华大学出版社防伪标签，无标签者不得销售。

版权所有，侵权必究。举报：010-62782989，beiqinquan@tup.tsinghua.edu.cn。

图书在版编目(CIP)数据

中文版Illustrator商业案例项目设计完全解析 / 赵飒飒编著. —北京：清华大学出版社，2019
(2023.1重印)
ISBN 978-7-302-53475-4

Ⅰ.①中…　Ⅱ.①赵…　Ⅲ.①图形软件　Ⅳ.①TP391.412

中国版本图书馆 CIP 数据核字（2019）第 174302 号

责任编辑： 韩宜波
封面设计： 李　坤
责任校对： 吴春华
责任印制： 宋　林

出版发行： 清华大学出版社
网　　址： http://www.tup.com.cn，http://www.wqbook.com
地　　址： 北京清华大学学研大厦 A 座　　**邮　　编：** 100084
社 总 机： 010-83470000　　**邮　　购：** 010-62786544
投稿与读者服务： 010-62776969，c-service@tup.tsinghua.edu.cn
质 量 反 馈： 010-62772015，zhiliang@tup.tsinghua.edu.cn
印 装 者： 涿州汇美亿浓印刷有限公司
经　　销： 全国新华书店
开　　本： 190mm×260mm　　**印　　张：** 18.75　　**字　　数：** 456 千字
版　　次： 2019 年 9 月第 1 版　　**印　　次：** 2023 年 1 月第 6 次印刷
定　　价： 79.80 元

产品编号：081791-01

前言

Adobe Illustrator，简称AI，是优秀的矢量图形处理软件，广泛应用于插画绘制、广告设计等领域。Illustrator 的最新版本，不仅传承了前期版本的优秀功能，还增加了许多非常实用的新功能。

本书将介绍Illustrator在平面设计行业中的实战案例。商业案例的制作步骤包括：前期沟通—分析客户需求—分析商品类型—构思设计方案—定义设计方案—确定配色方案—确定构图方案—制作设计方案。

本书根据编者多年的平面设计工作经验，通过理论结合实际的操作形式，系统地介绍Illustrator 2018软件在现实生活中的应用，涉及12个行业领域，内容包括按钮设计、标志设计、名片设计、艺术字设计、户外广告设计、海报广告设计、DM画册设计、封面设计、产品包装设计、网页设计、UI设计和 VI设计。每章都至少对一个案例进行详解和分析，从中吸取一些美学和设计的理论知识，并在各章列举了许多优秀的设计作品以供欣赏，希望读者在学习各章内容后通过欣赏优秀作品既能够缓解学习的疲劳，又能提升审美的品位。

本书内容安排具体如下。

第1章　按钮设计：主要从按钮的含义、构成元素、设计原则、按钮的大小、按钮的顺序等方面来学习按钮设计。

第2章　标志设计：主要从标志的含义、性质、构成元素、设计原则、类型、表现形式、形式美法则等方面来学习标志设计。

第3章　名片设计：主要从名片的含义、常见类型、组成部分、常用尺寸、构图方式、制作工艺等方面来学习名片的设计。

第4章　艺术字设计：主要从艺术字的含义、用途、设计法则等方面来学习艺术字设计。

第5章　户外广告设计：主要从户外广告的含义、常见类型、优点与缺点、设计的原则等方面来学习户外广告设计。

第6章　海报广告设计：主要从海报广告的含义、常见的几种类型、构成要素、创意手法等方面来学习网络广告。

第7章　DM画册设计：主要从DM画册的含义、DM画册设计原则、DM画册的常见分类、DM画册的常见开本等方面来学习DM画册设计。

第8章　封面设计：主要从封面的含义、组成要素、封面设计的分类、表现手法、设计的重要性等方面来学习封面设计。

第9章　产品包装设计：主要从产品包装的含义、产品包装的常见形式、产品包装的常用材料等方面来学习产品包装设计。

第10章　网页设计：主要从网页的含义、网页的组成、网页的构成、网页设计的要素及常用布局等方面来学习网页设计。

第11章　UI设计：主要从UI的含义、UI设计的原则、UI设计的控件等方面来学习UI设计。

第12章　VI设计：主要从VI的含义、VI设计的基本要素等方面来学习VI设计。

本书摒弃了繁杂的基础内容和烦琐的操作步骤，力求用精简的操作步骤实现最佳的视觉设计效果，使读者更好地吸收知识，提高自己的创作水平。本书在案例制作讲解过程中，还给出了实用的软件功能技巧提示以及设计技巧提示，可供读者扩展学习。全书结构清晰、语言浅显易懂、案例丰富精彩，兼具实用手册和技术参考手册的特点，具有很强的实用性和较高的技术含量。

本书由淄博职业学院的赵飒飒老师编写，参与案例视频录制的有王芳、赵岩，在此表示感谢。

由于作者水平有限，书中难免有疏漏和不妥之处，恳请广大读者批评、指正。

本书提供了案例的素材文件、效果文件以及PPT课件，扫一扫下面的二维码，推送到自己的邮箱后下载获取。

素材及PPT课件

效果文件

编　者

目录

第1章　按钮设计　001

第2章　标志设计　023

the beautiful land
锦绣河山

一 粒 粟
A grain of millet
优质
农产品

POT SHOP
宠物商店

046 第3章 名片设计

LOGO
公司名称
电话: 8888-8888888
E-Mail: 8888-8888888
地址: 请在此处输入您的地址

LOGO
公司名称

第4章 艺术字设计 068

091 第5章 户外广告设计

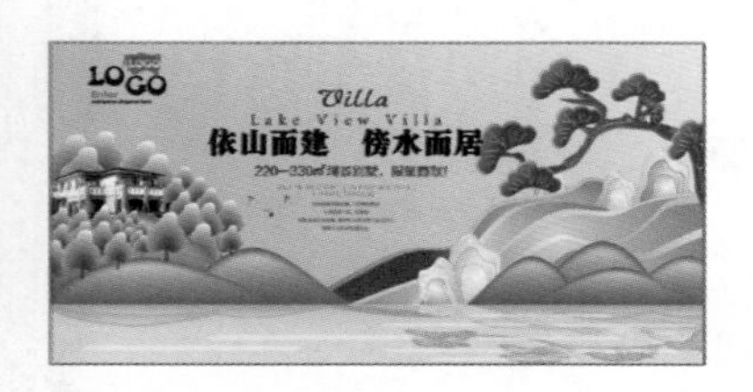

115 第6章 海报广告设计

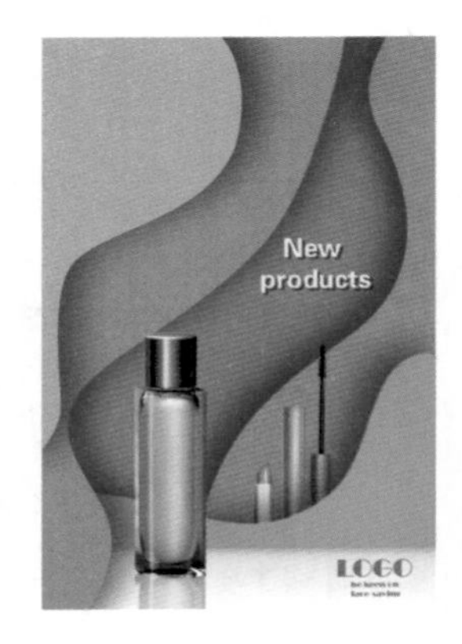

第7章 DM画册设计 142

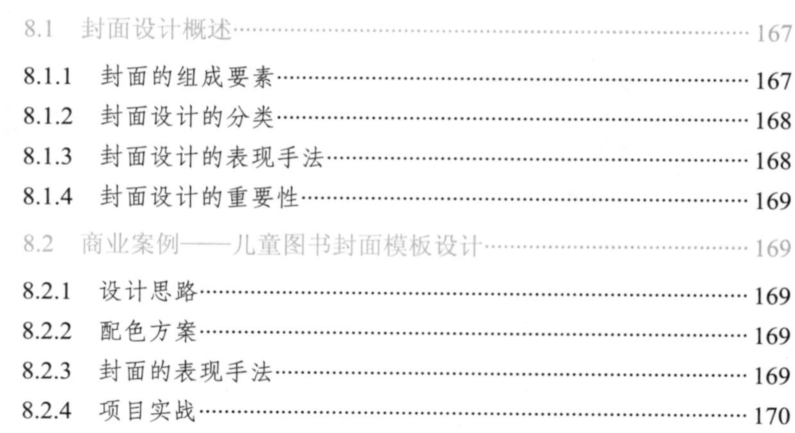

167 第8章 封面设计

198 第9章 产品包装设计

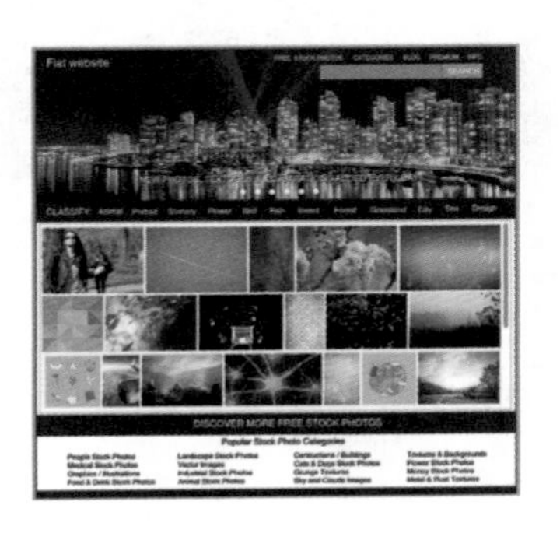
DISCOVER MORE FREE STOCK PHOTOS

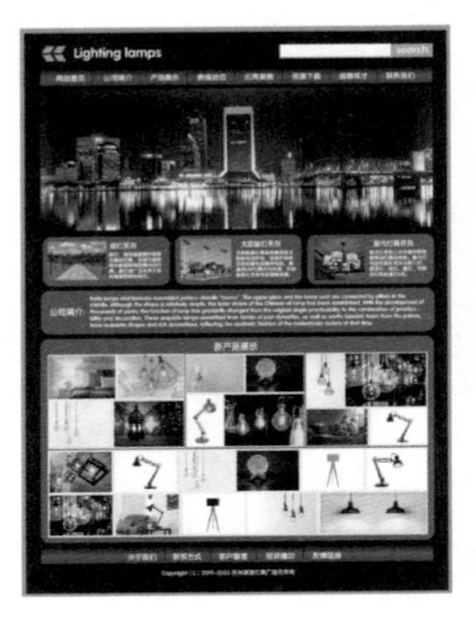
Lighting lamps

274 第12章 VI设计

第1章 按钮设计

按钮是交互设计中必备的元素，是一种视觉符号，能给人提供重要的交互信息。当涉及交互的器械或信息化页面时，用户需要选择点击交互按钮来完成交互操作，恰到好处的按钮设计会在交互操作中起到非常重要的作用。

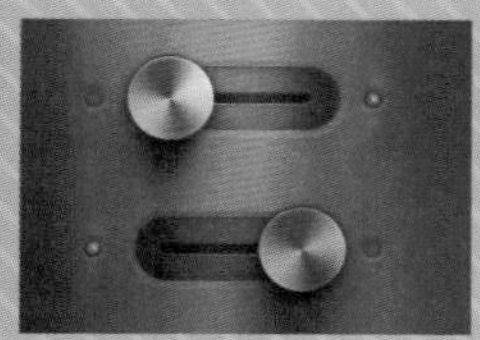

1.1 按钮设计概述

按钮是在交互系统中和系统进行交流的一种信息化组件，是交互式器械或信息化界面中常见的一种组件，可在用户界面中进行点击操作来实现与系统的交互。在信息化的当今社会中，交互式信息已经逐渐深入人们的生活中，各种网页都存在一些交互按钮，使得人们能够完成对网站、系统的操作，如图1-1所示。

图1-1

1.1.1 什么是按钮

按钮最早是作为一种常用的控制电器元件出现的，如图1-2所示，一般用来控制电器或其他设备。随着信息化的到来，按钮也成为网页中的一种组件，常用来控制或进行交互，如图1-3所示。

图1-2

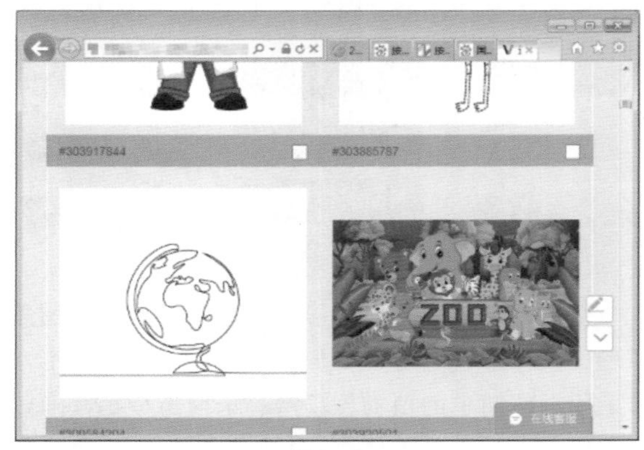

图1-3

按钮就是一个进行交互的内容标签，是交互控制的一种操作。按钮根据其标签内容可以达到以下特色功能。

（1）向导功能。为用户的下一步操作起到向导作用，确定当前的操作进入下一项、结束或开始。

（2）指令功能。通过按钮来实现指定标签的操作命令，控制电器或交互网页。

（3）提示功能。根据标签内容实现选择性的指令。

1.1.2 按钮的构成元素

按钮是交互的视觉符号，具有重要的信息价值，有助于创建可视性，按钮由文字、形状、颜色三个元素组成，三者可单独进行设计，也可结合起来使用，如图1-4所示。

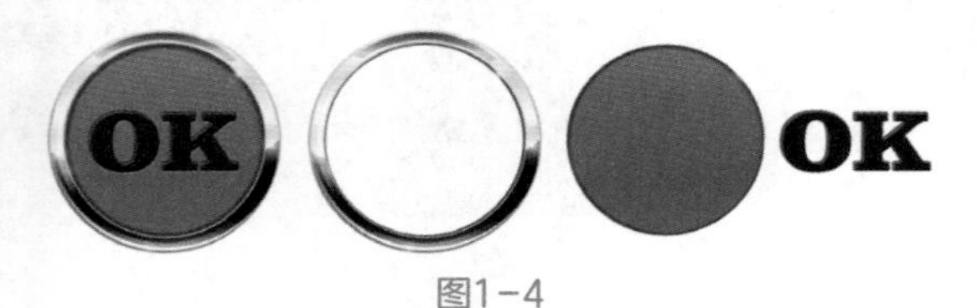

图1-4

按钮中的文字是最直接的表达方式，应尽量使用直观性的文字，不要使用艺术字来设计按钮。不同的文字效果给人不同的视觉感受，厚重的字体将产生庄重、严肃的视觉效果，例如粗黑体。纤细的字体将产生俏皮、轻松的视觉效果，如雅黑。传统的书法则会具有文化气息和浑厚的历史感，如楷体、行书。不同种类的文字有着不同的视觉感受，所以在进行按钮标签设计时，要深入了解按钮的作用和特性，从而根据场景设计出符合条件的按钮标签内容。如图1-5所示为购物网页中的按钮设计效果。

图1-5

按钮可以采用几何图形来创建，如矩形、圆角矩形、正方形、圆形、梯形、椭圆、不等边图形，或采用一些简单的植物、动漫、卡通造型等，通过一些后期的加工和美化，使其符合当前需要设计的主题。图形使用得当可以使按钮更加具有观赏性和直观性，如图1-6所示。

图1-6

颜色是按钮设计中不可缺少的元素，无论是光鲜亮丽的色彩还是单一朴素的色彩，必须遵循统一和协调的原则，只要色彩搭配统一和协调就会使人印象深刻，如图1-7所示。

图1-7

1.1.3 按钮的设计原则

按钮的设计是最为普遍的平面设计之一，与图形设计和信息化交互设计息息相关，更是信息化社会生活中不可或缺的一种交互式组件，在设计按钮时要遵循以下原则。

（1）标签性。每个按钮都是一个可以交互的标签标识，按钮中的标签文本一定要简明扼要地阐述当前的操作。

（2）简洁性。过于复杂的按钮不易识别，尤其是在网页中出现的按钮，设计得过于复杂会使用户误解为标志，这样就失去了交互的目的。

（3）突出性。无论是什么样的按钮，都必须能让用户在多元化的元素中一眼就可以找到。

在设计的同时还要遵循其基本的功能，从而创造出既符合视觉效果，又符合交互操作的按钮。

1.1.4 按钮的大小

按钮的大小反映了该元素在屏幕上的优先级，大的按钮意味着重要的交互操作。

较大的按钮是优先级较高的按钮，重要的按钮最先考虑到的是较大的尺寸，增加按钮的尺寸可以吸引用户的注意力。

在做交互式界面中的按钮时，较小的按钮常常会导致用户错误的操作，如图1-8所示。

据研究发现，手指垫的平均长度为10～14mm，指尖的长度为8～10mm，所以10mm×10mm就是一个很好的最小触摸目标尺寸。

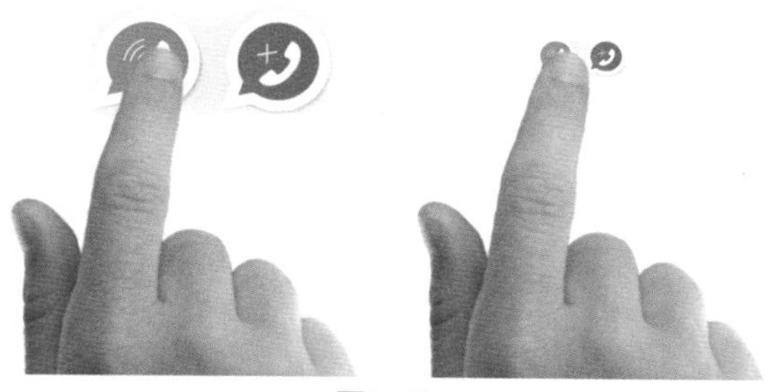

图1-8

1.1.5　按钮的顺序

按钮的顺序反映了用户和系统之间的交互意识，按钮的顺序可以根据意图来排列，如果希望用户在屏幕上先看到哪个按钮，哪个按钮就要设计到靠左或最左面的位置，因为人们的阅读习惯一般是由左到右，所以就形成了先左后右的视觉习惯。例如，如何在播放器中排列“上一集”和“下一集”按钮？一般来说，上一集的按钮应该在左边，下一集的按钮应该在右边。

1.2 商业案例——有质感的霓虹按钮设计

1.2.1　设计思路

扫码看视频

■　案例类型

本案例设计一款有质感的霓虹按钮。

■　设计背景

霓虹是装饰性的发光灯具，是城市的美容师，每当夜幕降临，五颜六色的霓虹灯就会把城市装扮得格外美丽，如图1-9所示。所以根据霓虹灯的这些特点，我们需要在一个黑色背景的网站上投放一些带有霓虹效果的质感按钮。

图1-9

■　设计定位

根据霓虹发光发亮的特点，我们将按钮设计为发光灯效果，并采用黑色的字体来表现按钮的镂空效果。

1.2.2　配色方案

对于霓虹灯来说，暖色和饱和度较高的色彩会使人更加难忘，下面介绍本案例使用的主色和辅助色。

■　主色

主色采用橘色和黄色，这两个颜色有温馨和温暖的效果，且与黑色的背景冲突，所以较容易注意到按钮的提示内容。

■　辅助色

辅助色采用黑色，黑色部分主要表现在位置注释上，要与整体版面相符，因为网站页面整体是黑色的，所以，我们采用黑色的文字，制作镂空字体效果，并为字体设置内发光效果，可以模拟出更加真实的发光光晕效果，如图1-10所示。

图1-10

■ 其他配色方案

夜晚的霓虹灯有多种颜色可供选择，所以我们绘出整套系的按钮，这些按钮可以通过颜色来区别，这样不仅可以丰富画面，使整个网站更加丰富，而且更加符合夜晚霓虹璀璨的效果。如图1-11所示为三种颜色套系方案。

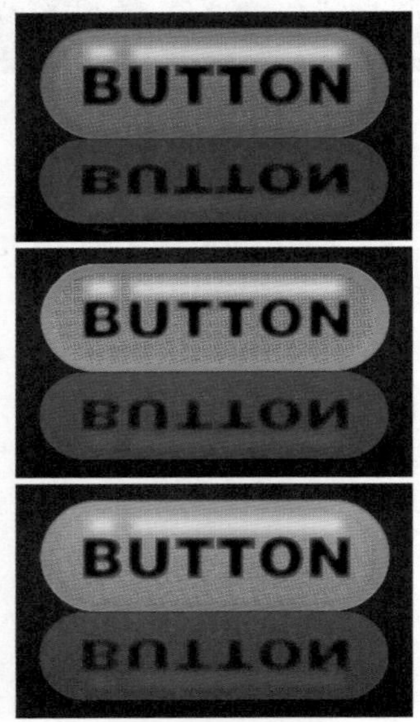

图1-11

1.2.3 形状设计

形状和颜色一样可以影响人的心理。有棱角的外观形状可以展现出严肃的氛围；圆角流畅的外观形状可以给人轻松、休闲、有节奏的感觉；不规则的形状给人以自由、不拘束的感觉，如图1-12所示。

图1-12

1.2.4 同类作品欣赏

1.2.5 项目实战

■ 制作流程

本案例首先绘制按钮的形状并进行调整；然后调整渐变并标注按钮信息；最后设置艺术效果，如图1-13所示。

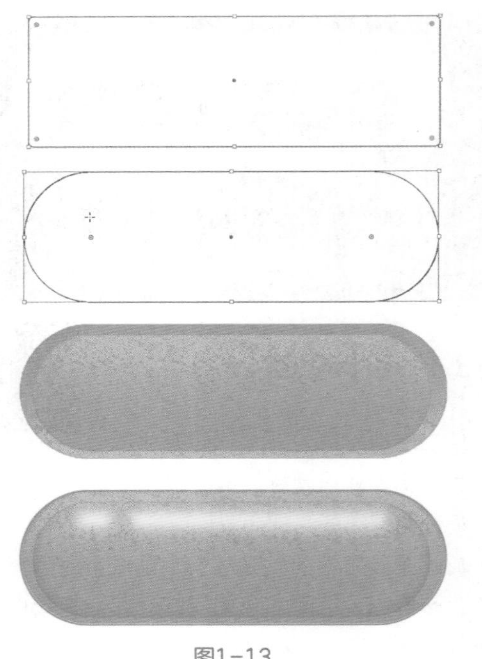
图1-13

图1-13（续）

■ 技术要点

使用“矩形工具”“椭圆形工具”绘制按钮的形状；

使用“直接选择工具”调整图形的形状；

使用工具属性栏和“属性”窗口调整图形的属性；

使用“渐变”窗口调整渐变；

使用“文本工具”标注按钮信息；

使用“外观”窗口和“效果”菜单设置艺术效果。

■ 操作步骤

01 运行Illustrator软件，在欢迎界面中单击“新建”按钮，弹出“新建文档”对话框，设置宽度为1920px、“高度”为1080px，单击“创建”按钮，如图1-14所示。

图1-14

02 创建文档后，在工具箱中选择“矩形工具”，在舞台中创建矩形，如图1-15所示。

图1-15

03 在工具箱中选择“直接选择工具”，在舞台中可以看到矩形的每个角内测有一个◎形状。使用“直接选择工具”框选四个角点，在◎形状上拖曳，可以拖曳出矩形的圆角，如图1-16所示。

图1-16

04 继续拖曳，直到合适的圆角释放鼠标即可，如图1-17所示。

图1-17

05 在菜单栏中选择“窗口>渐变”命令，可以打开“渐变”面板，从中单击渐变色块，可以填充圆角矩形为渐变，在“渐变”面板中设置“类型”为“线性”，设置角度为90°，设置RGB从#ffc655到#ff651e的颜色渐变，如图1-18所示。

图1-18

06 在菜单栏中选择“窗口>外观”命令，可以打开“外观”面板，从中选择“填色”，单击“添加新效果”fx.按钮，在弹出的下拉菜单中选择“纹理>纹理化”命令，如图1-19所示。

图1-19

07 在弹出的“纹理化”对话框中设置纹理化参数，单击“确定”按钮，如图1-20所示。

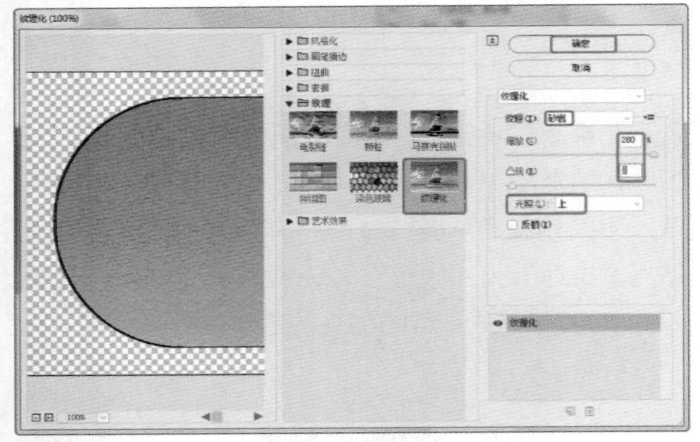

图1-20

08 设置纹理化效果后，继续单击“添加新效果”按钮fx.，在弹出的下拉菜单中选择“艺术效果>干画笔”命令，在弹出的“干画笔”对话框中设置合适的参数，如图1-21所示。

09 在工具箱中选择描边，单击“无”按钮☑，可以设置出图像的无描边效果，如图1-22所示。

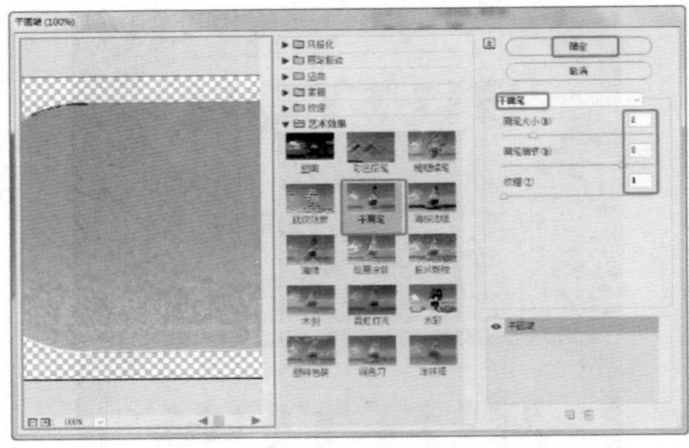

图1-21

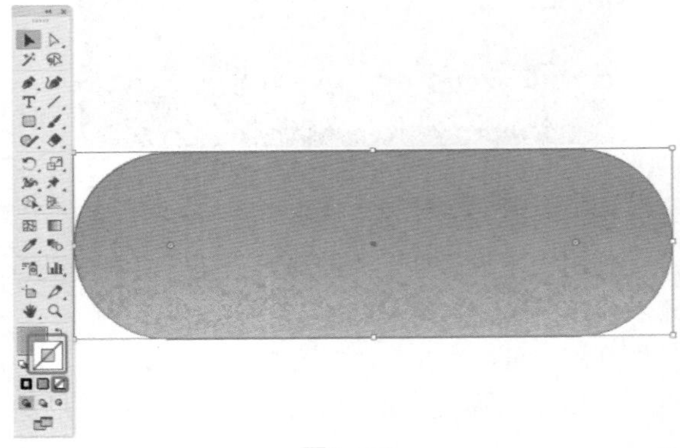

图1-22

10 选择设置效果后的矩形，按Ctrl+C组合键，复制图像，按Ctrl+F组合键，粘贴到图像的前面，使用“选择工具”，选择复制出的矩形，可以看到处于选择状态的矩形周围出现一个八点边框，通过调整边框，可以调整矩形的大小，如图1-23所示。

图1-23

复制、粘贴提示技巧

众所周知，通用的复制、粘贴操作可以使用为Ctrl+C和Ctrl+V组合键，在AI中复制还是Ctrl+C，而粘贴有多种类型，打开“编辑”菜单，从中可以看到有粘贴、贴在前面、贴在后面、就地粘贴、在所有画板上粘贴几种粘贴方式，牢记这几种粘贴方式的快捷键，可以在制作过程中提高制作质量和速度，如图1-24所示。

编辑(E) 对象(O) 文字(T) 选择(S) 效果(C)

还原(U)矩形	Ctrl+Z
重做(R)	Shift+Ctrl+Z
剪切(T)	Ctrl+X
复制(C)	Ctrl+C
粘贴(P)	Ctrl+V
贴在前面(F)	Ctrl+F
贴在后面(B)	Ctrl+B
就地粘贴(S)	Shift+Ctrl+V
在所有画板上粘贴(S)	Alt+Shift+Ctrl+V

图1-24

11 选择后面较大的圆角矩形，在“外观”面板中选择“描边”，单击描边颜色下拉按钮，在弹出的色调中选择一个橘红色描边，设置描边的粗细为3pt，如图1-25所示。

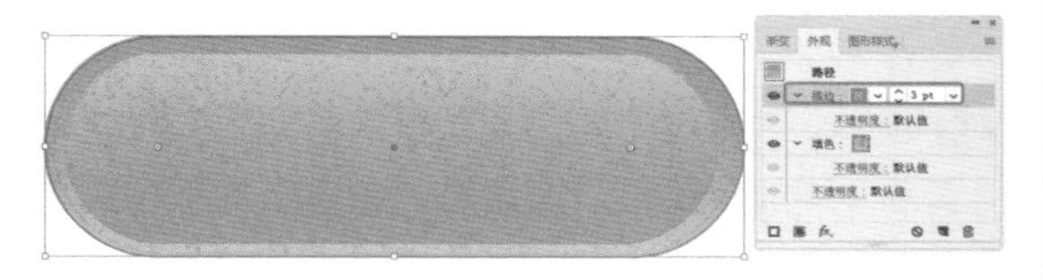

图1-25

12 选择“填色”，在“外观”面板中单击“添加新效果”按钮，在弹出的下拉菜单中选择“风格化>内发光”命令，在弹出的“内发光”对话框中设置合适的内发光参数，设置内发光的颜色为枣红色，如图1-26所示。

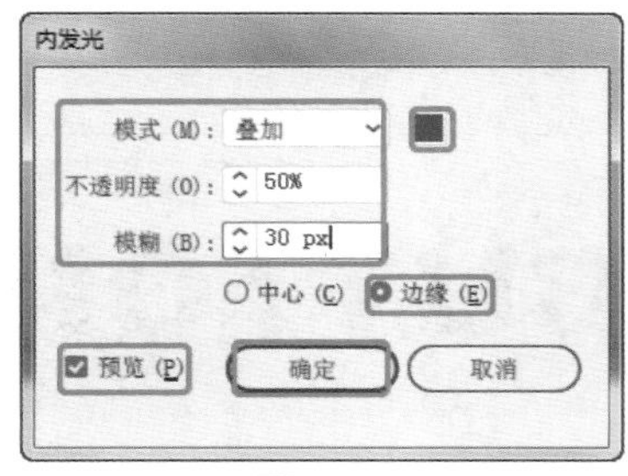

图1-26

13 在工具箱中选择“矩形工具”，在如图1-26所示的位置创建矩形，在工具箱中单击“填色”，设置填色为白色，如图1-27所示。

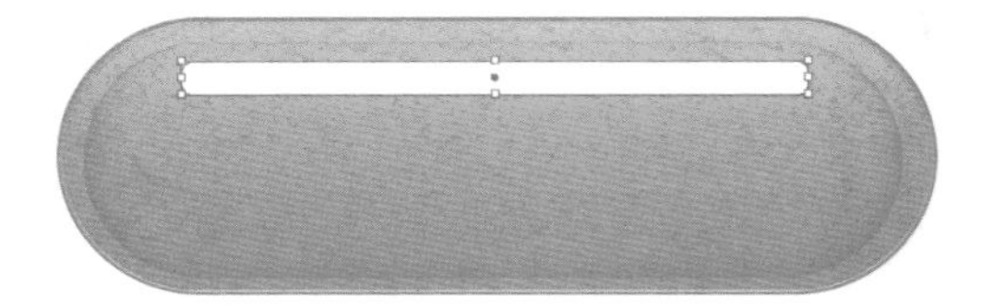

图1-27

通过工具箱填充颜色提示技巧

在工具箱中可以看到“填色”和“描边”图标，单击填充后，单击“填色”，可以设置其填色颜色、渐变和无填色效果；如果需要设置填色颜色，可以双击填色色块，弹出“拾色器”对话框，从中可以设置单色填色，如图1-28所示。单击“渐变填充”按钮，可以填充图像为黑白色，结合使用“渐变”面板来设置渐变填充的颜色和渐变类型，如图1-29所示。单击“色标”，可以设置其“不透明度”和“位置”，单击两侧“色标”可以弹出快捷面板，从中设置色标的填充颜色，如图1-30所示。在工具箱中单击“无”按钮，可以设置为无填色；“描边”的颜色设置同样如此。

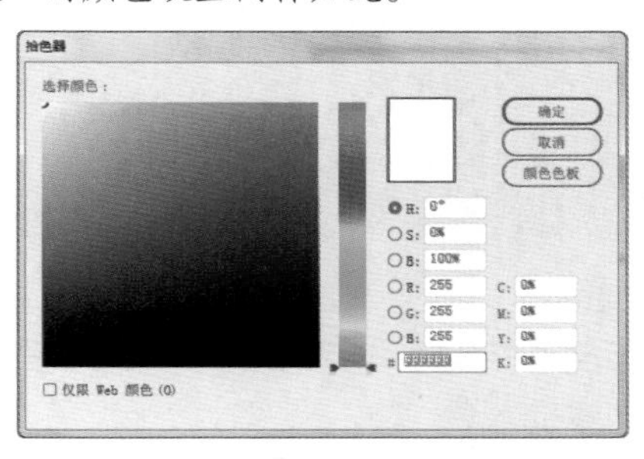

图1-28

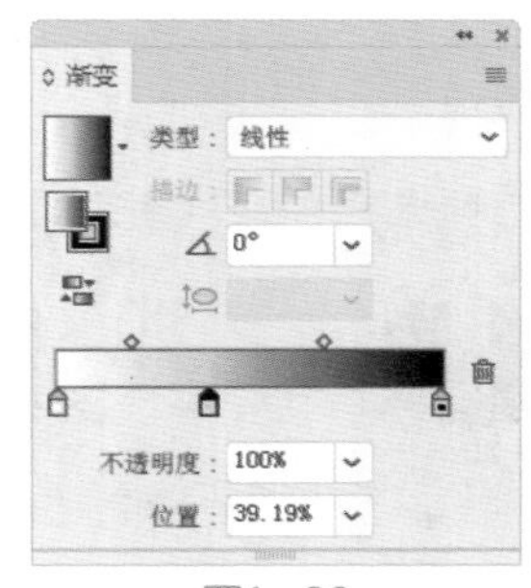

图1-29

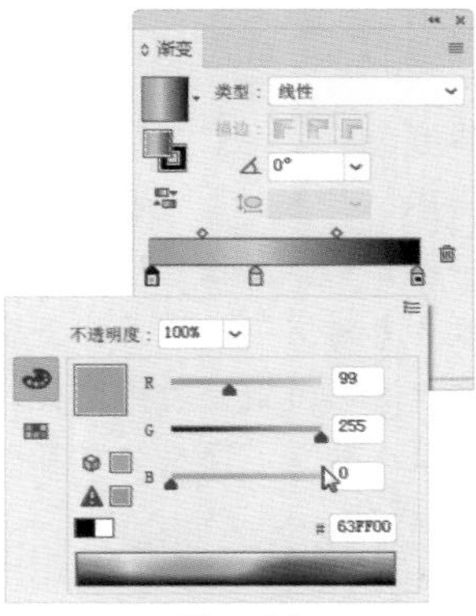

图1-30

14 设置矩形为无“描边”，在“外观”面板中单击“添加新效果”按钮fx.，在弹出的下拉菜单中选择“模糊>高斯模糊”命令，在弹出的“高斯模糊”对话框中设置合适的模糊参数，如图1-31所示。

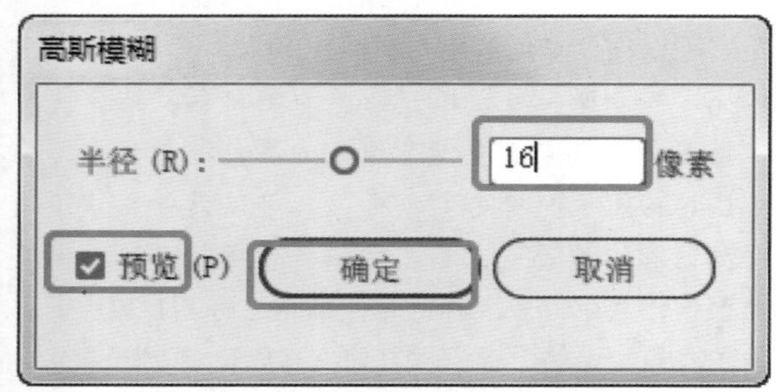

图1-31

15 在工具箱中选择“文字工具”T，在舞台中单击创建插入点，输入文字，滑选文字，在“字符”面板中设置字体的属性，如图1-32所示，使用“选择工具”调整文字的位置，设置文字的填充为黑色。

图1-32

设置字体属性

创建字体后，可以在“字符”和“属性”面板中对其进行调整。“属性”面板中有许多针对当前选择对象的一些命令，如图1-33所示。可以对比看一下属性面板和针对文字、段落的三个编辑面板，这里可以根据读者的习惯来使用面板，最常用的还是“属性”面板。这些“面板”都可以在“窗口”菜单中找到。

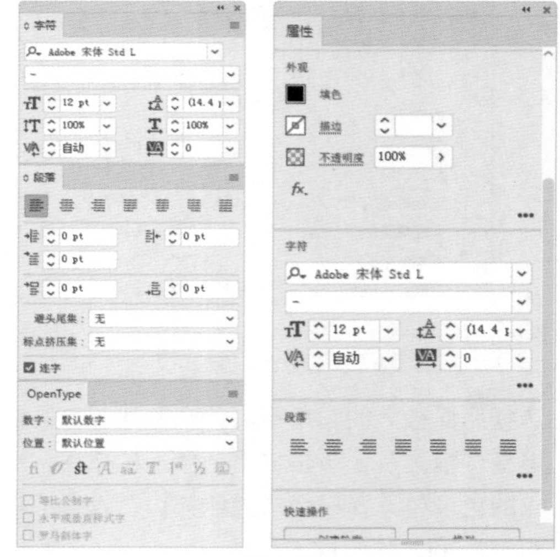

图1-33

16 选择文字，在“属性”面板的“外观”栏中单击“添加新效果”按钮fx.，在弹出的下拉菜单中选择“风格化>内发光”命令，在弹出的“内发光”对话框中设置内发光的颜色为枣红色，设置合适的内发光参数，如图1-34所示。

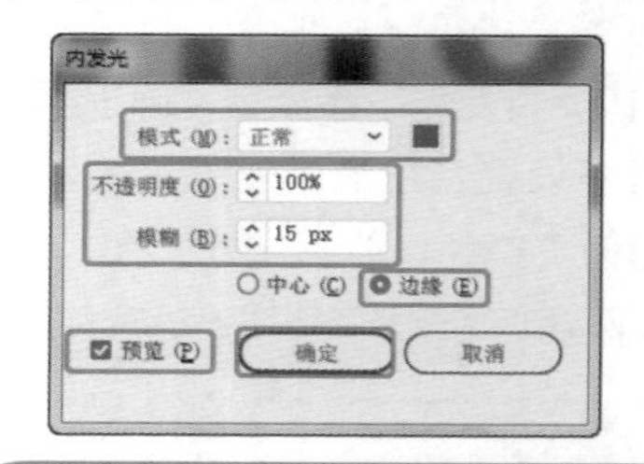

图1-34

17 选择较小的圆角矩形，按Ctrl+C组合键复制，再按Ctrl+F组合键粘贴在前面，如图1-35所示。

图1-35

18 在菜单栏中选择“效果>像素化>彩色半调”命令，可以看到“效果”菜单中的大部分效果都可以在“添加新效果”按钮 fx. 中找到，所以根据读者习惯选择使用即可，在弹出的“彩色半调”对话框中设置合适的参数，如图1-36所示。

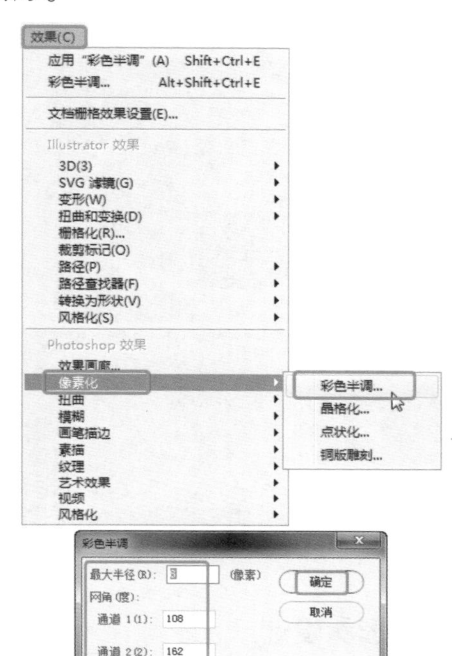

图1-36

19 设置彩色半调后，在“窗口”菜单中选择“透明度”命令，打开“透明度”面板，设置合适的混合模式和“不透明度”，如图1-37所示。

图1-37

20 为了更好地体现霓虹灯效果，我们使用“矩形工具” 创建了一个矩形作为背景，填充矩形为径向渐变，设置渐变颜色为暗红到黑色的渐变，选择按钮的所有图像，按Ctrl+G组合键将其成组，并调整其控制点，将其翻转，形成一个镜像效果，在“透明度”面板中设置合适的“不透明度”即可，如图1-38所示。

21 至此，本实例制作完成，按Ctrl+S组合键，存储文件，在弹出的“存储为”对话框中根据提示进行存储即可。

图1-38

1.3 商业案例——游戏按钮设计

1.3.1 设计思路

扫码看视频

■ 案例类型

本案例设计一款手机App休闲类小游戏的按钮。

■ 设计背景

该手机游戏是一个界面新颖、颜色艳丽的软件，整体界面卡通元素较多，色彩饱和度也较高，客户希望以绿色、红色和黄色三个主色调来创意，如图1-39所示为客户的意向图。

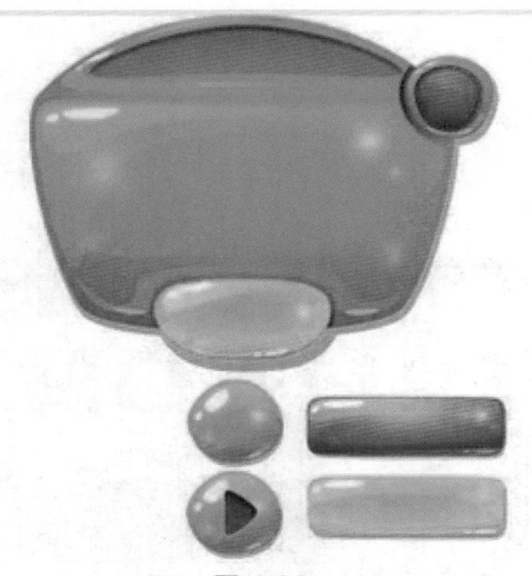

图1-39

■ 设计定位

根据该公司提供的意向图以及需要的颜色，初步可以确定主题色调为绿色、红色和黄色，我们将先设计其中绿色的按钮，采用桌面上的水珠形状，根据这个形状制作一个具有高光和层次的卡通按钮。

1.3.2 配色方案

小游戏的初始界面非常重要，按钮的搭配和生动的形象会给人带来休闲和惬意的效果，而对于游戏本身而言就是给人们带来快乐和放松的一种方式，可以起到解压的效果。

■ 主色

在本案例中将以绿色为主色，绿色是自然界中最常见的颜色，是一种生命新生的颜色，绿色给人以祥和、安静、轻松、自然的感觉，最适合出现在休闲类游戏场景中，如图1-40所示。

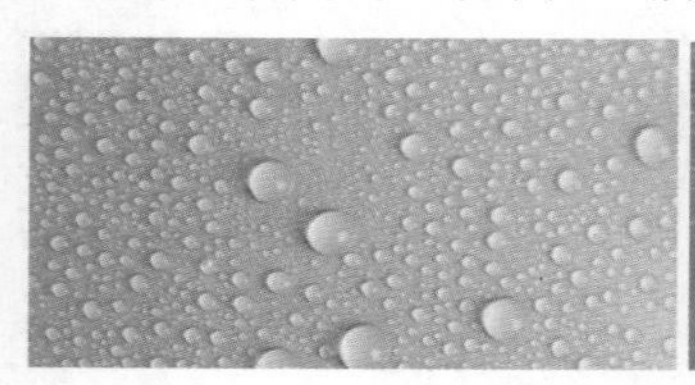

图1-40

■ 辅助色

辅助色将采用灰色和白色，灰色表现阴影效果，白色表现高光效果，使制作的按钮更具有层次感。

■ 其他配色方案

根据客户需求，我们设置了三种按钮的颜色方案，橘色和绿色搭配会给人以欢快喜悦的效果，黄色给人以清晰的效果，蓝色则较为冷静。在页面中可以至多搭配四种颜色按钮作为套系按钮来完成游戏版面的设计。如图1-41所示为可选的配色方案。

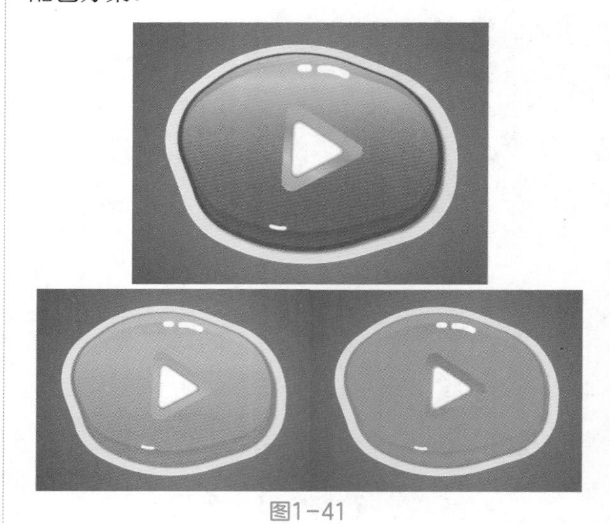

图1-41

1.3.3 形状设计

颜色确定之后，形状是另一个需要注意的重要因素，在小游戏的设计过程中切勿使用棱角分明的按钮，棱角分明的按钮表达的概念会让人觉得严肃，所以不适合作为游戏按钮。在本案例中将采用随性流畅的形状，使人看到会觉得很轻松，如图1-42所示。

图1-42

1.3.4 同类作品欣赏

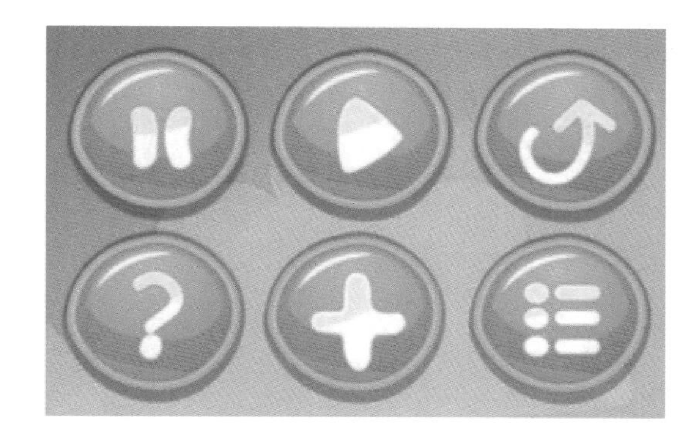

1.3.5 项目实战

■ 制作流程

本案例首先绘制按钮的图形并进行细节的修饰；然后绘制其他装饰素材；最后调整颜色，效果如图1-43所示。

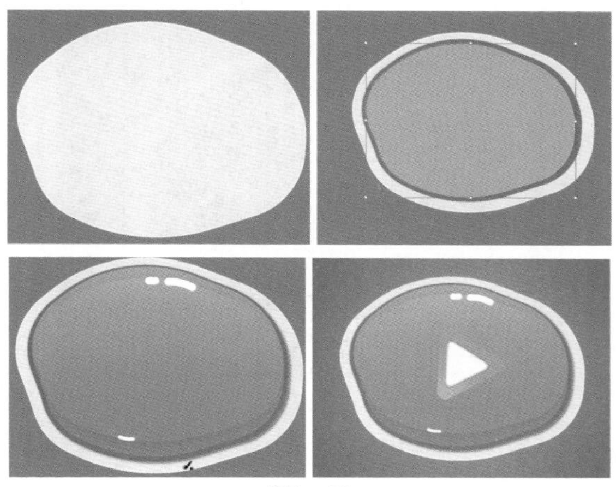

图1-43

■ 技术要点

使用“钢笔工具”“椭圆工具”“艺术笔工具”绘制图形；

使用“选择工具”“形状工具”修饰调整图案；

使用颜色和色值为按钮填充颜色；

使用“文本工具”添加按钮信息。

■ 操作步骤

01 运行Illustrator软件，创建一个新文档。

02 在工具箱中选择“钢笔工具”，在舞台中单击创建形状，最后单击第一点闭合图形，如图1-44所示。

03 在工具箱中选择“直接选择工具”，在舞台中拖曳线段的角点，设置角点的圆角效果，如图1-45所示。

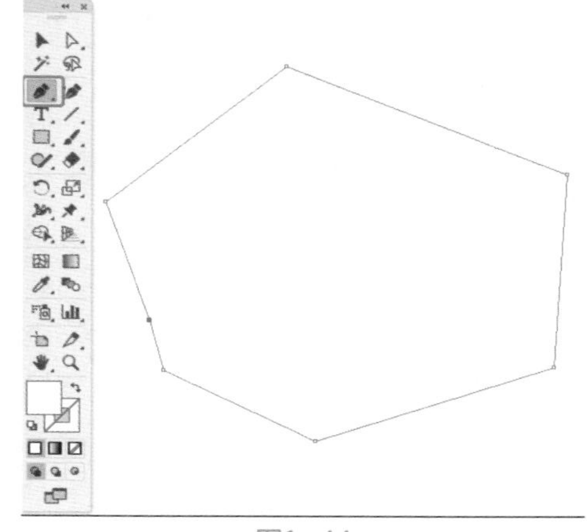

图1-44

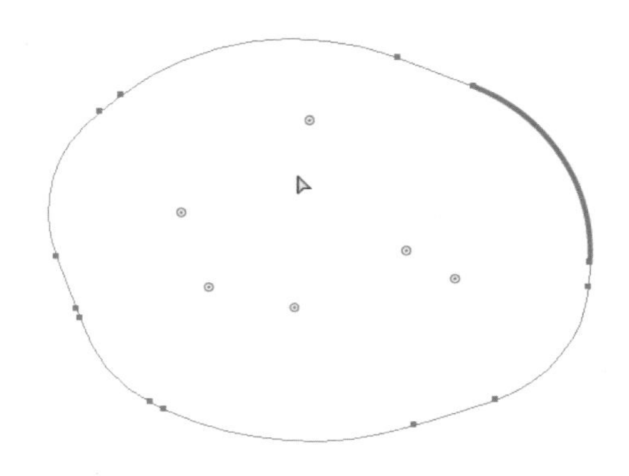

图1-45

04 在工具箱中双击“填色”色块，在弹出的“拾色器”对话框中设置颜色为#FOFOFO，单击“确定”按钮，如图1-46所示。

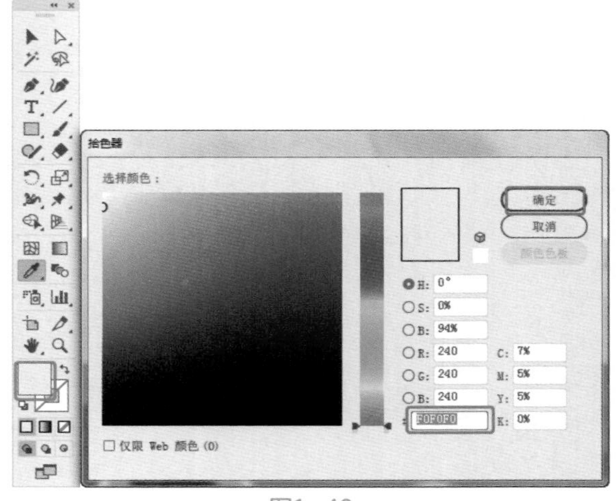

图1-46

05 设置“描边”的颜色为#bababa，如图1-47所示，在工具属性栏中设置“描边”粗细为

第1章 按钮设计

3pt。

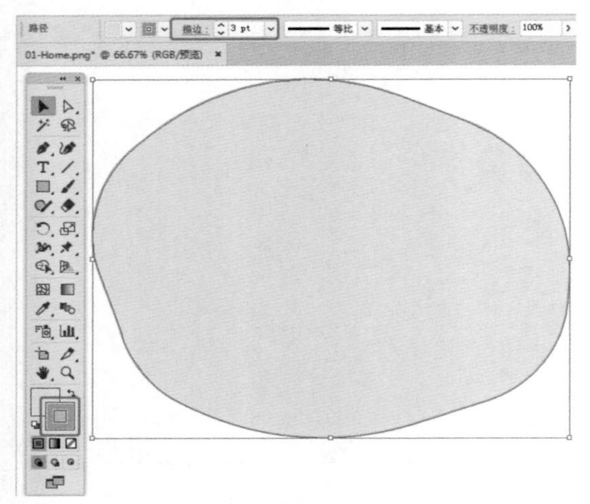

图1-47

如何显示工具属性栏

默认状态下安装完Illustrator 2018后，界面中不会显示工具属性栏，如何显示工具属性栏呢？默认的工作模式为“基本功能”工作界面 ，单击“基本功能”下拉按钮，从下拉列表中选择“传统基本功能”工作界面，即可显示工具属性栏。

06 按Ctrl+C和Ctrl+F组合键，将绘制的图像复制并粘贴到前面，修改其“描边”颜色为白色，稍微向下调整图像的位置，露出底部图形的上侧边缘，如图1-48所示。

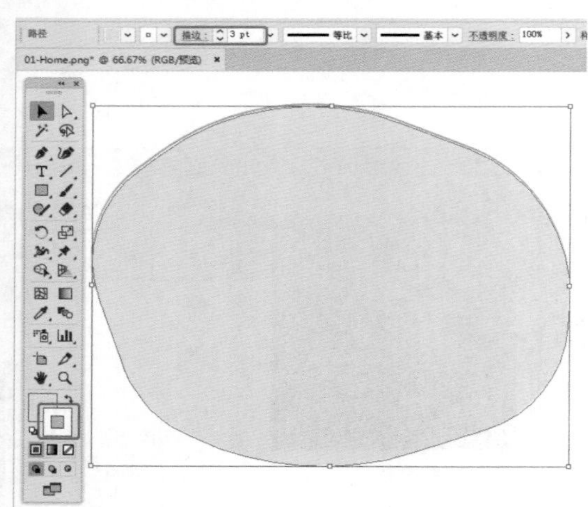

图1-48

07 在工具箱中选择“矩形工具”，在舞台中创建一个矩形，设置填充为蓝色，按Ctrl+[组合键，直至调整到两个图像的下方，如图1-49所示。

图1-49

08 按Ctrl+F组合键，继续粘贴图像到前面，拖曳四周的控制点，调整其大小，设置“填色”的颜色为#328e1a，“描边”为无，如图1-50所示。

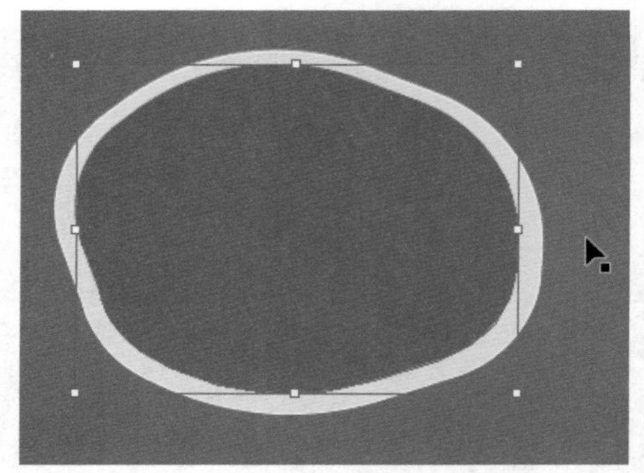

图1-50

09 按Ctrl+F组合键，粘贴图像到前面，调整其大小，设置填色为渐变，在“渐变”面板中设置渐变的颜色从#90de20到#37aa00，设置“类型”为“线性”，设置角度为-90°，设置“描边”为无，如图1-51所示。

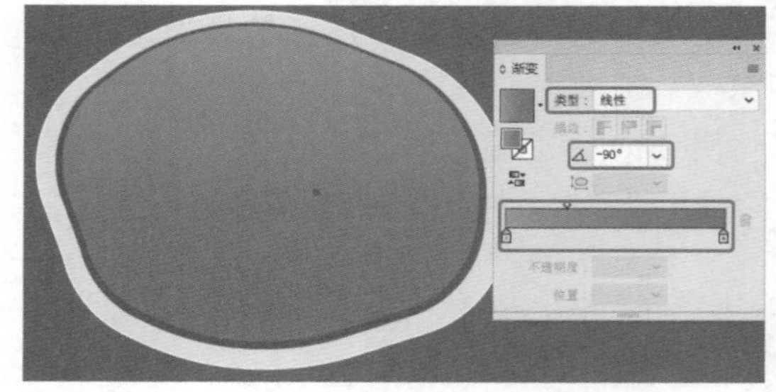

图1-51

10 选择最上方的图像，按Ctrl+C和Ctrl+F组合键，将图像粘贴到前面，拖曳控制点，调整其大小，在“渐变”面板中修改其渐变的颜色为从#a8df22到#37ae00的渐变，如图1-52所示。

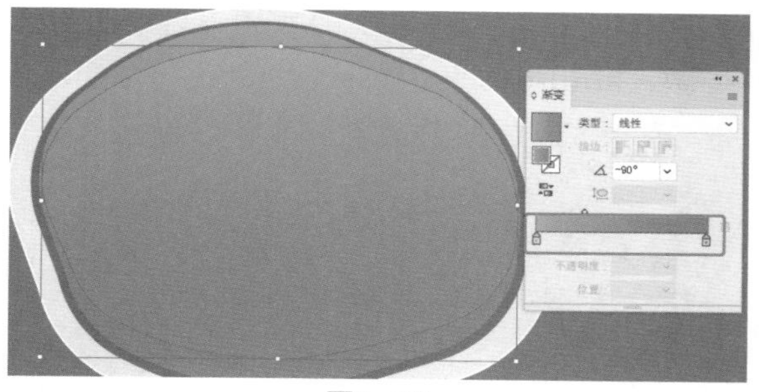

图1-52

11 选择最上方的图像，在菜单栏中选择“效果>风格化>投影”命令，如图1-53所示。

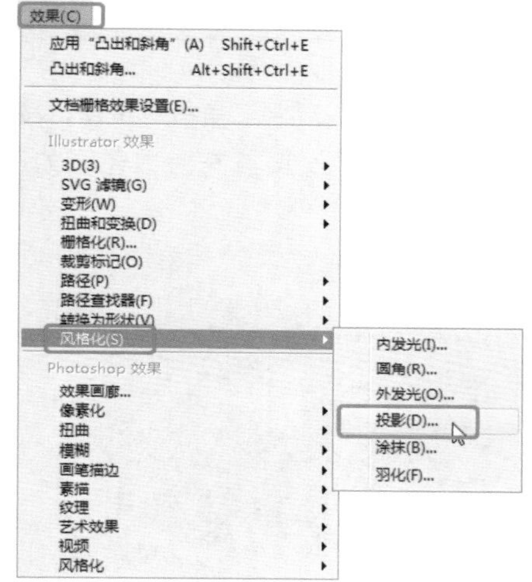

图1-53

12 在弹出的“投影”对话框中设置投影的颜色为黑色，设置合适的参数，如图1-54所示。

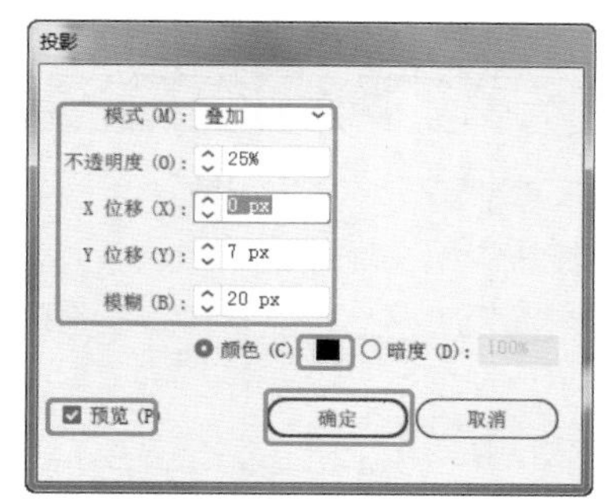

图1-54

13 设置投影的效果如图1-55所示。

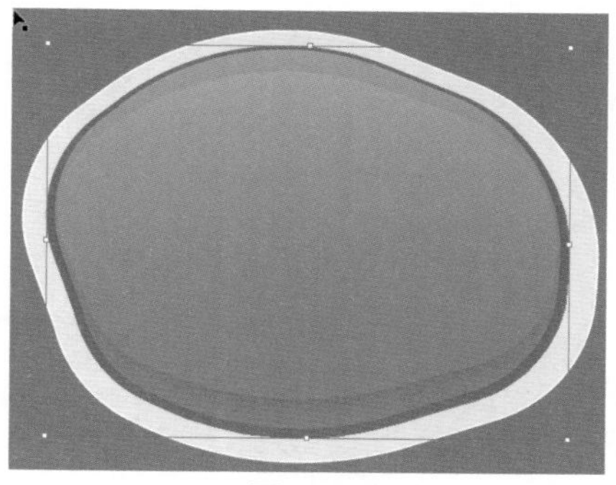

图1-55

14 选择灰色上方的绿色图像，也就是第三层的图像，在菜单栏中选择“效果>风格化>投影”命令，在弹出的“投影”对话框中设置合适的参数，如图1-56所示。

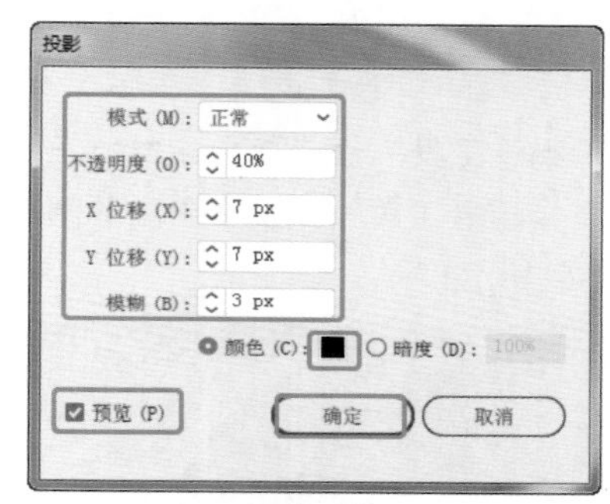

图1-56

15 设置的投影效果如图1-57所示。

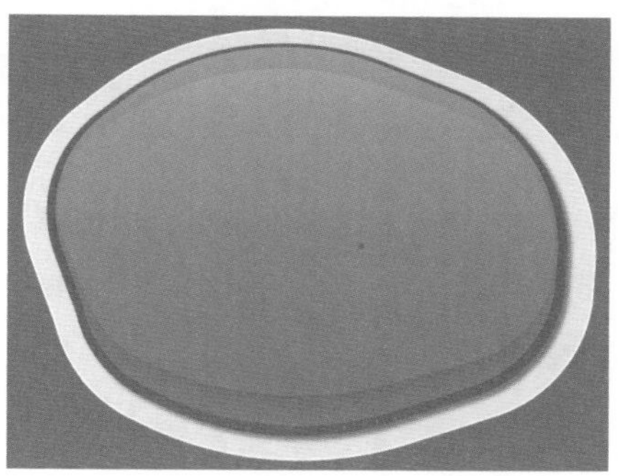

图1-57

16 在工具箱中选择“画笔工具”，在工具属性栏中设置“描边”粗细为2pt，选择一个合适的画笔类型，如图1-58所示。

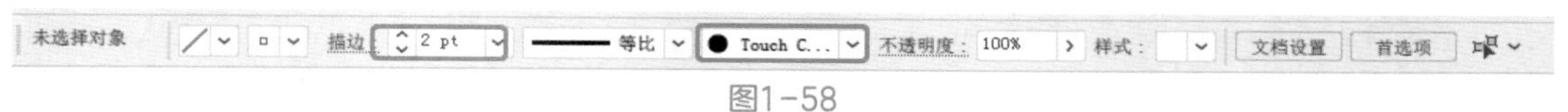

图1-58

17 设置“描边”为白色，在舞台中绘制顶部的高光，如图1-59所示。

18 在工具属性栏中修改“描边”粗细为1pt，在底部绘制高光，如图1-60所示。

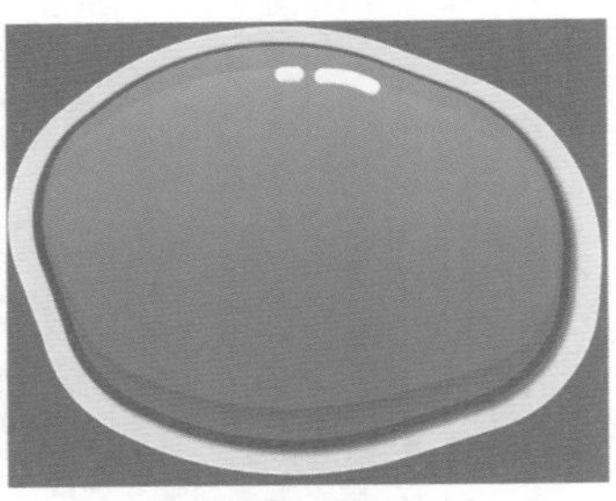

图1-59

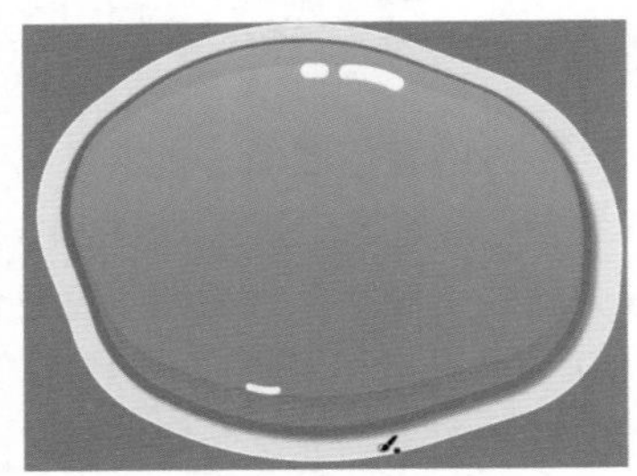

图1-60

19 使用“钢笔工具” 在舞台中绘制三角，并使用“直接选择工具” 设置尖角的圆角效果，如图1-61所示。

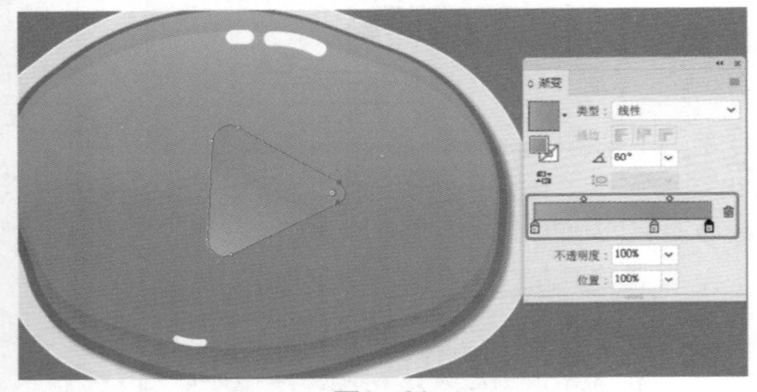

图1-61

20 设置圆角三角效果后，在菜单栏中选择“效果>风格化>内发光”命令，如图1-62所示。

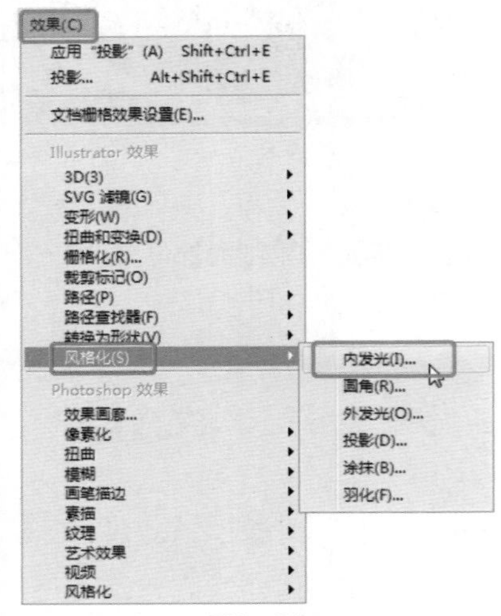

图1-62

21 在弹出的“内发光”对话框中设置合适的参数，如图1-63所示。

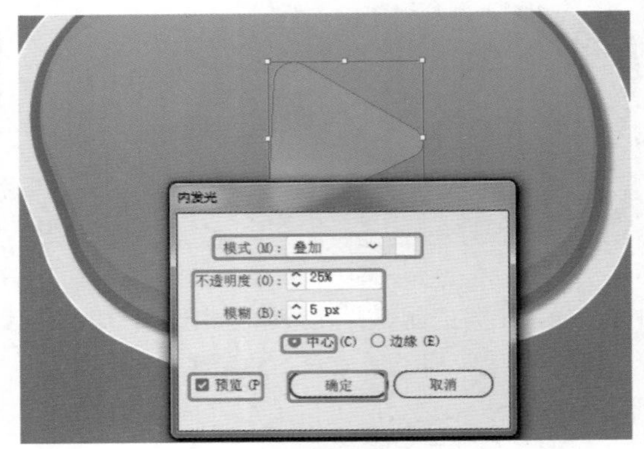

图1-63

22 按Ctrl+C组合键，复制三角播放按钮，按Ctrl+F组合键粘贴，并设置填充为白色，如图1-64所示。

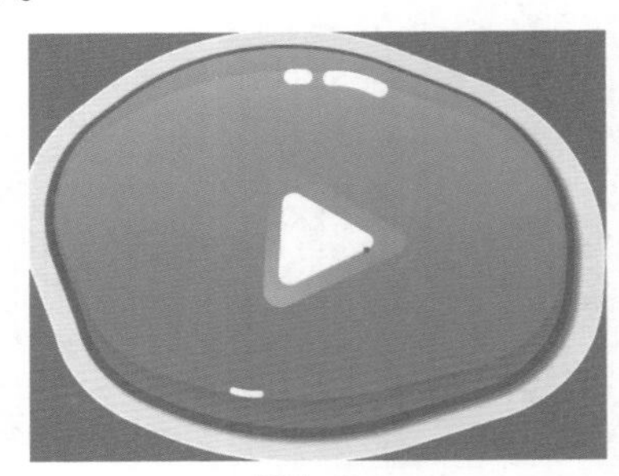

图1-64

23 在菜单栏中选择“效果>风格化>内发光”命令，在弹出的“内发光”对话框中设置合适的参数，如图1-65所示。

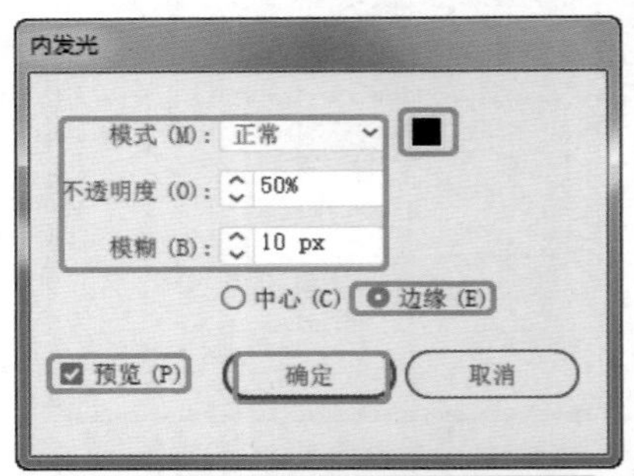

图1-65

24 为作为背景的矩形设置渐变填充，完成最终效果的制作，至此本案例制作完成，如图1-66所示。

图1-66

1.4 商业案例——立体按钮设计

1.4.1 设计思路

扫码看视频

■ 案例类型

本案例是一款立体按钮设计项目。

■ 项目诉求

本案例的应用方向是机械类的按钮设计项目，根据诉求，按钮制作要简单明了，并采用透明反射性能较强的材料，设计成圆形的按钮。如图1-67所示为客户比较喜欢的按钮效果。

图1-67

■ 设计定位

根据该公司的要求我们将制作一个圆形立体按钮，根据意向图我们将按钮的主色调设置为红色，根据这些构思来制作一款立体的按钮效果。

1.4.2 配色方案

在机械中各种按钮都是非常重要的，所以要根据其内容来设置主题色调。

■ 主色

主色选择红色，红色容易引起人们的注意，因此许多警告标志中都会用红色的文字或图像来表现。例如在红绿灯中红色表示停止；红色还被看成流血、危险、恐怖的象征色，如图1-68所示。

图1-68

■ 辅助色

辅助色会使用黑色、灰色以及模拟的高光白色。

■ 其他配色方案

因为红色、黄色、绿色按钮的饱和度较高，所以适用在机械产业中使用。如果不是在机械行业中使用的立体按钮，配色还有许多种样式，如图1-69所示为优秀的配色方案。

图1-69

1.4.3 形状设计

形状设计要以客户的要求为主，设计一款圆形的按钮。圆形代表着保护和无限，代表着诚信、交流、圆满和完整。

圆形也代表着完美，还代表着极致，没有棱角，低调、丰富、奢华、内敛、包罗万象，每个元素都应有它自己的生命和意义，融合之后，品牌就有了生命力。

1.4.4 同类作品欣赏

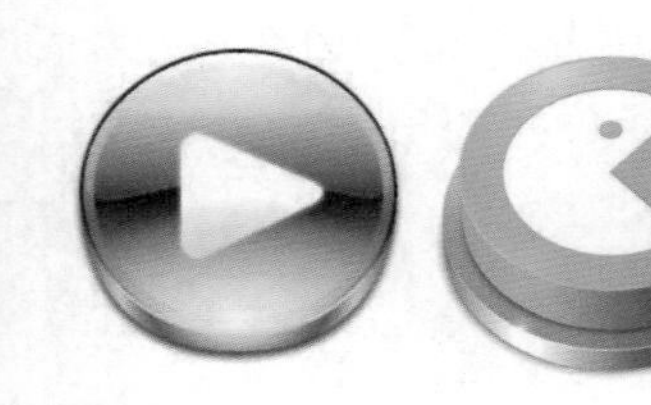

1.4.5 项目实战

■ 制作流程

本案例首先创建椭圆形按钮；然后调整交叉的路径形状并修改其颜色；最后设置3D效果并绘制高光效果，如图1-70所示。

图1-70

■ 技术要点

使用“椭圆工具”创建椭圆形按钮；

使用“路径查找器”面板调整交叉的路径形状并修改其颜色；

使用“3D凸出和斜角选项”设置3D效果；

使用“钢笔工具”和“画笔工具”绘制高光效果。

■ 操作步骤

01 运行Illustrator软件，新建一个文档。

02 在工具箱中选择“椭圆工具”，在舞台中按住Alt+Shift组合键绘制正圆，如1-71所示。

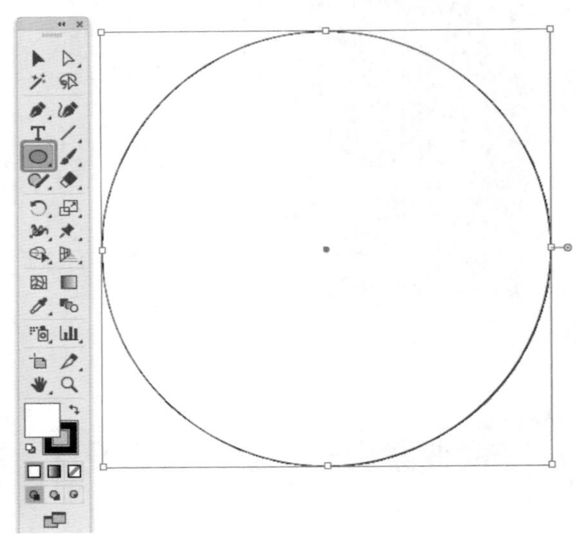
图1-71

03 在工具箱中双击“填色”，在弹出的“拾色器”对话框中设置“填色”的颜色为较暗的红色，单击“确定”按钮，如图1-72所示。

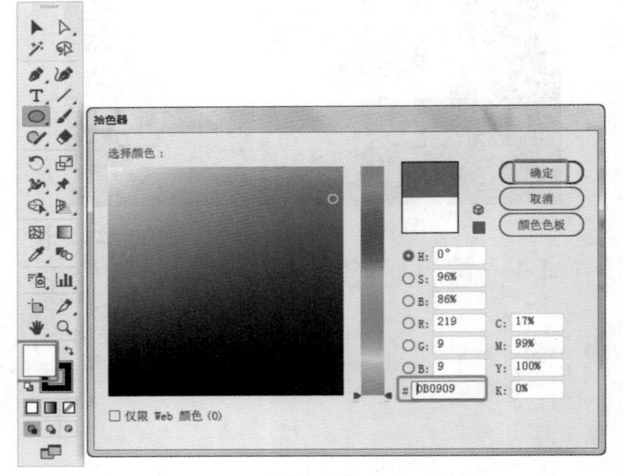

图1-72

04 在工具箱中选择“描边”，单击“无”按钮，设置“描边”为无，如图1-73所示。

05 按Ctrl+C和Ctrl+V组合键，复制并粘贴图像，将一个圆移动到一旁，在工具箱中选择“钢笔工具”，在其中一个圆的上方如图1-74所示的位置创建闭合图形。

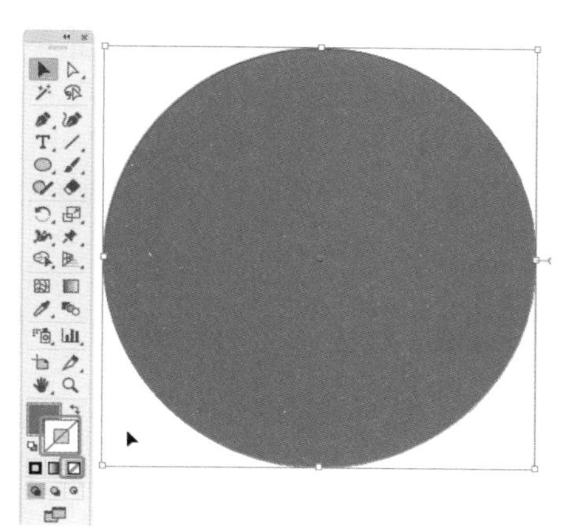

图1-73

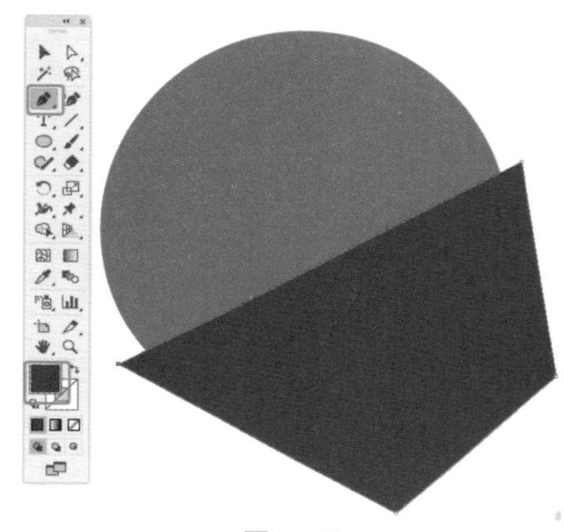

图1-74

06 在舞台中按住Shift键选择椭圆和用钢笔绘制的图像，在“路径查找器”面板中单击“分割”按钮，如图1-75所示。

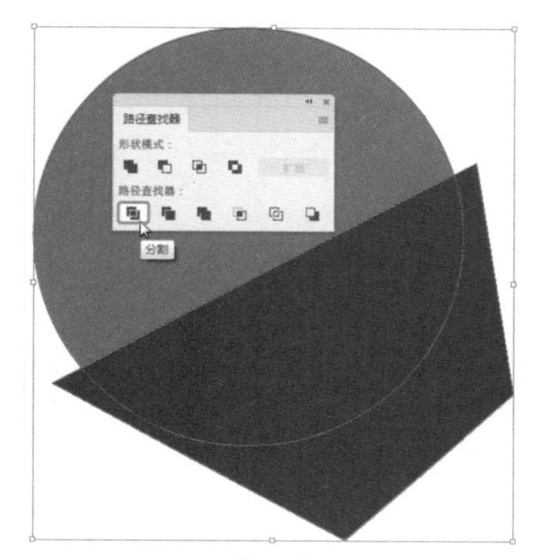

图1-75

07 分割后系统会自动将分割后的图像成组，需要在“属性”面板单击“取消编组”按钮，如图1-76所示。

图1-76

08 取消编组后，按Delete键，删除不需要的图像区域，设置上半部分为暗红色，下半部分为浅灰色，如图1-77所示。

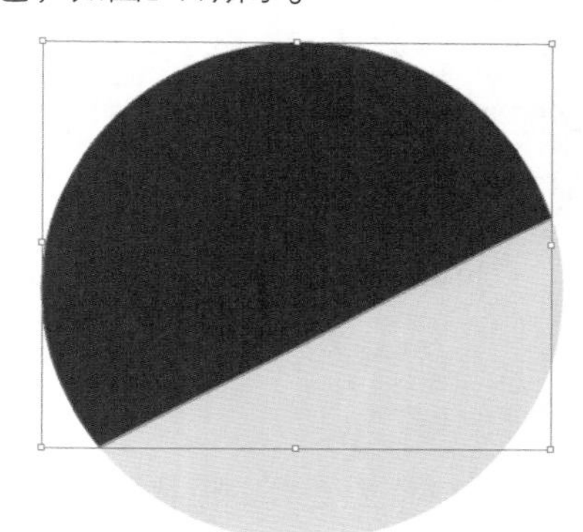

图1-77

09 在舞台中选择另一个圆，对圆进行复制，如图1-78所示。然后选择复制前的圆。

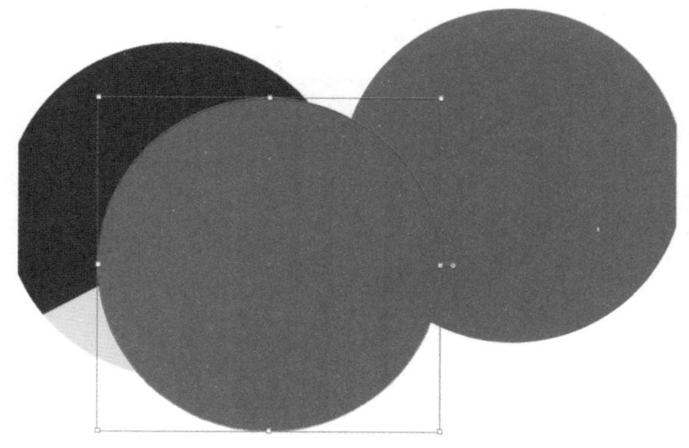

图1-78

10 在菜单栏中选择“效果>3D>凸出和斜角”命令，在弹出的“3D凸出和斜角选项”对话框中设置合适的参数，如图1-79所示。

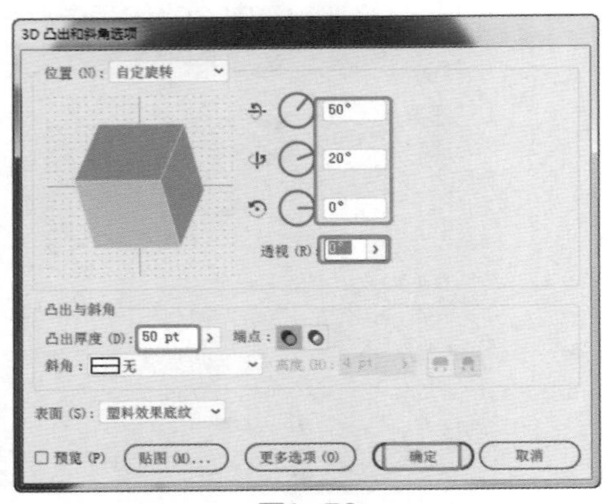

图1-79

11 设置的圆的3D效果如图1-80所示。

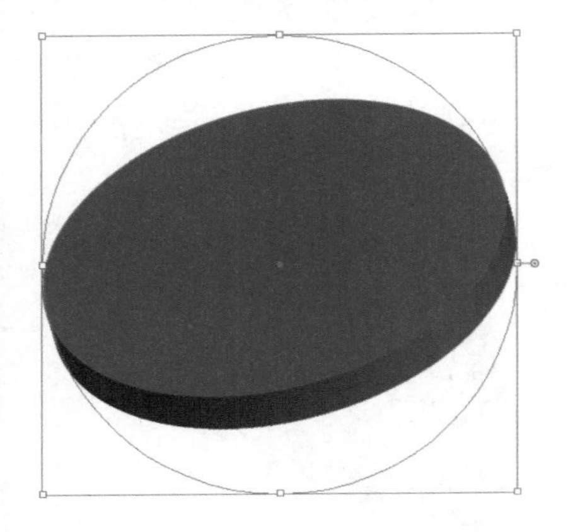
图1-80

12 调整步骤9复制的红色圆的形状和角度，并放置到如图1-81所示的位置。

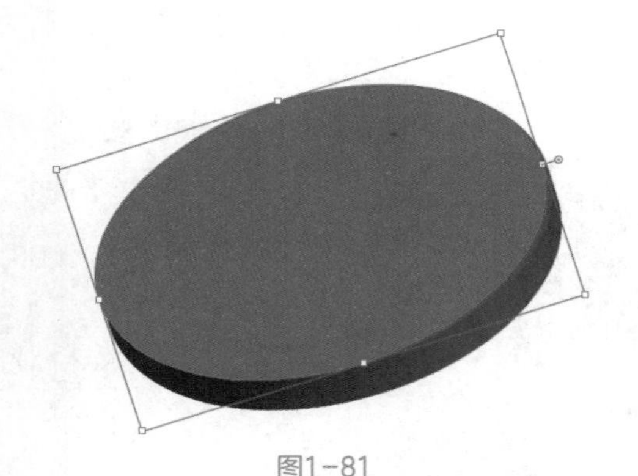
图1-81

调整图像的排列提示技巧

在创建多个图像时，难免会遇到调整图像前后顺序的操作，如何调整图像的前后顺序呢？常用的方法有三种。

第一种：用鼠标右击需要排列的图像，在弹出的快捷菜单中选择“排列”命令，可以看到子菜单命令，如图1-82所示，包括“置于顶层”“前移一层”“后移一层”和“置于底层”四个命令。

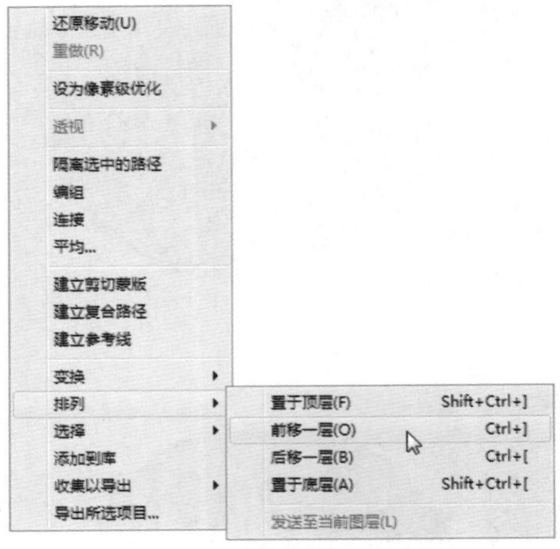

图1-82

第二种：在菜单栏中选择“对象>排列”命令，在弹出的子菜单中选择合适的命令，如图1-83所示。

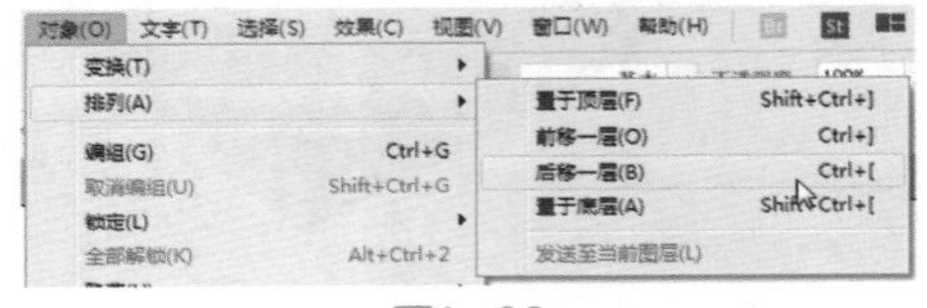

图1-83

第三种：按Shift+Ctrl+]组合键置于顶层、按Ctrl+]组合键前移一层、按Ctrl+[组合键后移一层、按Shift+Ctrl+[组合键置于底层。

13 将分割的圆放置到红色圆的下方，并调整其大小和角度，如图1-84所示。

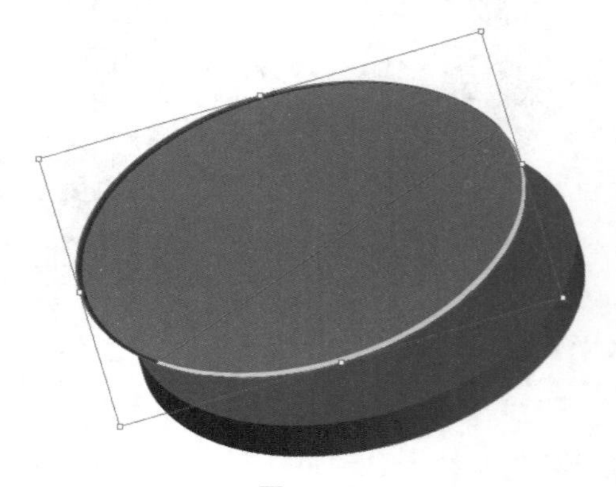
图1-84

14 调整图像的位置，组合出如图1-85所示的效果。

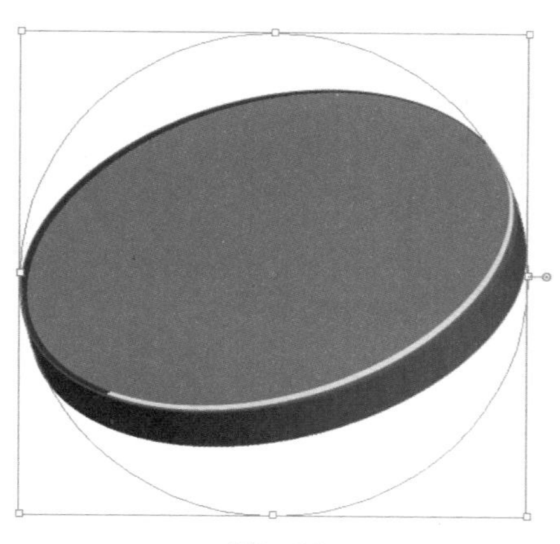

图1-85

15 在工具箱中选择“钢笔工具”，在舞台中如图1-86所示的位置创建形状，作为高光，设置“填色”为白色。

图1-86

16 使用“椭圆工具”，在舞台中创建椭圆，设置“填色”为#f9f2f2，如图1-87所示。

图1-87

17 选择创建的圆，在菜单栏中选择“效果>3D>凸出和斜角”命令，在弹出的“3D凸出和斜角选项”对话框中设置合适的参数，如图1-88所示。

18 将设置的3D圆效果，放置到如图1-89所示的位置，并调整其大小和排列。

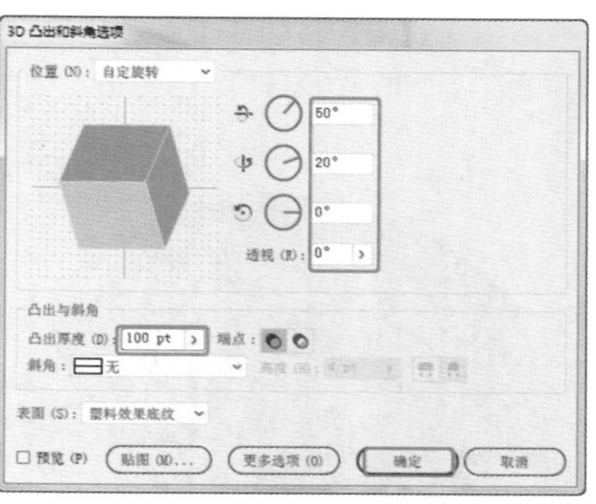

图1-88

图1-89

19 对底部的灰色圆进行复制，复制后在“外观”窗口中选择“3D凸出和斜角”效果，单击“删除”按钮，将设置的效果删除，如图1-90所示。

图1-90

20 在舞台中调整圆的大小和角度，并调整圆的排列，如图1-91所示。

图1-91

21 选中调整好的圆，按Ctrl+C和Ctrl+F组合键复制并粘贴，然后在舞台中调整圆，如图1-92所示。

图1-92

22 修改圆的“填色”为# 8e8282，如图1-93所示，双击圆，进入编辑状态。

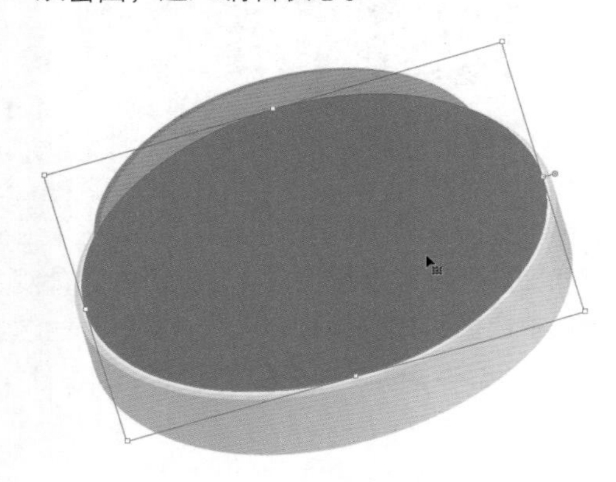
图1-93

23 使用“钢笔工具”在舞台中绘制如图1-94所示的高光图像，按住Shift键选择创建的几个高光图像和圆，在“路径查找器”面板中单击“分割”按钮。

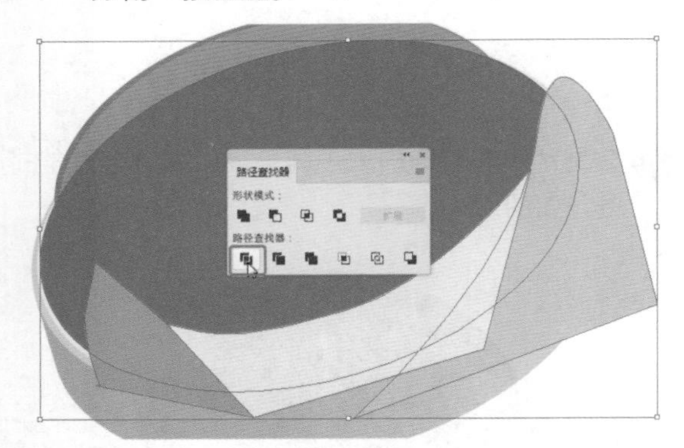

图1-94

24 分割圆后，使用“选择工具”选择不需要的图像，按Delete键，删除多余的图像，如图1-95所示。在舞台的空白区域双击，返回到舞台中。

图1-95

25 使用“钢笔工具”在舞台中如图1-96所示的位置创建高光。

图1-96

26 继续使用“钢笔工具”在舞台中红色圆的上方创建形状，使用“直接选择工具”和“锚点工具”调整形状，如图1-97所示。

图1-97

27 在“透明度”面板中设置“不透明度”为50%，如图1-98所示。

28 选择“画笔工具”，然后在工具属性栏中选择合适的画笔，设置画笔的“描边”和“不透明度”，在舞台中创建高光，修改画笔的描边粗细并绘制高光效果，如图1-99所示。

图1-98

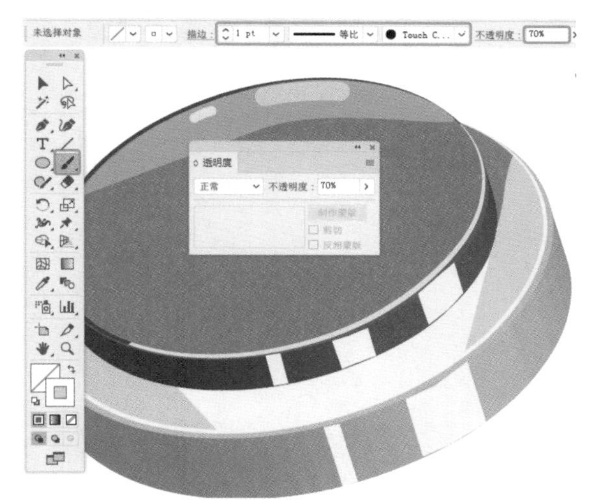

图1-99

29 使用“钢笔工具”在如图1-100所示的位置绘制图形，在“渐变”面板中将“填色”设置为透明到黑色的渐变，设置合适的角度；在“透明度”窗口中设置混合模式为“正片叠底”，设置“不透明度”为50%，将此部分作为按钮的阴影区域。

图1-100

30 使用“文字工具”在舞台中的按钮上创建文字，在“属性”面板中设置文字的字体、大小和颜色，如图1-101所示。

图1-101

31 选择创建的文字，在菜单栏中选择“效果>风格化>内发光”命令，在弹出的“内发光”对话框中设置合适的参数，单击“确定”按钮，如图1-102所示。

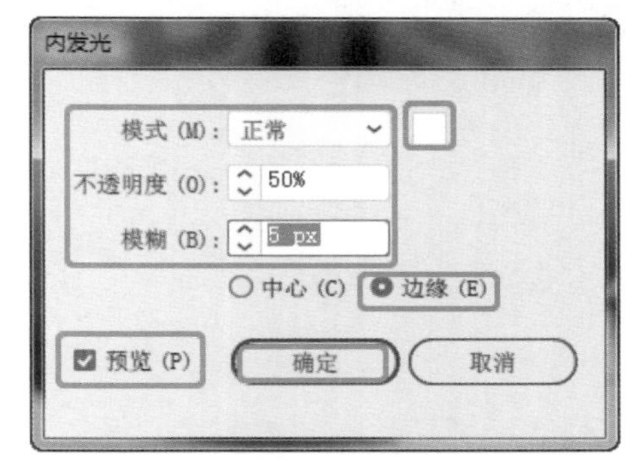

图1-102

32 使用“矩形工具”在舞台中创建矩形，设置矩形的“填色”为黑色到白色的“径向”渐变，作为按钮的背景，如图1-103所示。

图1-103

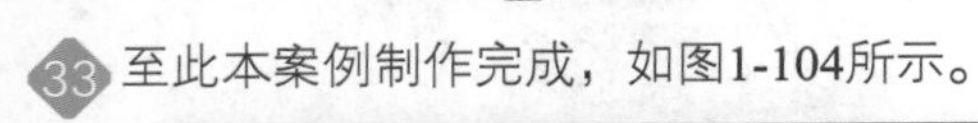

33 至此本案例制作完成，如图1-104所示。

图1-104

1.5 优秀作品欣赏

标志（Logo，又称标识）是生活中人们用来表明某一事物特征的记号，就像人的名字一样，说到名字就会想到对应的人。

标志通常会用容易识别和记住的一些形状和符号来进行设计，设计过程不需要烦琐，只需简单、容易辨识即可。

本章主要讲述什么是标志、标志的构成、标志设计原则、标志的类型、表现形式、形式美法则等内容。

2.1 标志设计概述

标志(Logo)，是表明事物特征的记号。它以单纯、显著、易识别的物象、图形或文字符号为直观语言，除表示什么、代替什么之外，还具有表达意义、情感和指令行动等作用。

标志是以区别于其他对象为前提而突出事物特征和属性的一种标记与符号，是一种视觉语言符号。它以传达某种信息，凸显某种特定内涵为目的，以图形或文字等方式呈现。既是人与人之间沟通的桥梁，也是人与企业之间形成的对话。在当今社会，标志成为一种“身份象征”，穿越大街小巷，各种标志映入眼帘，即使是一家小商铺也会有属于它自己的标志。标志的使用已经成为一种普遍的行为，如图2-1 所示。

图2-1

图2-1（续）

2.1.1 什么是标志

标志在原始社会中就已体现出来了。标志的使用可以追溯到上古时代的“图腾”，如图2-2所示。那时每个氏族和部落都会选用一种认为与自己有特别神秘关系的动物或自然物象作为本氏族或部落的特殊标记（即图腾）。后来就作为战争和祭祀的标志，成为族旗、族徽。国家产生以后，又演变成国旗、国徽。无论是国内还是国外，标志最初都是采用生活中的各种图案的形式，可以说它是商标标识的萌芽。如今标志的形式多种多样，不再仅仅局限于生活中的图案，更多的是以所要传达的综合信息为目的，成为企业的“代言人”，如图2-3 所示。

图2-2

图2-3

2.1.2 标志的性质

标志就是一张融合了对象所要表达的所有内容的标签，是企业品牌形象的代表。其将所要传达的内容以精练而独到的形象呈现在大众眼前，成为一种记号而吸引观者的眼球。标志在现代社会具有不可替代的地位，其功能主要体现为以下几点。

（1）功用性：标志的本质在于它的功用性。经过艺术设计的标志虽然具有观赏价值，但主要不是为了供人观赏，而是为了实用。标志是人们进行生产活动、社会活动必不可少的直观工具。

（2） 识别性：除隐性标志外，绝大多数标志的设计就是要引起人们注意。因此色彩强烈醒目、图形简练清晰，是标志通常具有的特征。

（3）保护性：为消费者提供了质量保证，为企业提供了品牌保护的功能。

（4）多样性： 标志种类繁多、用途广泛，无论从其应用形式、构成形式、表现手段来看，都有着极其丰富的多样性。

（5）艺术性：标志的设计既要符合实用要求，又要符合美学原则，给人以美感，是对其艺术性的基本要求。

2.1.3 标志的构成元素

标志主要由文字、图形及色彩三个部分组合而成。三者既可以单独进行设计，也可以相互组合，如图2-4所示。

图2-4

图2-4（续）

标志中文字是传达其含义的直观方法，文字包含字母、汉字、数字等形式。使用不同的文字会给人带来不一样的视觉感受。如传统的汉字表达的含义是具有古朴的、有文化底蕴的文化属性，不同种类的文字具有不同的特性，所以在进行标志设计时，要深入了解其特性，从而设计出符合主题的作品，如图2-5所示。

HEAZI

图2-5

标志中图形所包含的范围更加广泛，如几何图形、人物造型、动植物造型等。一个经过艺术加工和美化的图形能够起到很好的装饰作用，不仅能突出设计立意，更能使整个画面看起来巧妙生动，如图2-6 所示。

图2-6

颜色在标志设计中是不可缺少的部分。无论是光鲜亮丽的多彩颜色组合还是统一和谐的单色，只要运用得当都能使人眼前一亮并记忆深刻，如图2-7所示。

图2-7

2.1.4 标志的设计原则

在现代设计中，标志设计作为最普遍的艺术设计形式之一，不仅与传统的图形设计相关，更是与当代的社会生活有着紧密联系。在追求标志设计带来的社会效益的同时，我们还要遵循一些基本的设计原则，从而创造出独一无二、具有高价值的标志设计。

（1）识别性：无论是简单的还是复杂的标志设计，其最基本的目的就是让大众识别。

（2）原创性：在纷杂的各式标志设计中，只有坚持独创性，避免与其他商标雷同，才可以成为品牌的代表。

（3）独特性：每个品牌都有其各自的特色，其标志也必须彰显其独一无二的文化特色。

（4）简洁性：过于复杂的标志设计不易识别和记忆，简约大方更易理解记忆和传播。

2.1.5 标志的类型

根据基本组成因素，标志可分为以下几种。

（1） 文字标志：文字标志有直接用中文、外文或汉语拼音构成的，也有用汉语拼音或外文单词的字首进行组合的，如图2-8所示。

图2-8

（2）图形标志：图形标志是一种通过几何图案或象形图案来表示的标志。图形标志又可分为三种，即具象图形标志、抽象图形标志与具象抽象相结合的标志，如图2-9所示。

图2-9

（3）图文组合标志：图文组合标志集中了文字标志和图形标志的长处，弥补了两者的不足，如图2-10所示。

图2-10

2.1.6 标志设计的表现形式

（1）具象表现形式：具象表现是指用具体的

形象表现出标志的形态，对需要表现的对象稍加处理，不失其貌地表现出其象征的意义即可。例如，要制作一个扒鸡美食店标志，我们只需表现出扒鸡的效果即是具象表现设计。

（2）抽象表现形式：抽象的表现形式是对具象的对象进行极简处理，用符号或几何图形表现其寓意，利用简单的图形符号表现其属性所带来的感觉是容易识别和记忆的，如图2-11所示。

图2-11

（3）文字表现形式：文字也属于具象表现，非常简单明了地展现给大家，不用刻意修饰其寓意。不同的汉字给人的视觉冲击不同，其意义也不同。楷书给人以稳重端庄的视觉效果，而隶书具有精致古典之感。文字表现形式的素材有汉字、拉丁字母、数字标志等，如图2-12所示。

图2-12

2.1.7 标志的形式美法则

标志是一种视觉表现的艺术形式，人们在观看一个标志图形的同时，也是一种审美的过程。标志设计的形式美法则有以下几个。

（1）反复：反复造型是指简单的图像反复且有规律地使用，从而产生整齐和强烈的视觉冲击，如图2-13所示。

图2-13

（2）对比：对比是指通过形与形之间的对照比较，突出局部的差异性。可通过大小、颜色、形状、虚实等产生对比，如图2-14所示。

图2-14

（3）统一：统一是标志完整的保证，是通过形与形之间的相互协调、各要素的有机结合而形成一种稳定、顺畅的视觉效果，如图2-15所示。

图2-15

（4）渐变：渐变标志指图像大小的递增递减、

颜色的渐变效果等，通过调整标志的渐变类型可以给人整体的层次感和空间的立体感，如图2-16所示。

图2-16

（5）突破：突破是要根据客户需要进行创新设计，并在造型上制作恰到好处的夸张和变化。这种标志一般比较个性，使得制作的标志更加引人注目，如图2-17 所示。

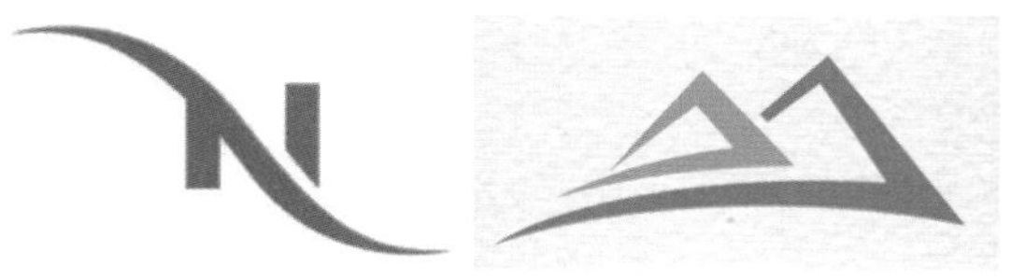

图2-17

（6）对称：对称是指依据图形的自身形状形成完全对称或不完全对称形式，从而给人一种较为均衡、秩序井然的视觉感受，如图2-18所示。

图2-18

（7）均衡：均衡标志是指通过一个支点的支撑对造型要素进行对称和不对称排列，从而获得一种稳定的视觉感受，如图2-19所示。

图2-19

图2-19（续）

（8）反衬：反衬是指通过与主体形象相反的次要形象来突出设计主题，使造型要素之间形成一种强烈的对比，突出重点，对观者形成强有力的视觉冲击，如图2-20 所示。

图2-20

（9）重叠：重叠是指将一个或多个造型要素恰如其分地进行重复或堆叠，而形成一种层次化、立体化、空间化较强的平面构图，如图2-21所示。

图2-21

（10）幻视：幻视是指通过一定的幻视技巧（如波纹、点群和各种平面、立体等构成方式）而形成一种可视幻觉，使得画面产生一定的律动感，如图2-22 所示。

图2-22

图2-22（续）

（11）装饰：装饰是在标志设计表现技法的基础上，进行进一步的加工修饰，使得标志的整体效果更加生动完美，如图2-23 所示。

图2-23

2.2 商业案例——创意卡通标志设计

2.2.1 设计思路

扫码看视频

■ 案例类型

本案例是一款有关旅游的卡通标志设计项目。

■ 设计背景

随着生活水平的提高，旅游成为人们假期的标配，通过旅游可以拉动当地的经济发展，同时，旅游也是放松身心的一种室外多人活动。自古有云："读万卷书，行万里路"，随着交通和通信的便利，旅游成了人们的一种生活方式，可以通过旅游释放压力、开阔眼界、认识世界。

■ 设计定位

本例将旅游初步定义为阳光和煦、树木林立的、享受阳光与户外的风格，阳光是扫走阴霾的方式，所以在这里我们将以扫走阴霾、赶走压力、释放自我、回归自然的主题方式来设计旅游标志。

2.2.2 配色方案

配色上将采用阳光和自然的颜色，体现户外的感觉。

■ 主色

主色为橙黄色，橙黄色是像橙子一样黄里带红的颜色，是太阳的颜色，该颜色代表华丽、健康、积极、乐观，属于暖色系。暖色系的好处是可以给人温暖、平易近人的感觉，是极容易打动人的色感。

■ 辅助色

辅助色我们就采用绿色，绿色是自然界中最常见的颜色，是一种大自然的颜色，绿色寓意着安全、平静、舒适、和平、宁静、自然、环保等，是一种代表青春和生机的颜色。

■ 其他配色方案

其他辅助色采用嫩绿色，不过嫩绿色、与黄色和橙色颜色相近，太过平淡，没有对比的强烈视觉效果，如图2-24所示；另外将橙色改为红色和粉紫色后整体色调又会偏冷，偏离阳光的主题，如图2-24（续）所示。

图2-24

图2-24（续）

2.2.3 形状设计

我们使用芭蕉叶作为底部装饰图案，主图案为戴墨镜的太阳，表达户外自然和阳光的效果，如图2-25所示。

图2-25

2.2.4 表现形式

本案例采用装饰构图形式和对比表现形式。通过叶子和太阳之间的颜色对照比较，突出文字的差异性，突出文字标题。

2.2.5 同类作品欣赏

2.2.6 项目实战

■ 制作流程

本案例首先描绘芭蕉叶形状；然后创建文本并绘制文本底部的底纹；最后绘制太阳效果，如图2-26所示。

图2-26

■ **技术要点**

使用“钢笔工具”绘制图案；

使用“椭圆工具”绘制太阳和眼镜；

使用“星形工具”绘制太阳光；

使用“文字工具”创建文字；

使用“矩形工具”创建矩形。

■ **操作步骤**

01 运行Illustrator软件，创建一个新文档。

02 在菜单栏中选择“文件>置入”命令，在弹出的“置入”对话框中选择随书配备资源中的“芭蕉叶.png”文件，单击“置入”按钮，如图2-27所示。

图2-27

03 置入“芭蕉叶”图像后，在工具箱中选择“钢笔工具”，在导入的芭蕉叶素材上描绘，如图2-28所示。

图2-28

钢笔工具的使用技巧

在工具箱中选择“钢笔工具”后，单击移动并再次单击，可以创建直线，如图2-29所示。创建点时按住鼠标右键可以拖曳出控制点，绘制弧线，如图2-30所示。最后在起点的位置可以看到一个带句号的钢笔工具，单击起点，即可创建闭合的图形，如图2-31所示。

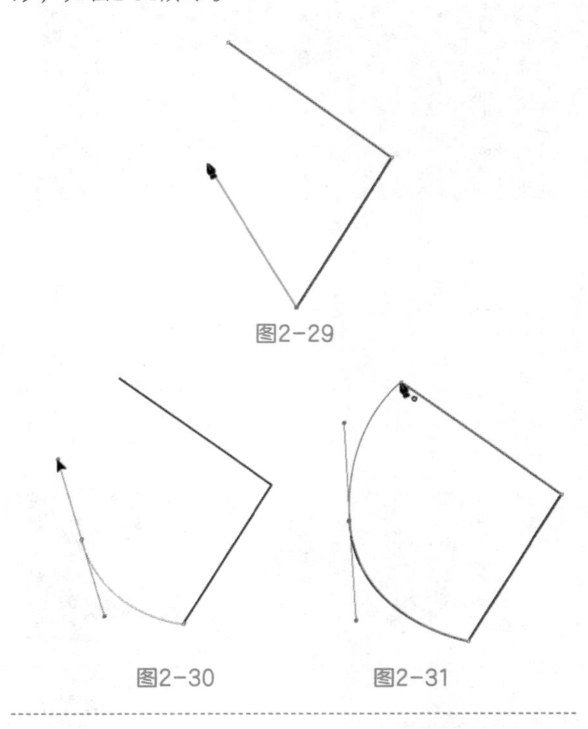

图2-29

图2-30　　图2-31

04 绘制图形后，使用“直接选择工具”可以选择并移动点，使用“锚点工具”可以在点上拖曳控制手柄，调整出叶子的形状，选择置入的素材，按Delete键，将置入的芭蕉叶素材图像删除，如图2-32所示。

图2-32

05 选择描绘的芭蕉叶图像，在“渐变”窗口中选择“类型”为“线性”，并设置角度为90°，设置渐变的颜色为从#39b54a到#005000的渐变，如图2-33所示。

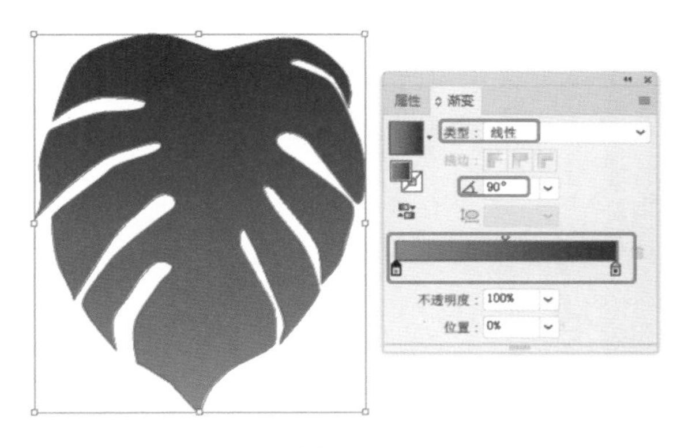

图2-33

06 在工具箱中选择“画笔工具”，设置轮廓的颜色为#52be61，在“画笔”面板中选择画笔笔触，如图2-34所示。

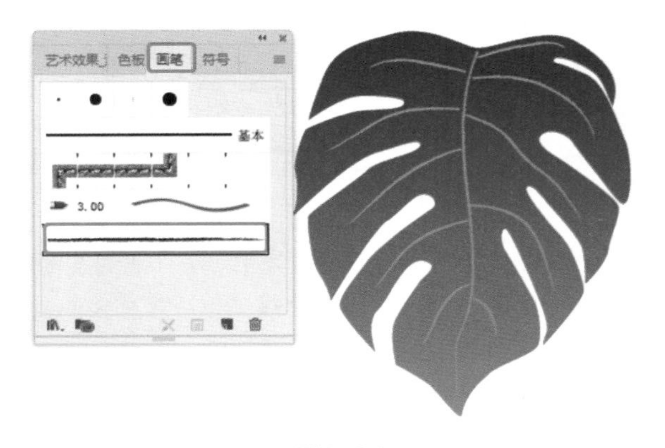

图2-34

07 在工具箱中选择“文字工具”T，在舞台中创建文字，在“属性”面板中设置文字的属性，如图2-35所示。

图2-35

08 文字不能直接填充渐变，需转换为图像才能对其进行填充。用鼠标右击文字，在弹出的快捷菜单中选择“创建轮廓”命令，如图2-36所示。

09 在“渐变”面板中设置文字的渐变填充，选择“类型”为“线性”，设置渐变的颜色由#fbb03b到#f15a24，如图2-37所示。

图2-36

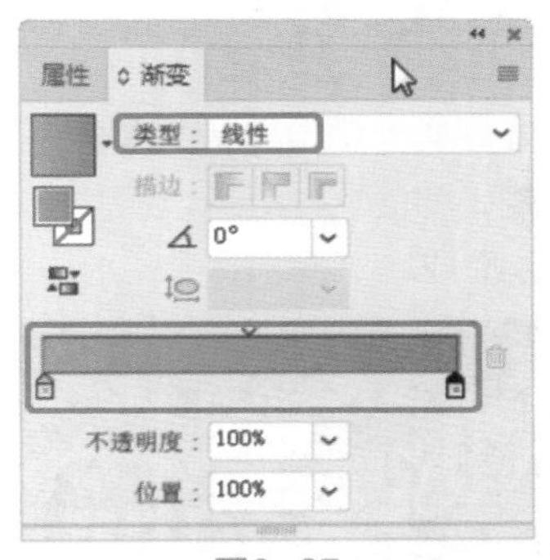

图2-37

10 在工具箱中选择“渐变工具”，在舞台中由上向下创建渐变填充，如图2-38所示。

图2-38

11 使用“钢笔工具”，创建文字底部的形状，设置填充为黑色，并按Ctrl+[组合键，将其放置到文字的下方，如图2-39所示。

图2-39

12 再次设置文字底部的形状的“描边”颜色为白

色，设置一个合适的描边粗细，使用“矩形工具”■在舞台中创建矩形，设置矩形的“填色”为暗红色和黑色，如图2-40所示。

图2-40

13 将芭蕉叶放置到文字形状的底部，并对芭蕉叶进行复制，如图2-41所示，调整芭蕉叶的大小和角度，完成底部装饰。

图2-41

14 使用“椭圆工具”○在舞台中创建椭圆，将椭圆作为太阳，设置填充颜色为橘色，设置“描边”颜色为白色，设置合适的描边粗细，如图2-42所示。

图2-42

15 在工具箱中单击并按住“矩形工具”■，弹出隐藏工具，从中选择“星形工具”，在舞台中单击，弹出“星形”对话框，从中设置创建星形的参数，如图2-43所示，单击“确定”按钮，即可创建星形。

图2-43

16 创建星形后，设置“描边”为白色，设置合适的描边粗细，为星形填充渐变，在“渐变”面板中选择“类型”为“径向”，设置渐变的颜色从白色到黄色，如图2-44所示。

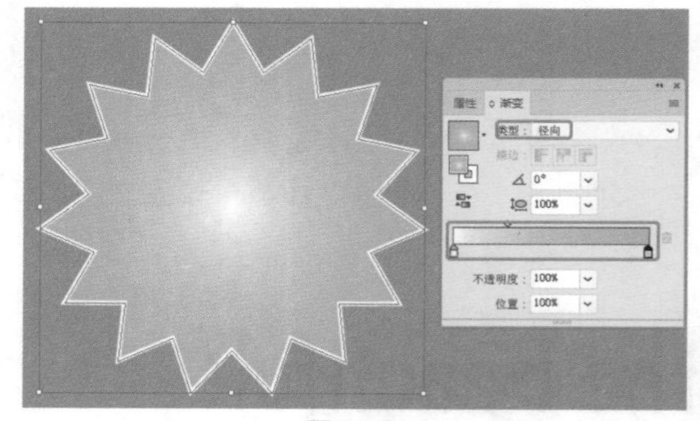

图2-44

17 在舞台中选择圆形和星形，对两个图像进行组合，选择星形，按Ctrl+[组合键，将星形放置到圆形的后面，如图2-45所示。

图2-45

18 将太阳放置到如图2-46所示的位置，按Ctrl+]组合键移到前一层，并将文字放置到太阳的上方。

图2-46

19 使用“椭圆工具”○和“直线工具”╱绘制眼睛，使用“画笔工具”🖌绘制眼镜的高光，如图2-47所示。

图2-47

20 使用“矩形工具”□在标志下方创建矩形，并设置矩形的圆角，设置填充为白色，描边为无，在圆角矩形的上方，使用“文字工具”T创建文字，如图2-48所示。

图2-48

21 至此本案例制作完成。

2.3 商业案例——古典水墨标志设计

2.3.1 设计思路

扫码看视频

■ 案例类型

本案例是一款以农产品为主题的标志设计项目。

■ 设计背景

农产品是农业中生产的作物，如高粱、稻子、花生、玉米、小麦以及各个地区土特产等，如图2-49所示。本例农产品的产地位于山水之间的自然好风光之中，所以客户要求制作一款具有古朴气质的农产品标志。

图2-49

■ 设计定位

根据场地环境的特点和客户的要求，我们初步决定设计古典风格的标志，在设计中将主要突出农产品产地环境的自然和淳朴。综合上述特点，将以水墨画的方式进行表现，如图2-50所示，水墨画既有古典风格又有朴实简约效果。

图2-50

2.3.2 配色方案

对消费者而言，农产品应该是回归自然无公害的产品，是放心食用的产品，所以本案例采用了产地的环境作为主题标志，既有大自然的效果，又有古典的韵味。

■ 主色

山水中的“山”主要是青色和黑色，所以本案例也将采用黑色作为主色调，黑色是水墨画的原始颜色，黑色会让人联想到宁静的山村，淡雅脱俗的山水。

■ 辅助色

在标志中，除了要表现山的效果外，还要表现农副产品的效果，但是农副产品的种类实在是太多了，所以以绿色和稻谷的黄绿色进行表现，绿色表示清澈的湖泊和农产品植物，黄绿色表示稻谷、玉米等的颜色，且黑色和黄绿色搭配起来协调且富有层次和变化。

■ 其他配色方案

在设计中，颜色是最能起到表达作用的一种形式。所以，一般在设计方案的过程中也会给出一些其他色调的方案效果。针对本例而言，古典水墨的效果一般用青黑色来表现，如图2-51所示，可以看到青黑色的水墨效果有回归古朴的感觉，但是过于沉闷。而采用纯绿色也没有穿插其他色彩的效果那么富有层次感，如图2-52所示。

图2-51

图2-52

2.3.3 形状设计

标志的设计采用非常有特色的水墨画笔构图，水墨画中以“山”为主体，河流、麦田、植物都在山下以辅助色的延伸线表示；构图上采用上下结构的方式，上面是图像、下面是文字，文字中间以直线进行分割，主要起到装饰的效果。

2.3.4 项目实战

■ 制作流程

本案例首先绘制水墨画主体形状；然后创建标题名称和注释；最后创建分割线，如图2-53所示。

图2-53

■ 技术要点

使用“画笔工具”绘制形状；

使用“画笔”面板设置画笔的笔触；

使用“文本工具”添加文字标题；

使用“直线工具”创建分割线。

■ 操作步骤

01 运行Illustrator软件，创建一个新文档。

02 在菜单栏中选择“窗口>画笔”命令，打开“画笔”面板，如图2-54所示。

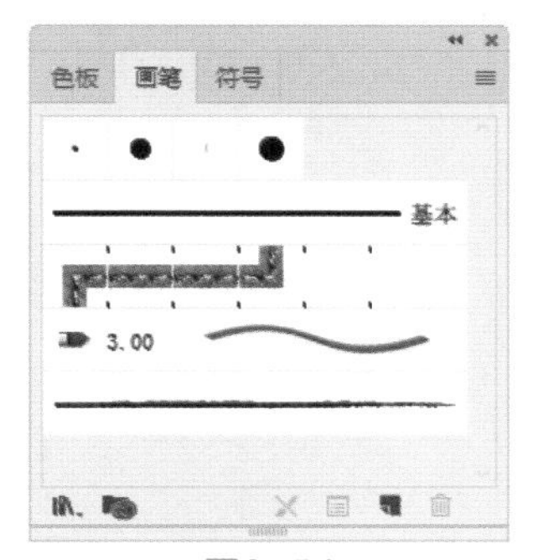

图2-54

03 在“画笔”面板中单击“画笔库菜单”按钮，在弹出的菜单中选择“艺术效果>艺术效果_油墨”命令，如图2-55所示。

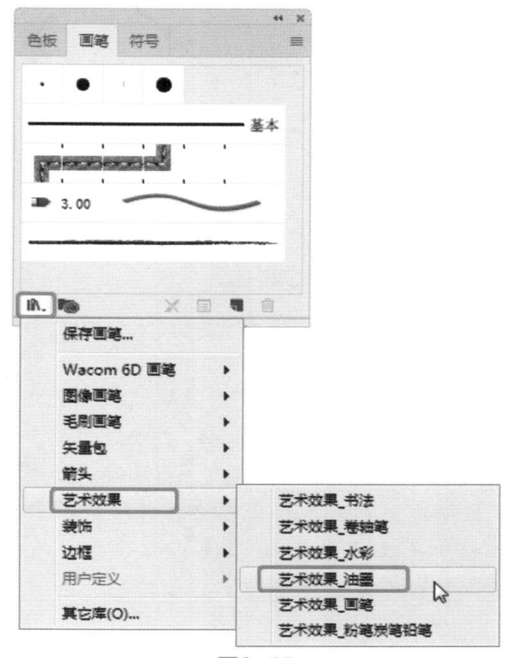

图2-55

04 打开“艺术效果_油墨”面板，如图2-56所示。

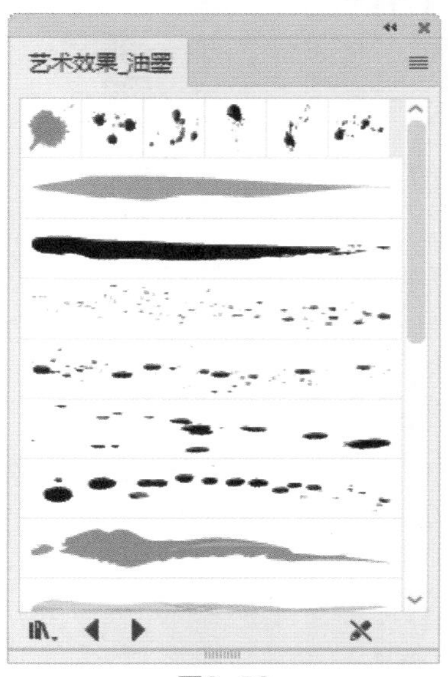

图2-56

05 在“艺术效果_油墨”面板中选择一个画笔笔触，在工具箱中选择“画笔工具”，在舞台中创建山体形状，如图2-57所示。

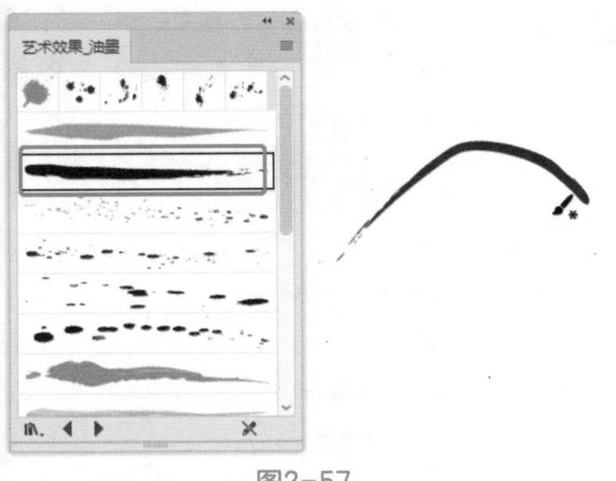
图2-57

艺术效果画笔的使用技巧和提示

选择笔触绘制形状后，会发现边缘不能进行编辑，因为这里使用“画笔工具”绘制的是描边，而不是图形，并不能够对描边进行调整。如果想对画笔的描边进行调整，需要将其转换为图形，在菜单栏中选择“对象>扩展外观”命令，执行命令后，可以发现描边变为实体的图形，如图2-58所示。

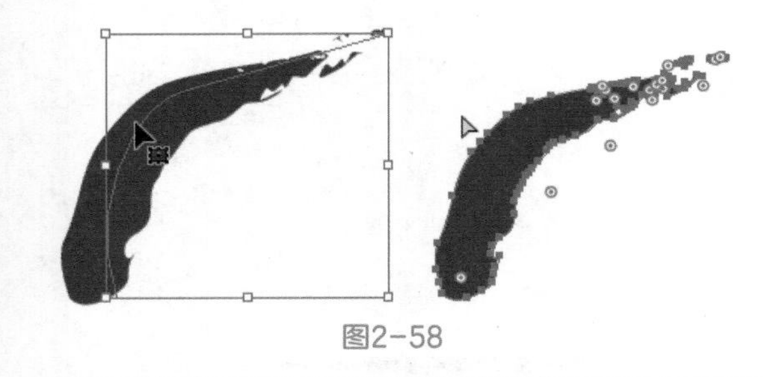
图2-58

06 使用画笔绘制形状后，在“属性”面板中设置“描边”的颜色为接近黑色的青色，设置粗细为3pt，如图2-59所示。

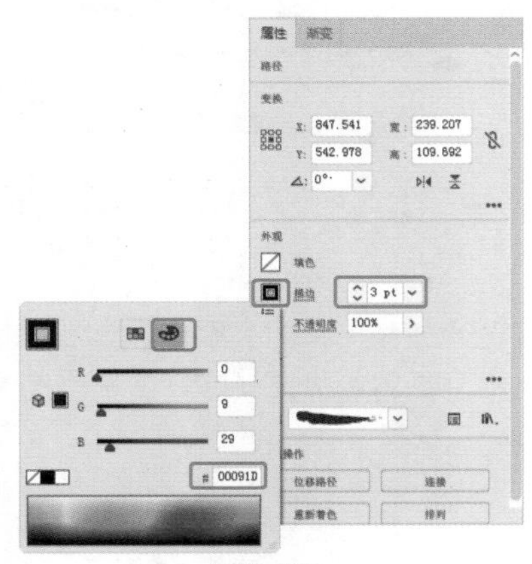
图2-59

07 在“画笔”面板中单击“画笔库菜单”按钮，在弹出的菜单中选择“艺术效果>艺术效果_水彩”命令，如图2-60所示。

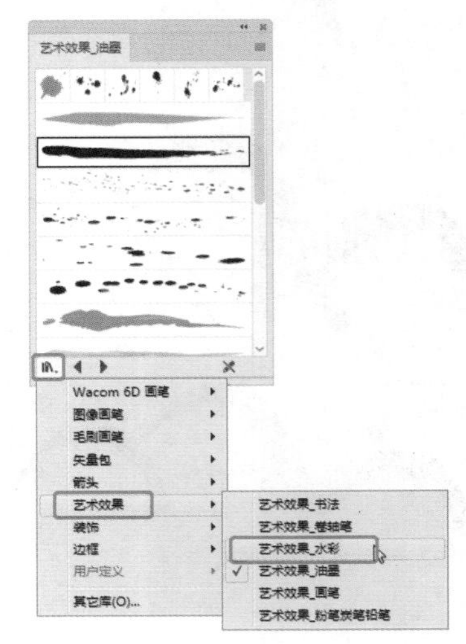
图2-60

08 在打开的“艺术效果_水彩”面板中选择一种画笔笔触，在如图2-61所示的位置绘制形状。

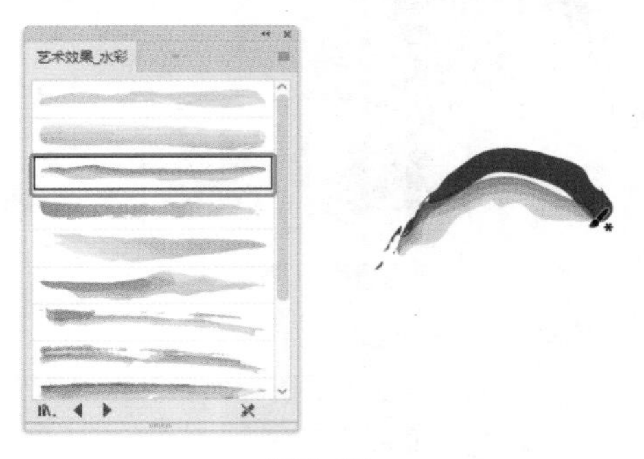
图2-61

09 选择绘制的形状，在“属性”面板中设置“描边”颜色为黑色，粗细为5pt，如图2-62所示。

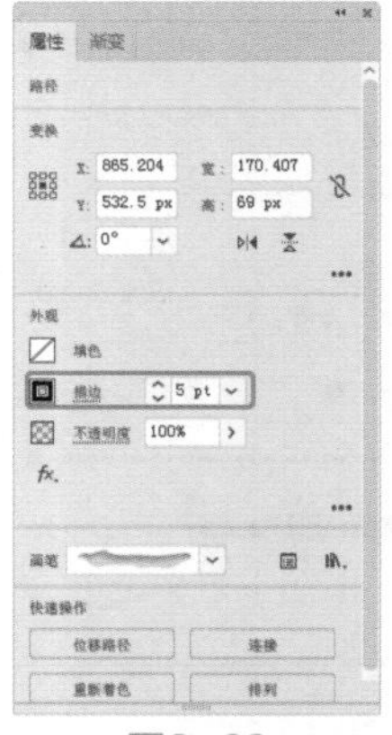
图2-62

10 使用油墨画笔继续绘制形状，如图2-63所示。

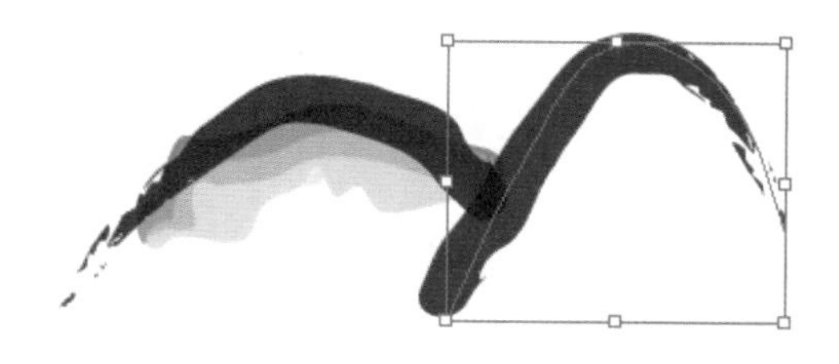

图2-63

⑪ 使用水彩画笔绘制如图2-64所示的形状。

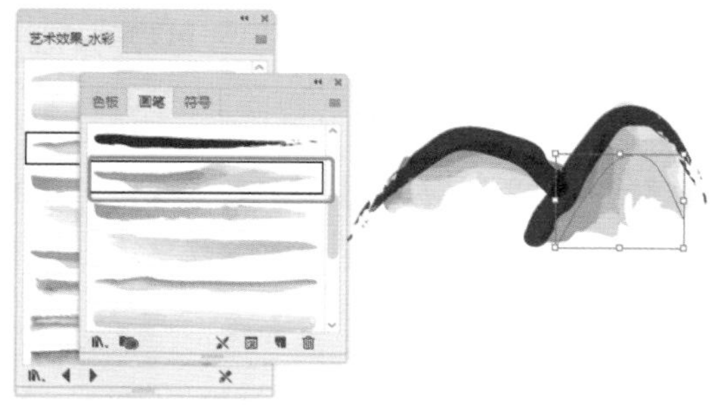

图2-64

⑫ 继续绘制，完成山体水墨效果的绘制，如图2-65所示。

图2-65

⑬ 使用画笔工具，在舞台中绘制延长线，作为辅助素材，设置颜色为绿色和黄色，如图2-66所示。

图2-66

⑭ 选择使用画笔绘制的线，选择合适的艺术效果画笔，如图2-67所示，然后修改颜色，合适即可。

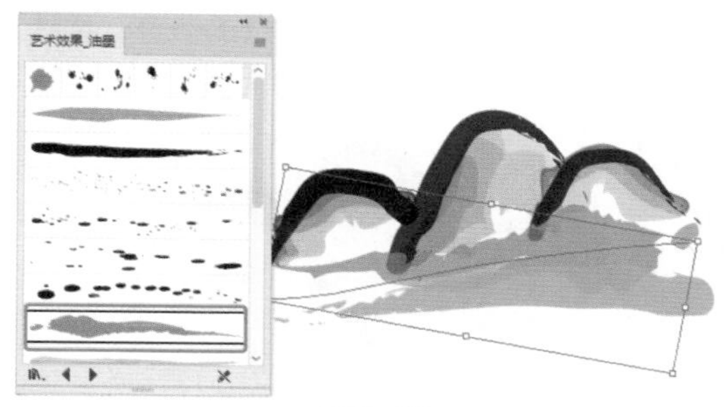

图2-67

⑮ 绘制图案后，使用"文字工具" T 在舞台中创建文字，在"属性"面板中设置合适的字体、大小以及间距，如图2-68所示。

图2-68

⑯ 在工具箱中选择"直线工具"，在舞台中单击，在弹出的"直线段工具选项"对话框中设置合适的参数，单击"确定"按钮，即可在单击的位置创建直线，如图2-69所示。

图2-70

⑰ 选择创建的直线，在"属性"面板中设置"描边"的颜色和粗细，如图2-70所示。

图2-70

18 对线进行复制，并调整到合适的位置；继续使用“文字工具”T.创建注释，如图2-71所示。

图2-71

19 使用“文字工具”T.，创建英文装饰，可以丰满整个标志，如图2-72所示。

图2-72

20 至此，本实例制作完成。

2.4 商业案例——特效立体标志

2.4.1 设计思路

■ 案例类型

本案例是一款有关宠物商店的标志设计项目。

■ 项目诉求

宠物商店是专门为宠物提供服务的地方，包括宠物的美容、宠物寄养、宠物用品的零售等场所。其经营模式如一般的商店、超市无异，根据与客户商谈知道，客户需要一个暖色的、平易近人的商标，商标上可以放置动物，但不能影响店铺名称。

■ 设计定位

根据客户需求，我们初步将宠物商店名称凸出显示，并配合狗狗头像的剪影作为装饰，且用弧形作为背景图形，整体给人流畅舒适的感觉。

2.4.2 配色方案

配色主要使用暖色调，并使用同样色彩的深色和浅色辅助完成整体色调的搭配。

■ 主色

主色使用黄色和橘黄色，这种色调我们在前面也讲过，是太阳的颜色，在本案例中象征亲和、友善和舒适等，给人以放心的心理状态。

■ 辅助色

辅助色使用暖咖色，咖啡色给人以优雅、朴素、庄重的感觉，是一种比较含蓄的颜色，不张扬，不喧宾夺主，是辅助色中除了黑色最好的一种颜色。

2.4.3 版面构图

版面为半圆构图，主要是以标题为中心，向上进行分散排列。本案例属于图文类型，图是指狗狗剪影和文字背景，文是指主标题和副标题。

2.4.4 同类作品欣赏

2.4.5 项目实战

■ 制作流程

本案例首先创建标题，创建弧形上的文字，并将文字转换为形状；然后调整填充的渐变，设置文字标题的3D效果，并将3D效果转换为可编辑的形状；最后设置图像的模糊，描绘狗狗头像，如图2-73所示。

图2-73

图2-73（续）

■ 技术要点

使用“文本工具”创建标题；

使用“路径文字工具”创建弧形上的文字；

使用“创建轮廓”工具将文字转换为形状；

使用“渐变工具”调整填充的渐变；

使用“凸出和斜角”命令设置文字标题的3D效果；

使用“扩展外观”命令，将3D效果转换为可编辑的形状；

使用“高斯模糊”命令设置图像的模糊；

使用“椭圆工具”创建椭圆，并修剪椭圆；

使用“钢笔工具”描绘狗狗头像。

■ 操作步骤

01 运行Illustrator软件，创建一个新文档。

02 使用“文字工具” T，在舞台中创建文字，在“属性”面板中设置文字的属性，如图2-74所示。

图2-74

03 创建文字后，用鼠标右击文字，在弹出的快捷菜单中选择“创建轮廓”命令，如图2-75所示。

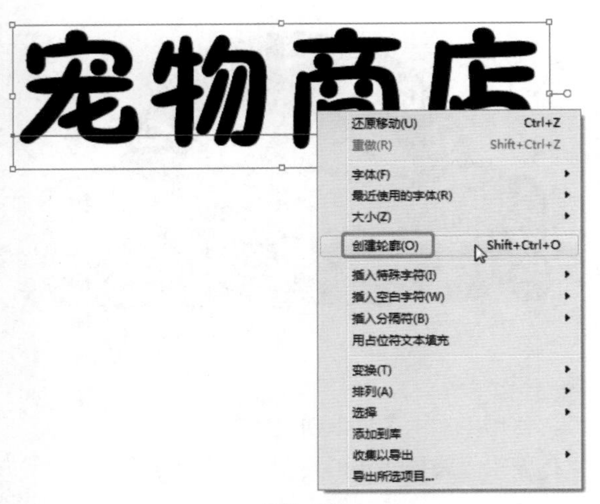

图2-75

04 创建轮廓后，为文字形状填充渐变，在“渐变”面板中选择“类型”为“线性”，设置渐变颜色由#fcee21到#f15a24，如图2-76所示。

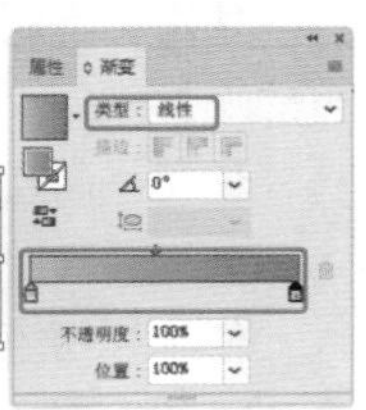

图2-76

05 在工具箱中选择“渐变工具”，在舞台中拖动出渐变，调整填充，如图2-77所示。

图2-77

06 在菜单栏中选择“效果>3D>凸出和斜角”命令，如图2-78所示。

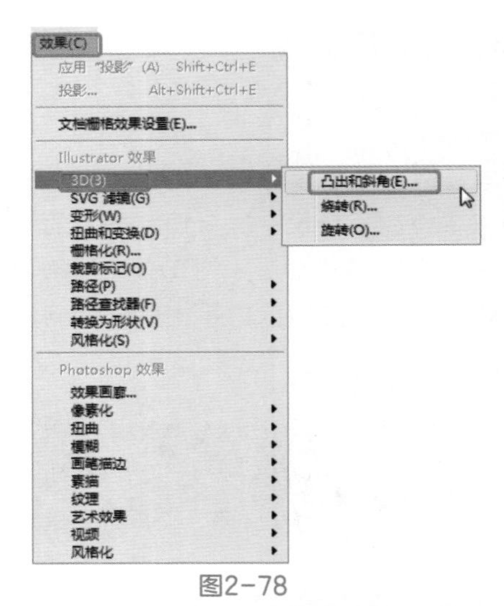

图2-78

07 在弹出的“3D凸出和斜角选项”对话框中设置合适的参数，如图2-79所示。

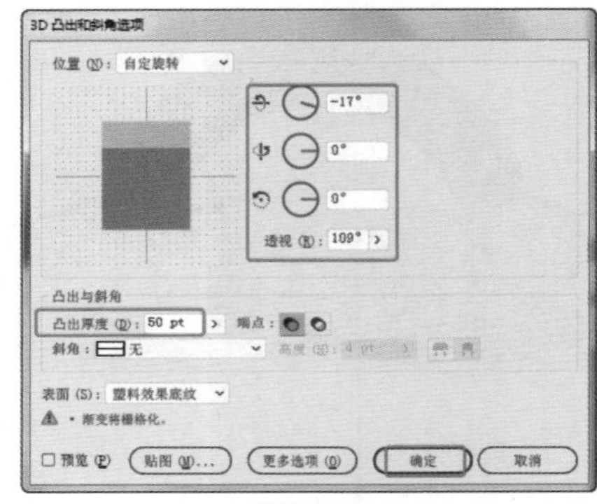

图2-79

08 设置的标题的3D效果如图2-80所示。

图2-80

09 设置图像的“描边”为无的效果，如图2-81所示。

图2-81

10 选择设置的3D效果，在菜单栏中选择“对象>扩展外观”命令。

扩展和扩展外观使用提示

扩展，是将单一对象分割为若干个对象，这些对象共同组成其外观。

如果扩展一个简单对象，例如一个具有实色填色和描边的圆，那么，填色和描边就会变为离散的对象。如果扩展更加复杂的对象，例如具有图案填充的对象，则图案会被分割为各种截然不同的路径，而所有这些路径组合在一起，就是创建这一填充图案的路径。

只有做了效果的对象才能用扩展外观，一般对象只用扩展，比如将线条扩展成填充。

11 在舞台中选择扩展的立体图像，设置其填充为渐变，在“渐变”面板中设置“类型”为“线性”，设置角度为179.9°，设置渐变填充的颜色由#da392d到# 941800，如图2-82所示。

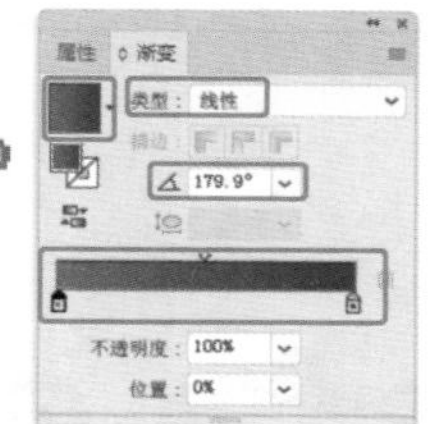

图2-82

12 设置渐变参数后，在工具箱中选择“渐变工具”，在舞台中拖动出渐变，调整填充，如图2-83所示。

图2-83

13 使用“椭圆工具”，在舞台中创建椭圆，设置椭圆的“填色”为#42210b，如图2-84所示。

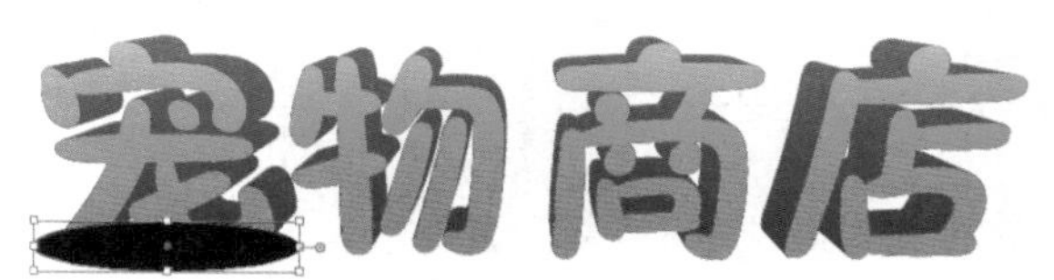

图2-84

14 在舞台中复制、粘贴椭圆，调整椭圆的位置，如图2-85所示。

图2-85

15 选择所有的椭圆，在菜单栏中选择“效果>模糊>高斯模糊”命令，在弹出的“高斯模糊”对话框中设置合适的模糊半径，单击“确定”按钮，如图2-86所示。

图2-86

16 设置模糊后，确定当前选择为模糊后的椭圆，按Ctrl+[组合键，将其调整为标题的后面，如图2-87所示。

图2-87

17 在舞台中创建文字，如图2-88所示，在“属性”面板中设置合适的参数。

图2-88

18 创建文字后，在“属性”面板中设置“描边”的粗细为70pt，如图2-89所示。

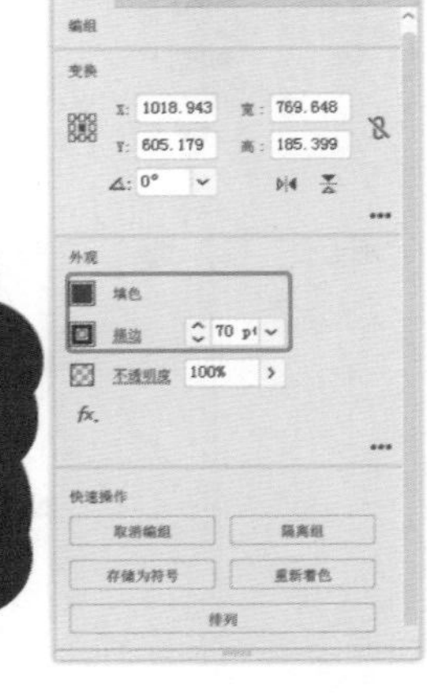

图2-89

19 在菜单栏中选择“对象>扩展”命令，在弹出的“扩展”对话框中选择“填充”和“描边”选项，单击“确定”按钮。

20 使用扩展命令后，为其设置填充为渐变，在“渐变”面板中选择“类型”为“线性”，设置角度为90°。设置渐变填充为橘黄色到白色到再橘黄色，调整其排列位置，如图2-90所示。

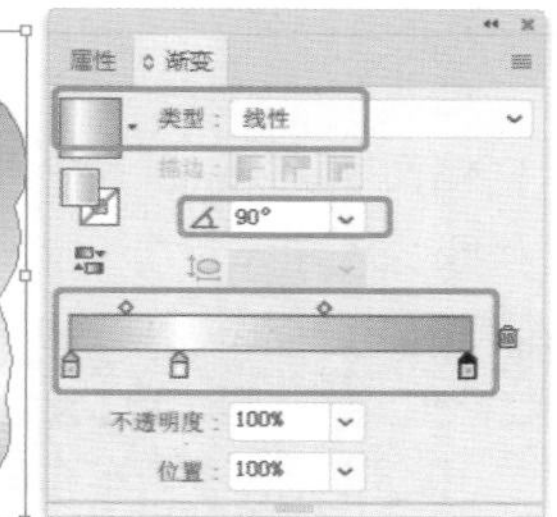

图2-90

21 使用“椭圆工具”在舞台中创建椭圆，如图2-91所示。

图2-91

22 按Ctrl+C和Ctrl+B组合键，复制并粘贴圆，调整粘贴后圆的大小，可以改变其填充颜色，以便于观察，如图2-92所示。

图2-92

23 在舞台中选择文字后的渐变背景，按Ctrl+C和Ctrl+B组合键，选择粘贴后的图像，调整其大小，并填充为咖啡色，如图2-93所示。

24 使用“矩形工具”在如图2-94所示的位置创建矩形，按住Shift键，在舞台中选择两个圆和一个矩形，在“路径查找器”面板中单击“分割”按钮。

图2-93

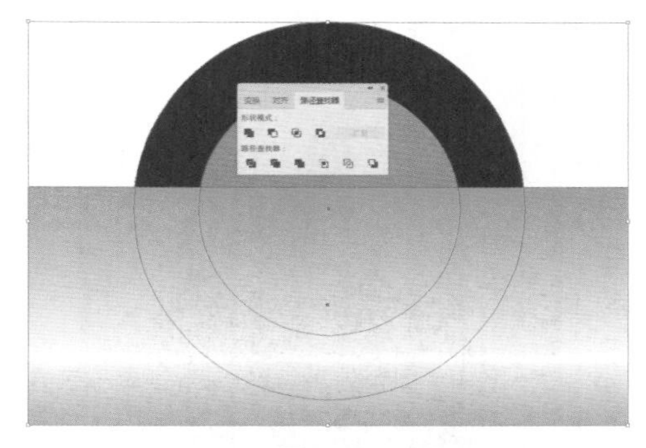

图2-94

25 分割形状后，在“属性”面板中单击“取消编组”按钮，取消编组后，使用“选择工具”选择不需要的形状，按Delete键，删除不需要的形状，保留如图2-95所示的形状，设置填充为咖啡色。

图2-95

26 在菜单栏中选择“文件>置入”命令，在弹出的“置入”对话框中选择随书配备资源中的“狗狗侧面图像.png”文件，单击“置入”按钮，如图2-96所示。

图2-96

27 置入图像后，将其放置到合适的位置，使用“钢笔工具”，在舞台中根据图像绘制狗狗的轮廓，如图2-97所示。

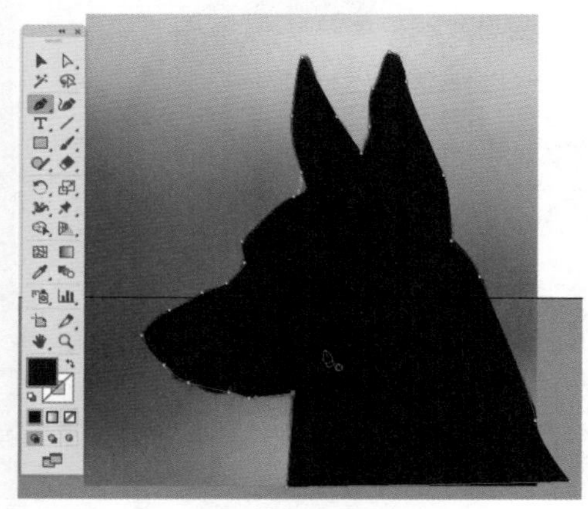

图2-97

28 设置一个合适的渐变填充，渐变填充颜色为橘黄色到白色的渐变，使用“渐变工具”调整渐变的效果，如图2-98所示。

图2-98

29 复制一个狗狗剪影图像，将其放置到后面，并设置填充为咖啡色，如图2-99所示。

图2-99

30 对如图2-100所示的形状进行复制，复制后，移动图像到舞台的一侧。

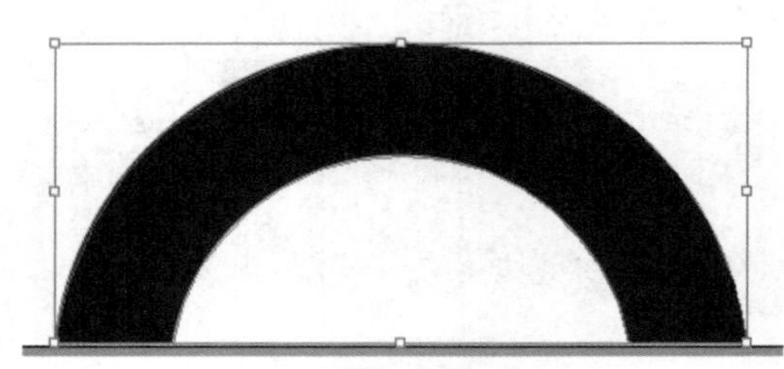

图2-100

31 使用“路径文字工具”，在舞台中复制出的图形外侧路径上单击，输入文字，创建出路径文字的效果，在“属性”窗口中调整文字的属性，如图2-101所示。

图2-101

32 移动路径文字到如图2-102所示的位置，调整其合适的效果。

图2-102

33 至此，本实例制作完成。

2.5 优秀作品欣赏

DOGHOUSE
SLOGAN

PETSHOP
PREMIUM GOODS

EXCEPTIONALLY
SMOOTH
HIGHEST QUALITY

XING PING HO

DRINKDELIGHT
HAVE FUN, MAKE HISTORY

Three Olives

oradexim

.com

名片的产生主要是为了交往，通过名片可以认识对方，是自我介绍的最快最有效的方法。特别是随着经济的发展，用于商业活动的名片成为市场的主流。人们的交往方式有两种，一种是朋友间交往、一种是工作间交往，工作间交往一种是商业性的，一种是非商业性的，这也成为名片分类的依据。

本章将主要从名片的常见类型、组成部分、常见尺寸、构图方式以及后期特殊工艺等方面学习名片的设计。

3.1 名片设计概述

在一张小小的卡片上记录持有者的姓名、职业、工作单位、联系方式等，这就是名片，名片是一种向外传播的媒体。除了在名片上印有自己的资料外，还可以标注企业资料，如企业Logo、地址以及企业的业务内容和领域。

3.1.1 名片的常见类型

根据名片的作用可以分为以下几种类型。

（1）个人名片。朋友间交流感情，结识新朋友所使用的名片。该类名片上主要记载持有者的姓名、职位、单位名称、联系方式等信息，以传递个人信息为主要目的，如图3-1所示。

图3-1

（2）公用名片。政府或社会团体在对外交往中所使用的名片，名片的使用不以营利为目的。该类名片上一般有标志，部分印有对外服务范围，没有统一的名片印刷格式，名片印刷力求简单适用，注重个人头衔和职称，名片上没有私人家庭信息，主要用于对外交往与服务，如图3-2所示。

图3-2

（3）商用名片。该类名片主要是以企业形象为主，以推销企业为主的一种系统名片。名片常印有标志、注册商标、企业业务范围，大公司有统一的名片印刷格式，使用较高档纸张，名片没有私人家庭信息，主要用于商业活动，如图3-3所示。

图3-3

3.1.2 名片的基本组成部分

名片的组成部分是指组成名片的各种要素，一般是指标志、图案、持有人的信息等。这些要素都有自己的作用，如图3-4所示。

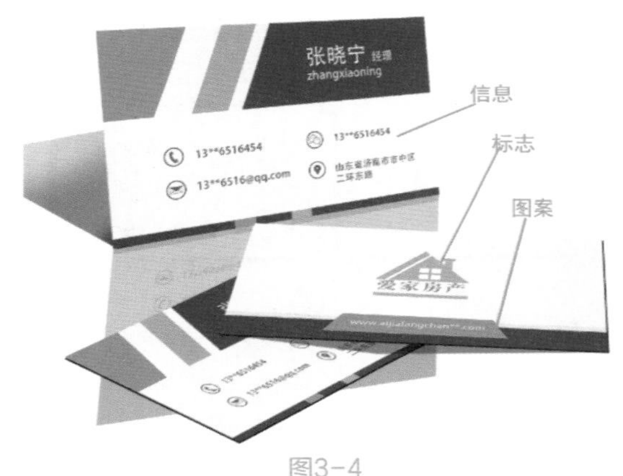

图3-4

（1）标志。名片上一般会有公司的形象Logo，并且Logo都放置在最显眼的地方。

（2）图案。图案的设计是一个重要的环节，图案在一张名片中具有吸引注意力的作用。

（3）信息。只有能够吸引视线，才能注意到名片上的内容，内容就是持有人或公司的信息。注意，这些信息一定要简明扼要。

3.1.3 名片的常用尺寸

名片标准尺寸：90mm×54mm、90mm×50mm 、90mm×45mm。

名片要有出血，上下左右各2mm，所以制作尺寸必须设定为：94mm× 58mm、94mm×54mm 、94mm×49mm。

横版：90mm×55mm<方角>、 85mm×54mm<圆角>，如图3-5所示，横版是最常见的一种名片尺寸类型。

图3-5

竖版：50mm×90mm<方角>、54×85mm<圆角>，竖版是最近几年比较流行的一种名片尺寸，如图3-6所示。

图3-6

方版：90mm×90mm和95mm×95mm。

折卡式：该名片是一种较为特殊的名片形式。国内常见折卡名片，尺寸为90mm×108mm；欧美常见折卡名片，尺寸为90mm×100mm，如图3-7所示。

图3-7

3.1.4 名片的构图方式

名片的版面空间较小，需要排布的内容相对来说比较格式化，所以在版面的构图上需要花些心思，使名片更加与众不同，下面就来了解常见的构图方式。

（1）左右构图。标志、文案左右明确分开，但不一定是完全对称，如图3-8所示。

（2）椭圆形构图。椭圆形构图是指信息方式和背景图像是以椭圆形的方式进行布置的，如图3-9所示。

图3-8

图3-9

（3）半圆形构图。如图3-10所示标志、主题、辅助说明文案安排在一个圆形范围内。

图3-10

（4）对称构图。对称构图包括左右对称和上下对称，如图3-11所示。

图3-11

（5）不对称轴线形构图。该构图方式是最为灵活的一种方式，可以任意放置信息和标题等内容，如图3-12所示。

图3-12

（6）斜角构图。这是一种强力的动感构图，主题、标志、辅助说明文案按区域倾斜放置，如图3-13所示。

图3-13

（7）三角形构图。三角形构图是指主题、标志、辅助说明文案构成相对完整的三角形并外向对齐。

（8）稳定形构图。画面的中上部分为主题和标志，下面为辅助说明，这种构图方式比较稳定，如图3-14所示。

图3-14

（9）中心形构图。标志、主题、辅助文案以画面中心点为准，聚集在一个区域范围内居中排列，如图3-15所示。

图3-15

3.1.5 名片的制作工艺

为了使名片更吸引人，在印刷名片时往往会使用一些特殊的工艺，例如模切、打孔、UV、凹凸、烫金等，以制作出更加丰富的效果。

（1）模切工艺：品牌个性的表达来自时尚，塑造独特主张的名片印刷就是多边裁剪，可以别出心裁地进行创意设计，完全让你尽情想象发挥，夸张的表现会让客户记忆深刻。此工艺往往会使名片很新颖，是一些追求新颖、创意人士的理想选择，如图3-16所示。

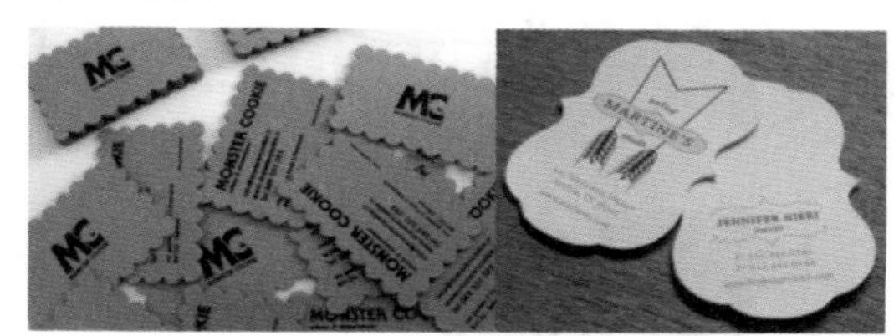

图3-16

（2）打孔工艺：一般为圆孔和多孔，多用于较为个性化的名片设计制作。打孔的名片充分满足了视觉需要，具有一定的层次感和独特感，如图3-17所示。

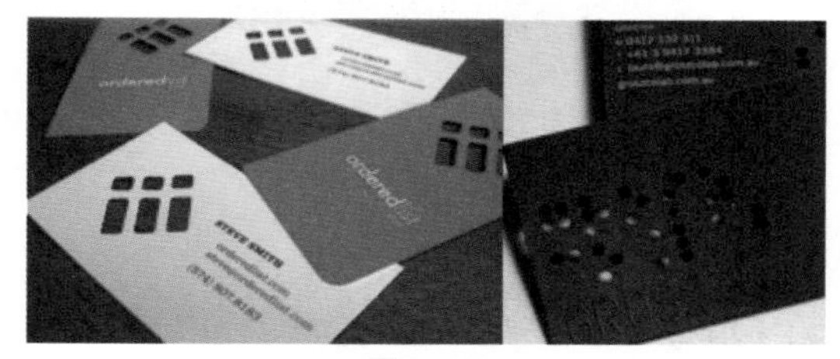

图3-17

（3）UV工艺：在UV 印刷机上利用专用UV油墨实现UV印刷效果，使得局部或整个名片表面光亮凸起。UV 工艺名片突出了名片中的某些重点信息并使得整个画面呈现一种高雅形象，如图3-18所示。

（4）凹凸工艺：名片图形凹凸能够达到视觉精致的效果，尤其针对简单的图形和文字轮廓，能增加印刷图案的层次感，使之获得生动美观的立体感，如图3-19所示。

图3-18

图3-19

（5）烫金工艺：局部烫金或烫银能起到画龙点睛的效果，有金色、银色、镭射金、镭射银、黑色、红色、绿色等多种式样，如图3-20所示。

图3-20

3.2 商业案例——个性黑白名片的设计

3.2.1 设计思路

扫码看视频

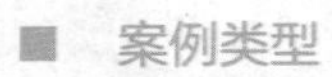

■ 案例类型

本案例是一个有个性的黑白名片设计项目。

■ 项目诉求

本案例制作一款较为个性化的黑白色名片，作为模板，只要简约又具有创意即可。

■ 设计定位

根据模板的要求，我们使用方形几何形状来制作，体现个性化的效果，并以直线作为点缀，几何体一般出现在棱角分明的行业中，如冶金、工业、商务等。有棱角的方形可以表现为简单、轻松的感觉，如图3-21所示。

3.2.2 配色方案

配色方案要根据客户要求来设计，主色和辅助色分析如下。

■ 主色

主色使用的是接近黑色的深灰色。黑色是一个很强大的色彩，它可以很庄重和高雅，而且可以让其他颜色突显出来。黑色是一种不会过时的时尚色彩，所以通常也应用于时尚和个性化的设计作品中。

■ 辅助色

辅助色采用白色，白色是一种原始的纯净颜色。白色表现为干净、畅快、单纯、雅致，白色在商业设计中具有高级和科技的意象，而且白色可谓是百搭色彩，与黑色相同，白色也是永远流行的色彩。

■ 其他配色方案

蓝色和青色都是商务设计中首选的颜色，暗红色一般使用在较为潮流和个性化的设计中，根据版式的设计同样也可以使用在商务中，如图3-22所示。

图3-21

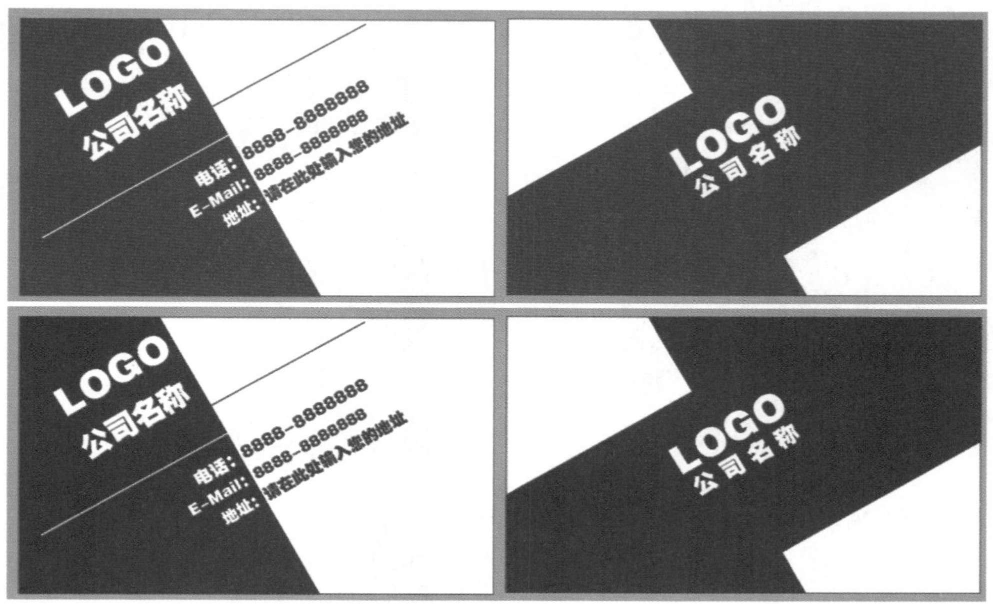

图3-22

3.2.3 版面设计

本案例采用斜角构图方式，这是一种富有强力的动感构图，主题、标志、辅助说明文案按区域倾斜放置，这种类型较为个性和时尚。

制作的斜角构图的名片如图3-23所示。

图3-23

3.2.4 同类作品欣赏

3.2.5 项目实战

■ 制作流程

本案例首先创建分割线，创建底色和留白区域；然后修剪图像，创建文字注释；最后进行图像修饰，如图3-24所示。

图3-24

■ 技术要点

使用“直线段工具”创建分割线；

使用“矩形工具”创建矩形图形；

使用“路径查找器”面板修剪图像；

使用“文字工具”创建文字注释；

使用“钢笔工具”绘制形状。

■ 操作步骤

01 运行Illustrator软件，创建一个新文档。

02 运行软件后，选择“编辑>首选项>单位”命令，打开“首选项”对话框，从中选择“常规”为“厘米”，单击“确定”按钮，如图3-25所示。

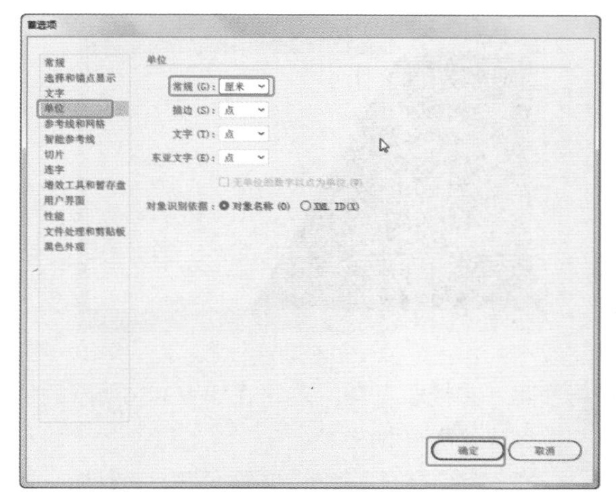

图3-25

03 在工具箱中选择“矩形工具”，在舞台中创建矩形，在“属性”面板中设置“宽”为9cm、“高”为5.4cm，这是标准的名片大小，设置矩形的“填色”为白色，如图3-26所示。

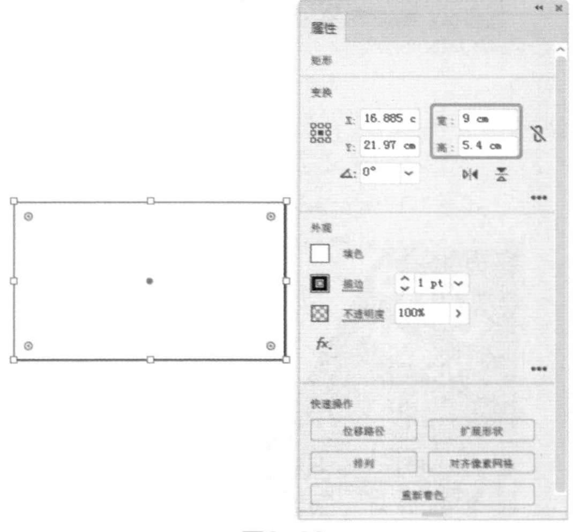

图3-26

04 可以在标准尺寸上乘以2，作为当前制作名片的大小，如图3-27所示。

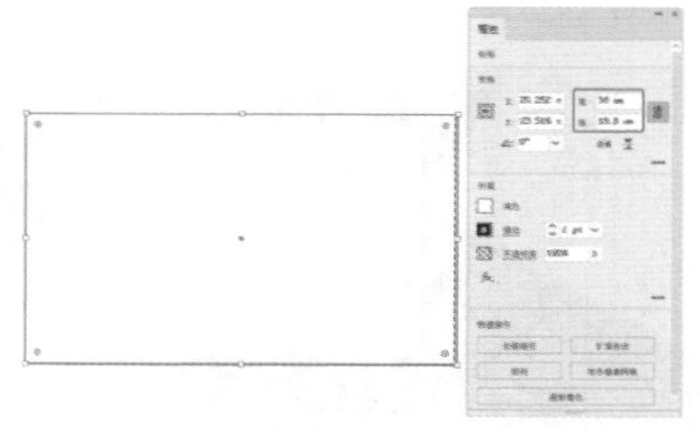

图3-27

05 使用“直线段工具”，绘制矩形的对角线，如图3-28所示。

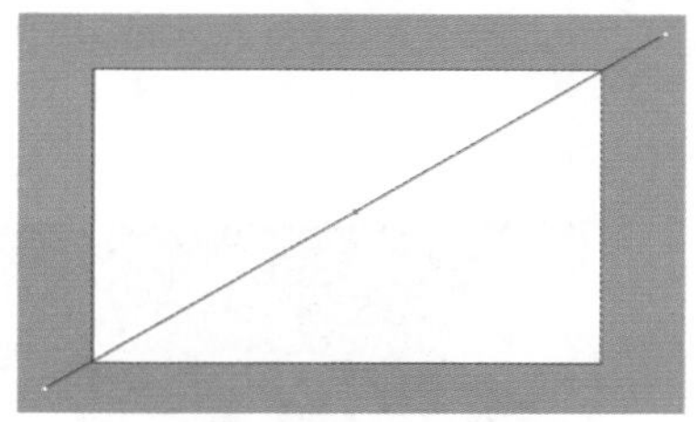

图3-28

06 选择矩形，按Ctrl+C和Shift+Ctrl+V组合键，就地粘贴矩形，设置粘贴后的矩形颜色为黑色，如图3-29所示。

图3-29

07 在工具箱中选择“矩形工具”，在舞台中创建矩形，调整位置和角度，复制矩形并调整其位置和角度，如图3-30所示。

图3-30

08 按Shift键，选择黑色矩形和后来创建的两个小矩形，在“路径查找器”面板中单击“减去顶层”按钮，修剪得到如图3-31所示的图像。

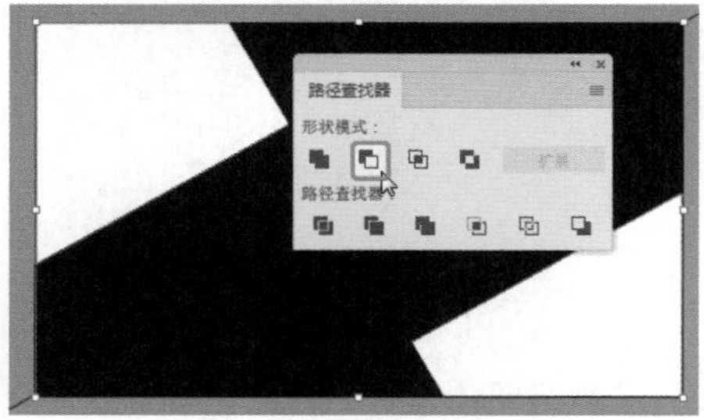

图3-31

09 在工具箱中选择“路径文字工具”，在作为分割线的斜线上单击，创建文字，复制文字，并修改文字的属性，如图3-32所示。

图3-32

10 名片正面制作完成，下面制作名片背面。按住Shift键选择名片正面图形，按Ctrl+C和Ctrl+V组合键，复制图像，调整其位置，删除文字，如图3-33所示。

图3-33

11 使用“直线段工具”，在如图3-34所示的位置创建分割辅助线。

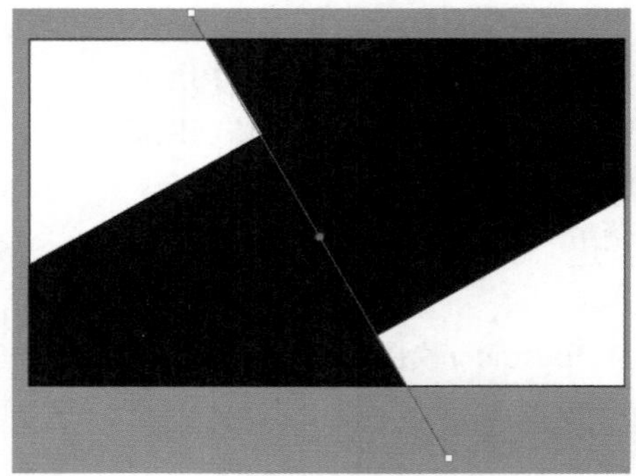
图3-34

12 使用“钢笔工具”，在舞台中绘制如图3-35所示的形状，设置填充为黑色。

图3-35

13 使用“直线段工具”，在如图3-36所示的位置创建分割辅助线。

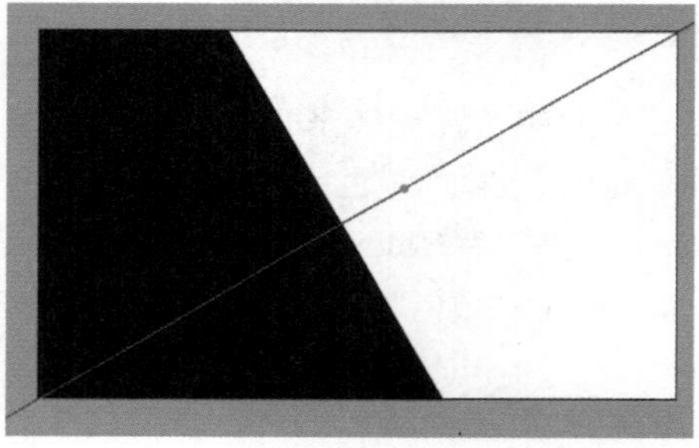
图3-36

14 使用“路径文字工具”，在后来绘制的辅助线上单击，创建文字，复制文字并修改文字内容，如图3-37所示。

图3-37

15 创建两端直线段，分别设置其“描边”粗细和颜色，如图3-38所示。

图3-38

16 复制文字，修改文字内容和属性，如图3-39所示。

图3-39

17 使用同样的方法创建其他文字内容，完成名片模板的制作，如图3-40所示。

图3-40

3.3 商业案例——清新名片的设计

3.3.1 设计思路

扫码看视频

■ 案例类型

本案例是一款美容机构的名片设计项目。

■ 设计背景

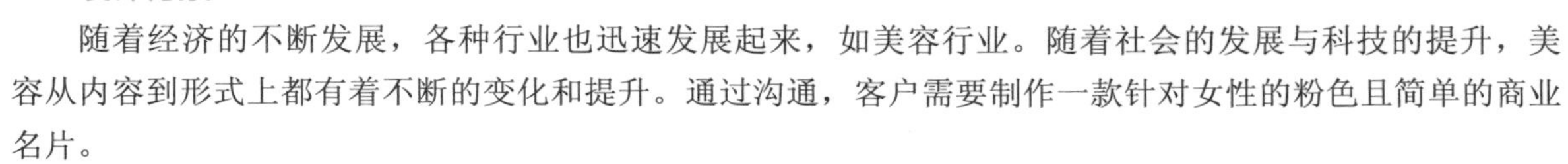
随着经济的不断发展，各种行业也迅速发展起来，如美容行业。随着社会的发展与科技的提升，美容从内容到形式上都有着不断的变化和提升。通过沟通，客户需要制作一款针对女性的粉色且简单的商业名片。

■ 设计定位

主色和风格客户已经决定了，在粉色的基础上将会使用一些简约、简单的椭圆形状来装饰和丰满画面，正面主要表现公司标志和名称即可，这样既简单又突出了主题。

3.3.2 配色方案

整体颜色使用白色和粉色，白色是百搭的颜色，粉色则是公主色，粉色多代表浪漫、可爱、温馨、恋爱。所以以粉色为主题的设计一般与女性和恋爱有关。

■ 其他配色方案

浅橘色代表阳光、开朗，所以可以应用于一些活泼的现代女性的设计作品中，浅绿色则比较清新，绿色是健康、富有活力的颜色，但是颜色偏冷，颜色的选择最终还是由客户定夺，我们可以多给出几种颜色方案，以供参考和挑选，如图3-41所示。

图3-41

3.3.3 版面构图

本案例中名片的正面采用左右构图，将标志、文案左右明确分开，但不一定是完全对称，背面则使用了中心构图，将标题和Logo放置到中心位置，这种构图方式有突出主题的效果，如图3-42所示。

图3-42

3.3.4 同类作品欣赏

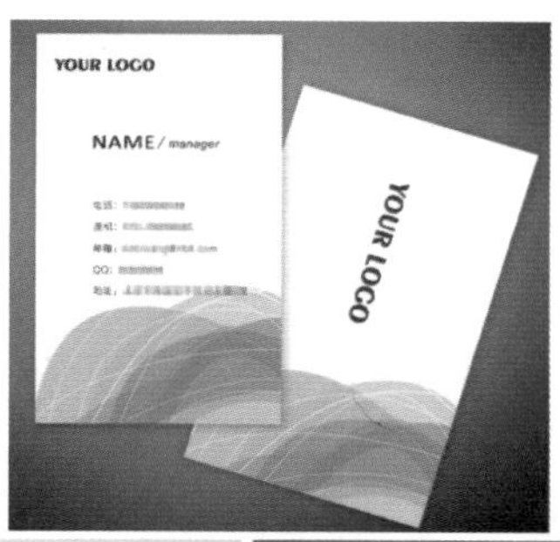

3.3.5 项目实战

■ 制作流程

本案例首先创建底色和轮廓，绘制人头部形状；然后创建文字注释；最后修剪图像，如图3-43所示。

图3-43

图3-43（续）

■ 技术要点

使用“矩形工具”创建底色和轮廓；

使用“钢笔工具”绘制形状；

使用“文字工具”创建文字注释；

使用“路径查找器”面板修剪图像。

■ 操作步骤

01 运行Illustrator软件，创建一个新文档。

02 在工具箱中选择“矩形工具”，在舞台中创建矩形，在“属性”面板中设置“宽”为95.25mm、“高”为45.156mm，如图3-44所示。

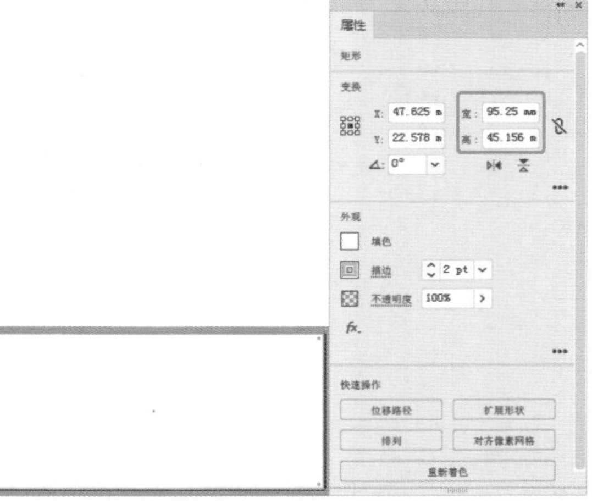

图3-44

03 在菜单栏中选择“文件>置入”命令，在弹出的“置入”对话框中选择随书配备资源中的“侧脸.png”文件，单击“置入”按钮，如图3-45所示。

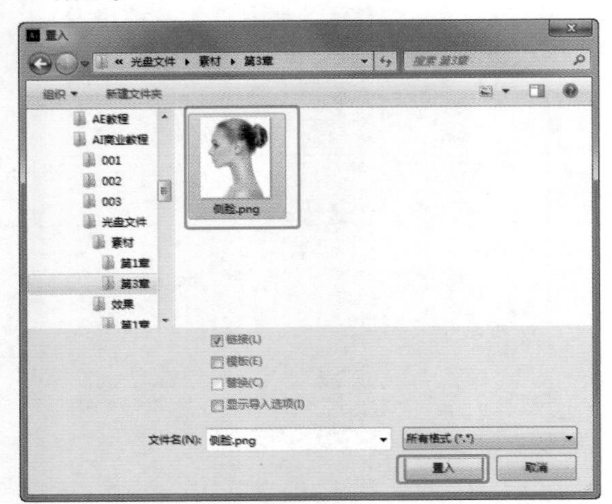

图3-45

04 将图像置入舞台中，如图3-46所示。

图3-46

05 使用“钢笔工具”，在人物的轮廓上绘制闭合的图形，如图3-47所示。

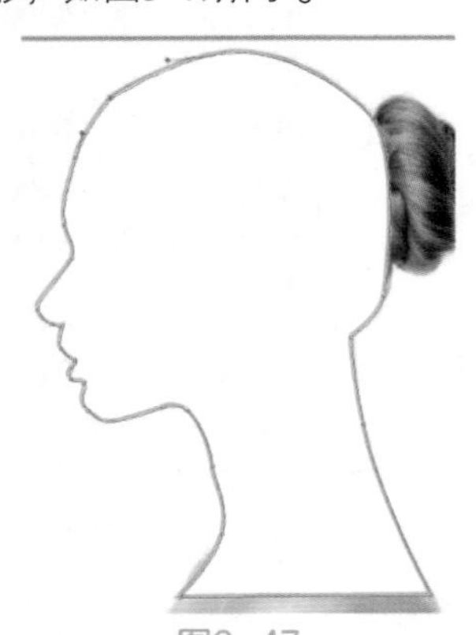

图3-47

06 选择绘制的形状，在“属性”面板中设置“填色”为浅粉色，设置“描边”为无，如图3-48所示。

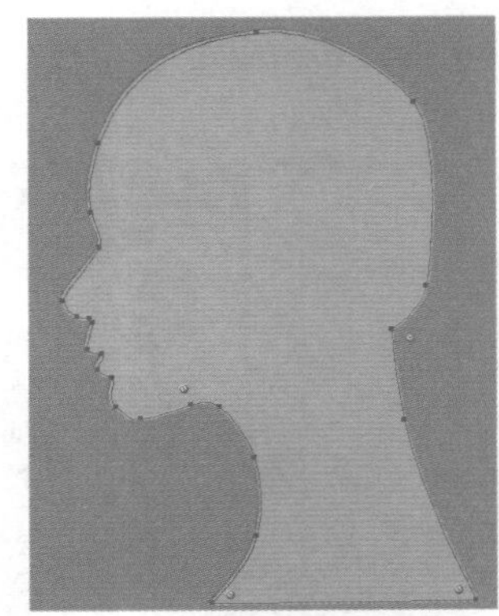

图3-48

07 使用“钢笔工具”，在舞台中绘制如图3-49所示的图形修剪图像。

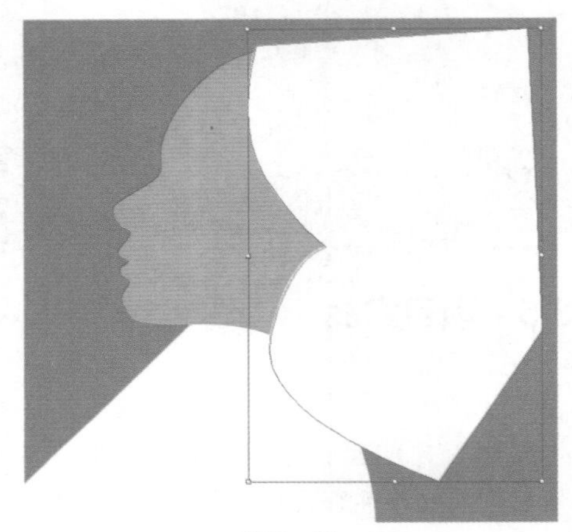

图3-49

08 选择描绘的人物图像，按住Shift键，选择钢笔绘制的两个修剪图像，在“路径查找器”面板中单击“分割”按钮，删除分割后不需要的部分区域。使用“钢笔工具”绘制一缕头发，如图3-50所示。

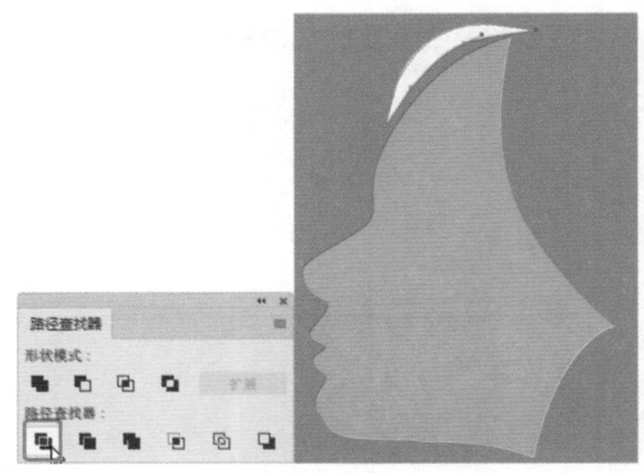

图3-50

09 使用“钢笔工具”绘制其他的头发图形，如图3-51所示。

图3-51

10 在舞台中选择作为标志的头像，设置填色为#ff6e8d，如图3-52所示。

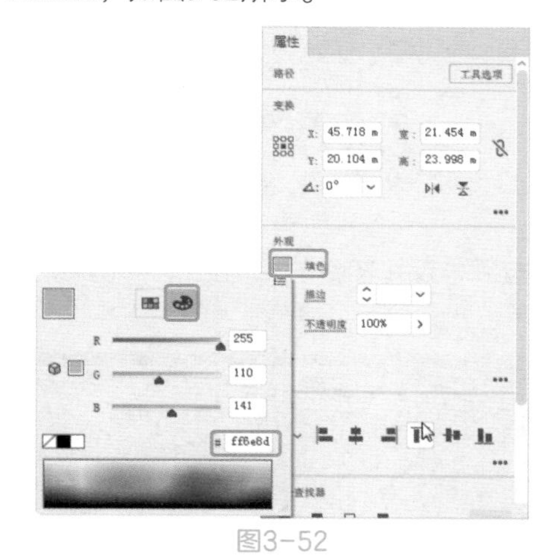

图3-52

11 将标志放置到矩形上，设置矩形的“描边”颜色为#ff6e8d，如图3-53所示。

图3-53

12 使用“文字工具”T，在舞台中创建美容机构的名称，如图3-54所示。

图3-54

13 选择作为标志的所有形状，按Ctrl+G组合键将其成组，选择矩形、文字和标志，在“属性”面板中单击“水平居中对齐”按钮，如图3-55所示。

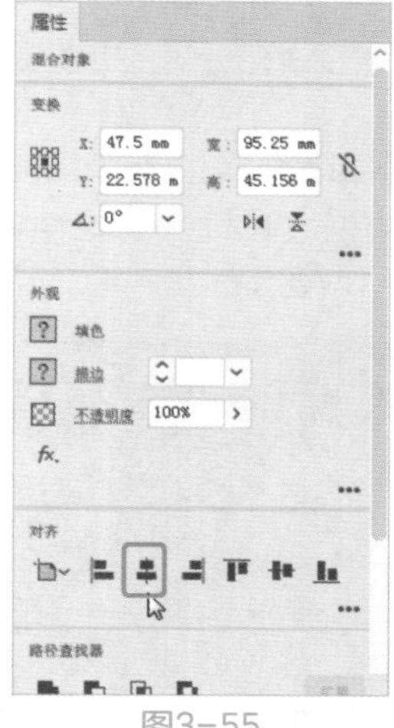

图3-55

14 对齐图像后，正面名片就制作完成了，如图3-56所示。

图3-56

15 选择矩形，并对其进行复制，设置矩形的填色为#ff6e8d，设置“描边”颜色为白色，设置“描边”粗细为2pt，如图3-57所示。

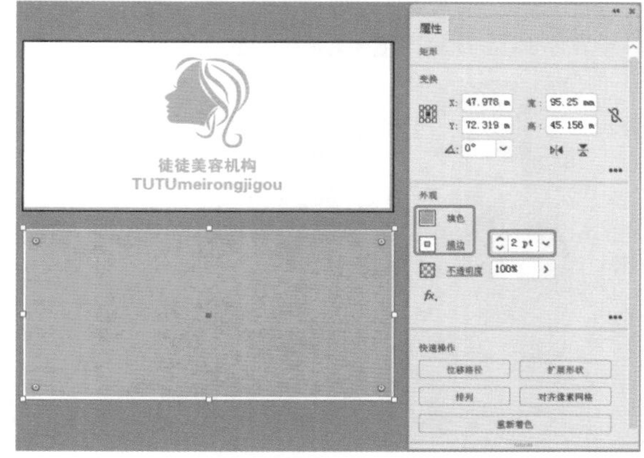

图3-57

16 将标志和公司名称复制到背面名片中，并调整其位置和属性，如图3-58所示。

图3-58

17 使用“椭圆工具”，在如图3-59所示的位置创建椭圆，在“属性”面板中设置“不透明度”参数为10%。

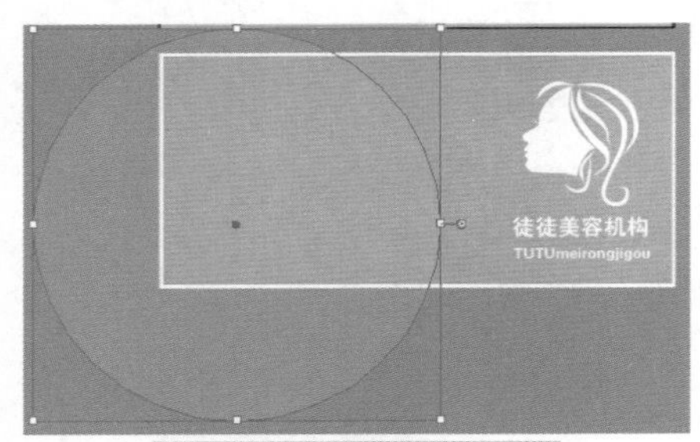

图3-59

18 复制圆至如图3-60所示的位置。

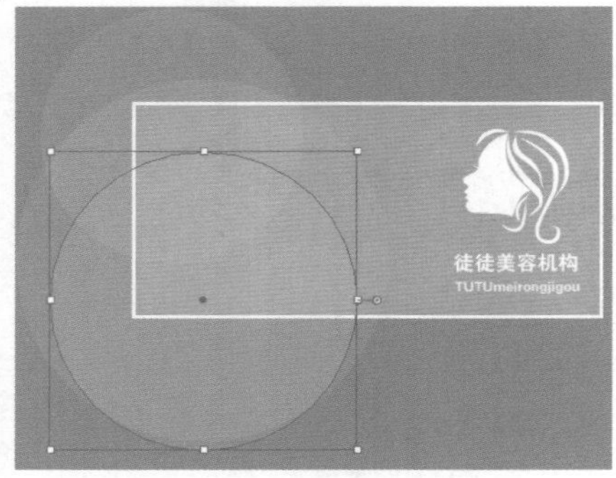

图3-60

19 复制出一个矩形，并将矩形和圆移动到另外一处，如图3-61所示，以便于修剪和调整。

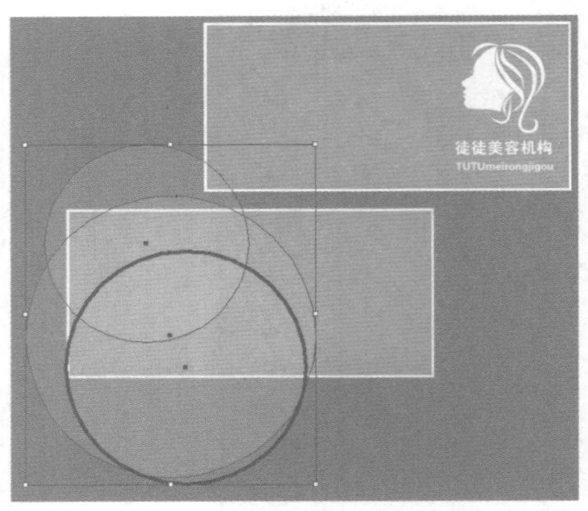

图3-61

20 选择复制出的矩形和椭圆，在“路径查找器”面板中单击“分割”按钮，如图3-62所示。

图3-62

21 修剪后，设置图像的“描边”为无，如图3-63所示。

图3-63

22 移动修剪后的图像到如图3-64所示位置，作为装饰背景，调整其排列。

图3-64

23 使用“文字工具”T，在舞台中创建文字，如图3-65所示。

24 继续创建文字，如图3-66所示。

图3-65

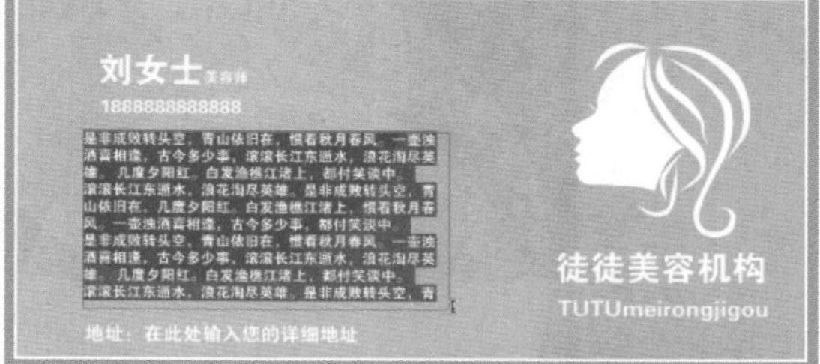

图3-66

25 设置合适的文字属性，组合并调整完成背面名片的设计，效果如图3-67所示。

图3-67

26 至此本实例制作完成。

3.4 商业案例——新中式名片的设计

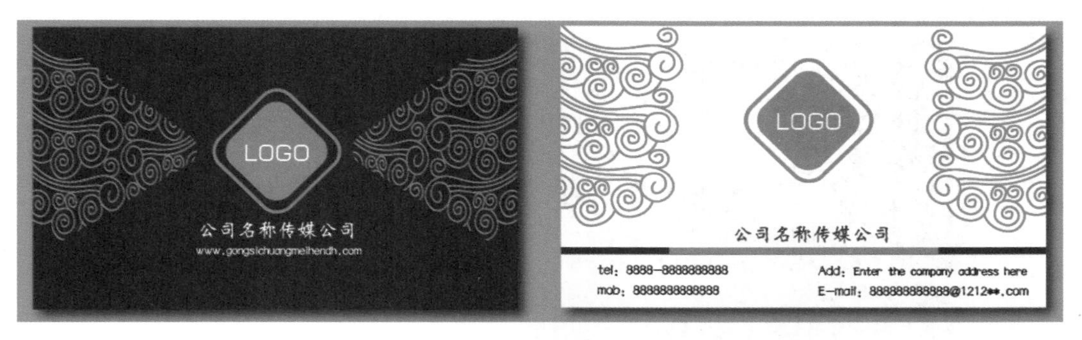

3.4.1 设计思路

扫码看视频

■ 案例类型

本案例是传媒公司的名片设计项目。

■ 项目诉求

根据与客户沟通，要求设计一款商务名片，并在此名片上添加一些中式的元素。

■ 设计定位

商务名片的设计元素中不可缺少的就是矩形，所以我们在此案例中将少量添加一些矩形，主题以新中式为主。新中式是指既有现代的简约时尚，又有中式的一些简化的元素和形状。根据客户要求，我们将会在商务名片的基础上添加一些中式的祥纹作为点缀装饰以丰满名片。如图3-68所示为搜集的中式花纹图片。

图3-68

3.4.2 版面设计

本案例采用中式花纹来表达主题风格，整体采用中心构图，将标志放置在名片的中心位置，背面采用稳定构图，将标志放置在上方，信息显示在下方，整个构图凸显了公司的名称，如图3-69所示。

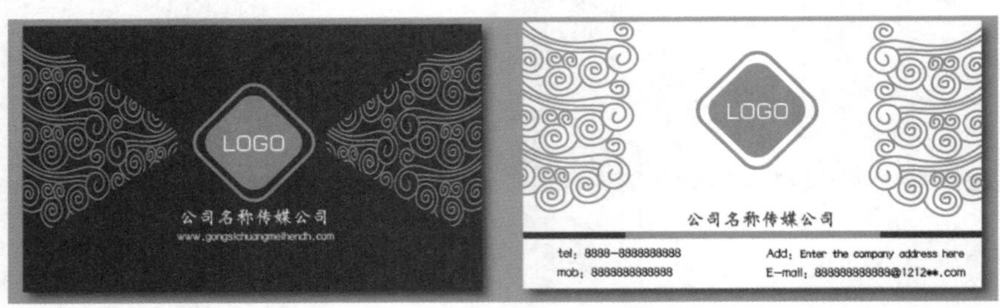

图3-69

3.4.3 其他方案欣赏

在此设计的基础上，我们还提供了以下色调以供欣赏和选择，如图3-70所示。

图3-70

3.4.4 项目实战

■ 制作流程

本案例首先创建底色、形状和Logo底色；然后创建文字注释；最后修剪图像，如图3-71所示。

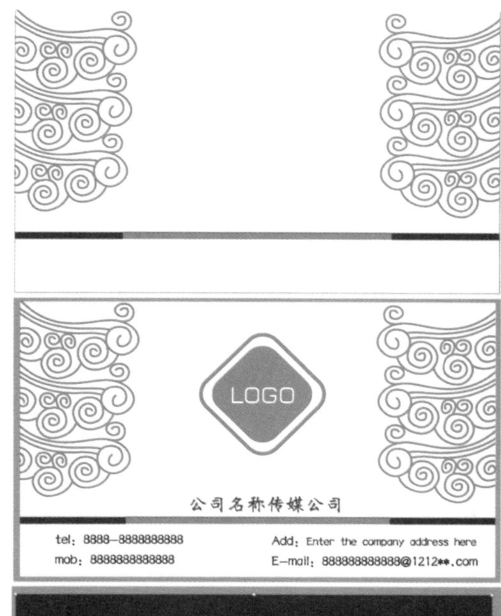

图3-71

■ 技术要点

使用“矩形工具”创建底色、形状和Logo底色；

使用“钢笔工具”绘制形状；

使用“文字工具”创建文字注释；

使用“路径查找器”面板修剪图像。

■ 操作步骤

01 运行Illustrator软件，创建一个新文档。

02 在工具箱中选择“矩形工具”，在舞台中创建矩形，在“属性”面板中设置“宽”为18cm、“高”为10.8cm，如图3-72所示。

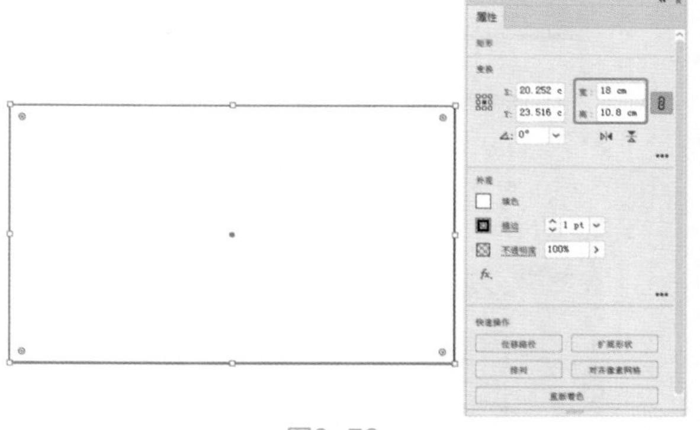

图3-72

03 设置“填色”为白色，“描边”为无，如图3-73所示。

图3-73

04 使用“矩形工具”，在如图3-74所示的位置创建矩形，设置“填色”为#002b51，设置“描边”为无。

图3-74

05 复制调整矩形的宽度，修改“填色”为#ea0044，如图3-75所示。

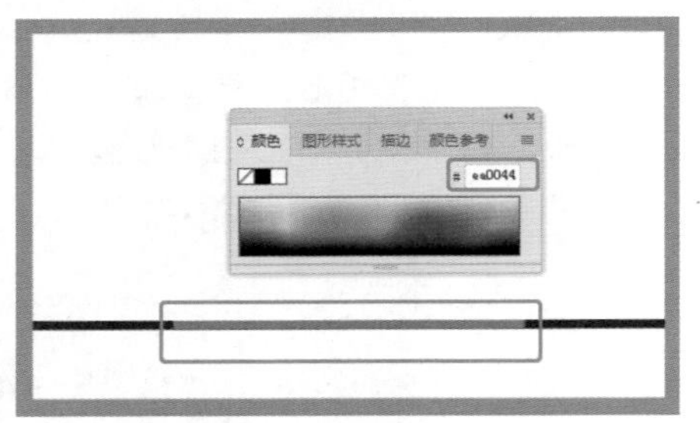

图3-75

06 使用“钢笔工具”在舞台的空白处创建如图3-76所示的中式花纹。

图3-76

07 使用“钢笔工具”继续创建连接的线段，如图3-77所示。

图3-77

08 继续创建形状，如图3-78所示。

图3-78

09 使用同样的方法绘制形状，也可以复制，组合出如图3-79所示的效果。

图3-79

10 对形状进行复制，并修改形状，使其衔接自然，并将所创建的形状复制、粘贴到名片中，如图3-80所示。

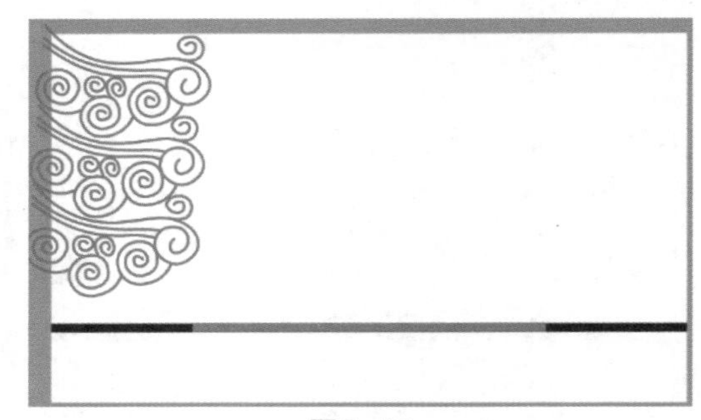

图3-80

形状的使用技巧

在使用路径绘制的形状之前应尽量对其进行复制，因为原始的线稿很重要。如果在编辑的过程中将形状转换为可填充的图像图形，则再想要返回路径对其进行更改是不可能的了，所以在使用形状过程中最好保留原始形状，备份一份即可，以备不时之需。

11 继续复制形状，在“变换”面板中单击按钮，在弹出的菜单中选择“水平翻转”命令，如图3-81所示。

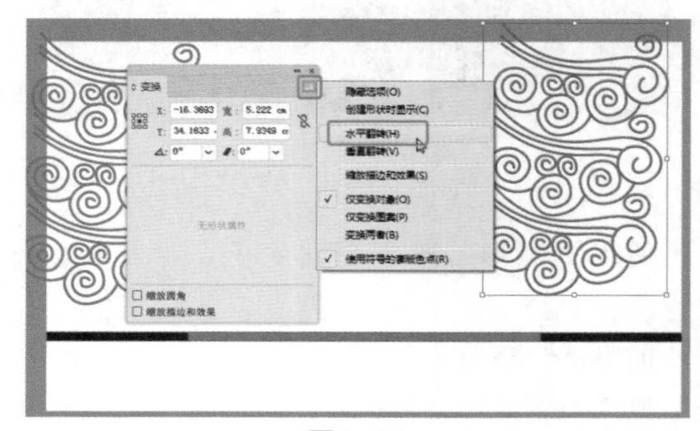

图3-81

12 翻转后的效果如图3-82所示。

图3-82

13 选择左右两侧的花纹形状，在菜单栏中选择“对象>扩展”命令，如图3-83所示。在弹出的“扩展”对话框中使用默认的参数，单击“确定”按钮，如图3-84所示，将形状转换为可填充的图形。

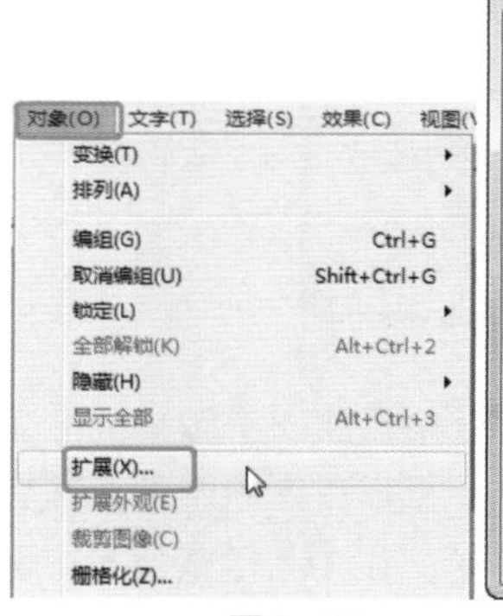

图3-83

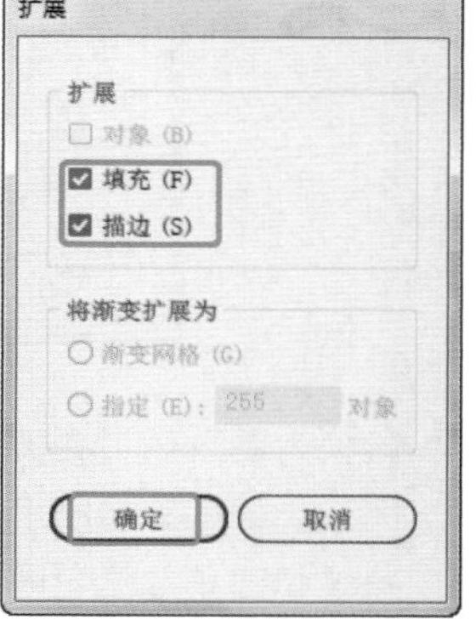

图3-84

14 选择背景矩形，按Ctrl+C和Shift+Ctrl+V组合键，就地粘贴矩形。选择粘贴的矩形，按住Shift键选择转换为图形的花纹，如图3-85所示。

图3-85

15 在“路径查找器”面板中单击“分割”按钮，分割形状，如图3-86所示。

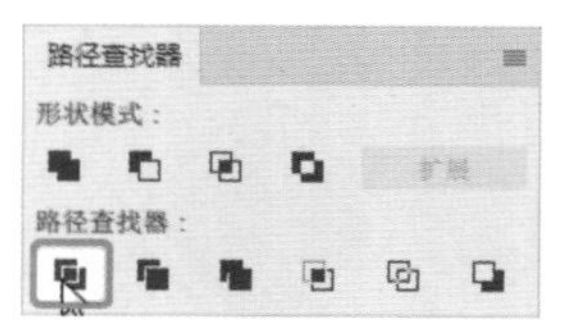

图3-86

16 使用“选择工具”框选超出的部分区域以及复制出的矩形，按Delete键删除不需要的图形，如图3-87所示。

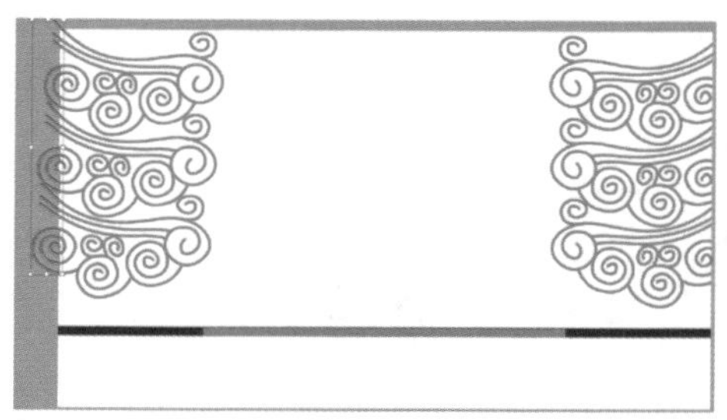

图3-87

17 使用“矩形工具”在名片中心的位置创建矩形，并设置旋转为45°，设置“填色”为#ea0044，如图3-88所示。

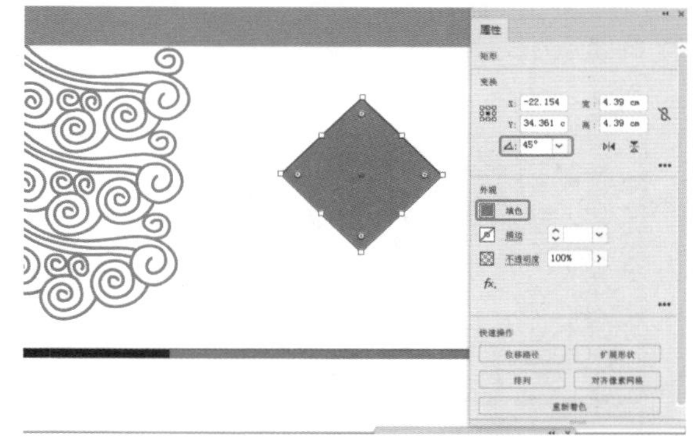

图3-88

18 创建矩形后，设置矩形的圆角效果，如图3-89所示。

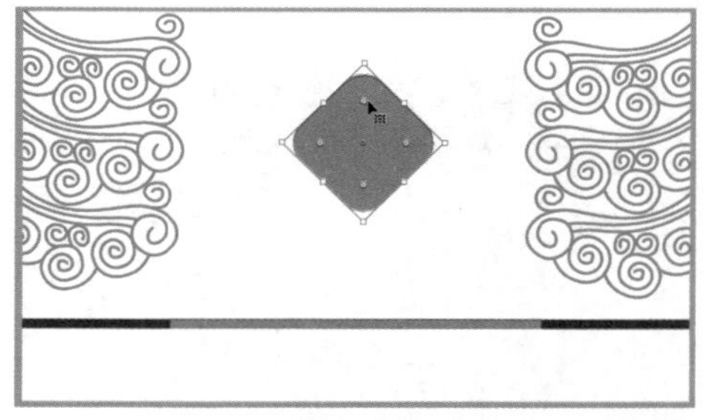

图3-89

19 对设置圆角的矩形进行复制，修改其填色为无，设置合适的描边，“描边”颜色为#ea0044，如图3-90所示。

图3-90

20 使用“文字工具”T添加文字，如图3-91所示。

图3-91

21 继续添加文字，设置合适的文字属性，如图3-92所示。

图3-92

22 复制矩形和标志，修改矩形的“填色”为#002b51，如图3-93所示。

图3-93

23 将舞台中绘制的形状进行组合，如图3-94所示。

图3-94

24 组合形状后，对形状进行复制，在菜单栏中选择“对象>扩展”命令，将形状转换为填充的图形，如图3-95所示。

图3-95

25 转换为图形后，在舞台中创建一个圆角的三角图形，如图3-96所示，将其放置到底部，选择花纹和圆角的三角图形，在“路径查找器”面板中单击“分割”按钮。

图3-96

26 分割图形后，删除不需要的图形，留下三角形内的花纹，将其放置到名片中，对其进行复制并翻转，效果如图3-97所示。

27 使用“文字工具”T.在正面的名片上创建文字，如图3-98所示。至此本案例制作完成。

图3-97

图3-98

3.5 优秀作品欣赏

04
第 4 章
艺术字设计

在创作过程中，通常需要一定的文字进行标注和详解，作为重点注释；为了美观，需要对文字进行特殊处理，使其起到标题突出和醒目的效果。

本章将介绍如何使用Illustrator来制作一些特效字，通过对这些文字的处理初步向读者展示Illustrator的强大功能，引导读者制作这些效果丰富的艺术字，并希望读者能够举一反三、制作出更多优秀的特效字作品。

4.1 艺术字概述

艺术字的应用范围之广是我们不容小视的，无论是平面广告、电视广告、电商广告，艺术字都是大量存在的，且起着非常重要的装饰和注释作用。

4.1.1 什么是艺术字

特效字是在普通字的字体上加上特效形成的，这些特殊字体效果就被称为特效字。特效字的使用可以增强作品的主题和氛围，如图4-1所示。

图4-1

图4-1（续）

可以看出，这些艺术字非常美观和具有震撼效果，若不使用特效字来装饰，整个版面会显得呆板，所以艺术字的重要性显而易见。

4.1.2 艺术字的用途

艺术字被广泛应用于宣传、广告、商标、标

题、板报、Logo、会场、展览以及商品包装、装潢等各类广告和装修行业，如图4-2所示。

图4-2所示的上边两幅图为海报广告，从中可以看出艺术字应用在了标题上，使其更加突出和醒目；而图4-2所示的下边两幅图为画册广告，由此可见艺术字的作用是要突出主题。

图4-2

文字可以直观地表达意思，而特效字是传统字体的一种设计补充，可以为文字制作出各种具有冲击性的效果，是一种艺术的创作体现。

特效字是以丰富的想象力重新组合而构成的字形，既可以增加文字直接阐述的特点，也可以体现设计的美感。

4.1.3 艺术字的设计方法

下面将介绍艺术字的设计方法。

（1）替换法：替换法是在统一形态的文字元素上加入不同的图形图像元素，其本质是根据文字的内容，用某一种形象来替代某部分笔画，这种形象可以使用写实的图案，也可以使用夸张的符号来表现。将文字的局部笔画替换掉的同时，注意一定不要改变文字的本意和本质，如图4-3所示。

图4-3

（2）共用法：共用法是指重叠或共用一个笔画，如图4-4所示。

图4-4

（3）叠加法：叠加法是将文字的笔画互相重叠或将字与字、字与形相互重叠的表现手法，如图4-5所示。

图4-5

（4）分解重构法：分解重构法是将熟悉的文字或图形打散后，通过不同的角度审视并重新组合处理，主要目的是破坏其基本规律并寻求新的视觉冲击点，如图4-6所示。

图4-6

图4-7

4.2 商业案例——彩色艺术字设计

4.2.1 设计思路

扫码看视频

■ 案例类型

本案例是一款彩色艺术字设计项目。

■ 客户诉求

本案例的主题为欢乐假日，通过使用彩色的效果表达出欢快的休闲时光。本案例的艺术字将会放置到户外的旅游海报中，希望通过设计使整个艺术字具有个性和新颖的效果。如图4-7所示为客户在网上找到的比较中意的作品。

■ 设计定位

在设计本案例中的特效字时，还是要依据客户诉求来定位，定义艺术字为彩色的，同时，我们也会在彩色文字的基础上加上装饰性的纹理，通过纹理可以使艺术字更加有个性和新颖，并且我们也会添加一些装饰素材，如太阳和几何形状。

4.2.2 配色方案

本案例采用饱和度和亮度较高的颜色，颜色的饱和度高会使人有一种激情燃放的感觉，适合在促销广告和海报中使用，而明度较高的颜色在广告中更加醒目，所以采用比较花哨的表现形式，这样更加可以使人的注意力集中到文字。

■ 其他配色方案

根据客户的要求我们制作彩色的、夺目的方案，以下是调整的另外两个方案，以供客户挑选，图4-8的上方方案还是使用图案填充的效果，不同的是使用了更加花哨的图案，这样的艺术字只适用于背景简单的广告；图4-8的下方为一个简单的彩色字效果，这种字可以放置到复杂的广告中，避免以乱添乱。

图4-8

4.2.3 设计方法

本案例采用的设计方法为分解重构法，即将Happy文字分解，通过打散文字，然后调整其角度并重新组合，这种设计方法的主要目的是破坏其基本规律并寻求新的视觉冲击点。

4.2.4 同类作品欣赏

4.2.5 项目实战

■ 制作流程

本案例首先创建文字标题，并将文字转换为可填充的图形；然后建立图案填充，并设置投影效果；最后填充其他文字效果，如图4-9所示。

图4-9

■ 技术要点

使用“文字工具”创建文字标题；

使用“扩展”命令将文字转换为可填充的图形；

使用“文字效果”面板设置文字的效果；

使用“图案>建立”命令建立图案；
使用“色板”填充建立图案；
使用“投影”命令设置投影效果；
使用“画笔工具”绘制太阳；
使用“装饰旧版”功能填充其他文字效果。

■ 操作步骤

01 运行Illustrator软件，创建一个新文档。

02 使用“文字工具”T，在舞台中创建文字，在“属性”面板中修改文字的属性，如图4-10所示。

HAPPY

图4-10

03 在菜单栏中选择“对象>扩展”命令，在弹出的“扩展”对话框中使用默认的参数，如图4-11所示。

图4-11

04 使用“选择工具”，在舞台中移动和旋转对象的打散重组效果，如图4-12所示。

图4-12

05 在菜单栏中选择“窗口>图形样式”命令，打开“图层样式”面板，在该面板中单击☰按钮，在弹出的菜单中选择“打开图形样式库>文字效果”命令，如图4-13所示。

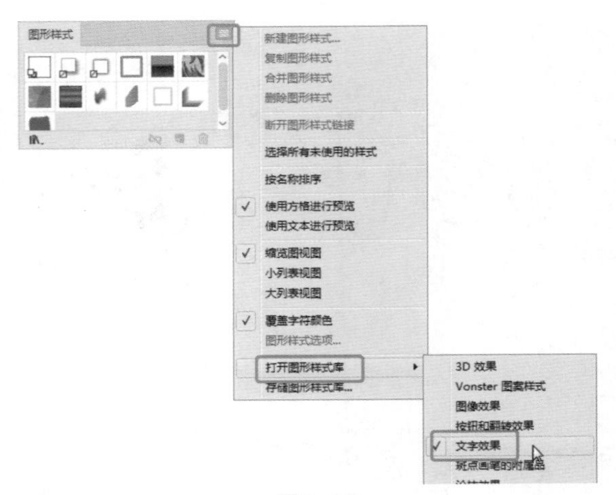

图4-13

06 在“文字效果”面板中选择“阴影”效果，如图4-14所示。

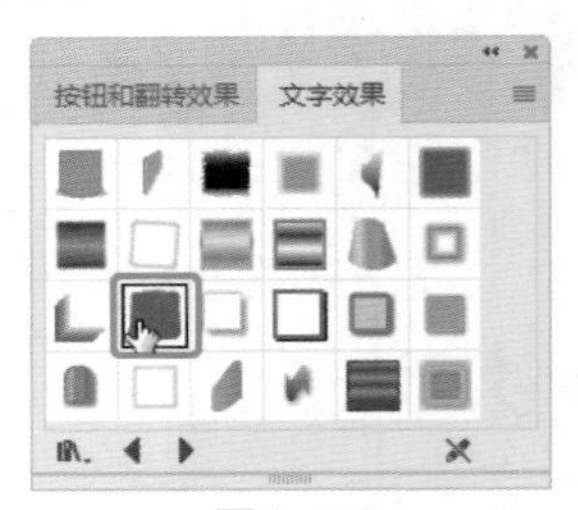

图4-14

图形样式的使用技巧

“图形样式”面板中包含许多预设的图形样式，可以从中挑选需要的样式，这样可以避免制作特效的一些烦琐的步骤，如果没有可以再重新设置。

07 设置的阴影图形效果如图4-15所示。

图4-15

08 使用“矩形工具”▭在舞台中创建矩形，设置“填色”为红色，使用“椭圆工具”◯在矩形上创建小圆，设置小圆填色为橘色到黄色的渐变。复制圆作为图案，如图4-16所示，可以看一下图案和文字的比例，设置一个较小的图案，这样填充的话才会比较密集。

图4-16

09 选择红色矩形和所有的圆点图案，在菜单栏中选择“对象>图案>建立”命令，在弹出的对话框中单击“确定”按钮，进入建立图案窗口模式，在“图案选项”面板中命名图案的名称，如图4-17所示。

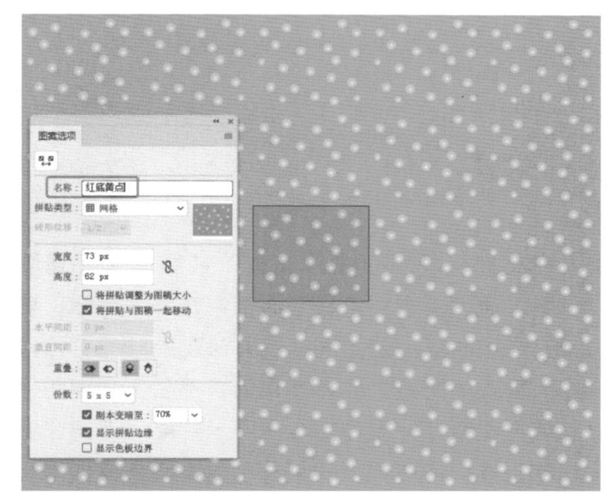

图4-17

10 在文件标题下单击“完成”按钮即可存储图案，如图4-18所示。

红底黄点　存储副本　完成　取消

图4-18

11 在“色板”面板中可以看到我们存储的图案，选择一个文字图形，单击“色板”面板中存储的图案，即可填充图案，如图4-19所示。

12 填充图案后，在菜单栏中选择“效果>风格化>投影”命令，在弹出的“投影”对话框中设置合适的参数，如图4-20所示。

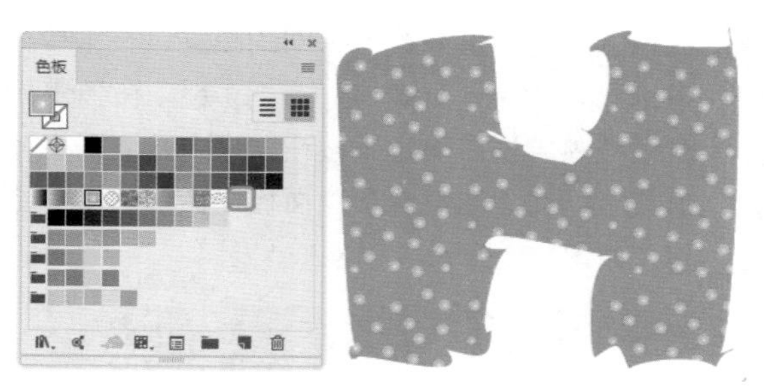

图4-19

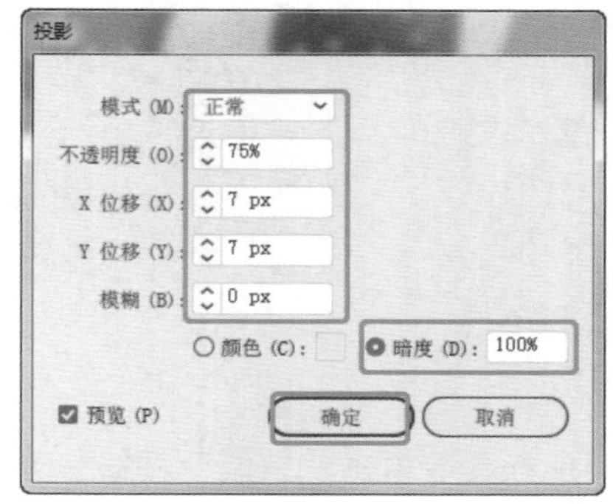

图4-20

13 设置图形投影后的效果如图4-21所示。

图4-21

14 在舞台中创建橘黄和黄色相间的图案，如图4-22所示。

图4-22

15 选择创建的橘黄和黄色相间的图案，在菜单栏中选择“对象>图案>建立”命令，在弹出的对话框中单击“确定”按钮，进入建立图案窗口模式，在“图案选项”面板中命名图案的名称，如图4-23所示。

图4-23

16 在文件标题下单击“完成”按钮即可存储图案，在“色板”面板中可以看到存储的图案。选择一个文字图形，单击“色板”面板中存储的图案，即可填充图案，如图4-24所示。

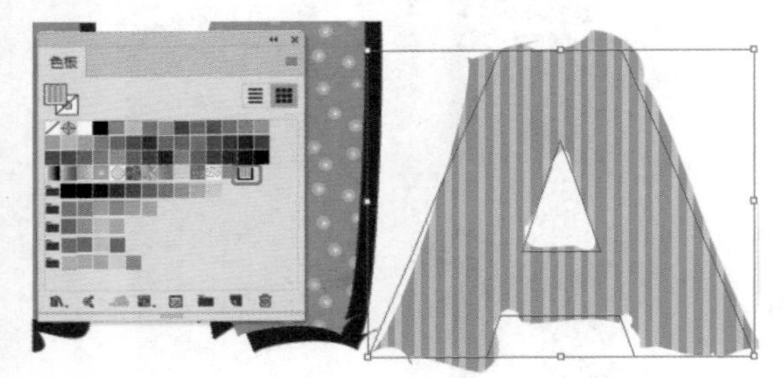

图4-24

17 填充图案后，在菜单栏中选择“效果>风格化>投影”命令，在弹出的“投影”对话框中设置合适的参数，如图4-25所示。

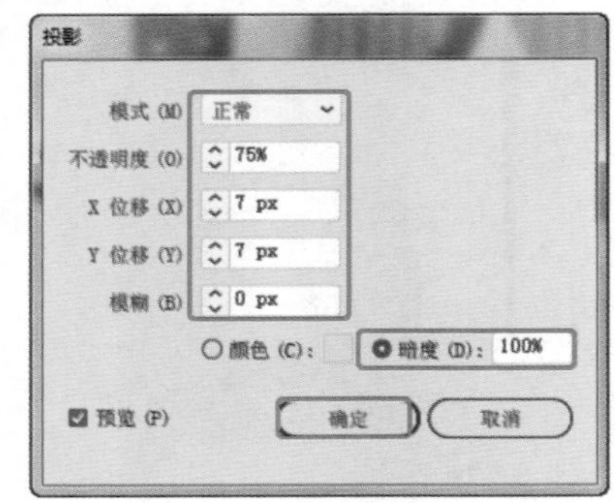

图4-25

18 继续创建如图4-26所示的图案。

图4-26

19 选择创建的图案，在菜单栏中选择“对象>图案>建立”命令，在弹出的对话框中单击“确定”按钮，进入建立图案窗口模式，在“图案选项”面板中命名图案的名称，如图4-27所示。

图4-27

20 在文件标题下单击“完成”按钮即可存储图案，通过单击“色板”面板中存储的图案，填充文字图形。使用同样的方法创建一些自己较为喜欢的图案，并将其存储，然后为文字图形填充图案，得到如图4-28所示效果。使用“钢笔工具”在文字的上方创建半圆来模拟半个太阳。

图4-28

21 使用“画笔工具”，设置轮廓为鹅黄色，选择合适的画笔，在舞台中绘制凌乱的填充效果，如图4-29所示。

图4-29

22 选择绘制的填充，将其建立为图案，如图4-30所示。

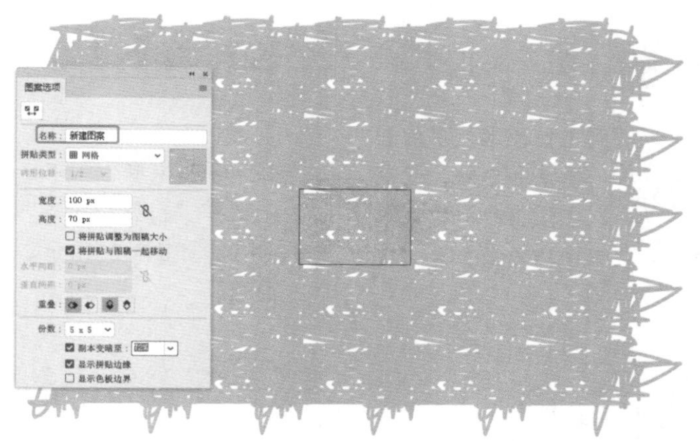

图4-30

23 为半个太阳填充图案后，使用“画笔工具”在“画笔”面板中选择合适的笔触，绘制出太阳的光芒，并在太阳周围轮廓上描绘，使其边缘更加自然，如图4-31所示。

图4-31

24 继续绘制卡通效果的眼睛、嘴巴和腮红效果，设置合适的颜色，如图4-32所示。

图4-32

25 在舞台中选择设置阴影后的文字图形，在“外观”面板中双击“投影”后的按钮，在弹出的“投影”对话框中修改投影参数，设置投影为一种颜色，如图4-33所示。

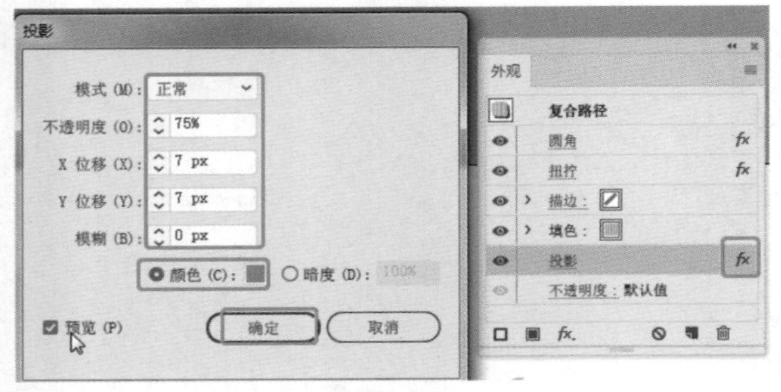

图4-33

"外观"面板的使用技巧

在"外观"面板中可以看到当前图形使用的任何效果，并可以为其进行更改、隐藏和删除，还可以单击"添加新效果"按钮fx，在弹出的下拉菜单中选择需要添加的效果，该菜单中的效果包含"效果"菜单中的所有效果。

26 使用同样的方法修改其他文字图形的投影颜色，如图4-34所示。

图4-34

27 在"色板"面板中单击☰按钮，在弹出的菜单中选择"打开色板库>图案>装饰>装饰旧版"命令，如图4-35所示，可以打开"装饰旧版"面板。

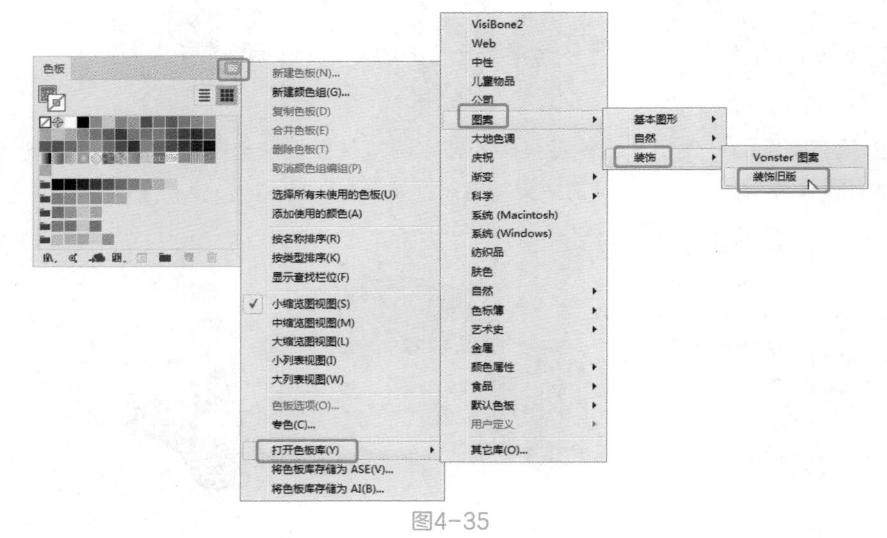

图4-35

28 使用"文字工具"T，在舞台中创建文字，如图4-36所示。

29 在菜单栏中选择"对象>扩展"命令，在弹出的"扩展"对话框中使用默认参数，单击"确定"按钮，如图4-37所示，将文字转换为图形。

图4-36

图4-37

30 在“装饰旧版”面板中，分别为文字图形设置填充，如图4-38所示。

图4-38

31 设置图案填充后，为其设置彩色的阴影效果，如图4-39所示。

图4-39

32 使用“钢笔工具”，在舞台中绘制装饰的形状，如图4-40所示。

图4-40

33 修改形状的填充色，创建矩形作为背景，并填充浅灰色，设置矩形排列到最下方，完成本案例的制作，如图4-41所示。

图4-41

4.3 商业案例——电商艺术字标题设计

4.3.1 设计思路

扫码看视频

■ 案例类型

本案例设计电商标题项目。

■ 项目诉求

在五月，有一个特殊的日子，即5月20日，5.20的谐音是“我爱你”，是情侣比较注重的日子，所以商家想在5月20日这天搞活动，需要简单的520字样，并在文字的下方输入“大促销”即可。因为背景较为丰富，可以简单添加一些装饰，需要将0制作为心形。

■ 设计定位

根据客户的要求进行定位，只需注意整体的协调性，在标题上添加一些装饰素材即可。因为客户不想要太过复杂的内容和装饰，所以采用简单的翅膀、标题底纹和五角星装饰。

4.3.2 配色方案

色彩上可以选择紫色、红色和它们之间的中间色，下面来分析色彩如何搭配。

■ 主色

主色采用紫色和接近红色的粉紫色，这样在体现浪漫的同时也使整个色调比较统一和协调。粉色是浪漫的颜色，出现在5.20中是甜蜜的象征，紫色是一种代表神秘的女性颜色，给人以高冷、女神的感觉，如图4-42所示。

图4-42

■ 辅助色

辅助色采用黄色、橘色和青色，黄色是代表热情的颜色；橘色是一种暖色，给人亲近的感觉；青色是介于绿色和蓝色之间的颜色，采用青色的原因是它是红色系的补色，与红色一起出现可以起到互补的效果。

■ 其他配色方案

图4-43是设计者提供的另外两种颜色方案，可供客户选择，上图可以看到整体色调以蓝色和青色为主色，这样可以产生一种商务活动的效果；下图主标题相对饱和度不高，这样的色彩搭配，吸引眼球的颜色成就了副标题。

图4-43

4.3.3 设计方法

本案例采用替换法设计，替换法是在统一形态的文字元素上加入不同的图形图像元素。此案例中将0改为心形的形状，这样效果就会变得夸张一些，但并没有改变文字的本意，所以更具有吸引效果。

4.3.4 同类作品欣赏

4.3.5 项目实战

■ 制作流程

本案例首先绘制数字形状，创建文字背景；然后创建文字注释；最后绘制装饰星形，如图4-44所示。

图4-44

■ 技术要点

使用“钢笔工具”绘制形状；

使用“矩形工具”“椭圆工具”和“路径查找器”创建文字背景；

使用“文字工具”创建文字注释；

使用“星形”绘制装饰星形。

■ 操作步骤

01 运行Illustrator软件，新建文件。

02 在工具箱中选择“钢笔工具”，在舞台中绘制如图4-45所示的形状，在“描边”面板中设置“粗细”为50pt。

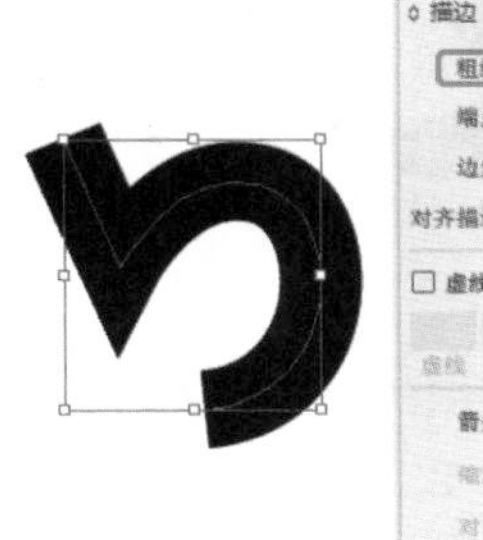

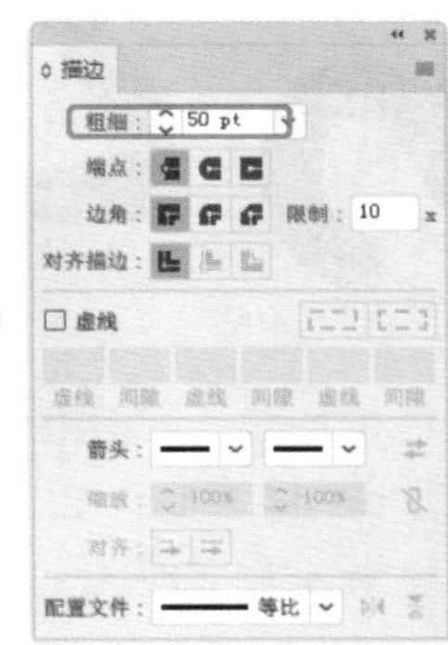

图4-45

03 在菜单栏中选择“对象>扩展”命令，在弹出的“扩展”对话框中使用默认参数，如图4-46所示。

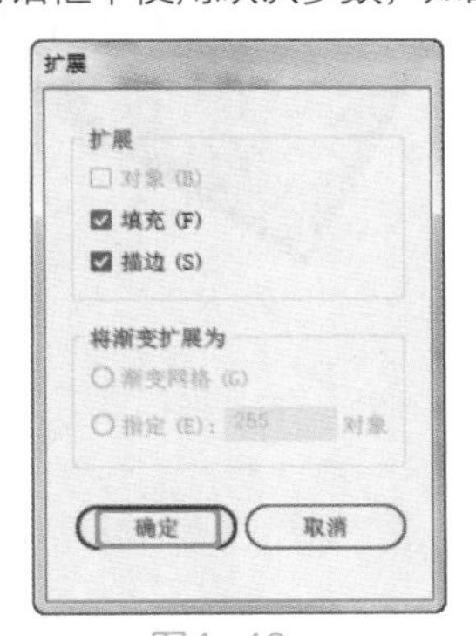

图4-46

04 转换为图形后，使用“直接选择工具”，设置尖角的圆角效果，如图4-47所示。

图4-47

05 使用“钢笔工具”，在舞台中绘制如图4-48所示闭合的图形。

图4-48

06 继续使用“钢笔工具”，在如图4-49所示的位置绘制形状，在“描边”面板中设置“粗细”为50pt。

图4-49

07 在菜单栏中选择“对象>扩展”命令，在弹出的“扩展”对话框中使用默认参数，如图4-50所示。

图4-50

08 转换为图形后，使用“直接选择工具”，设置尖角的圆角效果，如图4-51所示。

09 使用“直接选择工具”，调整控制点，如图4-52所示。

图4-51　　图4-52

10 使用“钢笔工具”，在舞台中绘制如图4-53所示的闭合图形。

11 使用“钢笔工具”，在舞台中绘制一半的心形，如图4-54所示。

图4-53　　图4-54

12 复制一半的心形图形到另一侧，如图4-55所示。

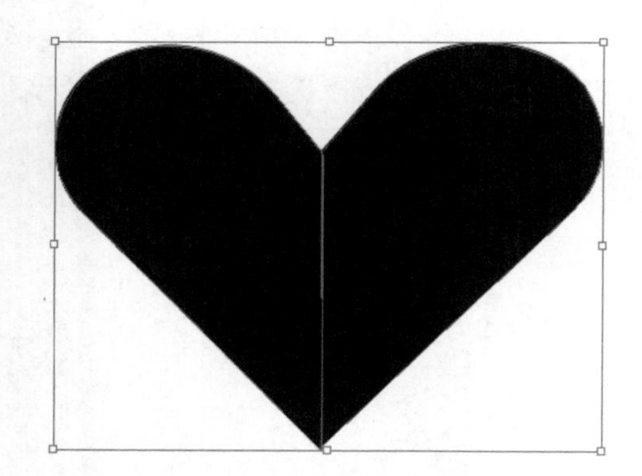

图4-55

13 调整心形后，在“路径查找器”面板中单击“联集”按钮，合并为一个图形，如图4-56所示。

14 合并图形后，删除多余的点，如图4-57所示，调整图形的位置。

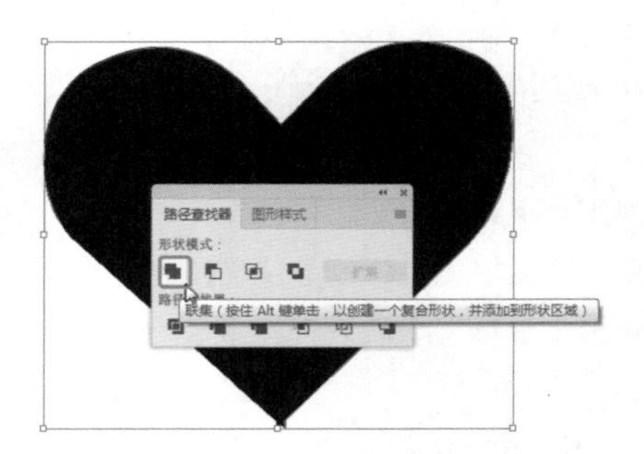

图4-56

图4-57

15 下面将制作一个镂空的心形效果，对舞台中的心形进行复制，调整心形的大小，为了区别可以重新填充一种颜色，如图4-58所示。

图4-58

16 选择两个心形，在“路径查找器”面板中单击“减去顶层”按钮，制作出镂空心形效果，如图4-59所示。

图4-59

17 填充图形的颜色，分别为#7b00ac和#e80036，如图4-60所示。

图4-60

18 复制图形，调整底部图形的位置，并填充其颜色为#490066，如图4-61所示。

图4-61

19 使用“矩形工具”在舞台中创建矩形，使用“椭圆工具”创建正圆形，并对其进行复制，然后将其调整到合适的位置，如图4-62所示。

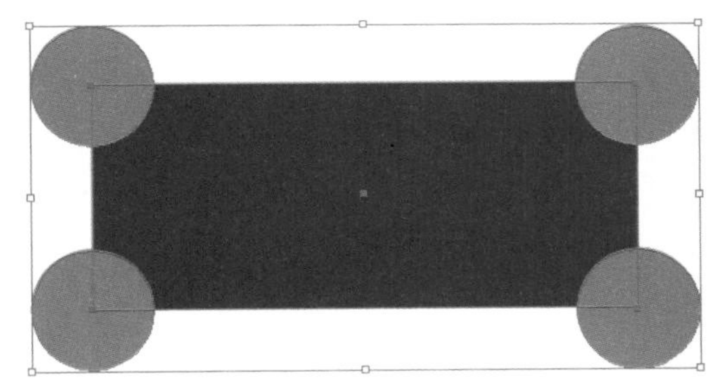

图4-62

20 选择4个正圆形和矩形，在“路径查找器”面板中单击“减去顶层”按钮，得到如图4-63所示的效果。

图4-63

21 设置图形的填充为青色，调整图形的位置和顺序，如图4-64所示。

图4-64

22 对图形进行复制，设置“填色”为无；设置“描边”为白色，在“描边”面板中设置“描边”的“粗细”为4pt，勾选“虚线”复选框，如图4-65所示。

图4-65

23 设置的描边效果如图4-66所示。

图4-66

24 使用“钢笔工具”，在舞台中绘制简单的翅膀效果，并将其放置到如图4-67所示的位置，调整其排列，设置填色为渐变，在“渐变”面板中设置由#ff0090到白色的渐变。

25 复制图形，并为其设置阴影效果，如图4-68所示。

图4-67

图4-68

26 使用“文字工具”T，在舞台中如图4-69所示的位置创建文字，设置文字的颜色。使用“直线段工具”/创建线，设置线为白色，设置合适的粗细。

图4-69

27 在工具箱中选择“星形工具”☆，在舞台中单击鼠标左键，在弹出的“星形”对话框中设置合适的参数，单击“确定”按钮，如图4-70所示。

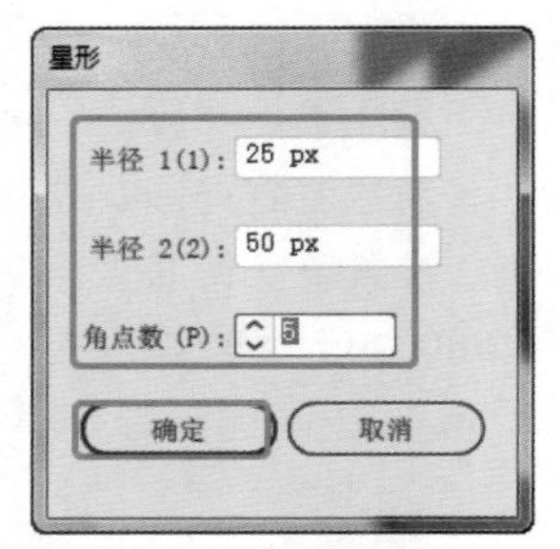

图4-70

28 在舞台中调整星形的大小和位置，复制星形，得到如图4-71所示的效果。

图4-71

29 至此，本案例制作完成，可以为艺术字创建一个矩形作为背景，如图4-72所示。

图4-72

4.4 商业案例——游戏艺术字标题设计

4.4.1 设计思路

■ 案例类型

本案例是一个游戏艺术字标题设计项目。

■ 项目诉求

游戏是一种娱乐和休闲的方式，游戏的方式也随着科技的发展进行转变，已经多为电子类游戏了。游戏的目的就是使人放松，摒弃工作、学习的压力以及感情的困扰。游戏有许多种类，本案例将制作一款游戏中的艺术字，即一款水晶和特效字的爱心消消看游戏，希望可以通过爱心和水晶的形式表现出艺术字的效果。

■ 设计定位

根据游戏的类别，将目标主要定义为爱心，在爱心的上下分别创建文字，通过爱心和文字来表现出立体的效果，通过设置文字的高光制作出高光水晶字的效果。

4.4.2 配色方案

配色上采用较为积极和温暖的颜色。

■ 主色

主色使用红色，因为爱心一般会用红色调填充，红色代表吉祥、喜庆、奔放、激情、斗志等，以及积极乐观的态度，如图4-73所示。

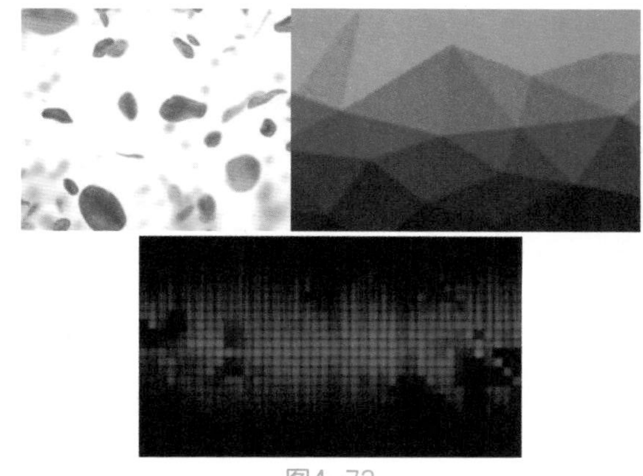

图4-73

■ 辅助色

辅助色将采用粉色、白色和黄色，使整个艺术字表现丰满。没有使用冷色调是因为游戏是希望能摒弃烦恼的，所以，这里使用一些容易使人开心的颜色。

■ 其他配色方案

调整了图4-74的三种配色方案，上图整体颜色较为单一，单一的颜色让人感觉太过呆板，中图表现一种可爱的效果，这种配色方式也是可以采取的，下图为颜色较深的配色方案，这种方案一般会使用在一些比较激烈的游戏中，不适合休闲类风格的游戏。

图4-74

4.4.3 设计方法

本案例使用叠加法来制作主题文字，这种方法最为实用。整体的构图采用上下结构，上下两部分通过两个文字形成协调的效果，中间的一箭穿心可以起到很好的装饰作用。

4.4.4 同类作品欣赏

4.4.5 项目实战

■ 制作流程

本案例首先绘制心形，调整渐变效果；然后创建文字标题，并将文字转换为图形，设置图形的投影效果；最后设置副标题的文字效果，如图4-75所示。

图4-75

图4-75（续）

■ 技术要点

本案例主要使用“钢笔工具”绘制心形；

使用“渐变工具”调整渐变效果；

使用“画笔工具”绘制高光；

使用“扩展”命令将文字转换为图形；

使用“文字工具”和“路径文字工具”创建文字标题；

使用“投影”命令设置图形的投影效果；

使用“图形样式库>涂抹效果”命令设置副标题的文字效果。

■ 操作步骤

01 运行Illustrator软件，新建文件。

02 在工具箱中选择“钢笔工具”，在舞台中绘制如图4-76所示的心形形状。

图4-76

03 设置“描边”为无，设置填充为渐变，在“渐变”面板中设置渐变“类型”为“线性”，设置填充的渐变颜色由#ffa37e到#ffd8ac，如图4-77所示。

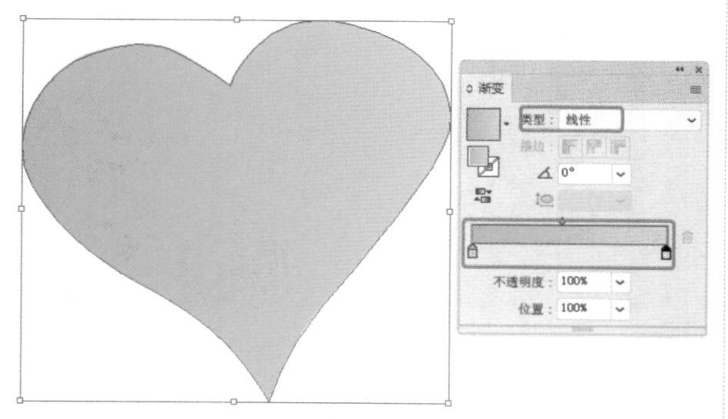

图4-77

04 按Ctrl+C组合键，复制心形，按Ctrl+F组合键，粘贴到图形的前方，调整图形的大小，使用“直接选择工具”，将粘贴的心形底部的尖角设置为圆角效果，在“渐变”面板中设置渐变的类型为“线性”，设置渐变颜色由#ffbf5b到#ffffac，如图4-78所示。

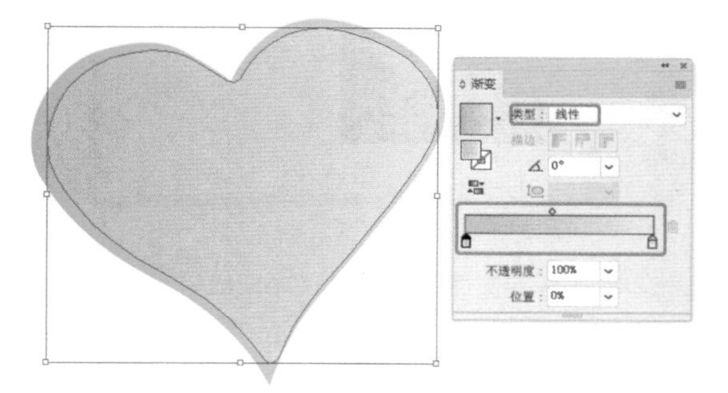

图4-78

05 按Ctrl+C组合键，复制心形，然后按Ctrl+F组合键，在“渐变”面板中设置渐变的类型为“径向”，设置渐变由# f0f0f0到# ffbf5b，设置长宽比为200%，如图4-79所示。

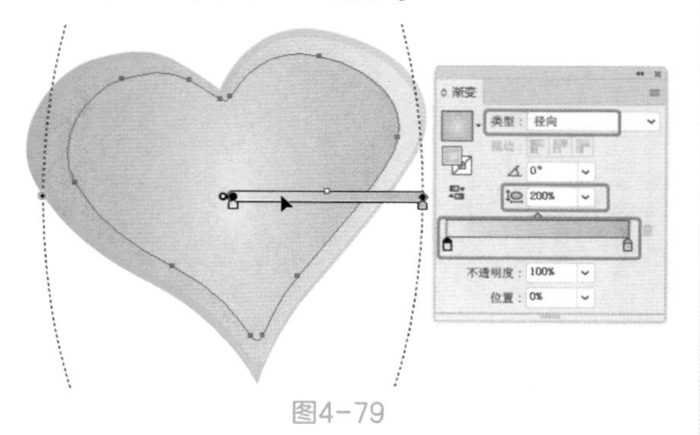

图4-79

06 选择最底部的心形，按Ctrl+C组合键，复制心形，按Ctrl+B组合键，粘贴到后面，设置“描边”的“粗细”为10pt，设置“描边”的颜色为白色，如图4-80所示。

图4-80

07 按Ctrl+C组合键和Ctrl+B组合键，复制心形到后面，设置合适的描边，设置其颜色为浅灰色，如图4-81所示。

图4-81

08 再复制一个心形，将其放置到灰色心形的上方，设置颜色为浅紫色，调整位置。因为复制的形状有描边，需要将其转换为填充的图形。在菜单栏中选择“对象>扩展”命令，在弹出的“扩展”对话框中勾选“填充”和“描边”复选框，单击“确定”按钮，如图4-82所示。

图4-82

09 调整心形的效果，如图4-83所示。

图4-83

10 使用“钢笔工具” 在心形的上方创建一个弧形的路径，在工具箱中选择“路径文字工具” ，在舞台中的路径上单击，并创建文字，如图4-84所示。

图4-84

11 选择创建的文字，在菜单栏中选择“对象>扩展”命令，在弹出的“扩展”对话框中使用默认的参数，如图4-85所示。

图4-85

12 扩展文字后，在“属性”面板中单击“取消编组”按钮，在舞台中调整单个文字图形的效果，如图4-86所示。

图4-86

13 选择创建的文字，在工具箱中双击“填色”按钮，在弹出的“拾色器”对话框中设置颜色为#ffc8c9，如图4-87所示。

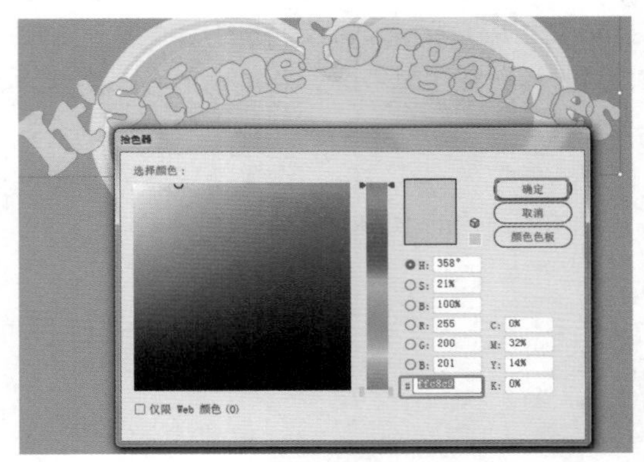

图4-87

14 选择所有的文字，按Ctrl+C和Ctrl+F组合键，复制文字图形，设置“描边”的颜色为#660020，设置“描边”的粗细为30pt，如图4-88所示。

图4-88

15 调整好“描边”后，按Ctrl+[组合键，将其排列到下一层，如图4-89所示。

图4-89

16 对文字进行复制，调整文字的位置，重新设置填色为#ffb0ee，如图4-90所示。

图4-90

17 复制文字，调整其位置，设置“描边”为白色，填色为#ff85ba，如图4-91所示。

图4-91

18 继续复制文字图形，调整位置，设置填色为由粉色到黄色的渐变，如图4-92所示。

图4-92

19 在工具箱中选择“画笔工具”，在工具属性栏中设置画笔的笔触参数，如图4-93所示，创建出高光效果。

图4-93

20 在舞台的空白处创建一个心形，设置“填色”为#7b1837，如图4-94所示。

图4-94

21 复制并调整心形的大小和圆角效果，设置“填色”为#9d172f，如图4-95所示。

图4-95

22 复制心形，调整心形的大小，设置“填色”为#bc0b27，如图4-96所示。

图4-96

23 复制心形，调整心形的大小，设置“填色”为# ca2233，如图4-97所示。

图4-97

24 继续复制两个心形，分别设置“填色”为# eb3834和# fd738d，如图4-98所示，调整心形的大小和位置。

图4-98

25 使用“钢笔工具”，在舞台中创建形状，设置“填色”为白色，设置“不透明度”为50%，如图4-99所示。

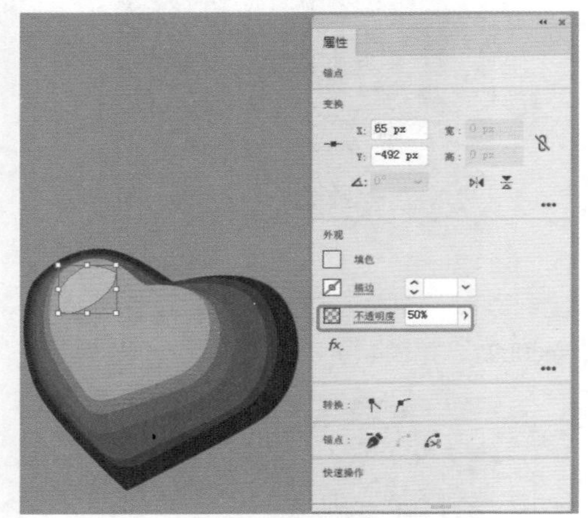

图4-99

26 复制圆，调整排列至顶层，设置“填色”为白色，设置“不透明度”为20%，如图4-100所示，调整心形的位置。

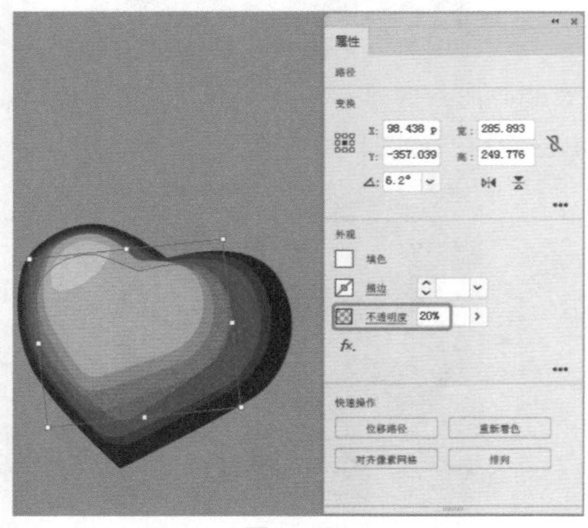

图4-100

27 复制心形，并调整其大小作为心形高光，如图4-101所示。

图4-101

28 在工具箱中选择“画笔工具”，在工具属性栏中设置画笔的笔触参数，在如图4-102所示的位置创建高光效果，选择心形的所有图形，按Ctrl+G组合键将其进行编组。

图4-102

29 复制编组后的心形，调整其位置和大小，如图4-103所示。

图4-103

30 使用“直线段工具”，在如图4-104所示的位置创建线段。

图4-104

31 在“描边”面板中设置“描边”的“粗细”为10pt，选择箭头类型，如图4-105所示。

图4-105

32 设置箭头的颜色为#b09400，复制箭头，并设置箭头的颜色为#cfaf00，使用“画笔工具”，设置“描边”为白色，在工具属性栏中设置合适的笔触参数，在箭头上绘制高光，如图4-106所示。

图4-106

33 修改箭头的长度，并在另一端创建线，设置线的颜色，在穿出箭头的位置创建椭圆，设置一个较暗的红色，调整图像之间的排列，完成如图4-107所示的效果。

图4-107

34 使用“直线段工具”，创建箭羽，如图4-108所示。

35 在舞台中将文字编组，将爱心编组，将一箭穿心的爱心也编组。编组后，为其文字和一箭穿心图形设置投影，设置合适的参数即可，如图4-109所示。

图4-108

图4-109

36 设置的投影效果如图4-110所示。

图4-110

37 使用“文字工具”T，在如图4-111所示的位置创建文字。

图4-111

38 选择创建的文字，在菜单栏中选择“对象>扩展”命令，在弹出的“扩展”对话框中使用默认的参数，单击“确定”按钮，如图4-112所示。

图4-112

39 在菜单栏中选择“窗口>图形样式库>涂抹效果”命令，打开“涂抹效果”面板，为扩展后的文字添加一个涂抹效果，如图4-113所示。

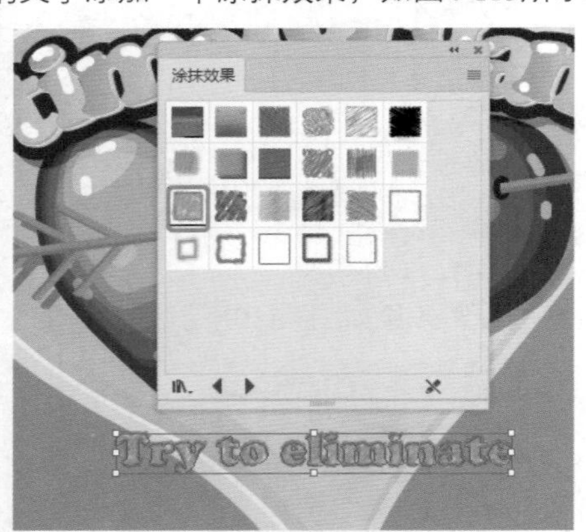

图4-113

40 为设置的艺术效果添加“投影”，完成本案例的制作，如图4-114所示。

图4-114

4.5 优秀作品欣赏

户外广告是指利用建筑物、构筑物、道路、交通等市政设施、交通工具以及其他户外载体，将广告传达给大众的一种广告媒体方式。户外广告的涵盖范围非常广，室外的所有设施只要被允许都可以进行广告张贴。

本章主要讲述户外广告的形式、类型、优点与缺点、设计原则等内容。

5.1 户外广告概述

户外广告（Out Door）简称OD，主要是指城市的交通要道两侧，建筑物墙面、楼顶，商业区的门前、路边等户外场地设置的发布信息的媒介，主要的广告形式包括招贴、海报、路牌、霓虹灯、电子屏、灯箱、气球、飞艇、车厢、大型充气模型等。

随着人们生活空间的扩展以及生活水平的不断提升，地铁、公交、轻轨、超市、药店、商场、机场等地方，都会充斥着各种形式的广告媒体，且无处不在。

5.1.1 户外广告的常用类型

根据户外传播媒介的不同，可以分为以下几种常见的户外广告类型。

（1）射灯广告：射灯广告是指在广告牌四周装有射灯或其他照明装备的广告牌，通过射灯或其他照明照射到广告牌，可以使广告牌产生非常好的效果，且能清晰地看到广告内容，如图5-1所示。

（2）霓虹灯广告：霓虹灯广告是指由弯曲的霓虹灯管组合成的文字或图案，可以使用不同的霓虹灯管颜色，制作出五彩缤纷的效果，如图5-2所示。

图5-1

图5-2

（3）单立柱广告：单立柱广告是指广告牌置于特设的支撑柱上，以立柱式T形或P形较为常见，多放置在交通的主干道等车流密集的地方，如图5-3所示。

图5-3

（4）灯箱广告：置于建筑物外墙、楼顶或裙楼等广告位置，白天是彩色的广告牌，晚上则是发光的灯箱广告，如图5-4所示。

图5-4

户外广告根据材质和分布可分为平面和立体两大类：平面的有路牌广告、招贴广告、壁墙广告、海报、条幅等。立体广告分为霓虹灯、广告柱、广告塔灯箱广告以及户外液晶广告机等。在户外广告中，路牌、招贴是最重要的两种形式，影响很大。设计制作精美的户外广告会成为一个地区的象征。

5.1.2 户外广告的优点与缺点

户外广告是一种最为常见的宣传手段，能够将品牌和宣传内容快速地传达给户外活动的人。下面来分析户外广告的优点与缺点。

（1）优点：户外广告能够创造出理想的传达率。据调查显示，户外媒体的传达率仅次于电视媒体广告，位居第二。户外广告在一些公共场所会起到很好的视觉冲击效果，户外广告在人们闲散漫步、轻松的时刻出现，能起到使其容易接受的营销效果。有些知名的户外广告牌，也会因为它的持久性和突出性而成为当地的标志，特别是气球广告和灯箱广告，这些广告都有自己的特色，更加使人印象深刻。另外，户外广告相对于电视等媒体广告来说成本费用较低，且发布时间段长，会让许多人重复看到。

（2）缺点：缺点就是位置不能变换，覆盖面积较小，宣传面积小。由于户外的对象不能精确地预估，所以针对的人群会有些偏差，有时人们在同一时间可能会接触到许多广告，所以要给人们留下深刻的印象就要做到有特色、特点。

5.1.3 户外广告的设计原则

在现代设计中，户外设计作为最普遍的艺术设计形式，不仅与传统的图形设计相关，更是与当代社会生活紧密联系。在追求广告带来的利益的同时，还要遵循一些基本的户外广告设计原则，从而创造出独一无二，具有高价值的户外广告。

（1）独特性。每个品牌都有其自身的特色，其标志也必须彰显独一无二的文化特色。

（2）提示性。户外广告的受众是流动的行人，所以在设计中要考虑到受众经过广告时的效果，只有简洁明了的画面和提示性的形式才会引起行人注意，才能吸引受众观看广告。

（3）简洁性。户外广告能避免其他内容及竞争广告的干扰。

（4）计划性。有计划的设计者有一定的目标和广告战略，广告设计的方向才不会迷失。

（5）遵循图形设计的美学原则。户外广告都有图像和文字，以推销产品为目的进行设计能吸引人们的注意。

5.2 商业案例——建筑围挡广告设计

5.2.1 设计思路

扫码看视频

■ 案例类型

本案例为户外围挡的建筑楼盘广告设计项目。

■ 设计背景

本案例的设计项目处于山脚下，并在社区中开发一个人工湖，供人们打发闲散时光、休息和观赏，当然大体建筑雏形已经构思好，需要在建筑工地的四周设计本社区的围挡广告，广告要突出依山傍水的效果。

■ 设计定位

由于是户外广告的设计，所以内容方面一定要突出主题和公司的标志。在本案例中将主要突出公司的代表团、公司的主要口号、标题以及公司的标志。

我们采用卡通形式的中式风格，来突出山和水，并在别墅周围环绕绿植，突出主题的人性化，以及社区的环境优势。

5.2.2 配色方案

配色上选用绿色作为主色调，因为要处于自然环境中，所以采用了大量的卡通树，并使用简单的手绘方法绘制出山和水，凸显优美的自然环境，如图5-5所示。

图5-5

5.2.3 户外广告的构图方式

本案例将采用中心构图方式，将主要内容放置到中心位置，其他内容根据主要内容依次在四周排列，这样的构图方式会将人们的眼光吸引到突出的中心位置。

5.2.4 同类作品欣赏

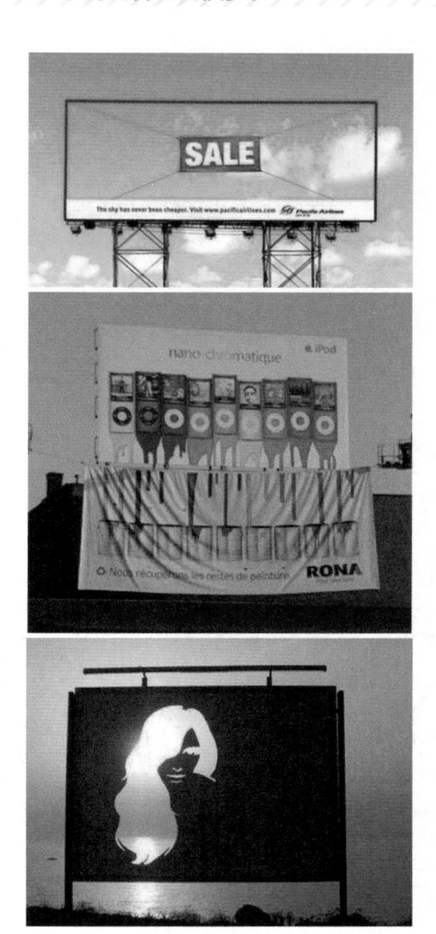

5.2.5 项目实战

■ 制作流程

本案例首先绘制底部背景和水面，调整渐变效果；然后绘制山、树等形状，设置模糊效果，转换轮廓为图形，裁剪不需要的图像区域；最后绘制光晕模拟高光、纹理、水面高光，以及创建文字。本案例制作步骤繁多，但只是重复了一些简单的操作，只要有耐心绘制和修改即可完成，如图5-6所示。

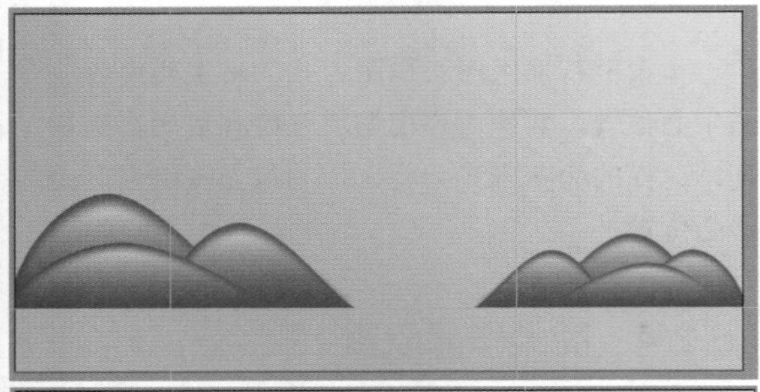

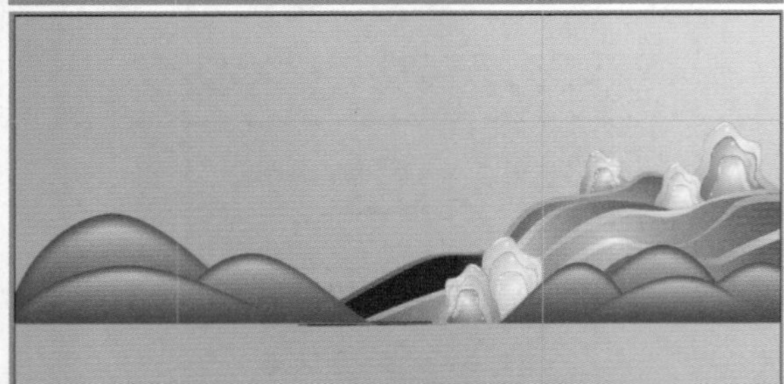

图5-6

■ 技术要点

使用“矩形工具”绘制底部背景和水面；

使用“渐变工具”调整渐变效果；

使用“钢笔工具”绘制山、树等形状；

使用“扩展”和“扩展外观”命令转换轮廓为图形；

使用“裁剪图形”命令裁剪不需要的图像区域；

使用“光晕工具”绘制光晕模拟高光；

使用“画笔工具”绘制高光和纹理；

使用“艺术效果_油墨”绘制水面高光；

使用“文字工具”创建文字。

■ 操作步骤

设置背景

根据案例的设计思路，首先设置场景的整体颜色。

01 运行Illustrator软件，新建文件，在弹出的“新建文档”对话框中设置“宽度”为5569px、“高度”为2835px，选择“颜色模式”为“RGB颜色”，设置“光栅效果”为“高（300ppi）”，单击“创建”按钮，创建文档，如图5-7所示。

图5-7

光栅效果使用提示

如果是自己用来练习的文件，建议“光栅效果”使用默认的“低”，如果尺寸较大，且“光栅效果”为“高”，计算机绘制的图像较多，电脑会出现卡顿的现象，所以根据情况选择“光栅效果”中的参数。

02 创建文档后，使用“矩形工具”在舞台中绘制与舞台相同大小的矩形，在“属性”面板中可以定位变换的位置点，设置X、Y的位置，如

图5-8所示。

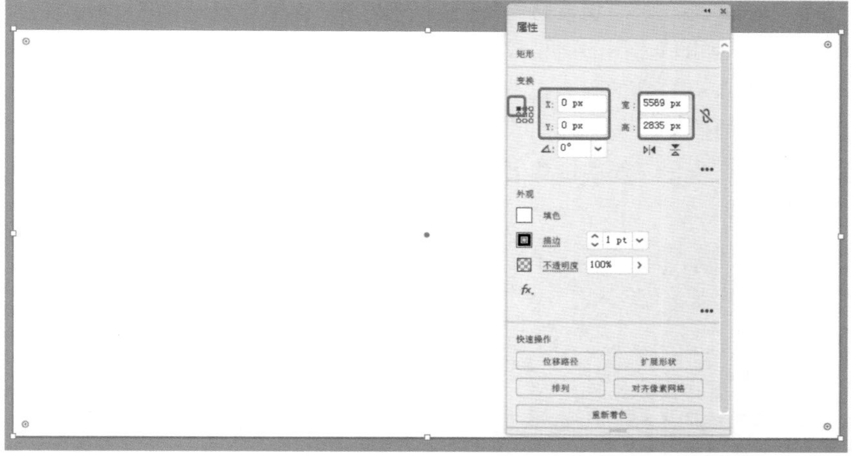

图5-8

03 选择作为背景的矩形，在“渐变”面板中设置“类型”为“线性”，设置由#96d2cf到#d8edec的颜色渐变，如图5-9所示。

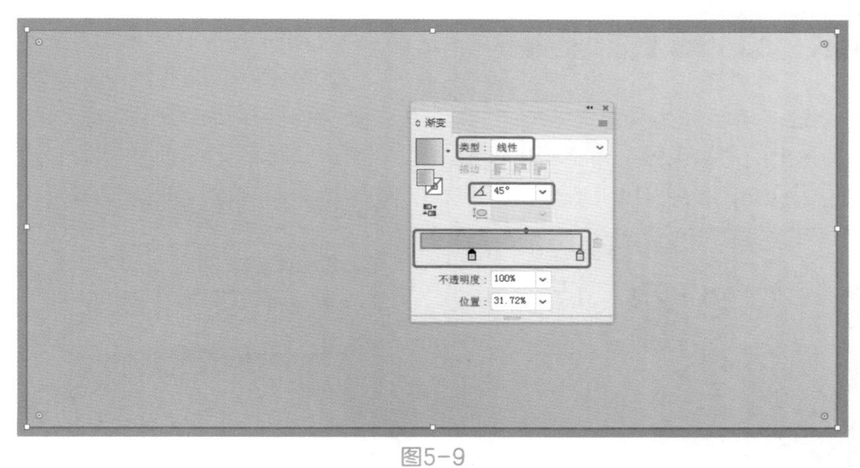

图5-9

04 按Ctrl+R组合键，显示标尺，向舞台拖曳标尺辅助线，如图5-10所示。根据辅助线来划分图像的位置，中心的位置主要用来添加标题，周围可以绘制图案。

图5-10

绘制山体

填充背景色后，下面将为广告添加素材，首先要添加的是山体素材，因为山体占用的面积较大，所以我们需要在制作过程中有较高的耐心，不断地修改和调整才能完成满意的效果。

01 使用“钢笔工具”在舞台左侧的位置创建如图5-11所示的闭合形状。

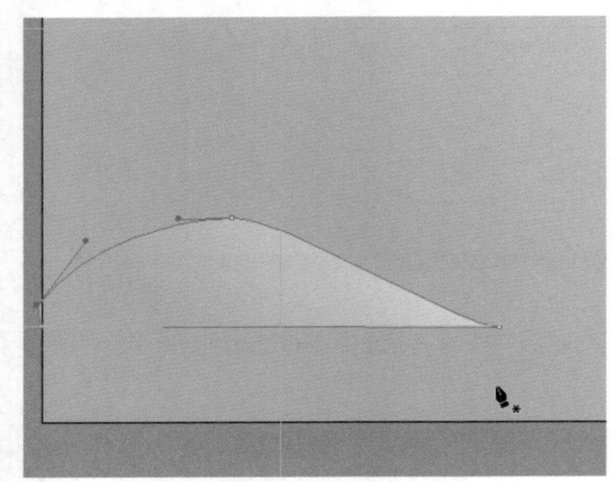

图5-11

02 在工具箱中设置“填色”为纯色，双击“填色”色块，在弹出的“拾色器”对话框中设置填充的颜色为#2c6c5d，如图5-12所示。

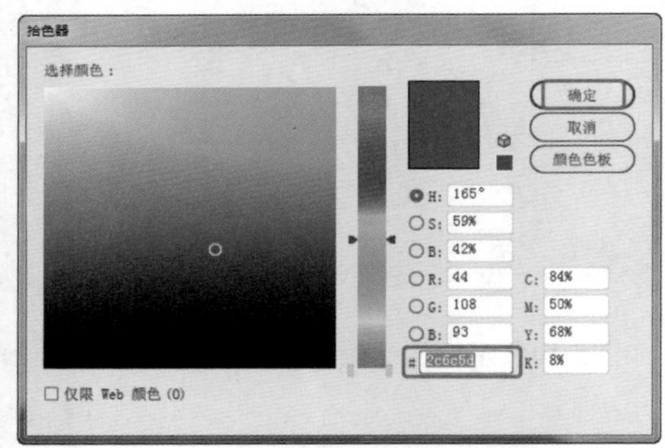

图5-12

03 设置“填色”后的效果如图5-13所示。

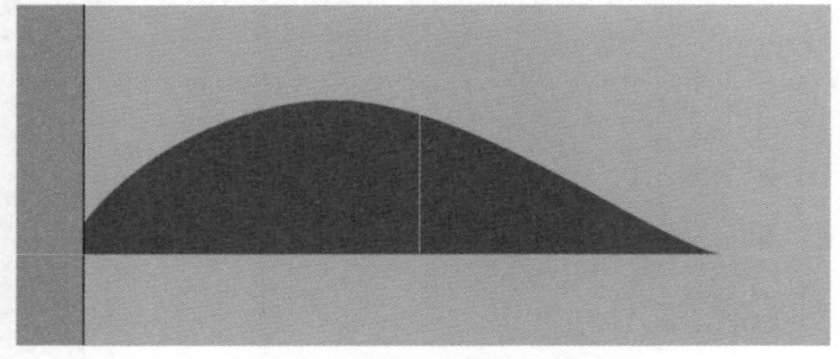

图5-13

04 复制形状，设置图像的填充为渐变，设置渐变的“类型”为“线性”，设置“角度”为90°，设置填充的颜色为#306b5b到#3d8c72到#d8edec的渐变，如图5-14所示。

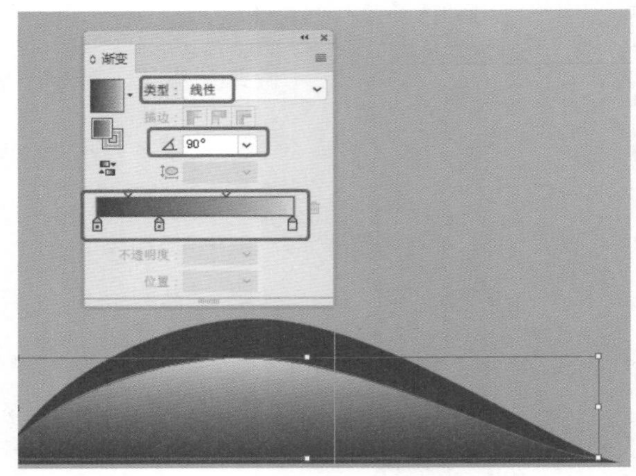

图5-14

05 调整形状的大小和填色后，在菜单栏中选择“效果>模糊>高斯模糊”命令，在弹出的“高斯模糊”对话框中设置合适的“半径”参数，单击“确定”按钮，如图5-15所示。

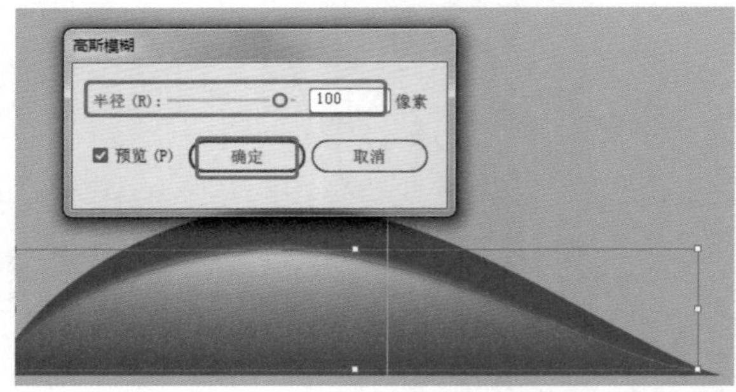

图5-15

06 设置模糊后的效果如图5-16所示。

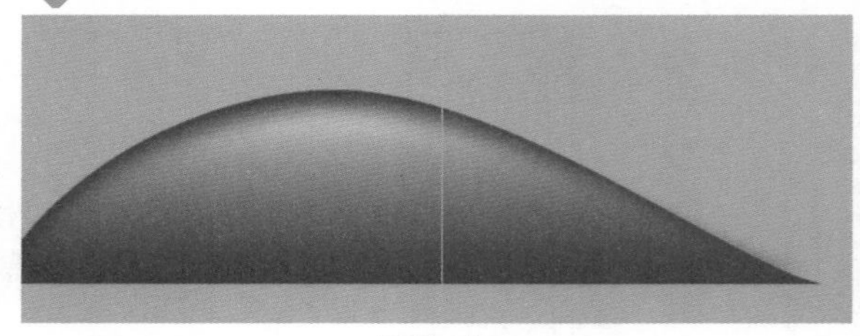

图5-16

07 选择设置模糊效果后的图像，在菜单栏中选择“对象>扩展外观”命令，如图5-17所示。

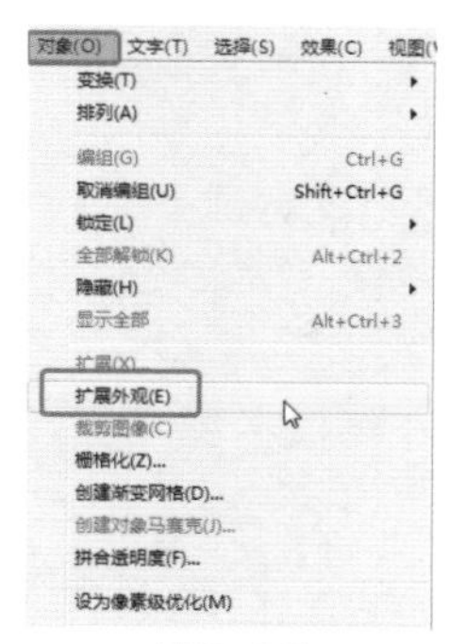

图5-17

08 设置扩展后，在舞台中对山体进行复制和调整，组合形成如图5-18所示的效果。

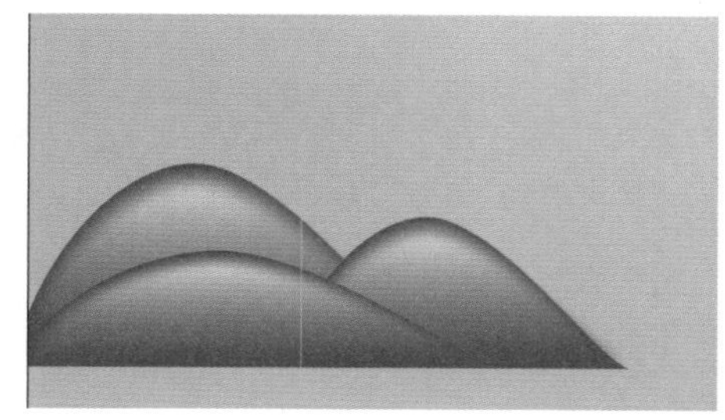

图5-18

09 继续复制山体图像到另一侧，如图5-19所示。

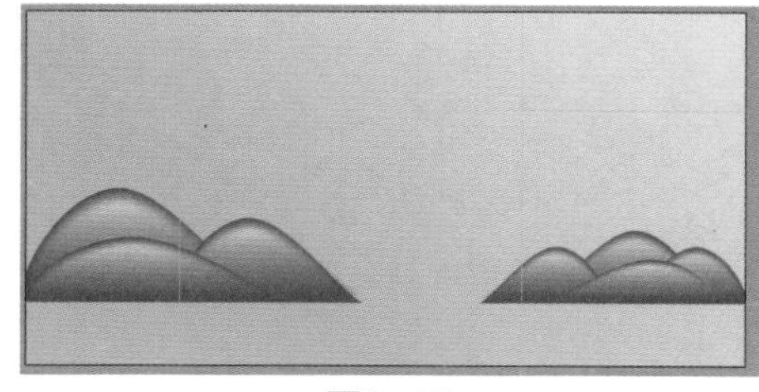

图5-19

10 在舞台中调整最外侧的一个山体，将其半个山体放置到舞台的外侧，然后选择模糊后的图像，在“属性”面板中单击“裁剪图像”按钮，如图5-20所示。

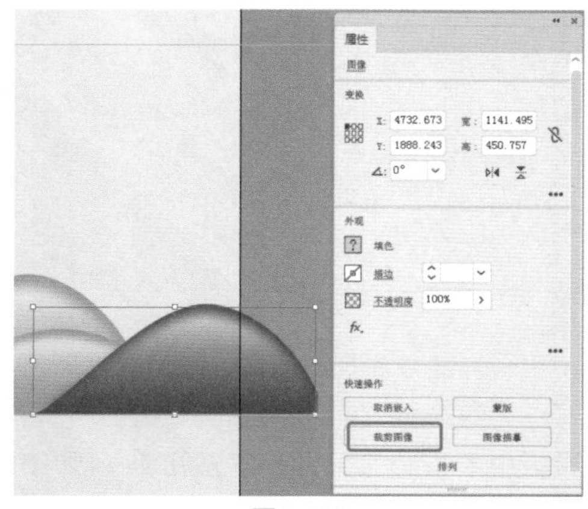

图5-20

11 在舞台中调整裁剪区域，在“属性”面板中单击“应用”按钮，如图5-21所示。

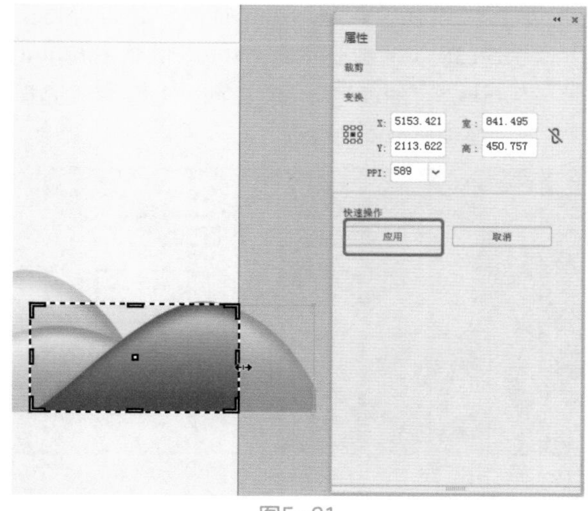

图5-21

12 选择模糊后的山体图像，可以通过路径的一些修改工具对其进行调整，也可以在如图5-22所示的位置创建一个矩形，在“路径查找器”面板中单击“减去顶层”按钮。

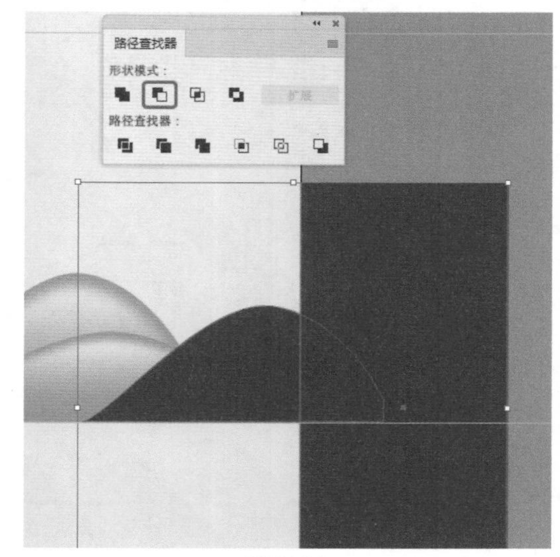

图5-22

13 得到的右侧山体效果如图5-23所示。

图5-23

14 使用“钢笔工具”，在舞台中绘制如图5-24所示的形状，设置填充为渐变，在“渐变”面板中设置“类型”为“径向”，设置角度为-50.3°，设置长宽比为80%，设置由#f0f0f0到#ab65ff的颜色渐变，可以使用“渐变填充”调整渐变的位置。

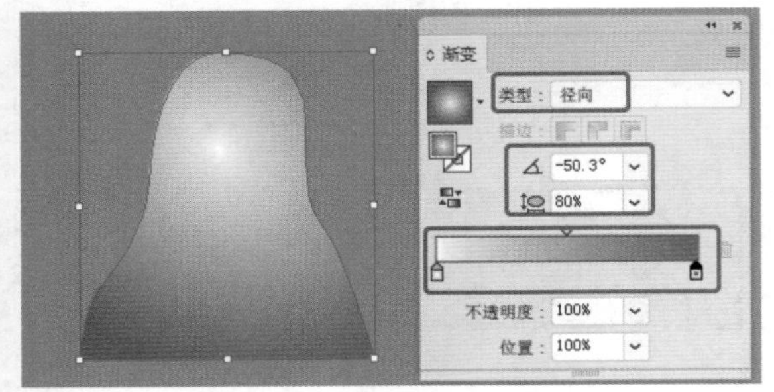

图5-24

15 在“属性”面板中按住鼠标左键拖曳填色色块到描边上，设置“描边”与“填色”为同样的渐变，设置“描边”的粗细为5pt，如图5-25所示。

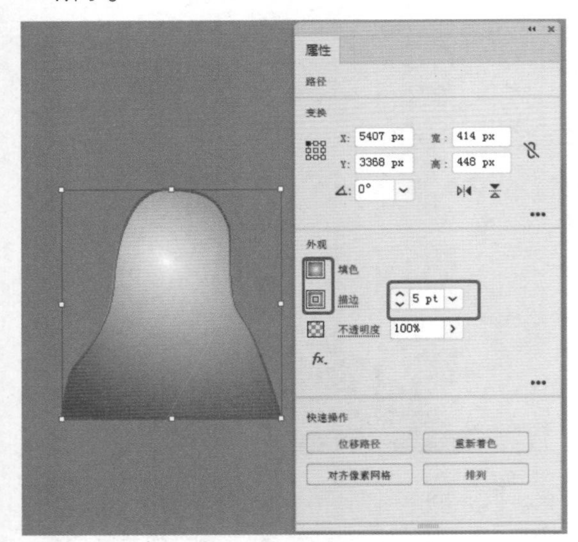

图5-25

16 使用“钢笔工具”，在舞台中如图5-26所示的位置创建线，选择创建的线，在“属性”面板中设置“描边”的颜色为白色，粗细为30pt，“不透明度”为50%，作为高光。

17 在工具箱中单击并按住“矩形工具”，在弹出的隐藏工具中选择“光晕工具”，在舞台中拖曳创建光晕，如图5-27所示。选中图像按Ctrl+G组合键进行编组。

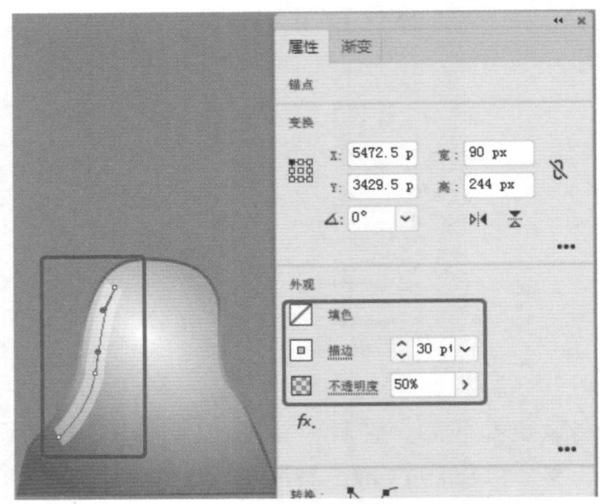

图5-26

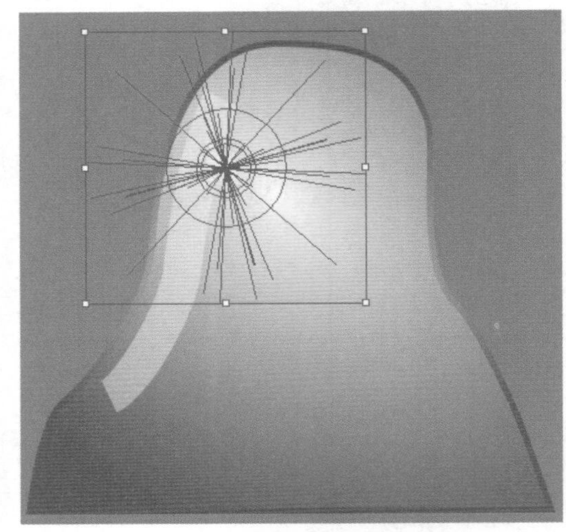

图5-27

18 按Ctrl+C和Ctrl+B组合键，复制并粘贴图像到后面，调整其大小，双击进入对象的编辑层级，选择形状，设置白色到粉色的渐变，如图5-28所示。

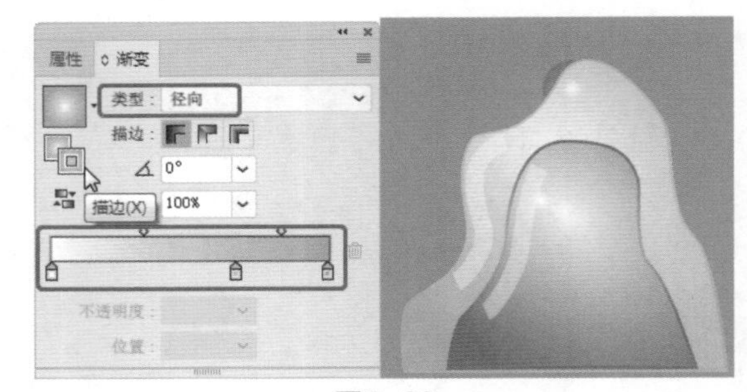

图5-28

19 使用同样的方法复制图像，并修改其颜色，将每一层的水晶山体石块进行编组，在“对齐”面板中单击“底部对齐”按钮，如图5-29所示。

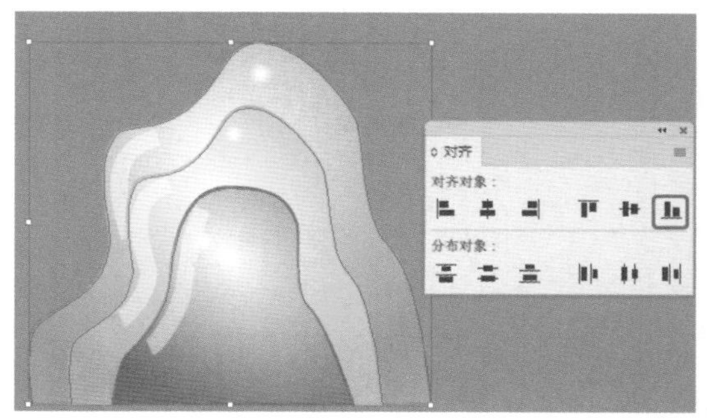

图5-29

20 使用“画笔工具”，在工具属性栏中选择合适的笔触，设置颜色为白色，绘制高光效果，如图5-30所示。

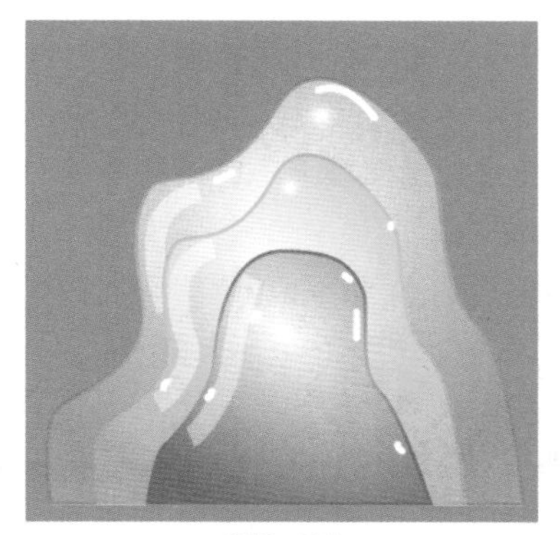

图5-30

21 在舞台中绘制如图5-31所示的矩形，在“属性”面板中单击“建立剪切蒙版”按钮。

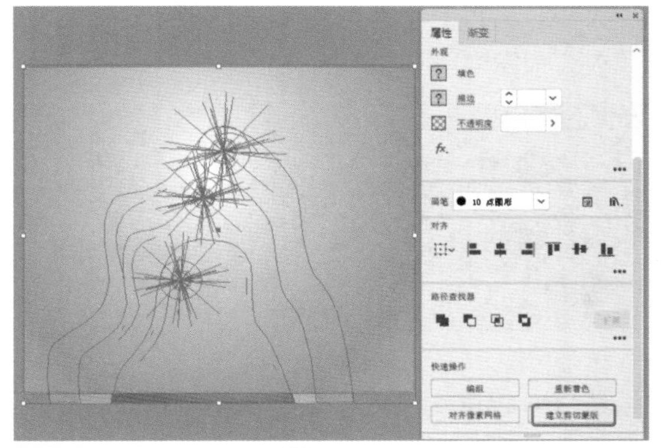

图5-31

建立剪切蒙版的使用提示

使用“建立剪切蒙版”功能，可以根据上方的图像，为其下面的图像进行遮罩，遮罩的方式就是图像以外的将被隐藏，遮罩图像将被显示。

22 创建的蒙版效果如图5-32所示。

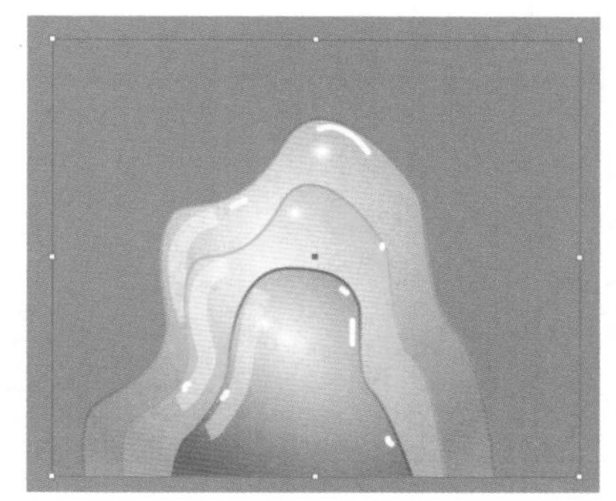

图5-32

23 对图像进行复制，修改复制后图像的颜色，如图5-33所示。

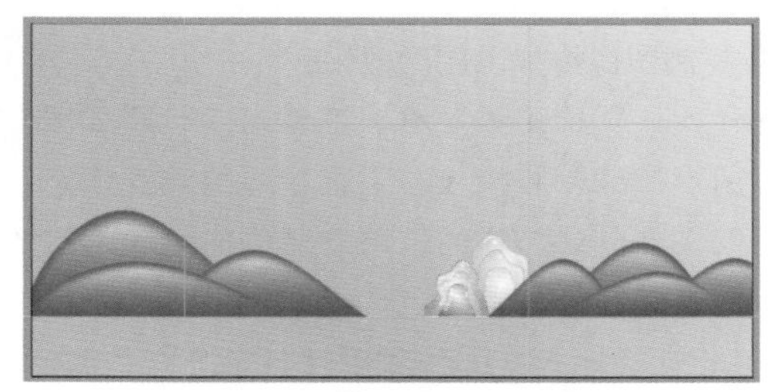

图5-33

24 使用“钢笔工具”，在舞台的外侧创建右侧的山体，设置填充为渐变，设置合适的渐变颜色即可，并对其进行复制修改，制作出不同形状的轮廓效果，如图5-34所示。

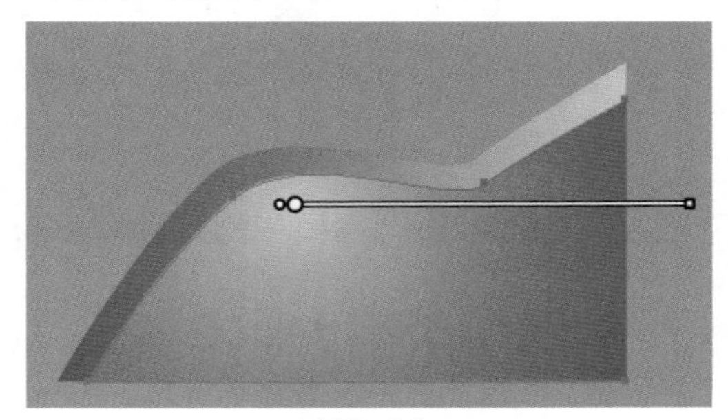

图5-34

25 创建形状并调整填充，设置合适的排列效果，如图5-35所示。

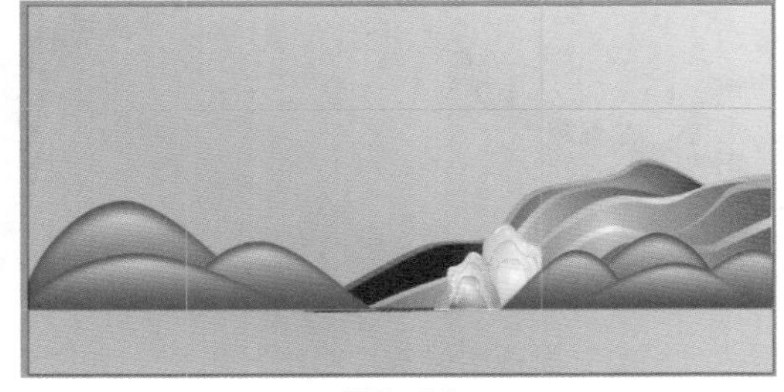

图5-35

26 复制图像，修改图像的颜色和排列，如图5-36所示。

图5-36

绘制迎客松

迎客松的绘制与山体的绘制基本相同，同样都是不规则的形状，为不规则的形状填充渐变，然后不断复制图像模拟出层次效果。

01 使用“钢笔工具”，在舞台中创建如图5-37所示的树干和树枝，设置合适的渐变填充，复制图像到后方作为轮廓，修改作为轮廓的图像的渐变颜色。

图5-37

02 使用“画笔工具”，在舞台中绘制如图5-38所示的纹理。

图5-38

03 在“描边”面板中设置“粗细”为3pt，如图5-39所示。

图5-39

04 使用“钢笔工具”，在舞台中创建树叶形状，设置“描边”为无，设置填充为渐变，在“渐变”面板中设置“类型”为“线性”，设置角度为-60°，设置由#009443到#005532的渐变，使用“渐变填充”调整渐变的效果，如图5-40所示。

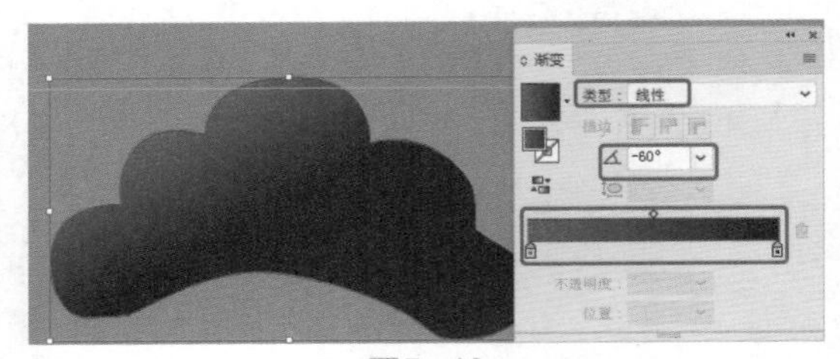

图5-40

05 按Ctrl+C和Ctrl+B组合键，调整复制出的图像的大小，修改其填充为由#c0b832到#718a3a的渐变，如图5-41所示。

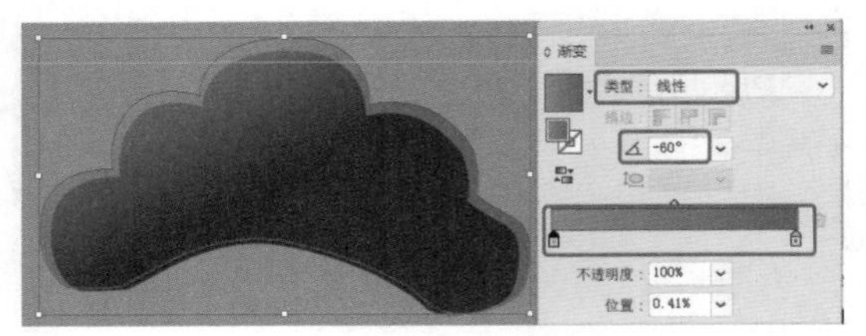

图5-41

06 按Ctrl+C和Ctrl+B组合键，调整复制出的图像的大小，修改其填充为由# e5ca86到# 718a83的渐变，如图5-42所示。

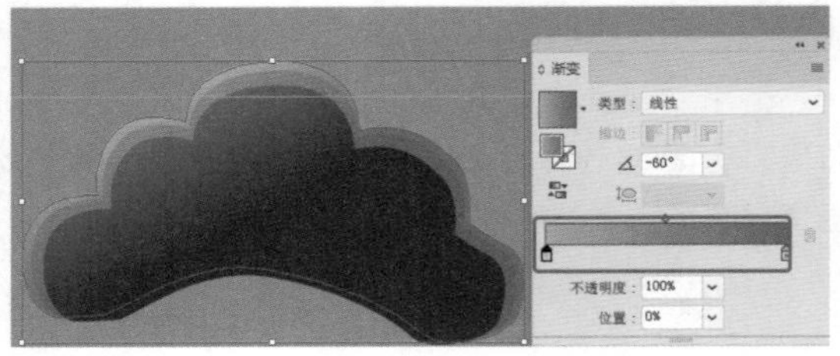

图5-42

07 使用“画笔工具”在舞台中绘制纹理，如图5-43所示，设置合适的属性即可，选择叶子的图形，按Ctrl+G组合键将图像编组。

图5-43

08 在舞台中复制并调整叶子，然后在如图5-44所示的位置创建矩形，选择矩形和需要遮罩的图像，单击“建立剪切蒙版”按钮。

09 制作出的树效果如图5-45所示。

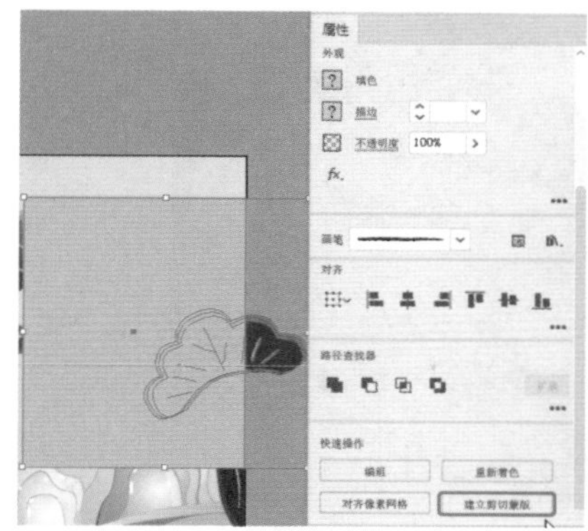

图5-44

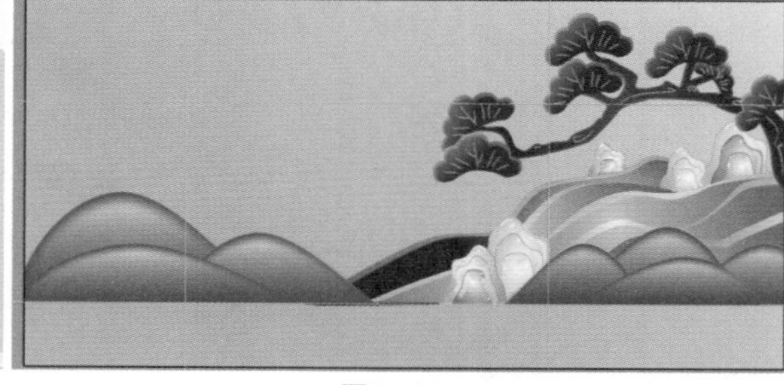

图5-45

制作水面

水面的效果相对简单一些，主要是制作出静物的投影，并模拟出波纹的效果即可。

01 使用“矩形工具”在舞台中创建矩形，调整合适的位置和大小，如图5-46所示，设置填色为渐变，在“渐变”面板中选择“类型”为“线性”，设置“角度”为90°，设置由#7fccff到#15a9ff的渐变，使用“渐变填充”调整渐变的效果。

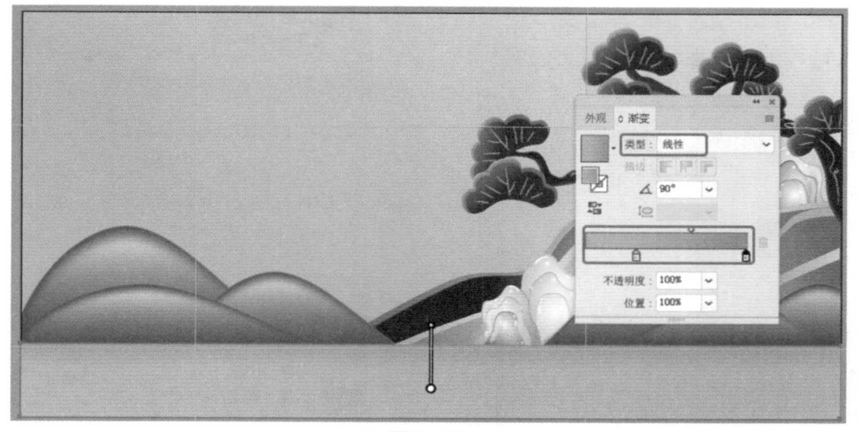

图5-46

02 使用“画笔工具”，在“艺术效果_油墨”面板中选择如图5-47所示的画笔笔触，在舞台中绘制形状，设置合适的“描边”粗细，颜色设置为白色。将绘制的山和树图像成组，复制、翻转图像的角度，作为水面的倒影，设置合适的“不透明度”即可。

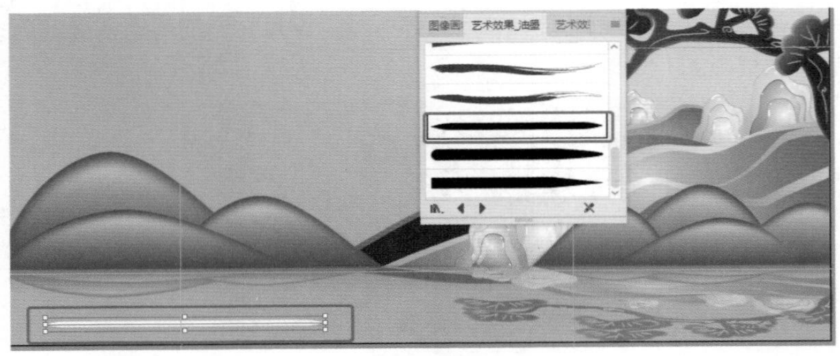

图5-47

03 在舞台中绘制多个画笔形状，设置合适的、不同的粗细，设置“填色”为白色，设置“不透明度”为50%，如图5-48所示。

图5-48

装饰建筑

建筑是日常生活中的主角之一，为了与整体效果相符，我们将在周围装饰一些树木，使整个效果搭配起来更加和谐。

01 在菜单栏中选择“文件>置入”命令，在弹出的“置入”对话框中选择随书配备资源中的“建筑.png”文件，单击“置入”按钮，如图5-49所示。

图5-49

02 在舞台中单击，即可将素材置入舞台中，调整素材的大小，如图5-50所示。

图5-50

03 按Ctrl+[组合键，将其放置到山体图像的后方，如图5-51所示。

图5-51

04 使用“钢笔工具”，在舞台中绘制如图5-52所示的简易树效果，设置填充为白色到深绿色的渐变，调整至合适的效果即可，将树图像编组。

图5-52

05 在舞台中复制并调整树林效果，如图5-53所示。

图5-53

添加信息和最终效果调整

这样图像整体效果就制作完成了，下面将创建广告标题、标志内容，调整出最终的广告效果。

01 使用“文字工具”T.在舞台中创建文字，设置合适的字体和大小，使用“扩展”命令取消编组，并调整文字图形的位置。

02 使用“画笔工具”，选择一个合适的笔触，绘制方形底纹，可以复制多个底纹图像，产生不透明的效果，设置颜色为红色，如图5-54所示。

图5-54

03 继续创建标志下的其他文字，如图5-55所示。

图5-55

04 添加其他的文字内容，如图5-56所示。

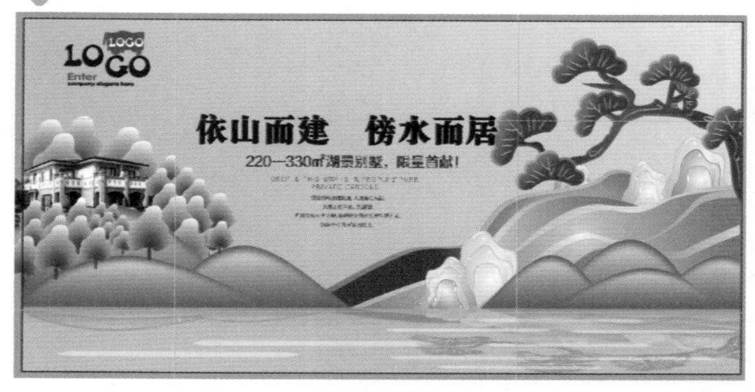

图5-56

05 在舞台中选择作为背景的矩形，按Ctrl+C和Ctrl+F组合键，再按Ctrl+]组合键，调整矩形到最上方，作为遮罩图形，全选舞台中的图形，在“属性”面板中单击“建立剪切蒙版”按钮，如图5-57所示。

图5-57

06 在菜单栏中选择“文件>置入”命令，在弹出的“置入”对话框中选择随书配备资源中的“未标题-1.png”文件，单击“置入”按钮，如图5-58所示。

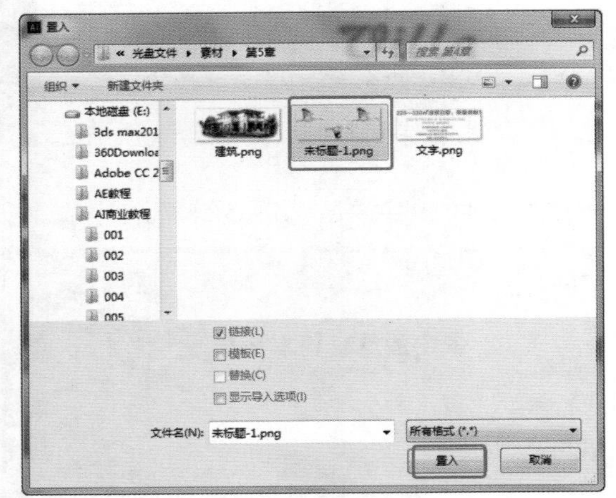

图5-58

07 置入并调整素材的位置，如图5-59所示。

图5-59

08 至此，本案例制作完成。

隐藏/显示参考线的提示和技巧

完成作品制作后，在菜单栏中选择“视图>参考线>隐藏参考线”命令，可以将当前的参考线隐藏，以便于观察效果；如果想再次显示出参考线，选择“视图>参考线>显示参考线”命令即可。

如果添加参考线不正确，可以在不选择对象的前提下单击参考线，按Delete键删除参考线。

5.3 商业案例——室内装修户外灯箱广告设计

5.3.1 设计思路

扫码看视频

■ 案例类型

本案例为室内装修的户外灯箱广告设计项目。

■ 项目诉求

室内装修包括房间设计、装修、布置等，偏重于建筑物内部的装修建设。随着社会的发展，人们生活水平的提高，对居住环境的要求也越来越高，根据这个趋势，室内装修行业也逐步日益兴盛，如图5-60所示。本案例将制作一个醒目的灯箱广告，其中添加一些可以吸引眼球的装饰素材，只要可以吸引人们的注意力即可。

图5-60

■ 设计定位

根据客户需求，将使用斜线条作为背景，这样的背景可以采用两种颜色，使色彩更加丰富。主题将采用立体化广告语进行设计，这种立体化的广告语可以体现出个性与时尚，在此效果的基础上还将添加一些装饰性的图像，例如礼包、丝绸等一些可以冲击视觉的素材，如图5-61所示。

图5-61

5.3.2 配色方案

配色上将采用绿色、橘红和黄色作为主色调，使用这些饱和度非常高的主色调来制作背景。色彩的饱和度高，搭配舒适即可吸引人们的注意力，特别是绿色与黄色的搭配，有一种视觉的冲击效果；因为背景采用了饱和度很高的颜色，所以主题采用较为平静的白色和灰色，这样可以在视觉的冲击下，再将目标定位到主标题上，使整个版面的色彩较为互补。

5.3.3 构图方式

本案例的构图方式为椭圆构图和上下构图，将主标题放置在椭圆中，将其他信息内容放在主标题的下方，整个构图比较均衡。

5.3.4 同类作品欣赏

5.3.5 项目实战

■ 制作流程

本案例首先创建矩形作为背景，再创建不规则的形状，设置投影效果；然后创建文字，将轮廓转换为图形，设置图形的立体化；最后创建星形作为装饰，建立剪切蒙版，如图5-62所示。

图5-62

■ 技术要点

使用“矩形工具”创建矩形作为背景；

使用“钢笔工具”创建不规则的形状；

使用“投影”设置投影效果；

使用“文字工具”创建文字；

使用“扩展”将轮廓转换为图形；

使用“3D凸出和斜角”设置图形的立体化；

使用“扩展外观”将效果转换为图形；

使用“星形工具”创建星形作为装饰；

使用“椭圆工具”绘制标题背景；

使用“建立剪切蒙版”创建遮罩效果。

■ 操作步骤

背景的绘制

首先，来绘制整体效果，包括背景和顶部的油漆。

01 运行Illustrator软件，新建文件，在弹出的“新建文档”对话框中设置“宽度”为3543px、“高度”为5315px，选择“颜色模式”为“RGB颜色”，设置“光栅效果”为“高（300ppi）”，单击“创建”按钮，创建文档，如图5-63所示。

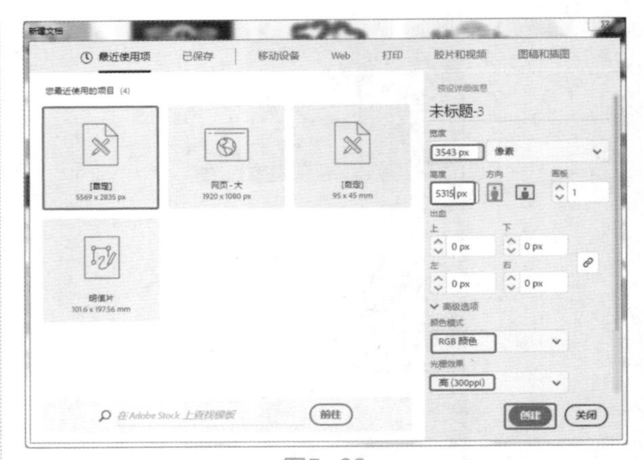

图5-63

02 创建文档后，使用“矩形工具”绘制与舞台相同大小的矩形，在“属性”面板中可以定位变换的位置点，设置X、Y的位置，如图5-64所示。

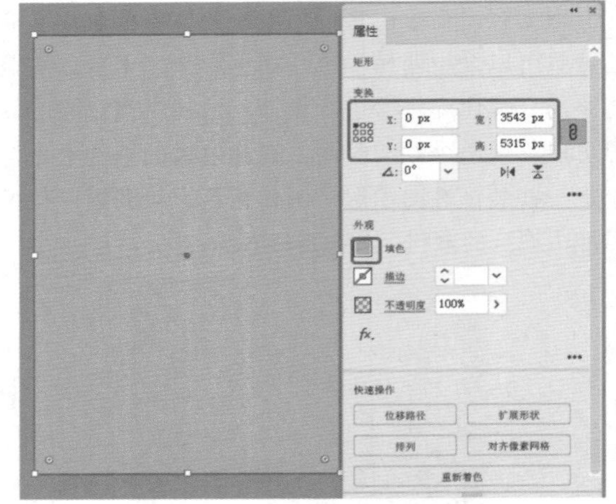

图5-64

03 在“图层”面板中可以看到只有一个“图层1”，在眼睛图标的右侧单击，出现小锁形状即可锁定图层，如图5-65所示。

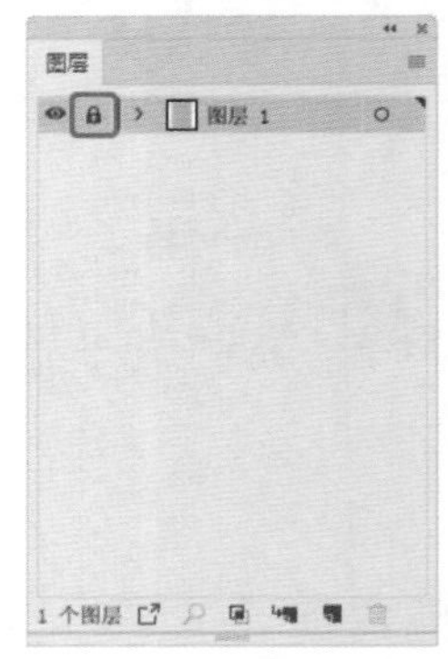

图5-65

04 在“图层”面板中单击“创建新图层”按钮，新建“图层2”。下面的所有图像将在图层2中进行制作，如图5-66所示。

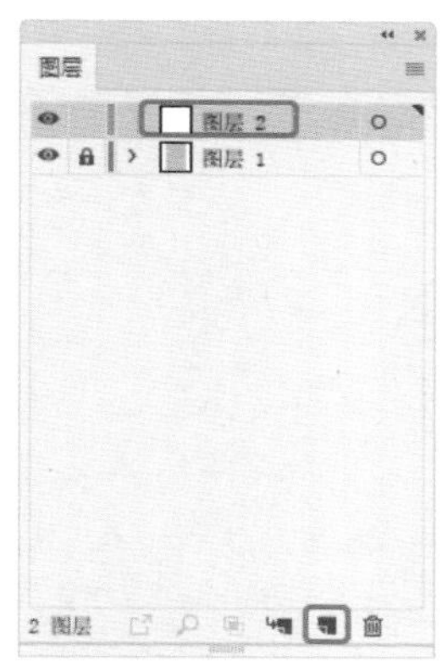

图5-66

05 在工具箱中选择“钢笔工具”，在如图5-67所示的位置创建形状，设置形状填色为白色，作为油漆。

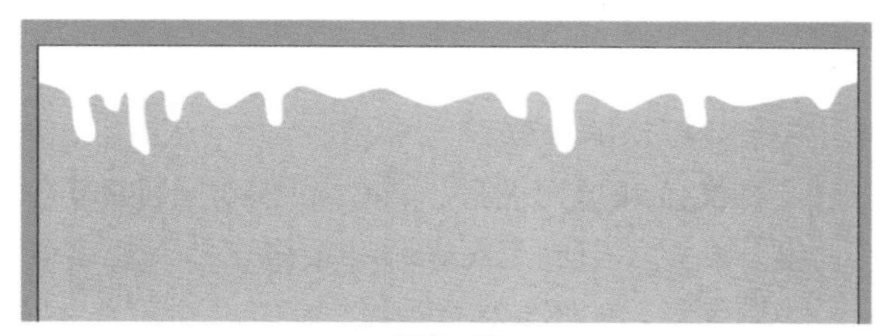
图5-67

06 在菜单栏中选择“效果>风格化>投影”命令，在弹出的“投影”对话框中设置投影效果，如图5-68所示。

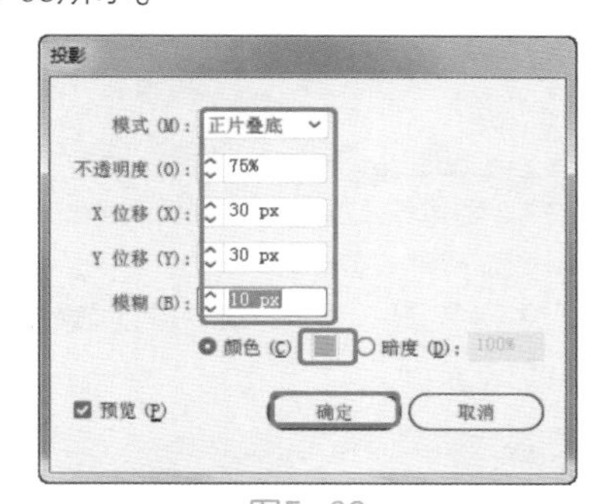

图5-68

07 设置的投影效果如图5-69所示。

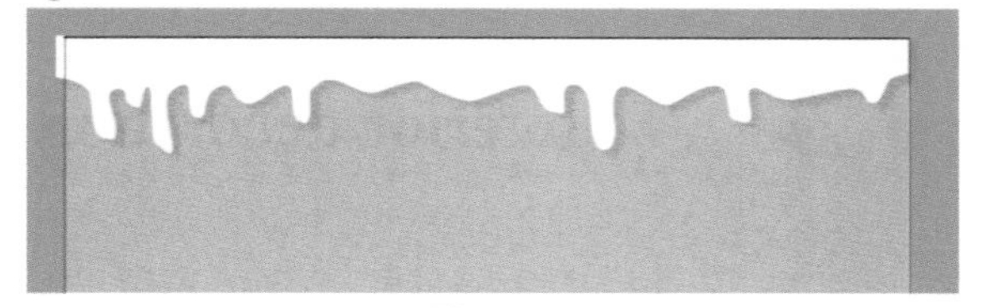
图5-69

标题的制作

下面将制作和修饰主标题，主要使用3D效果来制作。

01 使用“文字工具”，在舞台中创建文字，在“属性”面板中设置文字的合适参数，如图5-70所示。

图5-70

02 在菜单栏中选择“对象>扩展”命令，在弹出的“扩展”对话框中使用默认的参数，单击“确定”按钮，如图5-71所示。

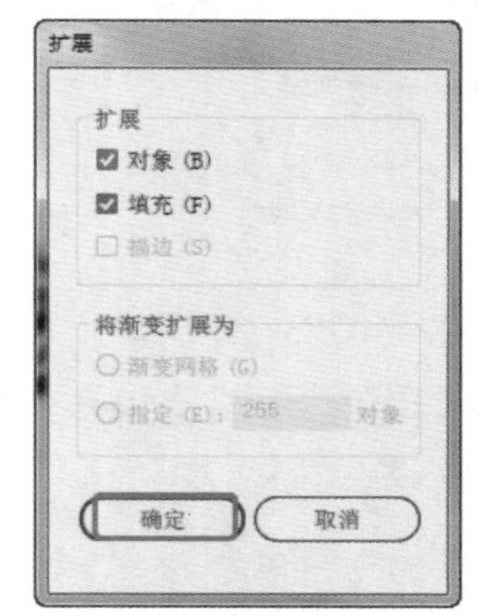

图5-71

03 设置填色为白色，如图5-72所示。

图5-72

04 扩展为图形后，在菜单栏中选择“效果>3D>凸出和斜角”命令，在弹出的“3D凸出和斜角选项”对话框中设置合适的参数，单击“确定”按钮，如图5-73所示。

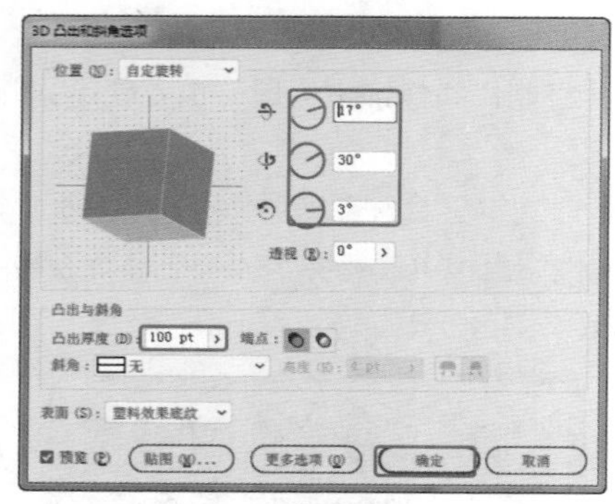
图5-73

05 设置3D效果后，在菜单栏中选择“对象>扩展外观”命令，如图5-74所示。

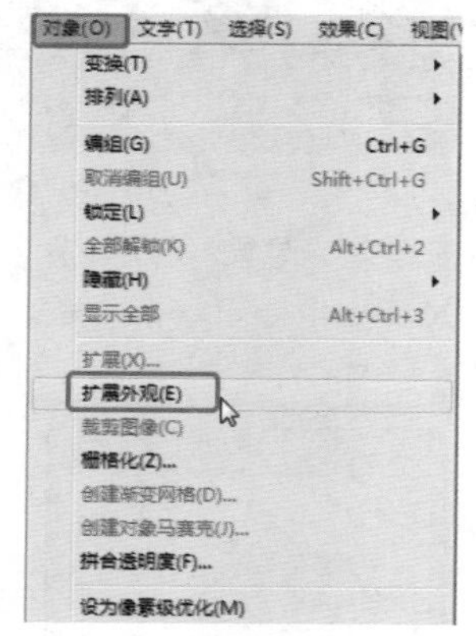

图5-74

06 设置的3D效果如图5-75所示。

图5-75

07 使用“星形工具”☆在舞台中创建星形，设置较粗的白色描边，如图5-76所示。

图5-76

08 在菜单栏中选择“效果>3D>凸出和斜角”命令，在弹出的“3D凸出和斜角选项”对话框中设置合适的参数，单击“确定”按钮，如图5-77所示。

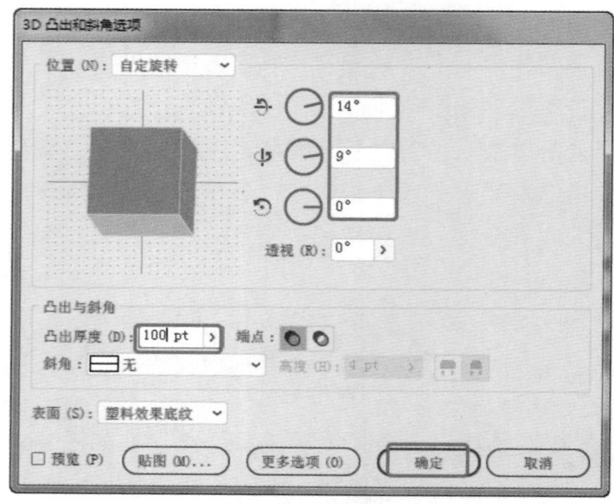

图5-77

09 设置出星形的3D效果后，在菜单栏中选择“对象>扩展外观”命令，在弹出的“扩展”对话框中使用默认的参数。

10 选择文字和星形图形，按Ctrl+C和Ctrl+B组合键，粘贴图形到后面，移动图像，并设置填色为暗绿色，如图5-78所示。

图5-78

11 使用“文字工具”T在舞台中创建文字，如图5-79所示。

图5-79

12 在菜单栏中选择“对象>扩展”命令，在弹出的“扩展”对话框中使用默认的参数，如图5-80

所示。

图5-80

13 设置文字的扩展后，填充其渐变效果，在“渐变”面板中设置彩虹的渐变颜色，如图5-81所示。

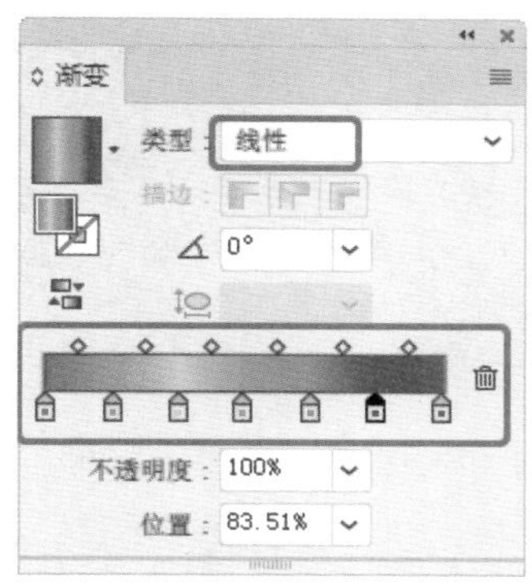

图5-81

14 使用“渐变工具”在舞台中调整图形的填充效果，如图5-82所示。

图5-82

15 调整后的渐变色效果如图5-83所示。

图5-83

16 在菜单栏中选择“效果>3D>凸出和斜角”命令，在弹出的“3D凸出和斜角选项”对话框中设置合适的参数，单击“确定”按钮，如图5-84所示。

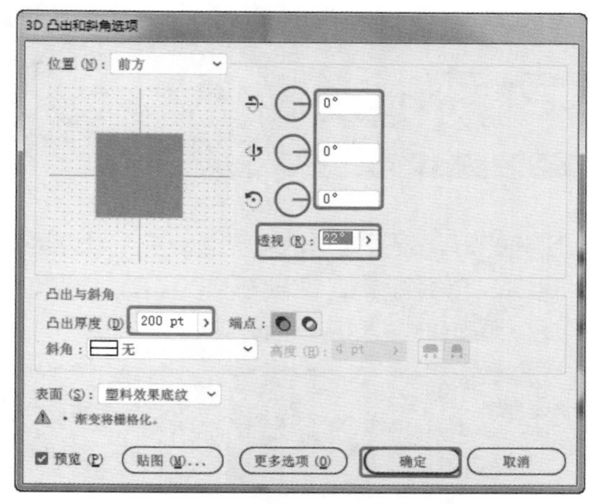

图5-84

17 设置的3D效果如图5-85所示。

图5-85

18 使用“钢笔工具”在舞台中创建如图5-86所示的图形。

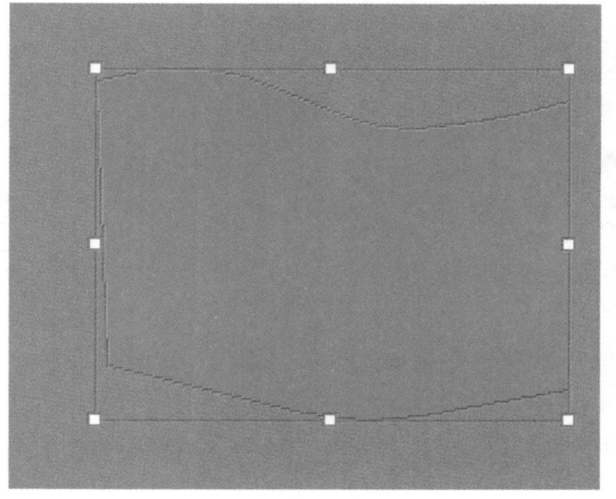

图5-86

19 设置形状的填充为渐变，在“渐变”面板中设置深绿色到绿色、到亮绿、再到绿色的渐变，设置合适的参数，如图5-87所示，使用“渐变工具”■调整渐变效果。

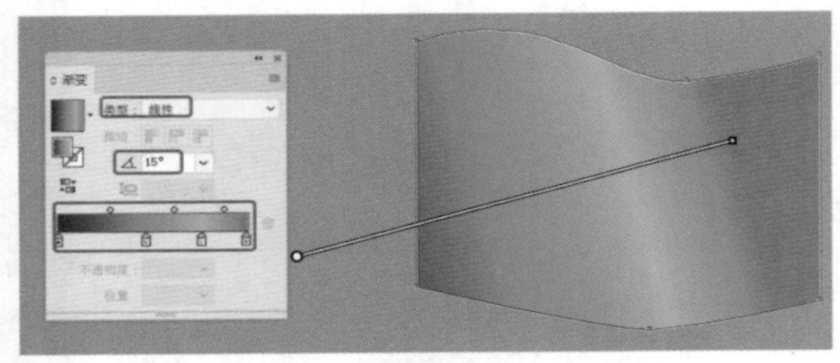

图5-87

20 创建矩形，设置矩形的填充为灰色到浅灰色、再到灰色的渐变，设置渐变的参数，调整填充，得到如图5-88所示的效果。

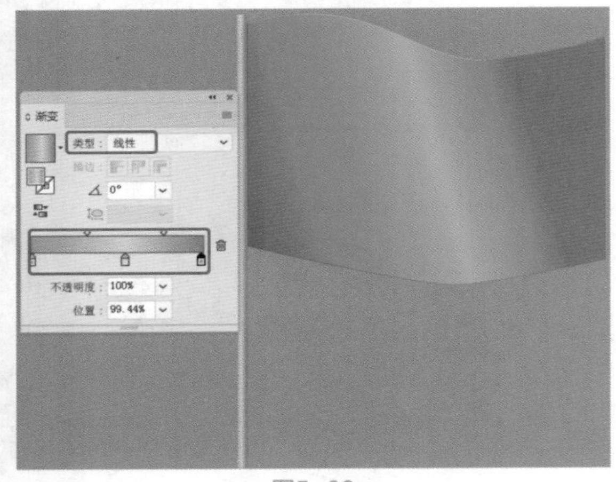

图5-88

21 选择旗子两个图形，按Ctrl+G组合键，将选择的图形进行编组，编组后，对旗子进行复制，调整其位置和角度，如图5-89所示。

图5-89

22 在菜单栏中选择“文件>置入”命令，在弹出的“置入”对话框中选择随书配备资源中的“飘带.png”文件，单击“置入”按钮，如图5-90所示。

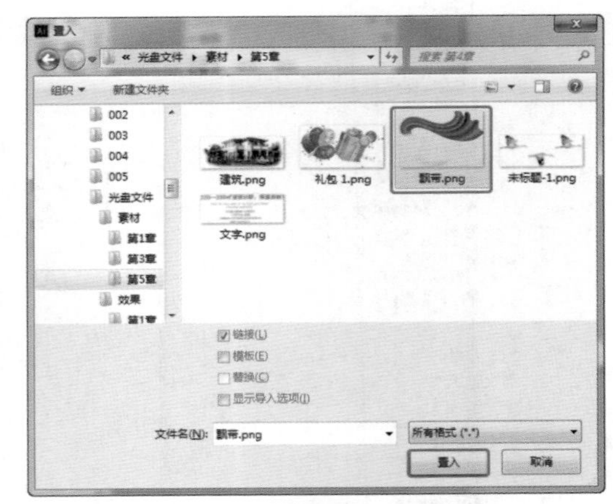

图5-90

23 置入素材后，调整素材的排列和大小，如图5-91所示。

图5-91

24 在菜单栏中选择“文件>置入”命令，在弹出的“置入”对话框中选择随书配备资源中的“礼包1.png”文件，单击“置入”按钮，如图5-92所示。

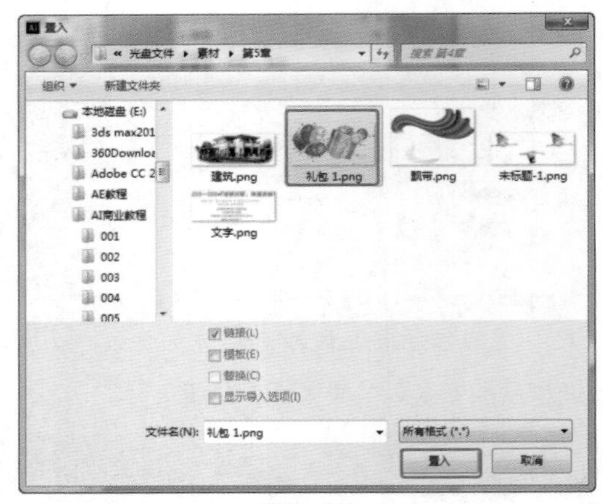

图5-92

25 置入礼包素材后，调整素材的排列和大小，如图5-93所示。

图5-93

26 使用“文字工具”T.在舞台中创建文字，在“属性”面板中设置合适的参数，如图5-94所示。

图5-94

27 在菜单栏中选择“效果>3D>凸出和斜角”命令，在弹出的“3D凸出和斜角选项”对话框中设置合适的参数，单击“确定”按钮，如图5-95所示。

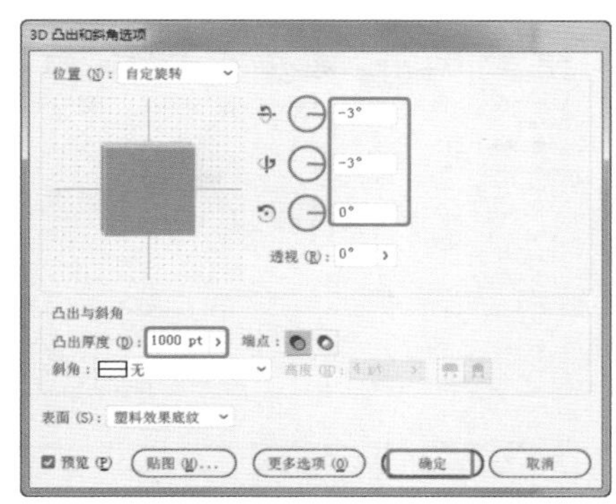

图5-95

28 设置3D效果后，在菜单栏中选择“对象>扩展外观”命令，按Ctrl+C和Ctrl+B组合键，复制并粘贴图像到后面，设置其填充为深灰色，调整其位置，如图5-96所示。

图5-96

29 在舞台中选择如图5-97所示的图形，按Ctrl+G组合键，将其进行编组。

图5-97

30 在菜单栏中选择“文件>置入”命令，在弹出的“置入”对话框中选择随书配备资源中的“阴影.png”，单击“置入”按钮，如图5-98所示。

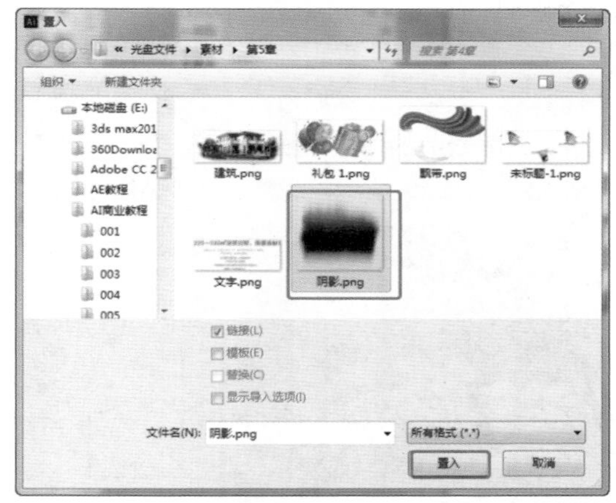

图5-98

31 置入素材后，调整素材的排列、位置和大小，如图5-99所示。

图5-99

32 在舞台中选择阴影图像，在“属性”面板中设置“不透明度”为70%，如图5-100所示。

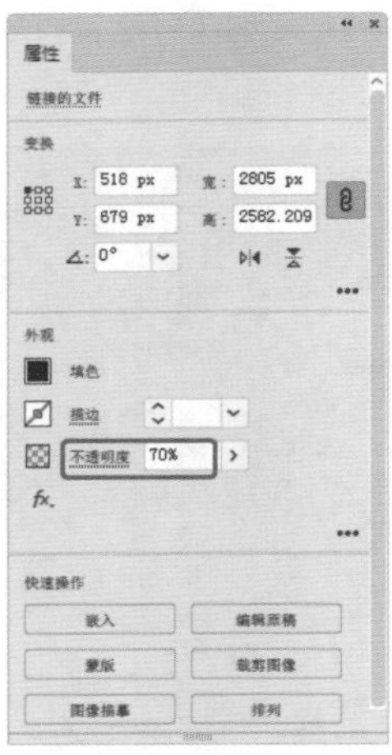
图5-100

装饰并丰满画面

主标题设置完成后，下面来添加其他内容，丰满整个画面。

01 使用“椭圆工具”，在舞台中创建椭圆，设置椭圆的“填色”为深绿色，设置“描边”为浅绿色，设置合适的描边粗细，设置“不透明度”为80%，如图5-101所示，调整圆的排列位置。

图5-101

02 使用“钢笔工具”，在舞台中如图5-102所示的位置绘制斜角的填充，设置填色颜色为橘黄色，描边为无。

图5-102

03 使用“钢笔工具”，在舞台中绘制斜条填充，如图5-103所示，分别填充为橘黄色、绿色和黄色。

图5-103

04 选择作为背景的斜条填充，按Ctrl+G组合键，将选择的对象编组，并按Ctrl+[组合键，将其设置为向下排列的效果，排列在油漆的下面即可。在菜单中选择“文件>置入”命令，在弹出的“置入”对话框中选择随书配备资源中的“文字2.png”文件，单击“置入”按钮，如图5-104所示。

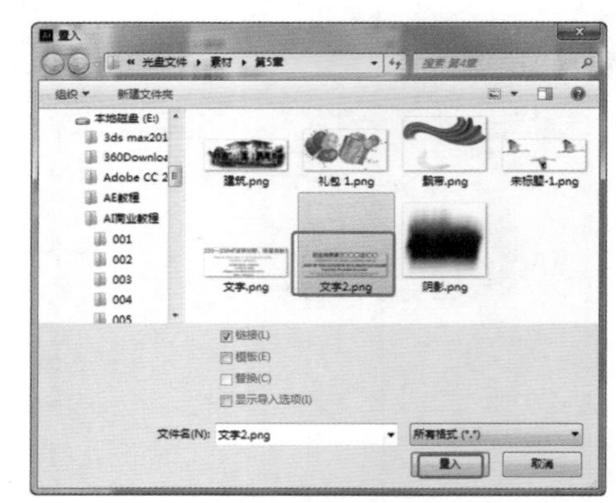
图5-104

05 置入文字后的效果如图5-105所示。

图5-105

06 在舞台中创建与舞台大小相同的矩形，并调整为居中，填色为灰色，如图5-106所示。

图5-106

07 继续在灰色的矩形上创建矩形，作为修剪的矩形，调整好矩形的大小和位置后，选择两个矩形，在“路径查找器”面板中单击“减去顶层”按钮，如图5-107所示。

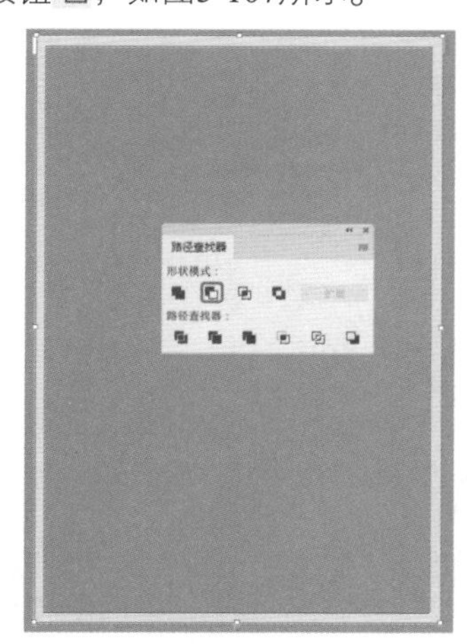

图5-107

08 修剪好的轮廓效果如图5-108所示。

图5-108

09 创建与舞台大小相同的矩形，并调整为居中，如图5-109所示。选择舞台中的所有图形，在“属性”面板中单击“建立剪切蒙版”按钮。

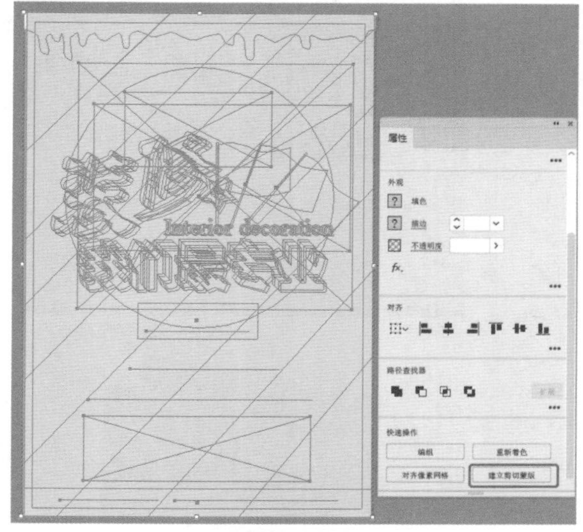

图5-109

10 将超出舞台的图像进行遮罩处理，完成本案例的效果制作，如图5-110所示。

图5-110

5.5 优秀作品欣赏

SAMSUNG
CAFFE VELOCE
WORLD BEANS
GRAPHICTWISTER
PHOTOREALISTIC
Ripley's
AQUARIUM
OF THE SMOKIES
MERMAID
NOW SWIMMIN
nano-chromatique
iPod
Nous récupérons les restes de peinture
RONA

06 第6章 海报广告设计

海报也称为宣传画，是一种吸引人注意的张贴图像，是日常生活中最为常见的广告信息传达方式之一。招贴海报的内容广泛丰富，既可以作为商业宣传也可以作为公益用途，其艺术表现力独特、视觉冲击力强烈。

本章主要分析和介绍海报的设计和一些相关内容。

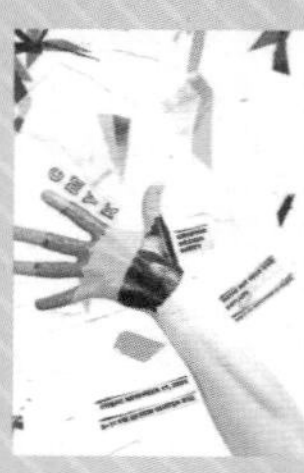

6.1 海报广告概述

何为“招”、何为“贴”，招贴的意思就是招引、吸引人的张贴海报，是张贴在公共场合中吸引人们注意的一种广告形式，如图6-1所示。

图6-1

6.1.1 认识海报

招贴海报是媒体广告的一种，是一种用于传播信息的广告媒介形式，多张贴于闹市街头、公路、车站、机场等公共场景中，引导大众参与其广告中的活动。招贴海报最早是一则埃及的寻人广告，我国最早的招贴广告出现于宋朝，当初主要是用来张贴一些官家公告信息，这种招贴方式延续至今。招贴设计相比于其他设计而言，其内容更加广泛且丰富、艺术表现力独特、创意独特、视觉冲击力非常强烈。招贴主要扮演推销员的角色，代表了企业产品的形象，可以提升竞争力并且极具审美价值和艺术价值，如图6-2所示。

图6-2

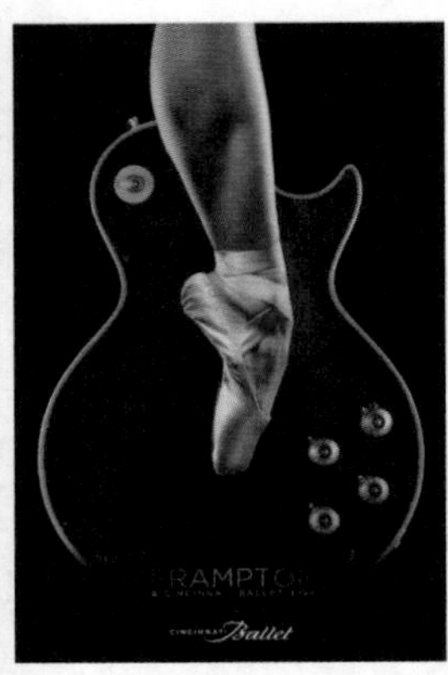

图6-2（续）

6.1.2 招贴海报的常见类型

招贴海报广告按主题可分为以下三类。

（1）公益招贴海报：例如社会公益、社会政治、社会活动等用以宣传推广节日、活动、社会公众关注的热点或社会现象以及政府的某种观点、立场、态度等的招贴，属于非营利性宣传，如图6-3所示。

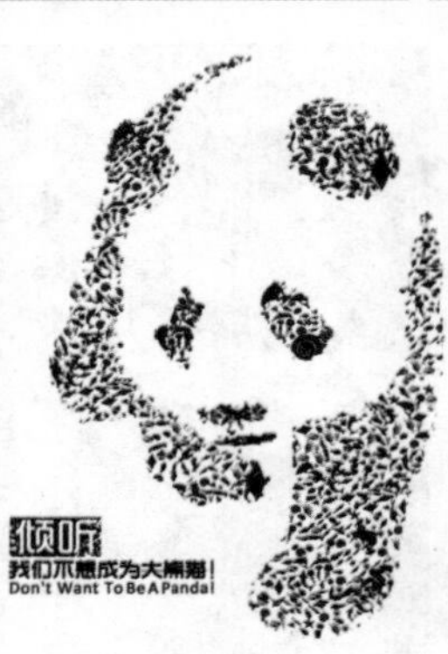

图6-3

（2）商业招贴海报：包括各类产品信息、企业形象和商业服务等，主要用于宣传产品而产生一定的经济效益，以营利为主要目的，如图6-4所示。

图6-4

（3）主题招贴海报：主要是满足人类精神层次的需要，强调教育、欣赏、纪念，用于精神文化生活的宣传，包括文学艺术、科学技术、广播电视等招贴，如图6-5所示。

图6-5

6.1.3 招贴海报的构成要素

招贴海报的构成要素主要有以下几种。

（1）图像：图像是招贴海报中重要的“视觉语言”，在大多数海报作品中，图像都占有重要的地位。图像具有吸引受众注意广告版面的“吸引”功能，可以把受众的视线引至文字的“诱导”功能上。

（2）标志：标志在商业海报广告中是品牌的象征，标志的出现是塑造商品、企业的最可靠的保证，使消费者可以快速识别商品。

（3）文字：文字的使用能够直接快速地点明主题。在招贴设计中，文字的选用十分重要，应精简而独到地阐释设计主旨。字体的表现形式也非常重要，对于字体、字号的选用是十分严格的，不仅仅要突出设计理念，还要与画面风格匹配，形成协调的版面。

（4）留白：在一般情况下，人们只对广告上的图形和文字感兴趣，至于空白则很少有人去注意。但实际上，正因为有了空白才使得图形和文字显得突出。

（5）广告语：在一般情况下，人们只对广告上的图形和文字感兴趣，至于空白则很少有人去注意。但实际上，正因为有了空白才使得图形和文字显得突出。

6.1.4 招贴海报的创意手法

招贴海报的创意手法主要有以下几种。

（1）展示：展示法是一种最为常见的手法，展示是指直接将商品展示在消费者的面前，给人以逼真的感受，使消费者对所宣传的产品产生一种亲切感和信任感，如图6-6所示。

（2）联想：联想是指由某一事物而想到另一事物，或是由某事物的部分相似点或相反点而与另一事物相联系。联想分为类似联想、接近联想、因果联想、对比联想等。在招贴海报设计中，联想法是最基本也是最重要的一个手法，通过联想事物的特征，并通过艺术的手段进行表现，使信息的传达委婉而具有趣味性，如图6-7所示。

图6-6　　图6-7

（3）比喻：比喻是将某一事物比作另一事物以表现主体的本质特征的方法。比喻法间接地表现了作品的主题，具有一定的神秘性，充分地调动了观者的想象力，更加耐人寻味，如图6-8所示。

（4）象征：象征是用某个具体的图形表达一种抽象的概念，用象征物去反映相似的事物，从而表达一种情感。象征是一种间接的表达，强调一种意象，如图6-9所示。

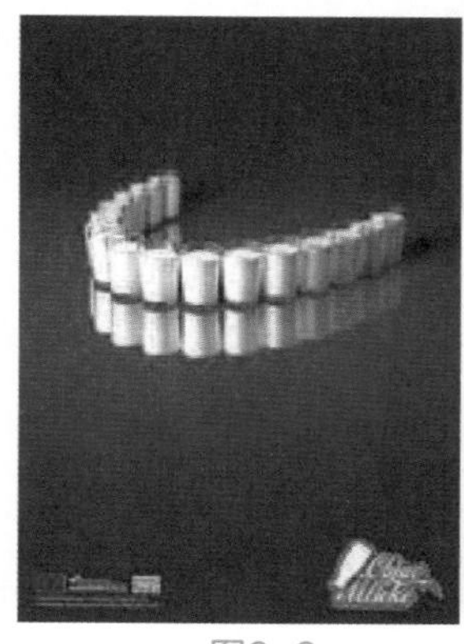

图6-8　　图6-9

（5）拟人：拟人是将动物、植物、自然物、建筑物等生物和非生物赋予人类的某种特征，将其人格化，从而使整个画面形象生动。在招贴设计中经常会用到拟人的表现手法，与人们的生活更加贴切，不仅能吸引观者的目光，更能拉近与观者内心的距离，更具亲近感，如图6-10所示。

（6）夸张：夸张是依据事物原有的自然属性条件而进行进一步的强调和扩大，或通过改变事物的整体、局部特征更鲜明地强调或揭示事物的实质，而创造一种意想不到的视觉效果，如图6-11所示。

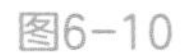

图6-10　　图6-11

（7）幽默：幽默是运用某些修辞手法，以一种较为轻松的表达方式传达作品的主题，画面轻松愉悦，却又意味深长，如图6-12 所示。

（8）讽刺：讽刺是运用夸张、比喻等手法揭露人或事的缺点。讽刺有直讽和反讽两种类型，直讽手法直抒胸臆，鞭挞丑恶；而反讽的运用则更容易使主题的表达独具特色，更易打动观者的内心，如图6-13所示。

图6-12

图6-13

（9）重复：重复是使某一事物反复出现，从而起到一定的强调作用，如图6-14所示。

（10）矛盾空间：矛盾空间是指在二维空间表现出一种三维空间的立体形态。其利用视点的转换和交替，显示一种模棱两可的画面，给人造成空间的混乱。矛盾空间是一种较为独特的表现手法，往往会使观者久久驻足观看，如图6-15所示。

图6-14

图6-15

6.2 商业案例——果汁促销海报设计

6.2.1 设计思路

扫码看视频

■ 案例类型

本案例是一个果汁促销海报设计项目。

■ 设计背景

果汁是以水果为原料经过物理方法如压榨、离心、萃取等得到的汁液产品，如图6-16所示，一般是指纯果汁或100%果汁。按果汁含量分为原果汁、水果汁、果汁饮料、果粒果汁饮料、果汁类汽水、果味型饮料。

图6-16

本案例制作的海报促销广告是在一个景区中，一个商铺的张贴海报，主要将活动的内容输入进去，可以通过水果形象使人们更容易理解和接受，主要促销的果汁为梨汁。

■ 设计定位

根据对商铺的考察，发现户外景区的商铺环境较为嘈杂，人流较多，所以这种场合不需要制作复杂的海报内容，尽量避免在人多的地方还要出现比喻手法，因为人们不会停下来猜想海报内容，所以，在此基础上我们将定位海报为简单的主题海报，并以简单的线条背景加上卡通的梨来明确主角，并以最容易理解的标题方式进行宣传，这样会更加容易使人接受。

6.2.2 配色方案

配色上采用黄色作为主色，因为卡通梨的填充是黄色，如图6-17所示。由于本案例中构图方式和颜色设计上没有过多地使用其他色彩，所以黄色是最为突出的颜色；辅助色采用黄色和黑色的混合色，如图6-18所示，作为文字标题和注释，背景采用白色和浅灰色的线条，这样可以突出主标题和主角。

图6-17

图6-18

6.2.3 构图方式

本案例将采用上下均衡构图方式，将主要标题和信息放置到上方，将主角放置到下方，并以装饰的方式添加一些文字以及图像到周围，以丰满和均衡整体效果。

6.2.4 同类作品欣赏

6.2.5 项目实战

■ 制作流程

本案例首先绘制底部背景，再绘制斜线，将路径和文字转换为图形；然后绘制梨和叶子形状，创建图案，修剪多余区域；最后创建文字，建立剪切蒙版，如图6-19所示。

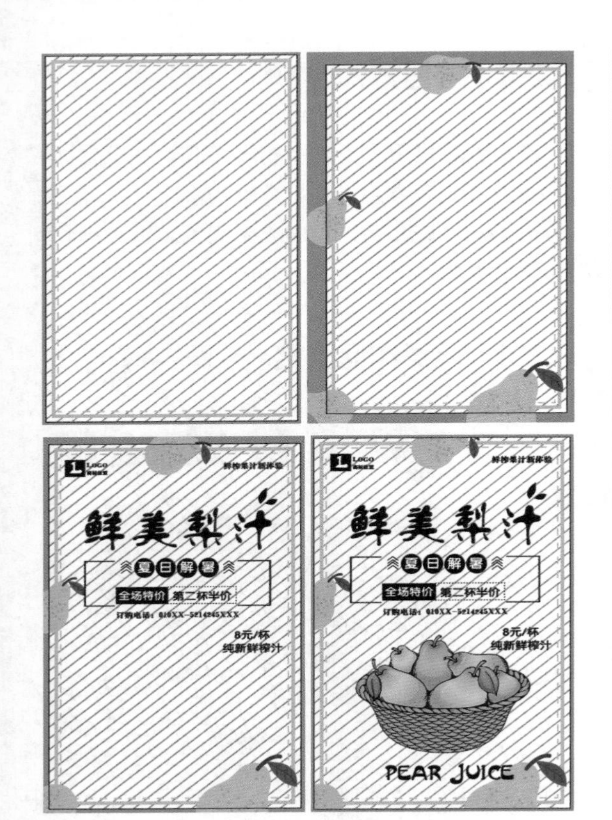

图6-19

■ 技术要点

使用“矩形工具”绘制底部背景；

使用“直线段工具”绘制斜线；

使用“扩展”和“扩展外观”命令，将路径和文字转换为图形；

使用“钢笔工具”绘制梨和叶子形状；

使用“对象>图案>建立”命令创建图案；

使用“色板”面板添加图案；

使用“画笔工具”绘制梨的圆点；

使用“文字工具”创建文字；

使用“建立剪切蒙版”设置遮罩效果。

■ 操作步骤

绘制背景

根据案例的设计分析，首先制作出简约的条纹背景效果。

01 运行Illustrator软件，新建文件，在弹出的“新建文档”对话框中设置“宽度”为3543px、“高度”为5315px，选择“颜色模式”为“RGB颜色”，设置“光栅效果”为“屏幕（72ppi）”，单击“创建”按钮，创建文档，如图6-20所示。

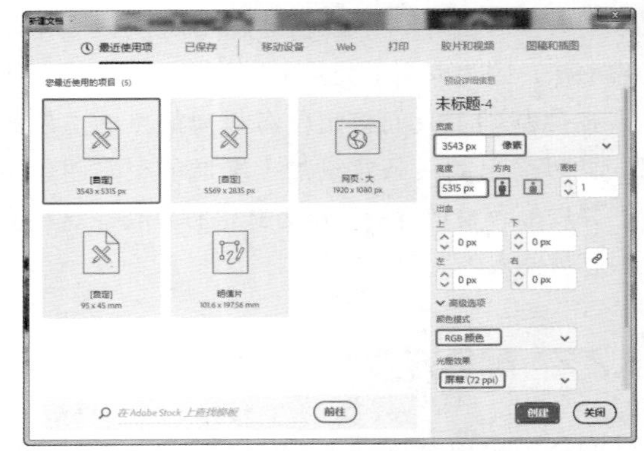

图6-20

02 创建文档后，使用“矩形工具”，在舞台中绘制与舞台相同大小的矩形，在“属性”面板中可以定位变换的位置点，设置X、Y的位置，如图6-21所示。

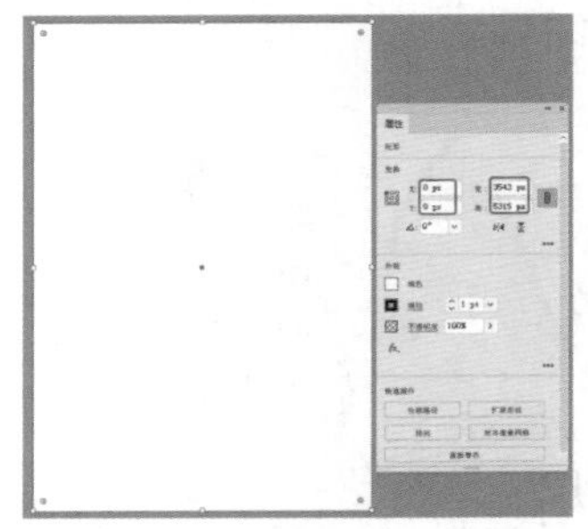

图6-21

03 使用“直线段工具”，在舞台中绘制斜线，如图6-22所示，设置线段的“描边”为灰色，并设置合适的描边粗细。

图6-22

04 使用“选择工具”选择斜线，按住Alt键移动复制线段，如图6-23所示。

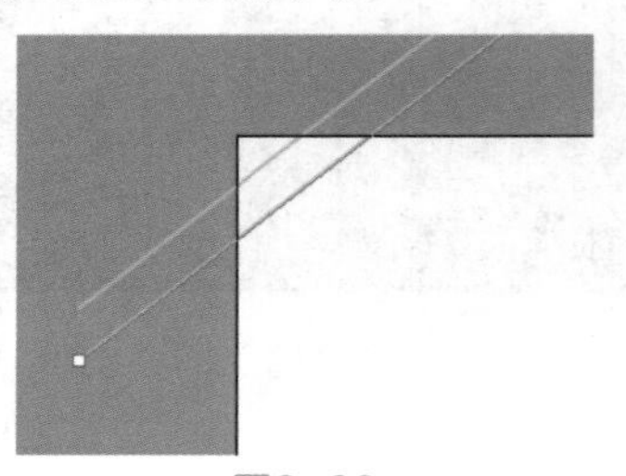

图6-23

05 移动复制后，按Ctrl+D组合键，可以继续复制，得到如图6-24所示的效果。

图6-24

06 选择所有的线段和背景，在“路径查找器”面板中单击“分割”按钮，删除不需要的形状，如图6-25所示。

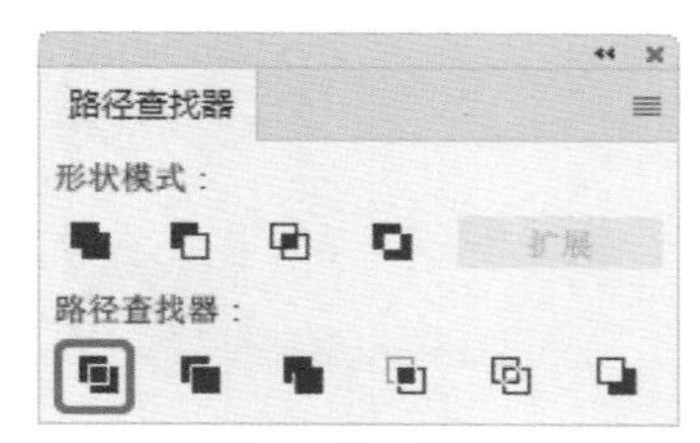

图6-25

07 得到的条纹背景效果如图6-26所示。

图6-26

08 使用“矩形工具”，在舞台中如图6-27所示的位置创建矩形，设置“填色”为无，设置“描边”为灰色，“描边”粗细为50pt。

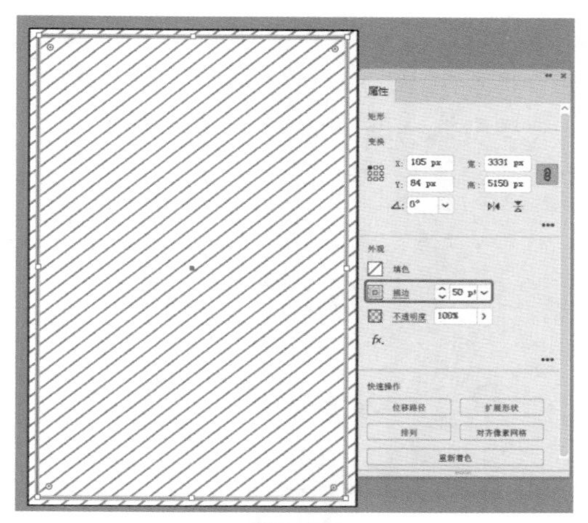
图6-27

09 复制矩形，修改矩形的大小，在“描边”面板中设置“粗细”为20pt，勾选“虚线”复选框，设置合适的虚线效果，如图6-28所示。

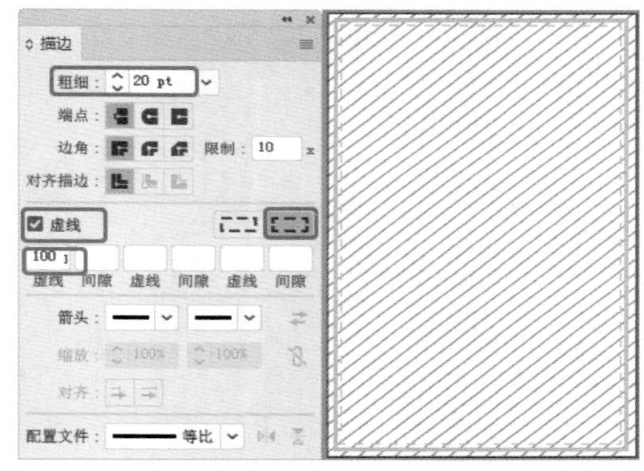

图6-28

10 使用“钢笔工具”，在舞台中绘制梨的外观形状，并设置填色为#ffd15b，如图6-29所示。

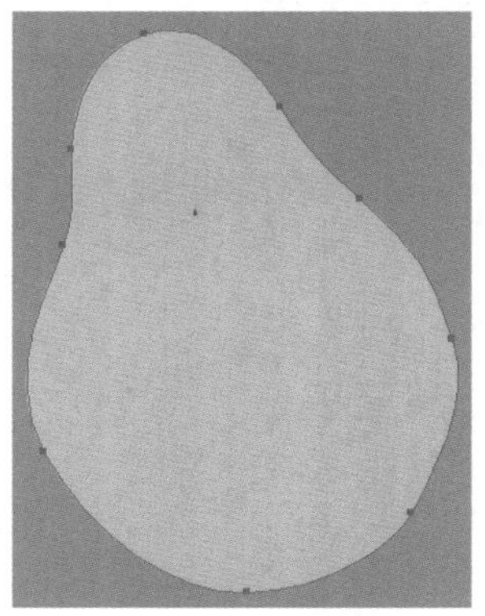
图6-29

11 使用“画笔工具”，在工具属性栏中设置颜色为#26692d，设置合适的描边和笔触，在舞台中绘制梨的把，如图6-30所示。

图6-30

12 使用“钢笔工具”，在舞台中绘制梨的叶子，设置其填充色为#428249，设置描边为无，如图6-31所示。

图6-31

13 使用“画笔工具”，在舞台中绘制叶子的脉络，并绘制梨上的点，如图6-32所示。

图6-32

14 选择梨的所有图形，按Ctrl+G组合键，将其进行编组，如图6-33所示。

图6-33

15 在舞台中对梨进行复制和调整，作为背景周围的装饰图像，如图6-34所示。

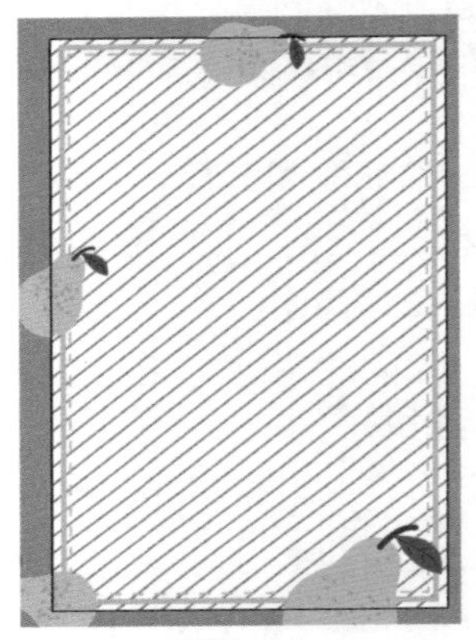

图6-34

16 当前绘制的背景图像都在“图层1”中，锁定图层1后，单击“创建新图层”按钮，新建“图层2”，如图6-35所示。

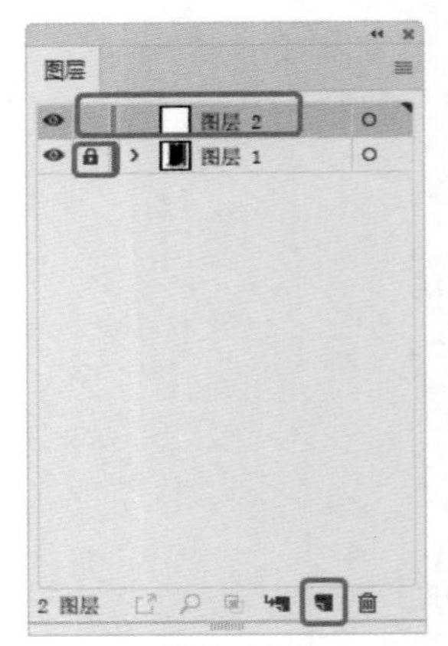

图6-35

添加广告内容

背景制作完成之后，下面将制作海报广告中的内容，包括标题、促销活动描述以及标志和图像。

01 使用“文字工具”T.，在舞台中创建文字标题，如图6-36所示，在“属性”面板中设置合适的参数即可。

图6-36

02 使用“画笔工具”，设置前景色为#38310b，在舞台中绘制凌乱的笔触，如图6-37所示。

图6-37

03 选择绘制的画笔效果，在菜单栏中选择“对象>图案>建立”命令，在弹出的提示对话框中单击“确定”按钮，在“图案选项”面板中命名名称，设置合适的参数，如图6-38所示。

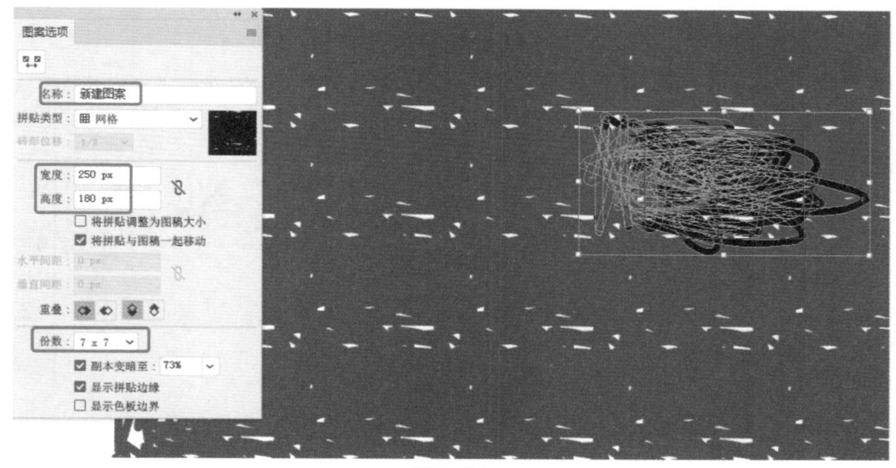

图6-38

04 在舞台中选择文字，在菜单栏中选择“对象>扩展”命令，在弹出的“扩展”对话框中使用默认的参数，单击“确定”按钮。

05 在“色板”面板中找到添加的图案，单击图案即可填充文字图形，如图6-39所示。

图6-39

06 使用“文字工具”T.，在舞台中创建文字，使用“矩形工具”，创建矩形作为底纹，如图6-40所示。

07 使用“文字工具”T.，在舞台中右上角创建文字，如图6-41所示。

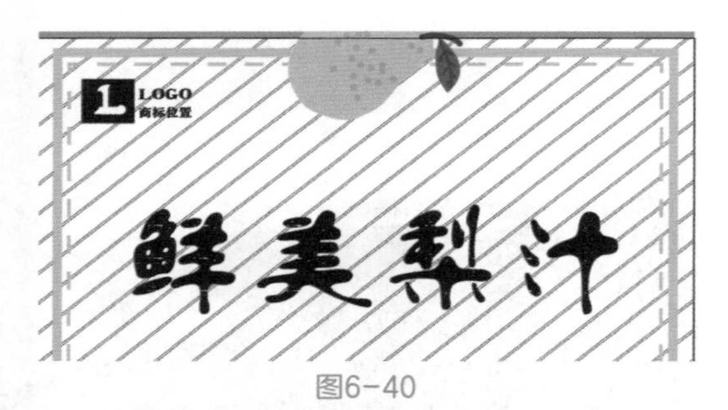

图6-40

图6-41

08 使用“钢笔工具”，在舞台中绘制两片叶子形状，作为标题的装饰，如图6-42所示，使标题更加具有趣味性。

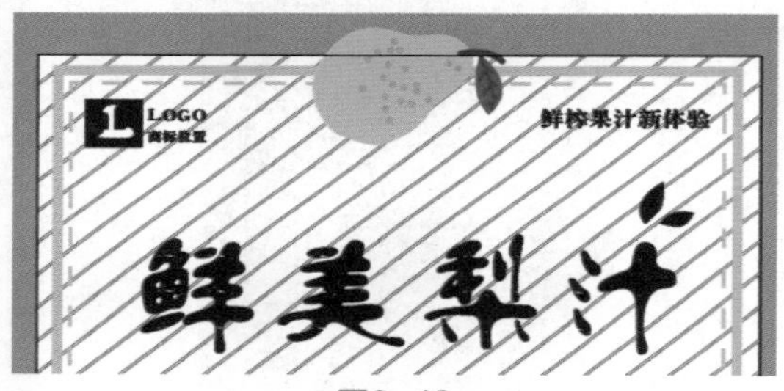

图6-42

09 在菜单栏中选择“文件>置入”命令，在弹出的对话框中选择随书配备资源中的“果汁.png”文件，单击“置入”按钮，置入素材，如图6-43所示。

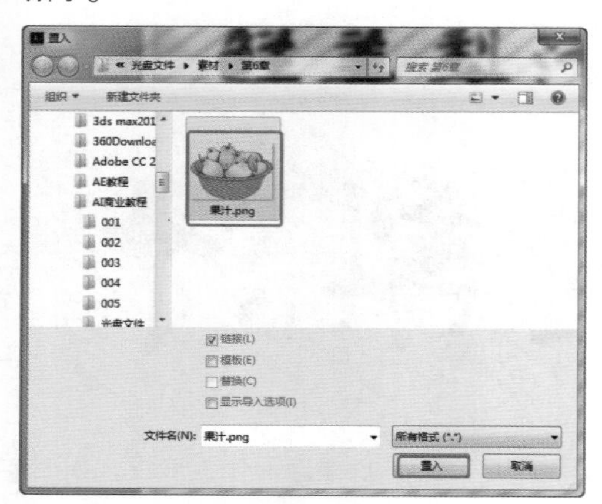

图6-43

10 置入素材后，调整素材的位置和大小，如图6-44所示。

图6-44

11 使用“矩形工具”，在标题下创建矩形，在“属性”面板中设置“填色”为无，设置“描边”粗细为20pt，颜色为#38310b，如图6-45所示。

图6-45

12 创建矩形后，在菜单栏中选择“对象>扩展”命令，在弹出的“扩展”对话框中使用默认的参数，将其转换为图形，如图6-46所示。

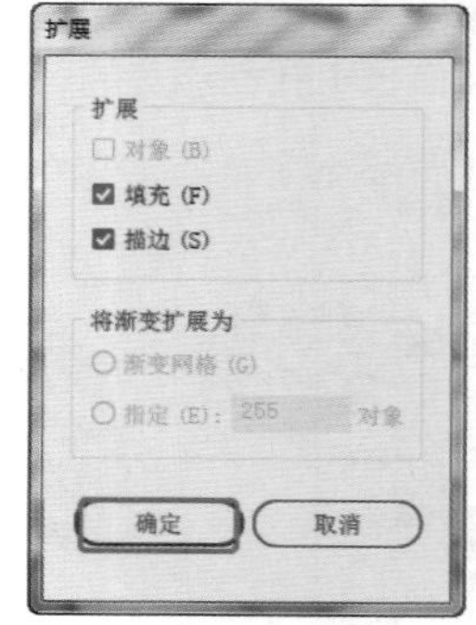

图6-46

13 使用“矩形工具”，在描边矩形上创建填充矩形作为修剪对象；选择填充矩形和底部的描边矩形，在“属性”面板的“路径查找器”组中单击“减去顶层”按钮，如图6-47所示。

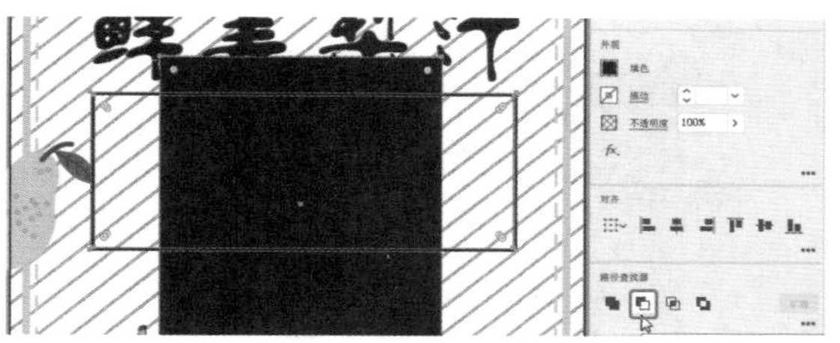

图6-47

14 修剪后的形状如图6-48所示。

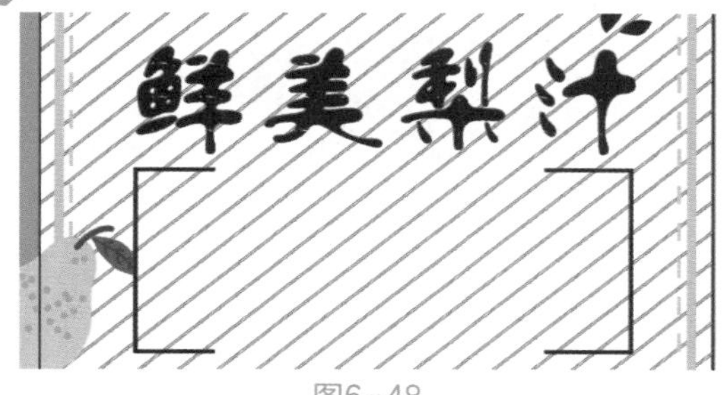

图6-48

15 使用“文字工具”T，在舞台中创建文字，如图6-49所示。

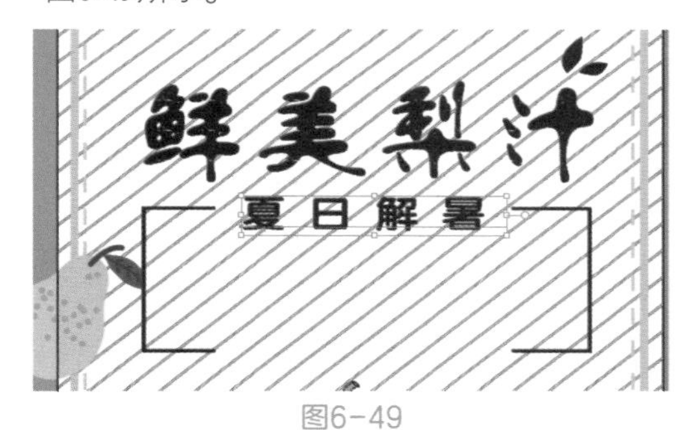

图6-49

16 设置字体颜色为白色，使用“椭圆工具”，在舞台中绘制椭圆，设置椭圆的填充为#38310b，调整椭圆的排序，并对椭圆进行复制，如图6-50所示。

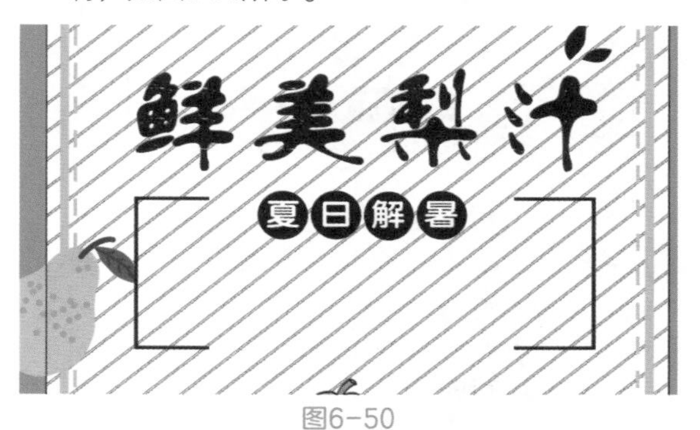

图6-50

17 使用“钢笔工具”，在舞台中绘制如图6-51所示的形状，作为文字两边的装饰，设置合适的“描边”，设置“填色”为无。

图6-51

18 在舞台中使用“文字工具”T和“矩形工具”，绘制装饰文字，并设置矩形的描边为虚线，如图6-52所示。

图6-52

19 创建文字内容，并调整形状，得到如图6-53所示的文字内容区域效果。

图6-53

20 创建联系方式，如图6-54所示。

图6-54

21 继续在置入素材的右上方创建活动价格，如图6-55所示。

图6-55

22 在海报的底部创建英文，丰满画面，如图6-56所示。

图6-56

23 在舞台中创建与舞台相同大小的矩形，在“图层”面板中解锁“图层1”，选择所有图形，在“属性”面板中单击“建立剪切蒙版”按钮，如图6-57所示。

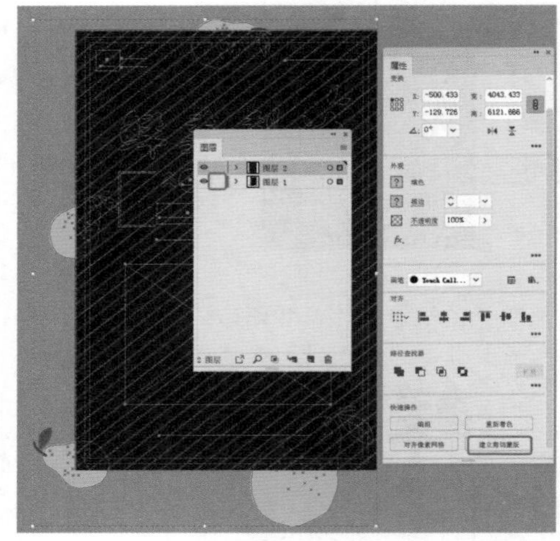

图6-57

24 得到最终的海报效果，如图6-58所示。

图6-58

6.3 商业案例——立体护肤品海报设计

6.3.1 设计思路

扫码看视频

■ 案例类型

本案例为护肤品海报设计项目。

■ 项目诉求

护肤品是一种保护皮肤的护肤产品，随着经济的不断进步和发展，护肤品的种类也日益增多，不再是单纯的老三套（水、乳、霜），不再是富人才用的商品，如今的化妆类和护肤类产品已经走进了平常百姓家。

本案例需要制作一款个性化的立体海报，主角是一款新推出的护肤产品，产品图片将会由用户提供，需要制作一个有层次感的海报效果，具体创意和制作可以自由发挥。

■ 设计定位

由于版权问题，在案例制作过程中，将护肤品的标志抹掉了，根据客户需求，将制作多层重叠的立体景深环境，并在此基础上将护肤品放置到主要位置，凸出护肤品，使色彩更加丰富，主题将采用立体化广告语进行设计，这种立体广告语可以体现出个性与时尚。

6.3.2 配色方案

配色上不会使用饱和度非常高的色彩，将会使用高级雾霾蓝、皮粉和灰黄，因为护肤品的瓶身是非常亮的紫粉和青蓝的渐变，所以这里采用多个形状的层次叠加，搭配出主要的颜色，使其与主角的颜色相符又不相近。

6.3.3 构图方式

本案例的构图方式为上下构图，将主要内容放置到中上方，将其主角放置到底部，为了不使顶部留有空白，将会使用叠加的图案进行封闭，这样就会有种整体构图协调的效果了。

6.3.4 同类作品欣赏

6.3.5 项目实战

■ 制作流程

本案例首先创建矩形作为背景和地面，再创建不规则的形状；然后调整渐变填充效果，制作图形效果；最后设置投影效果，建立剪切蒙版，如图6-59所示。

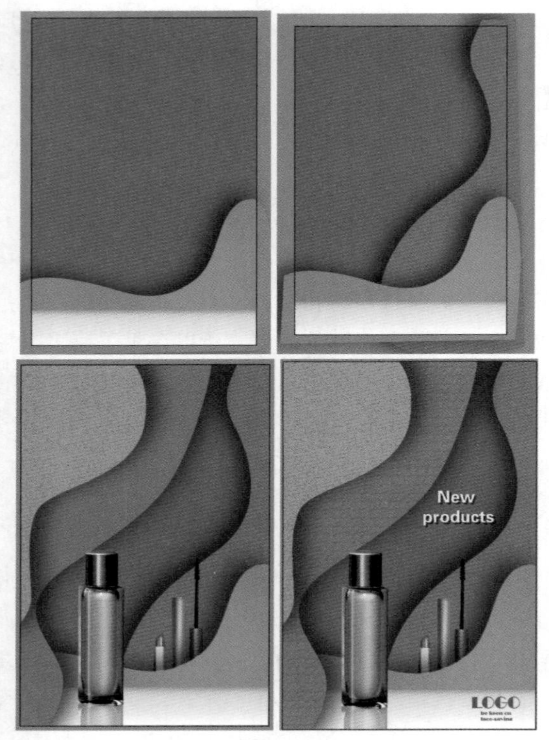

图6-59

技术要点

使用“矩形工具”创建矩形作为背景和地面；
使用“钢笔工具”创建不规则的形状；
使用“渐变工具”调整渐变填充的效果；
使用“颗粒、纹理化、海绵”制作图形效果；
使用“建立剪切蒙版”创建剪切蒙版效果。

操作步骤

背景的绘制

首先，使用矩形工具和钢笔工具绘制图形，结合使用各种面板和命令，制作一个有层次的立体背景。

01 运行Illustrator软件，新建文件，在弹出的“新建文档”对话框中设置“宽度”为3543px、“高度”为5315px，选择“颜色模式”为“RGB颜色”，设置“光栅效果”为“屏幕（72ppi）”，单击“创建”按钮，创建文档，如图6-60所示。

图6-60

02 创建文档后，使用“矩形工具”，在舞台中绘制与舞台相同大小的矩形，在“属性”面板中可以定位变换的位置点，设置X、Y的位置；设置“填色”为#b66b81，“描边”为无，如图6-61所示。

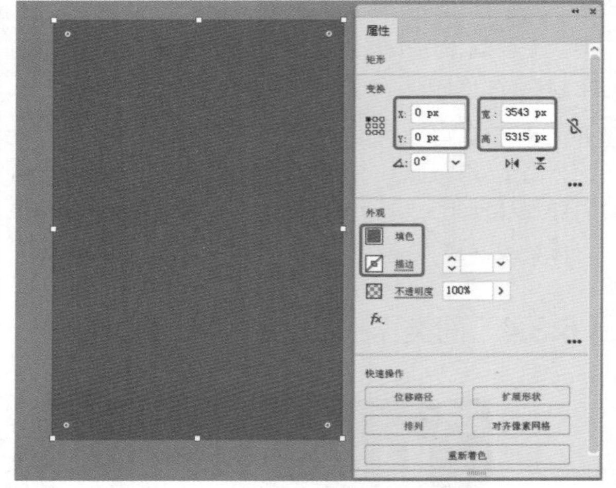
图6-61

03 使用“矩形工具”，在舞台中底部创建作为地面的矩形，设置填充为渐变，设置渐变“类型”为“线性”，设置“角度”为90°，设置渐变为白色到灰色的渐变，如图6-62所示。

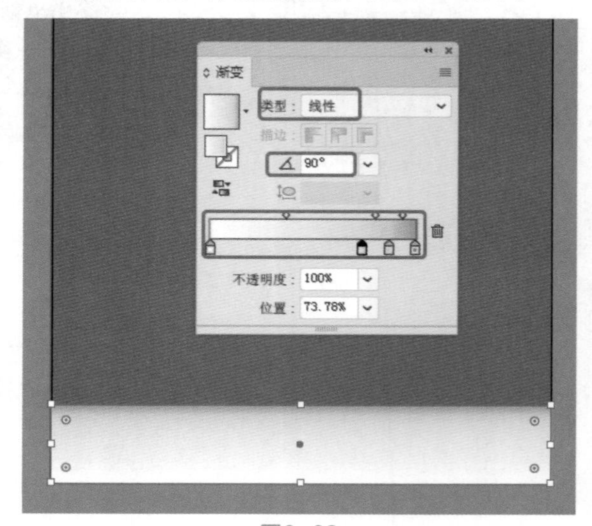

图6-62

04 使用“钢笔工具”，在舞台中绘制形状，如图6-63所示。

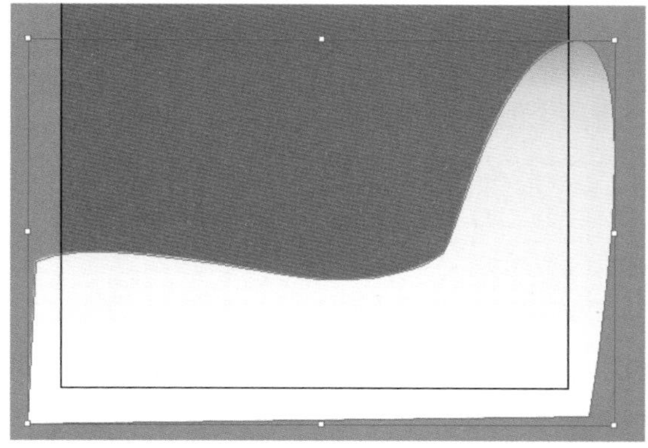

图6-63

05 设置图形的填充为渐变，在“渐变”面板中设置渐变“类型”为“径向”，设置渐变为#3fd4d9到#3fbbd9的渐变，如图6-64所示。

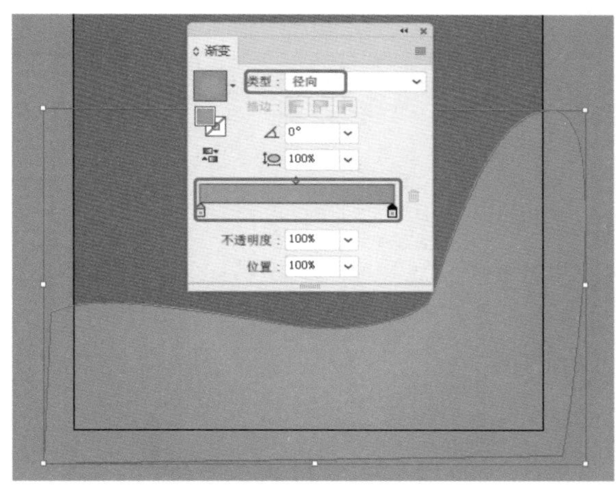

图6-64

06 使用“渐变工具”，在舞台中调整渐变，如图6-65所示。

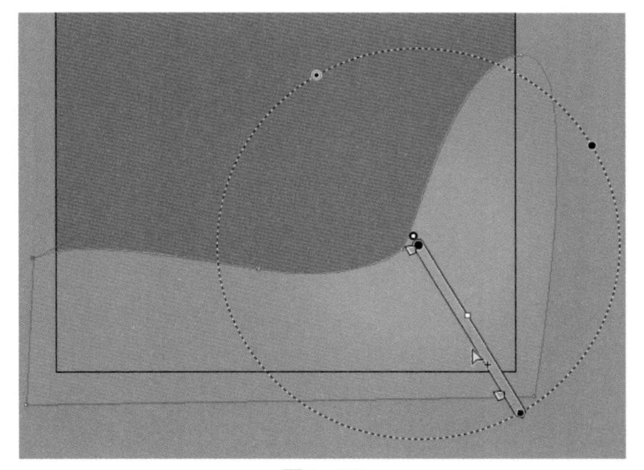

图6-65

07 调整渐变后，在菜单栏中选择“效果>纹理>颗粒”命令，在弹出的“颗粒”对话框中设置合适的参数，如图6-66所示。

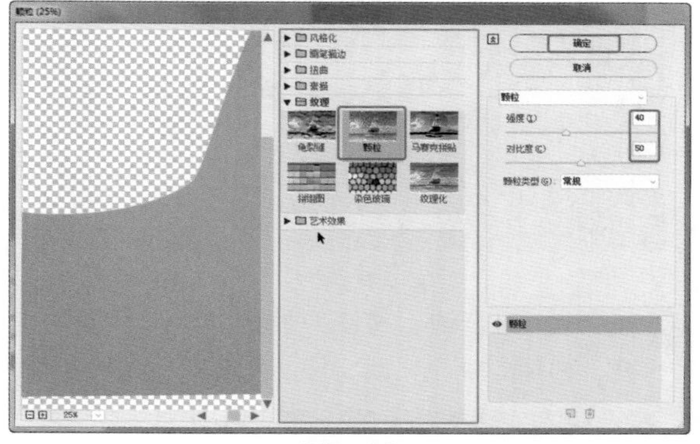

图6-66

08 设置的颗粒效果如图6-67所示。

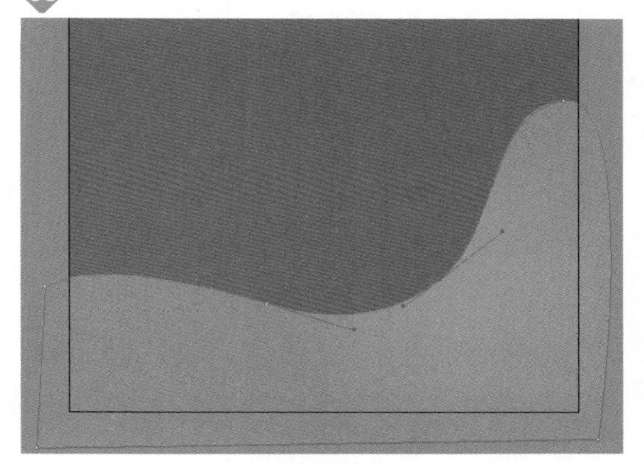

图6-67

09 在菜单栏中选择“效果>风格化>投影”命令，在弹出的“投影”对话框中设置合适的投影参数，设置投影的颜色为#681030，如图6-68所示。

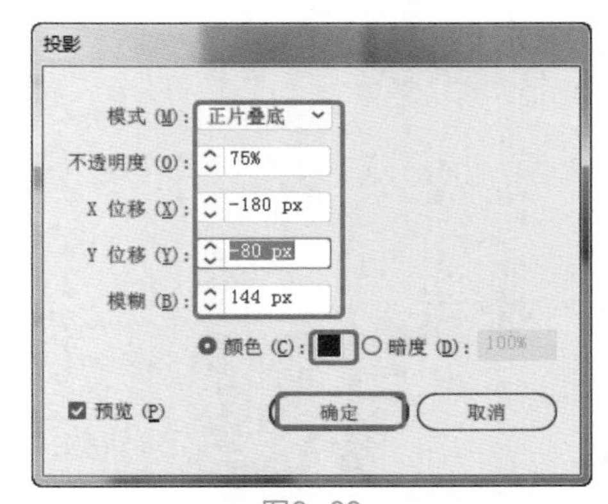

图6-68

10 设置的投影效果如图6-69所示。

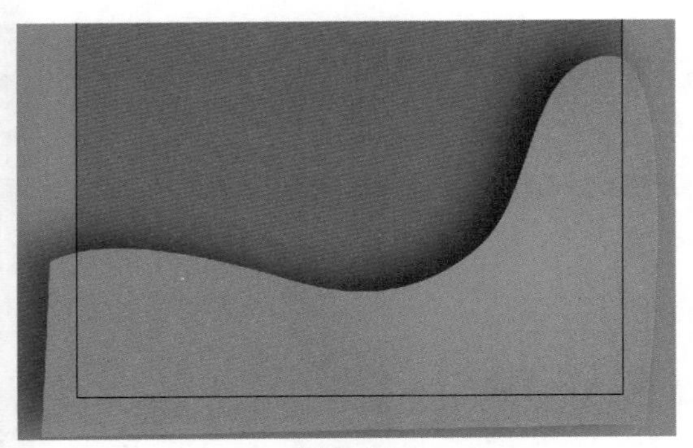

图6-69

11 按Ctrl+[组合键，将图形放置到矩形地面的下方，如图6-70所示。

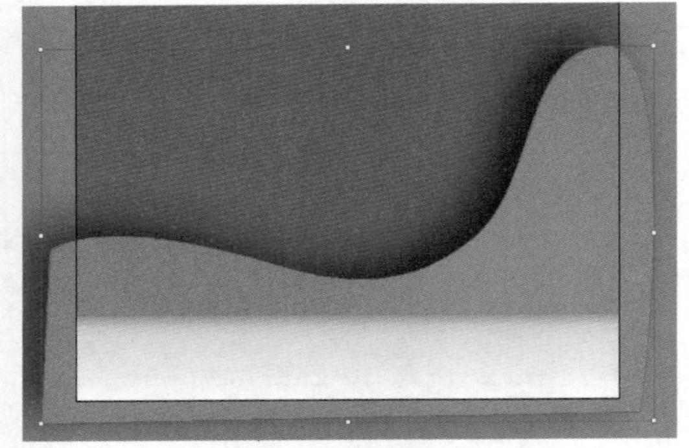

图6-70

12 使用“钢笔工具”，在舞台中创建形状，设置“填色”为#d4647c，如图6-71所示。

图6-71

13 在菜单栏中选择“效果”命令，在弹出的下拉菜单中可以发现应用上一次使用的效果，选择该命令，如图6-72所示。

图6-72

14 设置的投影效果如图6-73所示。

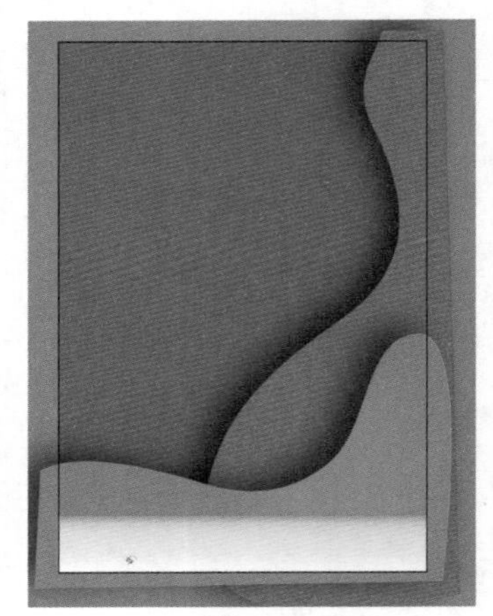

图6-73

15 使用“钢笔工具”，在舞台中创建形状，设置“填色”为# c69355，如图6-74所示。

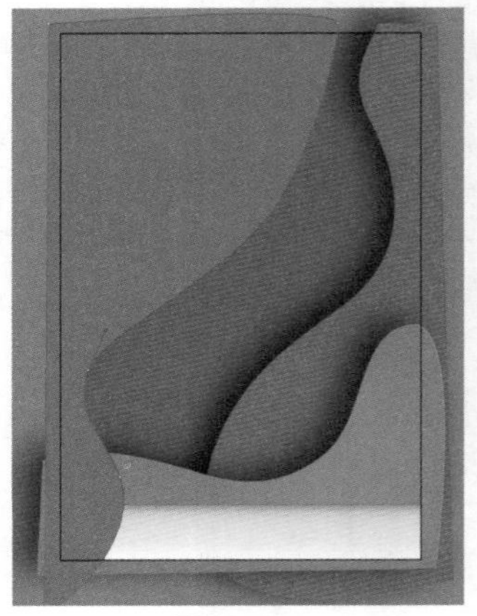

图6-74

16 在菜单栏中选择“效果”命令，在弹出的下拉菜单中选择“应用‘投影’”命令（应用上一次使用的效果），如图6-75所示。

图6-75

17 在“外观”面板中双击“投影”后的效果按钮，在弹出的“投影”对话框中调整其位移角度，单击“确定”按钮，如图6-76所示。

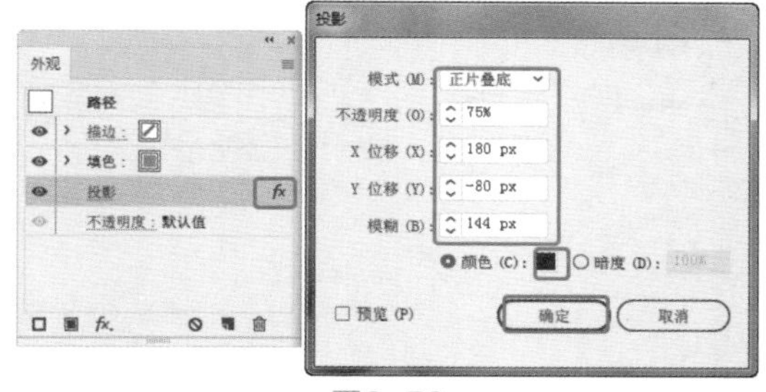

图6-76

18 在菜单栏中选择“效果>纹理>纹理化”命令，在弹出的“纹理化”对话框中设置合适的参数，如图6-77所示。

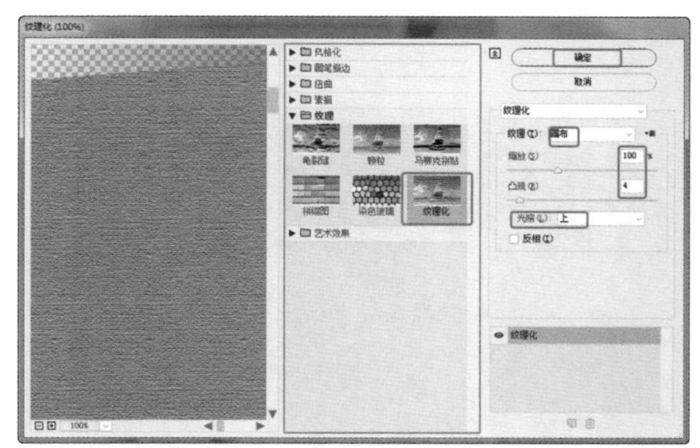

图6-77

19 使用“钢笔工具”，在舞台中创建形状，设置“填色”为# ffa19c，如图6-78所示。

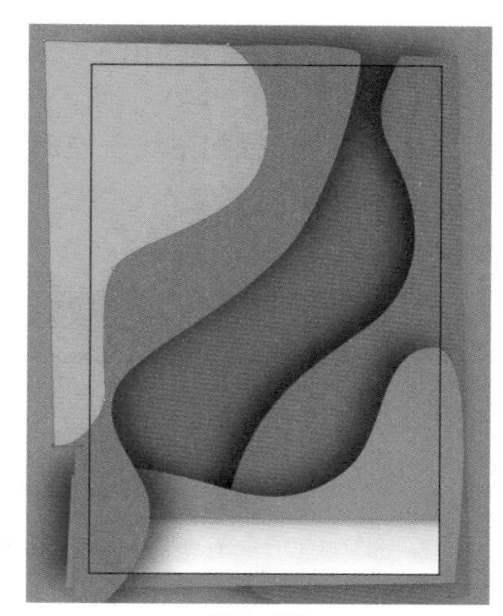

图6-78

20 由于上一次执行的是“纹理化”命令，这里需要为图形设置投影，需要重新选择。在菜单栏中选择“效果>风格化>投影”命令，在弹出的“投影”对话框中设置合适的参数，如图6-79所示，单击“确定”按钮。

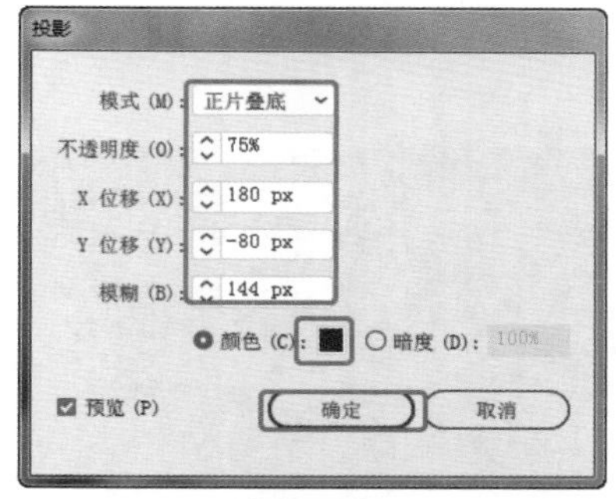

图6-79

21 在菜单栏中选择“效果>艺术效果>海绵”命令，在弹出的“海绵”对话框中设置合适的参数，如图6-80所示。

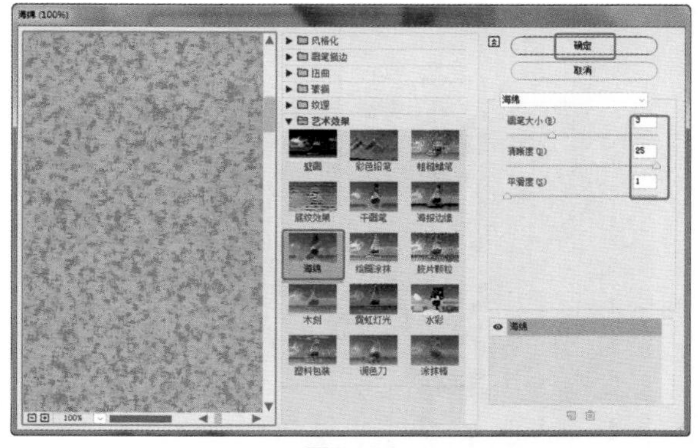

图6-80

添加素材

背景制作过程一定要调整素材排列的位置，下面将为舞台添加素材。

01 在菜单栏中选择“文件>置入”命令，在弹出的“置入”对话框中选择随书配备资源中的“化妆品.png”文件，单击“置入”按钮，如图6-81所示。

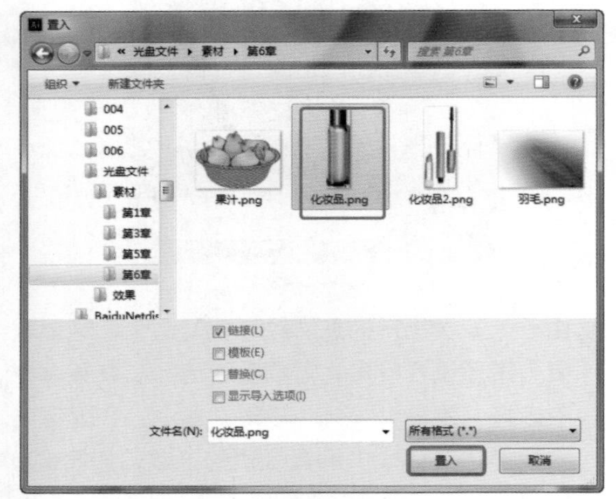

图6-81

02 置入素材后，调整素材的大小和位置，如图6-82所示。

图6-82

03 复制置入的图像，调整其翻转的效果，如图6-83所示。

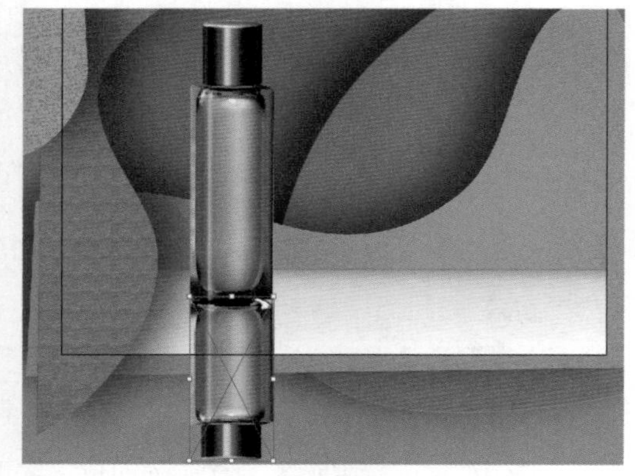
图6-83

04 在“属性”面板中设置“不透明度”为40%，如图6-84所示。

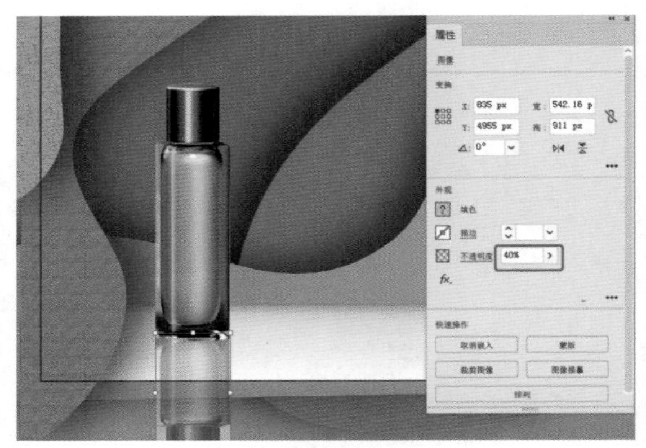
图6-84

05 在菜单栏中选择“文件>置入”命令，在弹出的“置入”对话框中选择随书配备资源中的“化妆品2.png”文件，单击“置入”按钮，如图6-85所示。

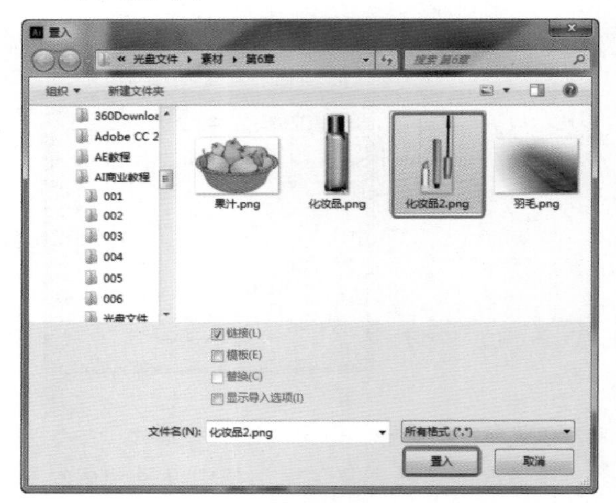

图6-85

06 置入素材后，调整图像的位置和排列，如图6-86所示。

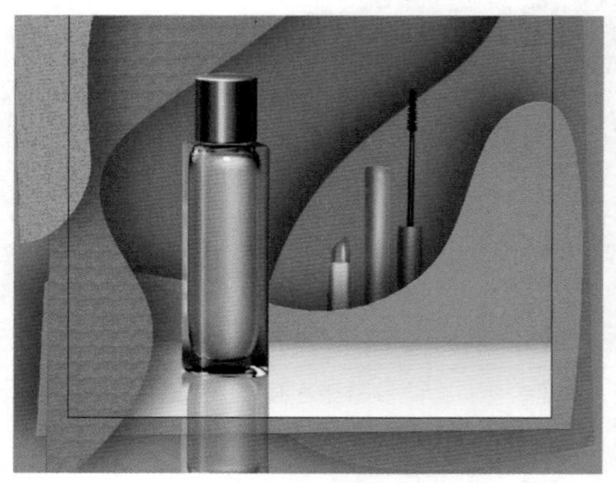
图6-86

07 在舞台中创建矩形，设置矩形与舞台相同大小，如图6-87所示。

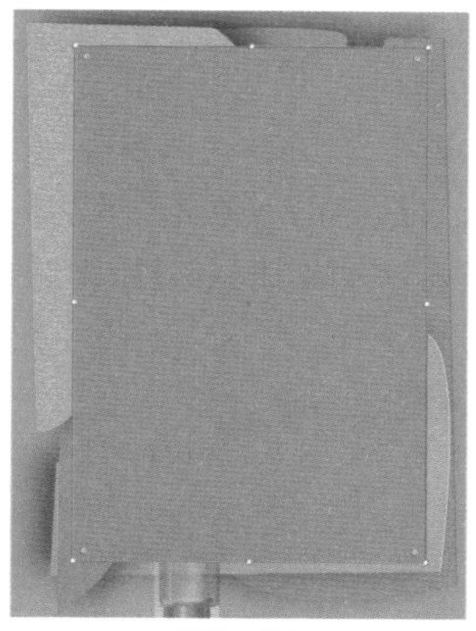

图6-87

08 在舞台中选择所有图形，在“属性”面板中单击“建立剪切蒙版”按钮，如图6-88所示。

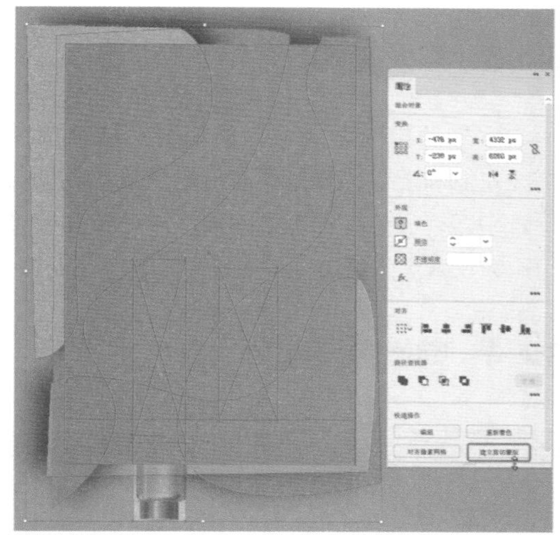

图6-88

09 设置蒙版后的效果如图6-89所示。

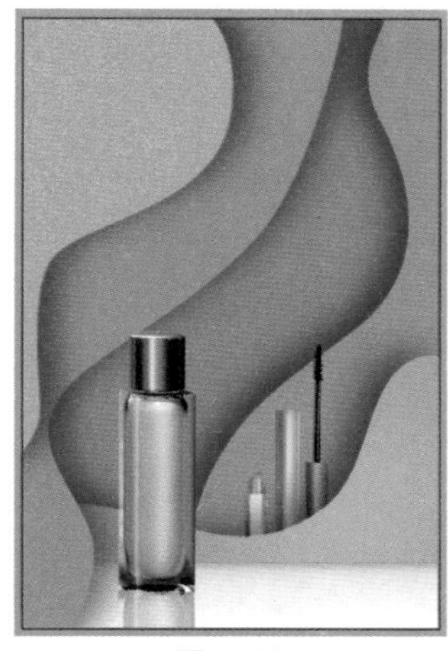

图6-89

10 使用“文字工具”T，在舞台的右下角创建文字，这里可以放置标志，如图6-90所示。

图6-90

11 继续在中间位置创建文字，设置文字颜色为白色，如图6-91所示。

图6-91

12 在菜单栏中选择“效果>风格化>投影”命令，在弹出的“投影”对话框中设置合适的参数，如图6-92所示。

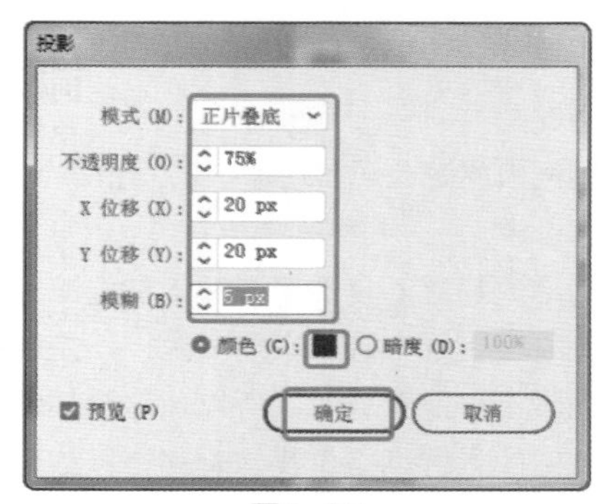

图6-92

13 至此，本案例制作完成，如图6-93所示。

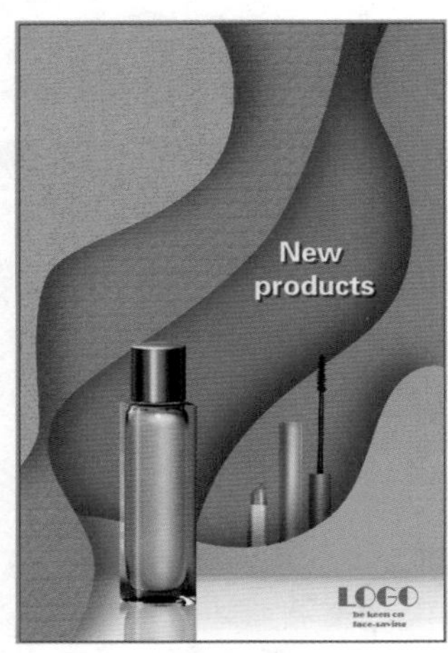

图6-93

6.4 商业案例——国内旅行海报设计

6.4.1 设计思路

扫码看视频

■ 案例类型

本案例为旅游公司国内旅行的海报设计项目。

■ 项目诉求

我国地大物博，自然景观和人文资源都非常丰富，想要完全走遍中国那么多景区，不是职业的旅行，是根本不可能完成的。所以，这次推荐的项目是体会我国的景区风格，我国有56个民族，每个民族都有自己的文化，特别是少数民族，还维持和继承了许多古老传承的民族文化和建筑，这里就是推荐我国的建筑风格。

本案例要求制作一款既有中式古典花纹又有现代中式风格的海报。

■ 设计定位

本案例制作一款具有古典和现代花纹的背景，并使用毛笔效果刷出景区的部分图像，并添加一些装饰的水墨画以及代表中式的祥云图案。

6.4.2 配色方案

本案例使用的是多彩色效果，主要是蓝色和白色，蓝色可以达到醒目的效果，白色为辅助蓝色达到干净的效果；另外还将使用一些黑色作为中国风的水墨画以及书法的模拟，亮色不要超过三种，否则会使人产生视觉色彩的审美疲劳。

6.4.3 构图方式

本案例的构图方式为均衡构图，这种构图方式需要左右和上下以及对角要有素材或颜色进行平衡，特别适合表达标题多的平面广告，整体效果凌乱但不会使人产生错愕。

6.4.4 同类作品欣赏

6.4.5 项目实战

■ 制作流程

本案例首先创建并修改装饰边框，调整渐变填充效果；然后创建文字注释，绘制引号；最后修剪图像，如图6-94所示。

图6-94

图6-94（续）

■ 技术要点

使用“置入”命令置入素材；

使用 “矩形工具”创建并修改装饰边框；

使用“渐变填充”工具调整渐变填充的效果；

使用“文字工具”创建文字注释；

使用“裁剪图像”裁剪导入的图像；

使用“画笔工具”绘制引号；

使用“路径查找器”修剪图像。

■ 操作步骤

01 运行Illustrator软件，新建文件，在弹出的“新建文档”对话框中设置“宽度”为1771px、“高度”为2657px，选择“颜色模式”为“RGB颜色”，设置“光栅效果”为“屏幕（72ppi）”，单击“创建”按钮，创建文档，如图6-95所示。

02 创建文档后，在菜单栏中选择“文件>置入”命令，在弹出的“置入”对话框中选择随书配备资源中的“背景.png”文件，单击“置入”按钮，如图6-96所示。

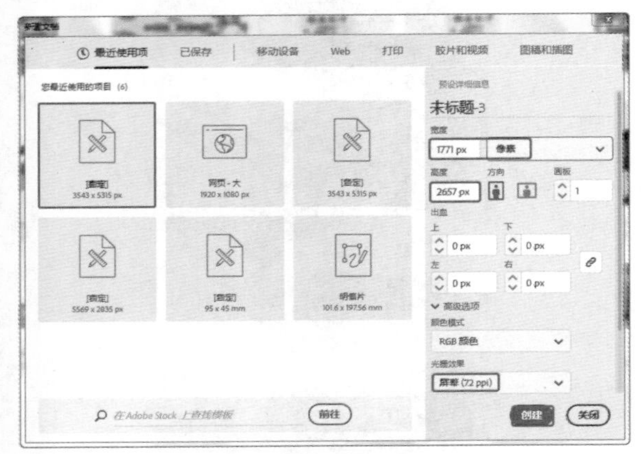

图6-95

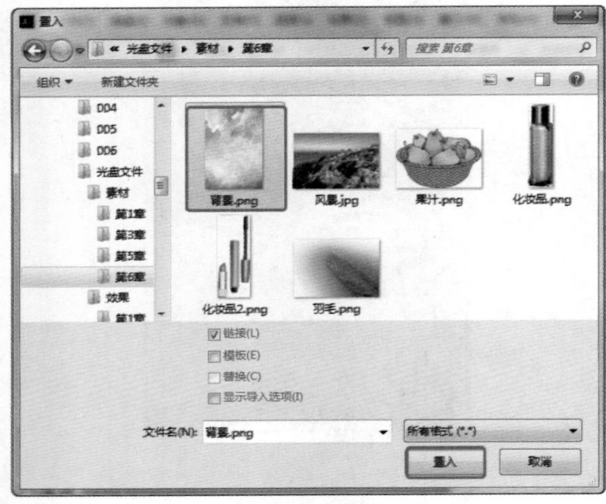

图6-96

03 置入素材后，调整素材的位置和尺寸，使其符合舞台的大小，如图6-97所示。

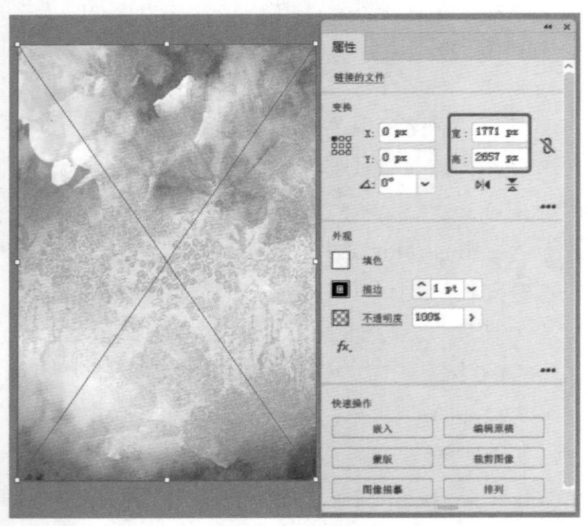

图6-97

04 在“图层”面板中锁定“图层1”，单击“创建新图层”按钮，创建“图层2”，如图6-98所示。

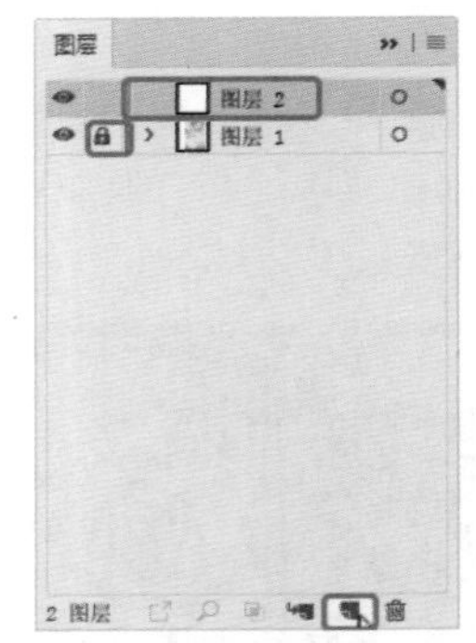

图6-98

05 在菜单栏中选择“文件>置入”命令，在弹出的“置入”对话框中选择随书配备资源中的“建筑.png”文件，单击“置入”按钮，如图6-99所示。

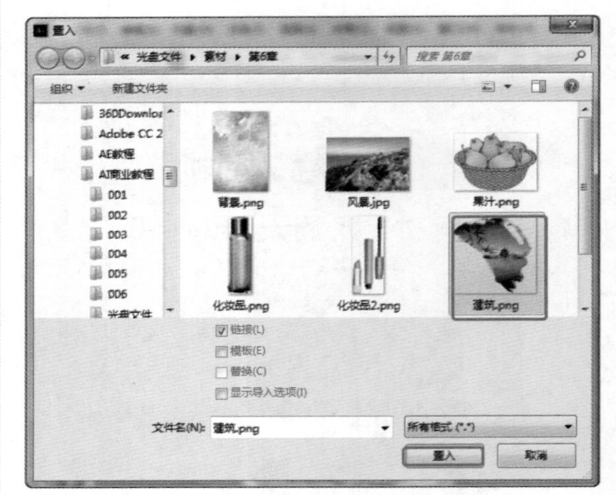

图6-99

06 置入素材后，调整素材的位置和大小，如图6-100所示。

图6-100

07 使用“文字工具”T，在舞台中右上角的位置创建文字注释，设置文字合适的属性，如图6-101所示。

图6-101

08 继续创建红色的英文，如图6-102所示。

图6-102

09 在舞台中选择文字，按Ctrl+C和Ctrl+B组合键，复制文字到后面，设置文字的填充为白色。选择确定复制出的文字处于选中状态，使用向右的箭头稍微调整一下其文字的位置，如图6-103所示。

图6-103

10 在菜单栏中选择“文件>置入”命令，在弹出的“置入”对话框中选择随书配备资源中的“花.png”文件，单击“置入”按钮，如图6-104所示。

图6-104

11 置入素材后，调整素材的大小和位置。在工具属性栏中或“属性”面板中单击“裁剪图像”按钮，裁剪置入的素材图像，将在舞台外侧的区域裁剪掉，如图6-105所示。

图6-105

12 在菜单栏中选择“文件>置入”命令，在弹出的“置入”对话框中选择随书配备资源中的“画.psd”文件，单击“置入”按钮，如图6-106所示。

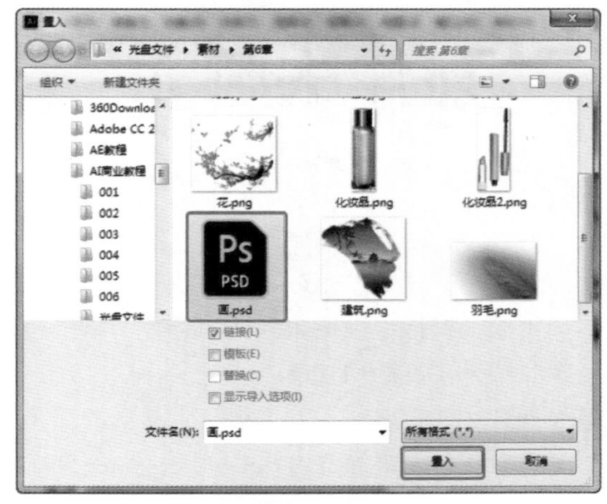

图6-106

13 置入素材后，在“属性”面板中单击“裁剪图像”按钮，调整裁剪区域，如图6-107所示。

图6-107

14 在舞台中如图6-108所示的位置创建文字，使用“画笔工具”，在工具属性栏中设置合适的画笔参数，绘制单引号。

图6-108

15 在舞台中如图6-109所示的位置创建文字。

图6-109

16 在菜单栏中选择“对象>扩展”命令，在弹出的“扩展”对话框中使用默认的参数，单击“确定”按钮，如图6-110所示。

17 设置文字的扩展后，设置填充为渐变，在“渐变”面板中设置渐变为紫红-蓝色-青色-黄绿色的渐变，如图6-111所示。

图6-110

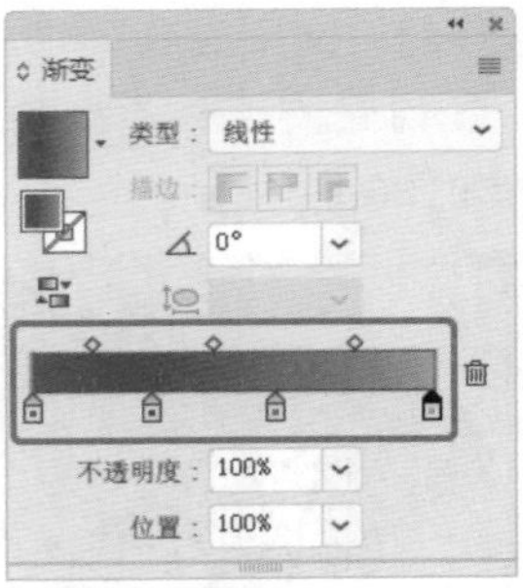

图6-111

18 使用“渐变工具”，在舞台中重新填充渐变，如图6-112所示。

图6-112

19 使用“文字工具”T，在如图6-113所示的位置创建英文。

图6-113

20 在菜单栏中选择“文件>置入”命令，在弹出的“置入”对话框中选择随书配备资源中的“云.psd”文件，单击“置入”按钮，如图6-114所示。

图6-114

21 置入素材后，在舞台中复制“云”素材，点缀海报，如图6-115所示。

图6-115

22 使用“矩形工具”，在舞台中创建矩形，设置合适的大小，设置“填充”为无，设置“描边”为红色，如图6-116所示。

图6-116

23 在菜单栏中选择“对象>扩展”命令，在弹出的“扩展”对话框中使用默认的参数，单击“确定”按钮，将描边转换为图形，如图6-117所示。

图6-117

24 使用“矩形工具”，在舞台中转换为图形的轮廓上创建矩形，如图6-118所示，作为修剪图像。

图6-118

25 在舞台中选择矩形和矩形轮廓图形，在“属性”面板的“路径查找器”组中单击“减去顶层”按钮，修剪图像，如图6-119所示。

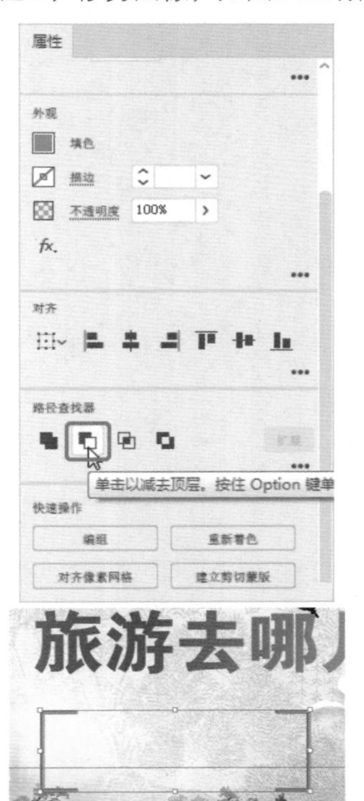

图6-119

26 使用“文字工具”，在修剪的图形位置创建文字，如图6-120所示。

图6-120

第6章 海报广告设计

27 继续创建文字，如图6-121所示。

图6-121

28 在舞台中使用“矩形工具” ，创建白色的矩形，设置其大小和位置符合舞台即可，如图6-122所示。

图6-122

29 复制一个矩形，将其排列放置到另一个矩形的上方，并缩放其大小，如图6-123所示。

图6-123

30 选择两个矩形，在“属性”面板的“路径查找器”组中单击“减去顶层”按钮 ，修剪图像，得到如图6-124所示的效果。

图6-124

31 在“属性”面板中设置边框的“不透明度”为70%，如图6-125所示。

图6-125

32 至此，本例就制作完成，其实就是简单地导入素材和修剪素材拼凑出来的，如图6-126所示。

图6-126

6.5 优秀作品欣赏

湖南
芙蓉国度
美丽的湖南
魅力湖南 革命之旅
印象

LOGO
定制旅游
TAILOR-MADE TRAVEL
[品质·省心]
创意高端私人定制旅游

Butterfly
When I think of you
the miles between us disappear

WE
NEED
YOU
加入我们吧
设计
总监
市场
经理
平面
设计
文案
策划
0797-0000000

NATURAL
"唯有新鲜
不可辜负"
FRESH FRUIT
DELICIOUS
HEALTHY
好吃的
健康的
YUMMY
YUMMY
自然的味道
绿色的健康

COLORFUL
COSMETIC

省钱+省力+省心
十年专注 | 用心服务 | 品质保障
DECORATE THE HOUSE LOOKING FOR US

黄金之城
COMPANY
LOGO
一墅花城
A GARDEN CITY
自然 自己 自由

画册属于印刷品，是企业对外的名片。内容包括产品的外形、尺寸、材质、型号等概况，或是企业的发展、管理、决策、生产等一些概况。

本章将介绍画册的一些基本常识和设计中需要注意的事项。

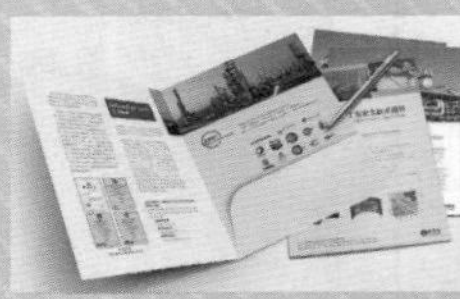

7.1 DM画册概述

DM是英文Direct Mail Advertising的简称，即直接邮递广告，也称直邮广告，是指通过邮政系统将广告直接送给受众的广告形式。说得简单点，就是用于客户宣传的画册，一般是宣传单张，三折页，甚至包括一些页数比较少的画册，用于街道派发、楼梯口放置或者通过邮件指定派发。

7.1.1 什么是DM画册

DM是广告主所选定的对象，将印就的印刷品，用邮寄的方法传达广告主所要传达的信息的一种手段。

DM画册是企业单位对外宣传的广告媒介之一，是展示自身良好形象的一种宣传方法。画册属于印刷品，内容一般包括宣传公司企业产品、企业文化、业务内容等一些信息，画册中除了包含这些信息外，还配套图片信息，多个页数装订在一起的精品册子，这就是DM画册，如图7-1所示。

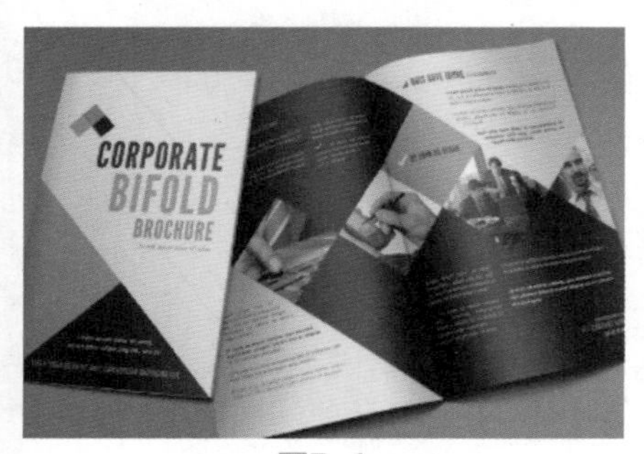

图7-1

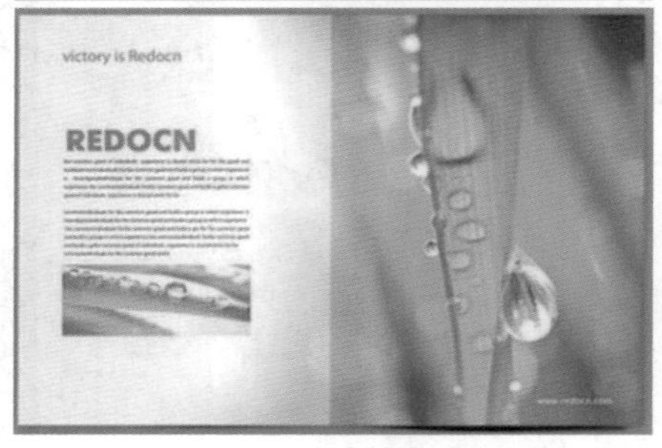

图7-1（续）

7.1.2 DM画册的设计原则

画册设计就是设计师根据客户的企业产品、企业文化、业务内容以及推广策略等，用流畅的线条、震撼的美图，配合优美的文字，富有创意的排版等构成关系，使画册具有视觉美感。提升画册的设计品质和企业内涵，使其能够准确有效地表达企业产品、企业文化、业务内容等，达到塑造品牌、广而告之的目的。

下面简单地介绍画册设计的几个设计原则。

（1）传达正确的信息。精明的点子会让人眼前一亮、印象深刻，但准确的诉求才会改变人的态度，影响人的行为。设计不仅要求美观，还需要在美观的同时，能直观地表达出正确的信息和目的。

（2）确定主题和目的。每个画册有一定的目的和主题，把握主题，引导读者并对其进行导向。画册是做给读者看的，是为了达成一定的目标，为了促进市场运作，既不是为了取悦广告奖也不是为了收藏。画册的设计需要揣摩目标对象的心态，创意才能起到应有的效果。

（3）简明扼要。客户看宣传册是一种参考，不是为了阅读。画册上的信息要尽量采用通俗易懂的词句，简单明了地阐述即可，切莫高估读者对信息的理解和分析能力。

（4）将创意视觉化、信息化。将重要的信息进行设计，使其具有创意的效果，但不要偏离主题。做到既有夺目的设计效果，又有需要客户看到的信息；既可以达到装饰效果，又能达到醒目效果，如图7-2所示。

图7-2

7.1.3 DM画册的常见分类

画册的分类有很多，按分类的不同，可能有上百种不同的画册类型，下面整理出几种最为常见的画册设计类型，如企业画册设计、公司形象画册设计、产品画册设计、宣传画册设计、企业年报画册设计、型录画册设计、样本画册设计、产品手册设计。

7.1.4 DM画册的常见开本

画册样本主要有横开本、竖开本两种方式。其尺寸并不固定，依需要而定，常见标准尺寸为210mm×285mm。正方形尺寸一般为6 开、12 开、20开、24 开。

7.2 商业案例——企业宣传画册

7.2.1 设计思路

扫码看视频

■ 案例类型

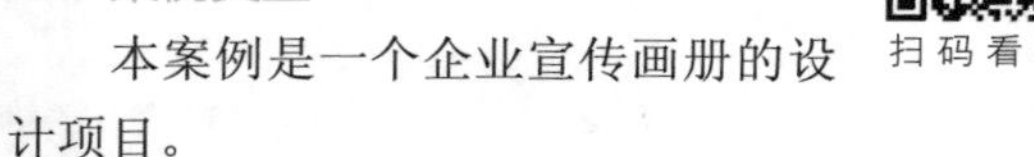

本案例是一个企业宣传画册的设计项目。

■ 项目诉求

下面制作一个简约的商务企业宣传画册，商务类型的画册一般比较简单，主要表现企业的Logo、企业的名称等，如图7-3所示为一些较为优秀的画册。

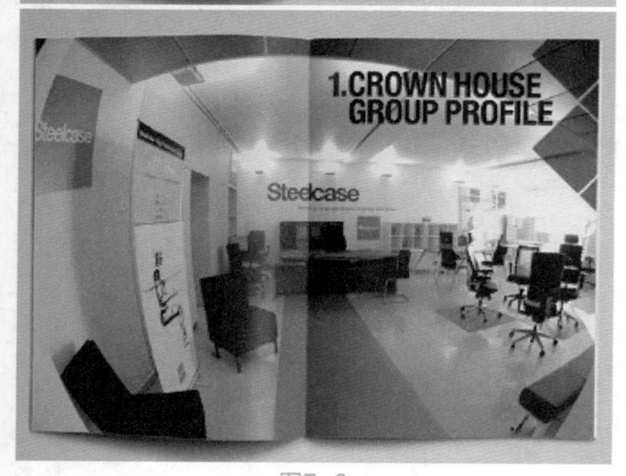

图7-3

■ 设计定位

宣传画册以企业文化、企业产品为传播内容，是企业对外最直接、最形象、最有效的宣传方式。所以根据要求，本案例画册整体要保持简单的布局，使用线段或形状来抵消一些商务的沉闷氛围，且以蓝色和白色表现商务的效果，如图7-4所示。

图7-4

7.2.2 配色方案

为了体现出商务的氛围，采用简单冷静的蓝色和白色，避免过于单调，将采用一些代表公司形象的图像，同时还添加一些其他的装饰图案和线条。

■ 主色

在颜色上使用蓝色作为主色调。蓝色和白色是最冷静和商务的颜色，蓝色表现出一种美丽、冷静、理智、安详与广阔。由于蓝色沉稳的特性，具有理智、准确的意象，在商业设计中，强调科技、效率的商品或企业形象，大多选用蓝色作为标准色、企业色，如图7-5所示。

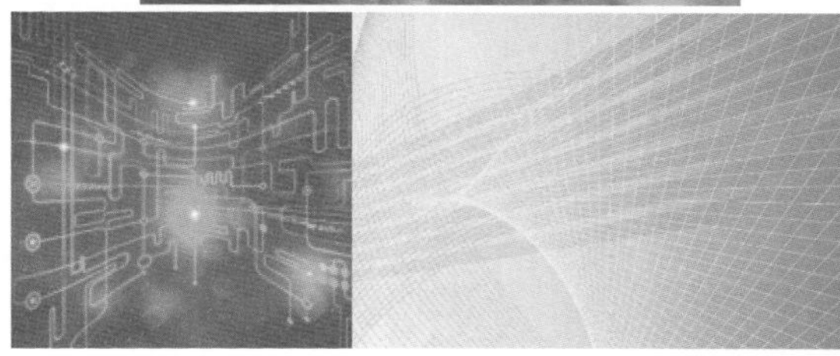

图7-5

■ 辅助色

辅助色为白色，白色可以搭配在任何素材中，无论是时尚还是商务，都可以使用，所以白色是百搭色。

■ 其他配色方案

此外，我们还提供了以下两种配色方案，灰色的方案没有任何生机，可以不采用，绿色的配色方案整体来说较为限量，且绿色代表的是积极向上的一种颜色，同样也可以使用到初始和上升阶段的公司，如图7-6所示。

图7-6

图7-6（续）

7.2.3 版面设计

画册整体上采用对称构图和稳定构图，封面

采用稳定构图，上部分为标题和标志，下部分为辅助说明，包括内2页中的设计也是稳定构图，内1页则采用的是对称构图，左侧为图像右侧为文字。

7.2.4 同类作品欣赏

7.2.5 项目实战

■ 制作流程

本案例首先绘制背景和矩形形状；然后创建文字注释；最后调整矩形的倾斜，如图7-7所示。

图7-7

图7-7（续）

■ 技术要点

使用“矩形工具”绘制背景和矩形形状；

使用“置入”命令置入素材图像；

使用“文字工具”创建注释；

使用“钢笔工具”绘制形状；

使用“倾斜工具”调整矩形的倾斜；

使用“属性”面板调整图形属性。

■ 操作步骤

制作封面

本案例将制作三页画册模板，制作过程和步骤都非常简单，下面将制作企业画册的封面。

01 运行Illustrator软件，新建文件，在弹出的“新建文档”对话框中设置“宽度”为426mm、“高度”为291mm，单击“创建”按钮，创建文档，如图7-8所示。

02 新建文档后，使用“矩形工具”在舞台中创建矩形，在“属性”面板中设置矩形的“宽”为213.078mm、“高”为291.042mm，设置填色为#18649e，如图7-9所示。

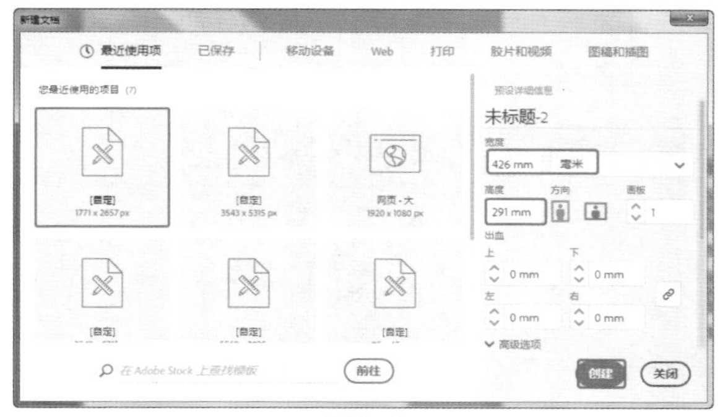
图7-8

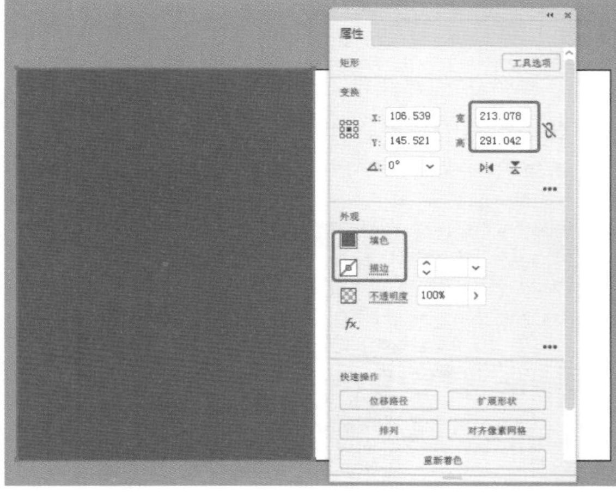
图7-9

03 按住Alt键移动复制矩形，调整矩形到合适的位置，设置填色为白色，如图7-10所示。

图7-10

04 在菜单栏中选择“文件>置入”命令，在弹出的“置入”对话框中选择随书配备资源中的“风景.jpg”文件，单击“置入”按钮，如图7-11所示。

05 置入素材后，调整素材的位置和大小，并使用“矩形工具”创建一个蓝色矩形，如图7-12所示。

06 使用“文字工具”T，在舞台中创建文字，设置合适的大小，如图7-13所示。

图7-11

图7-12

图7-13

第7章 DM画册设计

07 使用“钢笔工具”，在舞台中创建形状，如图7-14所示。

图7-14

08 在“属性”面板中，设置“填色”为#18649e，设置“描边”为无，设置“不透明度”30%，如图7-15所示。

图7-15

09 使用“钢笔工具”，在舞台中创建形状，设置“填色”为#18649e，设置“描边”为无，设置“不透明度”为30%，如图7-16所示。

图7-16

10 使用“钢笔工具”，在舞台中创建形状，设置“填色”为#18649e，设置“描边”为无，设置“不透明度”为30%，如图7-17所示。

图7-17

11 在舞台中创建矩形，作为修剪对象，选择在舞台中修剪的对象，如图7-18所示。

图7-18

12 在“属性”面板的“路径查找器”组中单击“减去顶层”按钮，如图7-19所示修剪掉舞台外的图像。

图7-19

13 在舞台中调整文字形状的排列，如图7-20所示。

图7-20

14 使用“文字工具”T，在舞台中创建文字，调整文字的属性，如图7-21所示。

图7-21

15 封面的正面制作完成后，下面将制作封面的背面，添加公司的Logo和公司名称，如图7-22所示。

图7-22

内页模板

下面将制作企业画册的内页模板。

01 复制封面的背景图形到舞台空白处，修改作为背景的矩形为白色，使用“矩形工具”，在舞台中创建矩形，设置矩形的位置和大小，如图7-23所示。

图7-23

02 在菜单栏中选择“文件>置入”命令，在弹出的“置入”对话框中选择随书配备资源中的“风景（2）.jpg”文件，单击“置入”按钮，如图7-24所示。

图7-24

03 在舞台中调整置入的素材的大小和位置，如图7-25所示。

图7-25

04 在“属性”面板中单击“裁剪图像”按钮，在舞台中裁剪图像，如图7-26所示，裁剪图像后，在“属性”面板中单击“应用”按钮。

图7-26

05 调整图像在舞台中的效果，如图7-27所示。

图7-27

06 使用“矩形工具”，在舞台中创建矩形，设置合适的尺寸，在“属性”面板中设置“填色”为#18649e，设置“描边”为无，设置“不透明度”为30%，如图7-28所示。

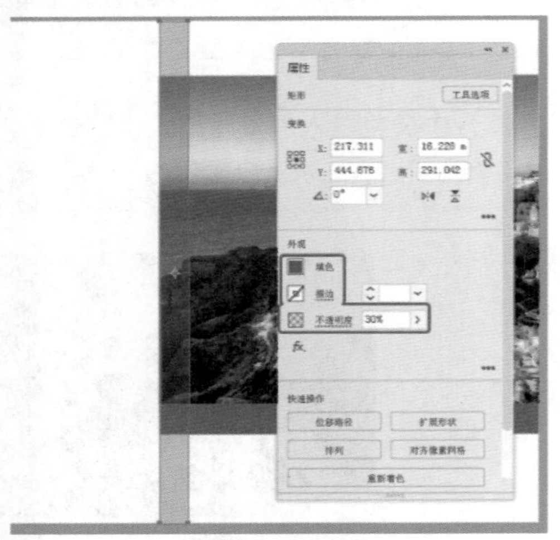

图7-28

07 在工具箱中用鼠标单击“比例缩放工具”按钮，在弹出的隐藏工具中使用“倾斜工具”，在舞台中矩形的上方控制点上按住鼠标左键移动倾斜图像，如图7-29所示。

图7-29

08 调整矩形的倾斜后，使用“选择工具”按住Alt键移动复制矩形，如图7-30所示，移动复制出一个矩形后，可以按Ctrl+D组合键继续复制图形。

图7-30

09 在如图7-31所示的位置使用“钢笔工具”绘制形状，设置 “填色”为#18649e，设置“描边”为无，设置“不透明度”为30%。

图7-31

10 复制并调整图形，如图7-32所示。

图7-32

11 使用“文字工具”T，在舞台中创建文字，如图7-33所示。

图7-33

12 继续复制出两个矩形背景，制作另一个内页模板，使用“矩形工具”，在舞台中如图7-34所示的位置创建矩形，设置填充为#18649e，设置“描边”为无。

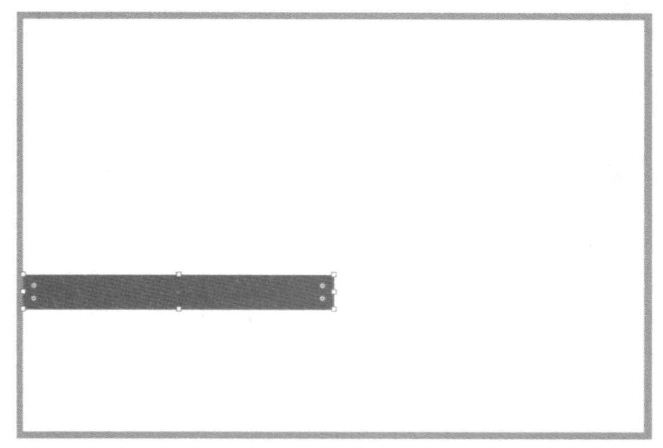

图7-34

13 在菜单栏中选择“文件>置入”命令，在弹出的“置入”对话框中选择随书配备资源中的“风景.jpg”文件，单击“置入”按钮，如图7-35所示。

图7-35

14 置入素材后，在舞台中调整素材的大小，如图7-36所示。

图7-36

15 在“属性”面板中单击“裁剪图像”按钮，在舞台中裁剪图像，如图7-37所示。调整好裁剪区域后，在“属性”面板中单击“应用”按钮。

图7-37

16 调整图像的排列，如图7-38所示将矩形显示出来。

图7-38

17 使用“文字工具” T，在舞台中创建文字，设置合适的属性即可，如图7-39所示。

图7-39

18 至此，企业的宣传画册模板制作完成，如果需要使用，只需替换文字内容即可。

7.3 商业案例——超市促销宣传册设计

7.3.1 设计思路

扫码看视频

■ 案例类型

本案例是一款超市促销宣传册的设计项目。

■ 设计背景

超市的宣传册是为了宣传自己的超市品牌，且从中精挑细选一些低供应商，根据低价销售这一特点，带动超市整体运营，这就是超市宣传册的效果，如图7-40所示。

根据超市店庆10周年为主题，需要制作一款超市促销DM宣传页的模板，主要板块可以分为超低价商品、优惠活动。

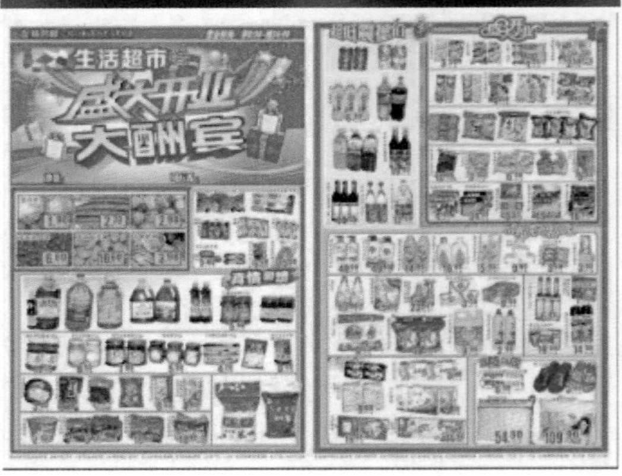

图7-40

■ 设计定位

根据项目诉求，需要将主要标题设置为“周年庆典”，在标题下将主要推出活动内容吸引顾客。在其他内容页将主要推出特价商品和活动商品，从中还可以穿插广告和一些超市的信息。

7.3.2 配色方案

配色上选择使用粉红色，避开了主色为大红色，因为客户觉得每次活动都用大红色太过张扬，所以在配色上使用暖色，使人们心情愉悦；且使用红色调会夺取内容和图片的太多注意力，所以主色采用不夺目的色调，突出商品、广告和活动信息。

■ 其他配色方案

虽然客户不喜欢红色，但是不用饱和度高的红色也是可以达到需要的目的和效果，如图7-41所示上图，下图为蓝色，蓝色这个色调可以放置到冷鲜肉、奶制品活动页中使用。

图7-41

7.3.3 版面构图

本案例采用中心形构图方案，将标志、主题、辅助文案以画面中心点为准，聚集在一个区域范围内居中排列，这样可以使用户集中观察在一个区域。

7.3.4 同类作品欣赏

7.3.5 项目实战

■ 制作流程

本案例首先设置图像的混合模式，再绘制矩形形状；创建文字注释，设置投影效果；最后将形状转换为图形，并进行修剪，如图7-42所示。

图7-42

■ 技术要点

使用“置入”命令置入背景素材；

使用“外观”设置图像的混合模式；

使用“矩形工具”绘制矩形形状；

使用“文字工具”创建文字；

使用“效果>风格化>投影”命令设置投影效果；

使用“扩展”命令将形状转换为图形；

使用“路径查找器”修剪图像。

■ 操作步骤

01 运行Illustrator软件，新建文件，在弹出的“新建文档”对话框中设置“宽度”为426mm、“高度”为291mm，单击“创建”按钮，创建文档，如图7-43所示。

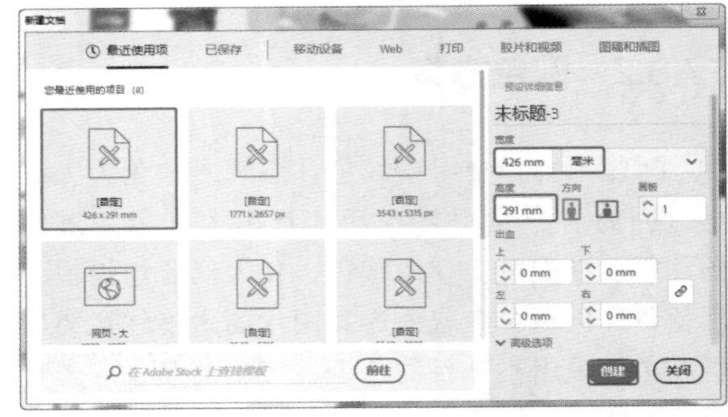

图7-43

02 在菜单栏中选择“文件>置入”命令，在弹出的“置入”对话框中选择随书配备资源中的“背景.png”文件，单击“置入”按钮，如图7-44所示。

图7-44

03 置入素材后，复制素材，作为整个宣传册的背景，调整素材的大小和位置，如图7-45所示。

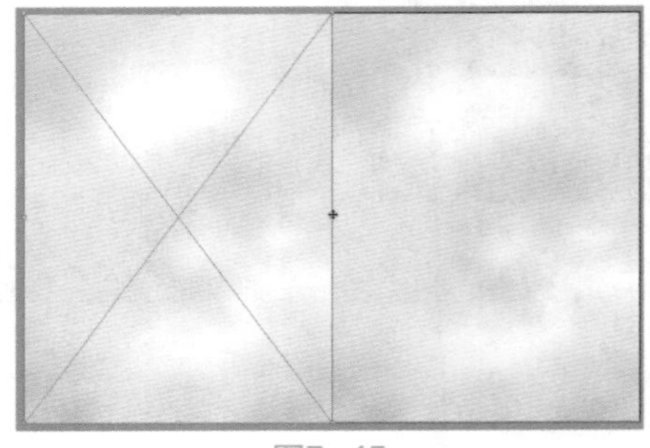

图7-45

04 在菜单栏中选择“文件>置入”命令，在弹出的“置入”对话框中选择随书配备资源中“花朵.png”文件，单击“置入”按钮，如图7-46所示。

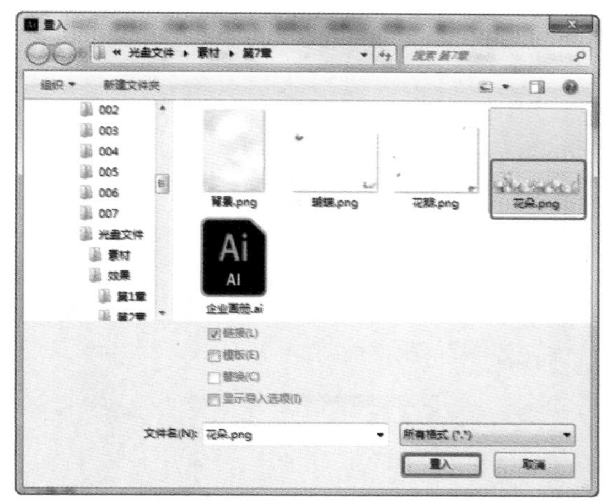

图7-46

05 置入“花瓣.png”文件，调整素材的位置和大小，如图7-47所示。

图7-47

06 置入“蝴蝶.png”文件，调整素材的位置和大小，在“外观”面板中单击“不透明度”，从弹出的下拉面板中选择“混合模式”为“正片叠底”，如图7-48所示。

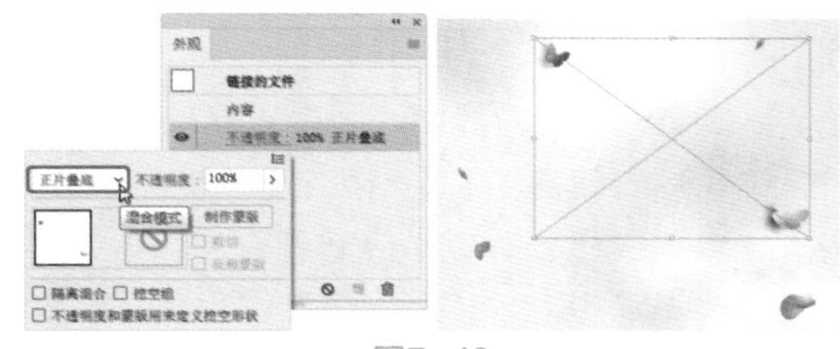

图7-48

07 背景设置好后，在“图层”面板中锁定“图层1”，新建“图层2”，如图7-49所示。

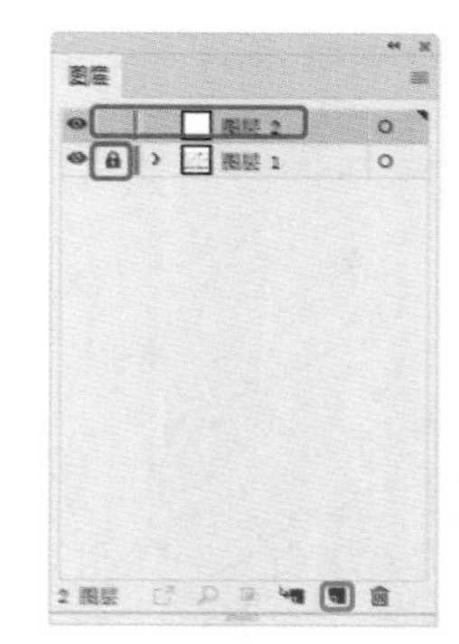

图7-49

08 将自己的Logo导入舞台中，将其放置到右侧页面的左上角，如图7-50所示。

图7-50

09 选择Logo，在菜单栏中选择“效果>风格化>投影”命令，在弹出的“投影”对话框中设置合适的投影参数，如图7-51所示。

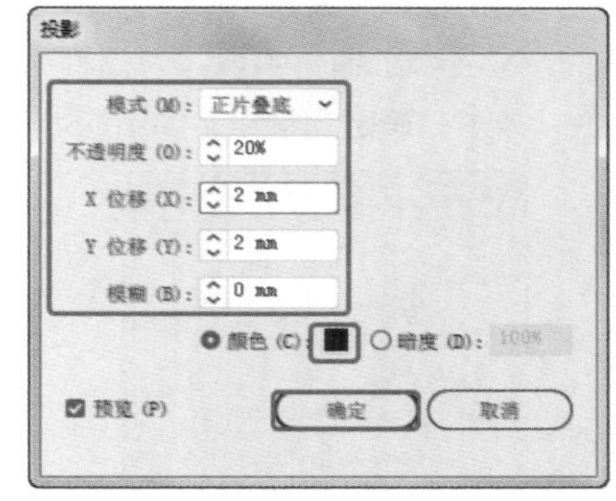

图7-51

10 调整出投影Logo效果，使用“文字工具”T在如图7-52所示的位置创建文字。

图7-52

11 使用“矩形工具”在舞台中创建矩形，设置“填色”为无，设置“描边”为#d4145a，设置描边的粗细为15pt，如图7-53所示。

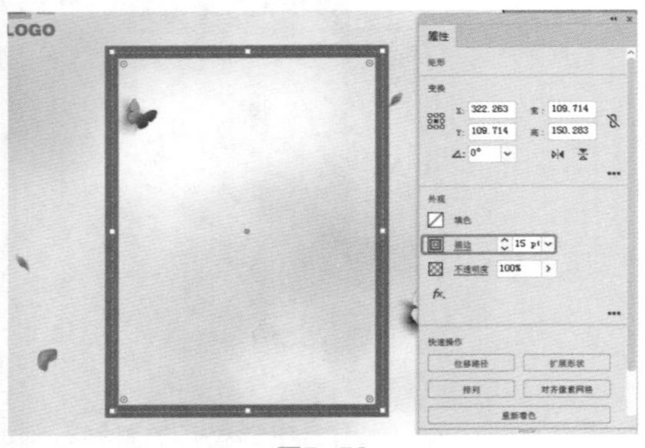

图7-53

12 复制矩形，修改矩形的“描边”颜色为#ef6b83，设置描边粗细为5pt，如图7-54所示。

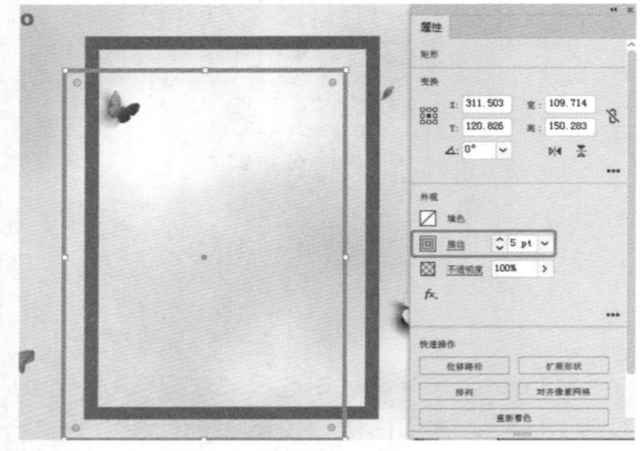

图7-54

13 选择两个矩形描边，在菜单栏中选择“对象>扩展”命令，在弹出的“扩展”对话框中使用默认参数，单击“确定”按钮，如图7-55所示。

图7-55

14 扩展图形后，在“属性”面板中单击“取消编组”按钮，如果要使用“路径查找器”编辑图形，一定要取消编组才可以。

15 使用“矩形工具”，在舞台中创建矩形，设置一个填色，如图7-56所示。

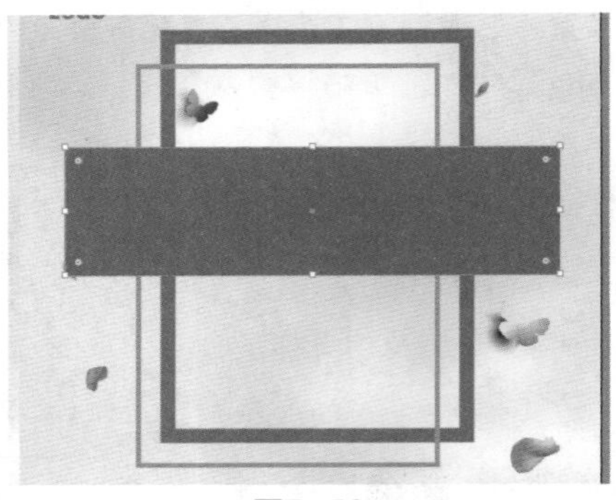

图7-56

16 选择创建的矩形和扩展后的两个矩形轮廓图形，如图7-57所示。

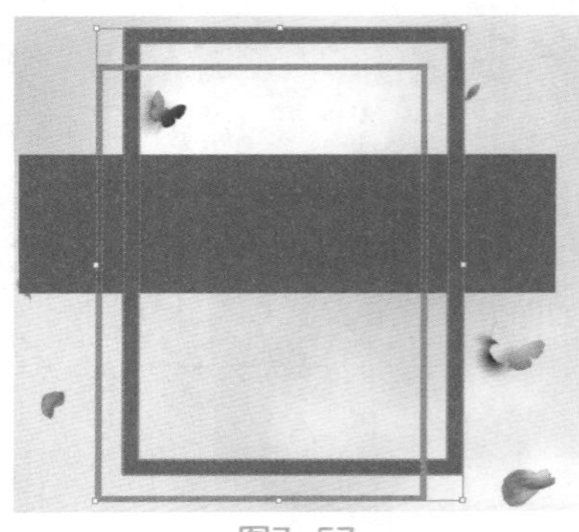

图7-57

17 在“路径查找器”面板中单击“分割”按钮，如图7-58所示。

图7-58

18 删除分割后不需要的图形，得到如图7-59所示的效果。

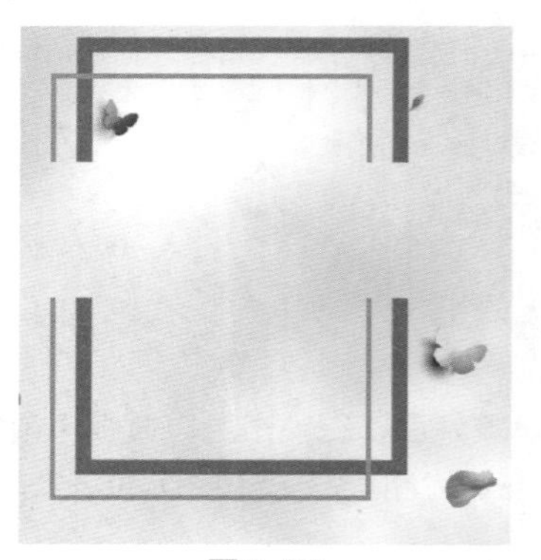

图7-59

19 在菜单栏中选择“文件>置入”命令，在弹出的“置入”对话框中选择随书配备资源中的“标题.png”文件，单击“置入”按钮，如图7-60所示。

图7-60

20 置入素材后调整素材的位置和大小，如图7-61所示。

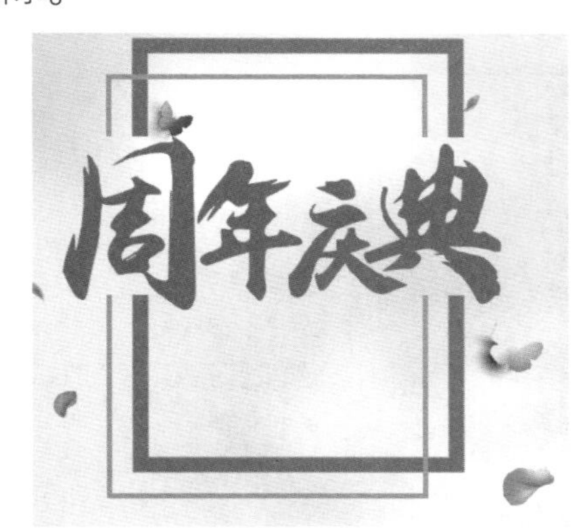

图7-61

21 使用“文字工具”T.在舞台中创建文字，如图7-62所示，不让标题上方留有空白。

图7-62

22 在如图7-63所示的位置创建文字。

图7-63

23 继续创建文字，丰满页面，如图7-64所示。

图7-64

24 使用“矩形工具”□.在舞台中创建矩形，可以使用“吸管工具”✎.，吸取需要填充的颜色，并设置“不透明度”为50%，如图7-65所示。

图7-65

25 在舞台中创建咨询电话，如图7-66所示。

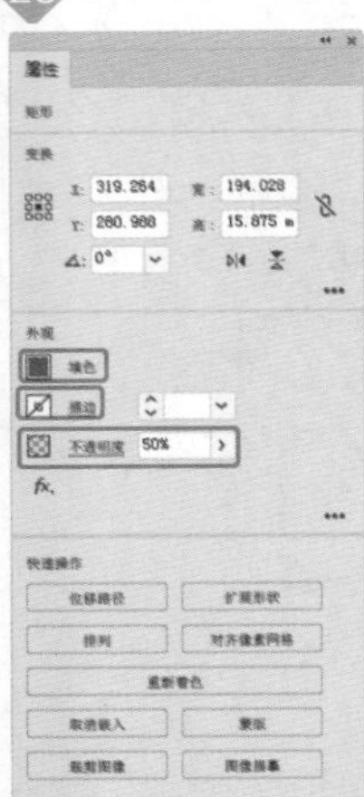

图7-66

26 在舞台中选择咨询热线文字，在菜单栏中选择“效果>风格化>投影”命令，在弹出的“投影”对话框中设置合适的参数，如图7-67所示。

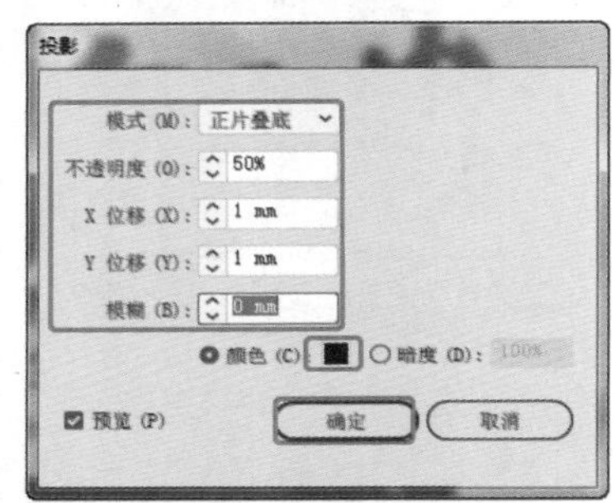

图7-67

27 设置的投影效果如图7-68所示。

图7-68

28 这样宣传册封面就制作完成，下面制作背面。

29 复制标题到背景，并在如图7-69所示的位置创建文字。

图7-69

30 使用“矩形工具”在舞台中创建矩形，在“属性”面板中设置“填色”为无，设置“描边”的颜色为#ed1e79，设置“描边”的粗细为3pt，设置“不透明度”为50%，如图7-70所示。

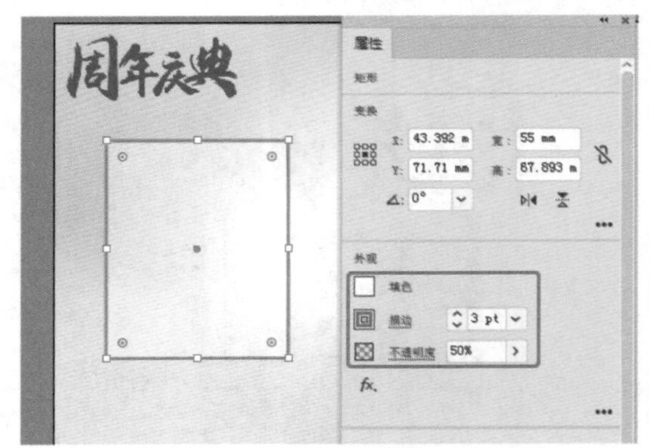

图7-70

31 在矩形的内侧添加素材图像，并添加文字注释，如图7-71所示。

图7-71

32 在舞台中复制内容，如图7-72所示。

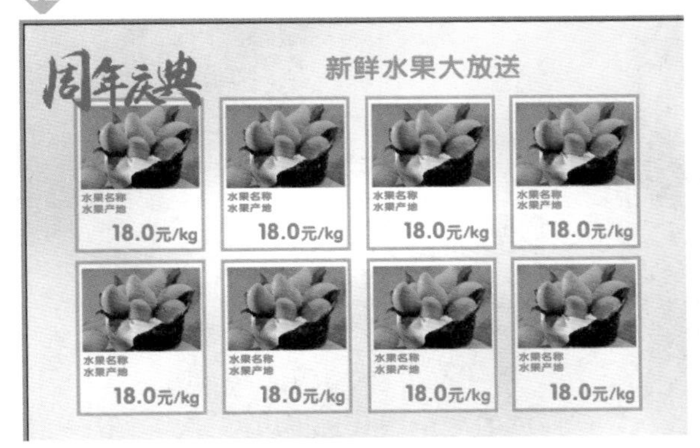

图7-72

33 复制另一个活动区，如图7-73所示。

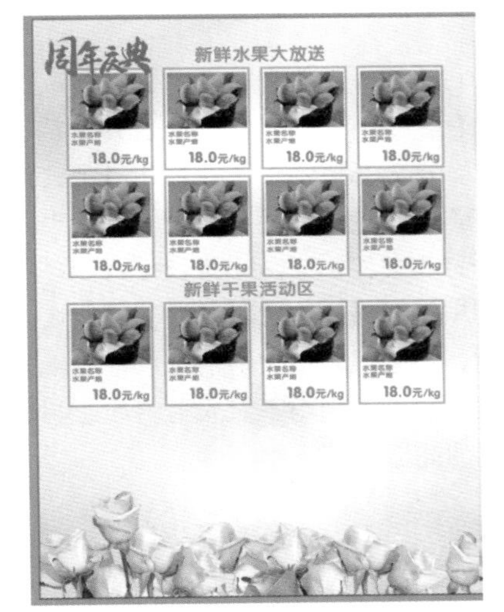

图7-73

34 继续复制并添加每个活动区域的注释，如图7-74所示。

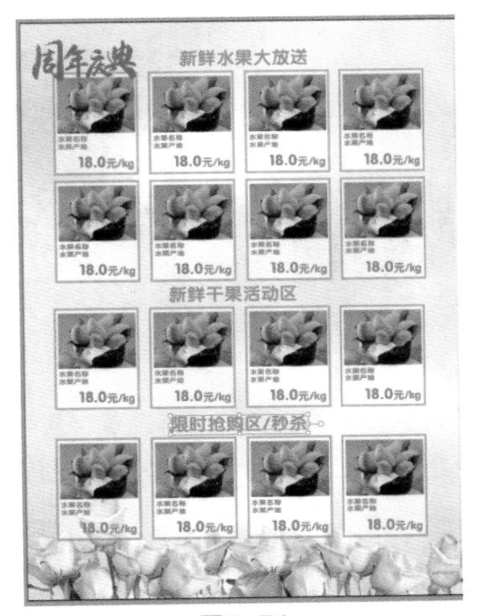

图7-74

35 将正面下方的透明矩形和文字进行复制，移动到另一面后，修改文字内容并调整到合适的位置，如图7-75所示。

图7-75

36 至此本案例制作完成。

7.4 商业案例——蛋糕三折页画册设计

7.4.1 设计思路

扫码看视频

■ 案例类型

本案例是蛋糕店的三折页画册设计项目。

■ 设计背景

蛋糕是一种古老的西点甜品，甜品可以促使大脑分泌一种化学物质，这种化学物质能帮助人们平衡、使人更易入睡，并能减轻人们对痛楚的敏感程度，能够改善不良情绪，但前提是健康饮食，如图7-76所示。

图7-76

■ 设计定位

本案例将主要制作粉色的浪漫蛋糕的三折页封面，想要使用一种甜蜜的粉色调来制作，让人有浪漫的、甜蜜的感觉，封面整体需要简洁大气。

7.4.2 配色方案

甜蜜的色彩主要包括粉色、巧克力色，这里将使用粉色来体现浪漫的甜蜜，并添加一些协调的装饰素材来搭配。

■ 主色

粉色代表可爱、温馨、娇嫩、青春、明快、恋爱等美好和浪漫，粉色是时尚的颜色，会使人产生放松的心理效果，如图7-77所示。

图7-77

■ 辅助色

辅助色采用了接近白的浅灰色，浅灰色是一种轻奢的颜色，在一些设计作品中也会常常出现一些灰色调，如图7-78所示。浅灰色相对于其他颜色来说，有着与众不同的属性和格调，它代表了低调、优雅、矜持和理性，它从不张扬夺目、显山露水，却是色调中最有格调的色彩。浅灰色会让人看起来有些暗淡、不起眼，但它恰恰可以营造出一种没有冲突的氛围，大大削弱了对人情绪的影响，彰显出一种莫名的高级感。

图7-78

■ 其他配色方案

除了粉色，可以尝试使用雾霾蓝、淡淡的皮粉色和香草色，这三种颜色都是非常不错的用于美食中的颜色，只需替换一下对应的素材，都可以达到预想的效果，如图7-79所示。

图7-79

7.4.3 版面构图

三折页画册通常是将纸张的宽度均分为三部分，所以每个页面的尺寸都相对较小。在较小的版面中合理地安排内容其实并不容易，本案例将三折页的封面内容放置得较少，希望可以通过简单的构图和鲜亮的颜色，引起消费者阅读的兴趣。

7.4.4 同类作品欣赏

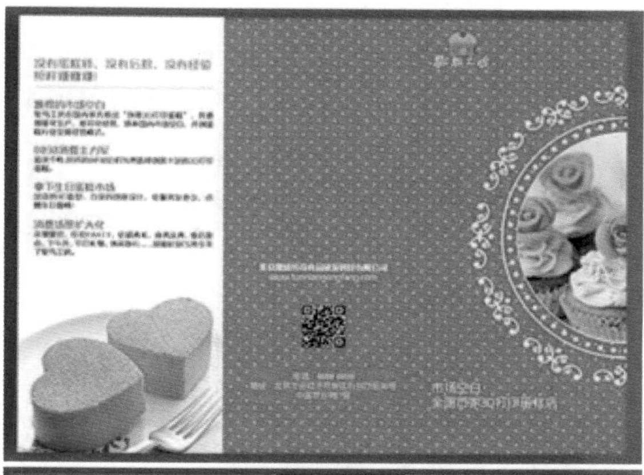

7.4.5 项目实战

■ 制作流程

本案例首先创建背景，再调整图像显示的区域；然后创建文字注释；最后设置投影效果，如图7-80所示。

图7-80

■ 技术要点

使用“矩形工具”创建背景；

使用“置入”命令置入素材文件；

使用“裁剪图像”按钮调整图像显示的区域；

使用“文字工具”创建文字注释；

使用“投影”命令设置投影效果。

■ 操作步骤

01 运行Illustrator软件，新建文件，在弹出的“新建文档”对话框中设置“宽度”为285mm、“高度”为210mm，单击“创建”按钮，创建文档，如图7-81所示。

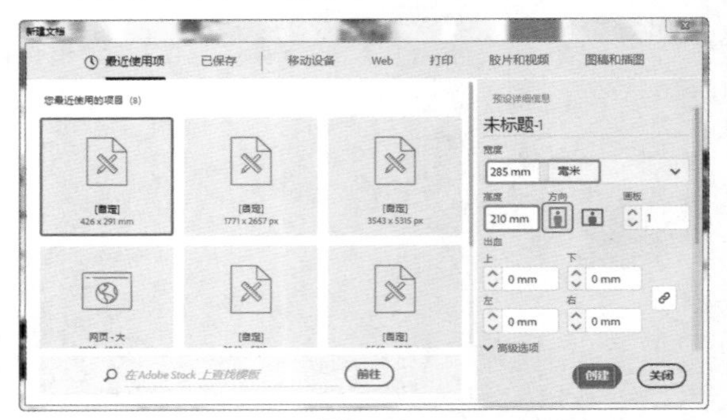

图7-81

02 使用“矩形工具”在舞台中创建矩形，在“属性”面板中设置“宽”为94mm、“高”为210mm，如图7-82所示。

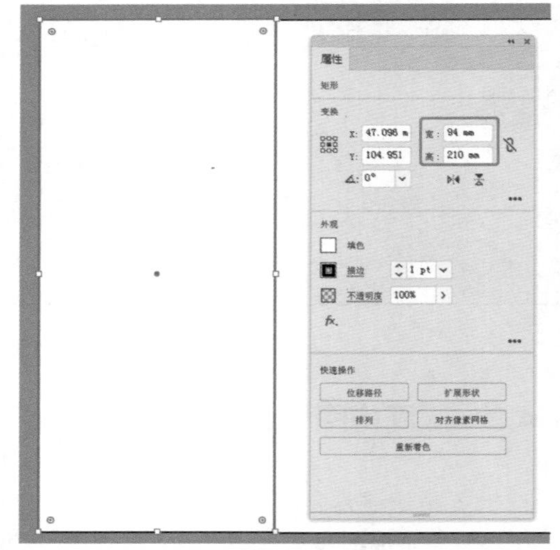

图7-82

03 设置矩形的“填色”为#e6e6e6，设置“描边”为无，如图7-83所示。

04 在菜单栏中选择“文件>置入”命令，在弹出的“置入”对话框中选择随书配备资源中的“蛋糕01.png”文件，单击“置入”按钮，如图7-84所示。

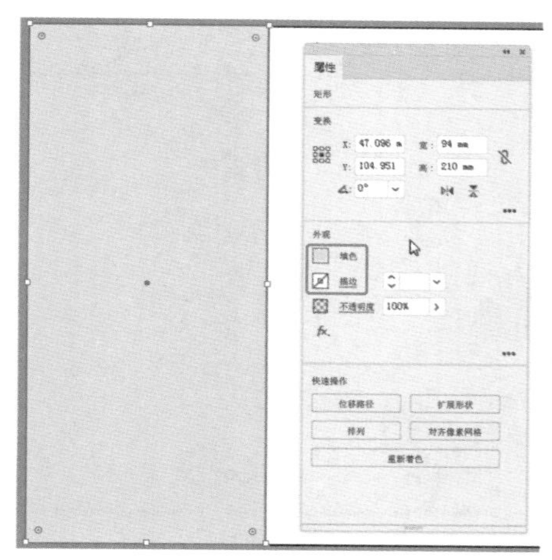

图7-83

图7-84

05 置入素材后，调整素材的位置和大小，如图7-85所示。

图7-85

06 在“属性”面板中单击“裁剪图像”按钮，在舞台中裁剪图像，如图7-86所示。

07 裁剪图像后，在“属性”面板中单击“应用”按钮应用裁剪，如图7-87所示。

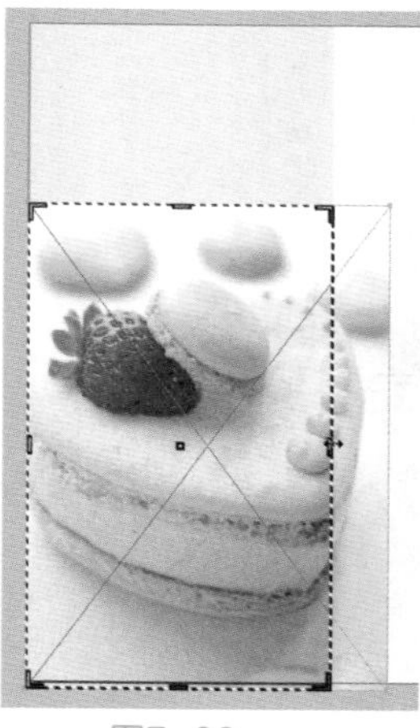

图7-86

图7-87

08 使用“矩形工具”，在舞台中创建矩形，设置矩形的“填色”为# fbc6d6，如图7-88所示。

09 使用“文字工具”T，在舞台中矩形的上方创建文字，设置文字为白色，设置合适的属性，如图7-89所示。

图7-88

图7-89

10 选择创建的文字，在菜单栏中选择“效果>风格化>投影”命令，在弹出的“投影”对话框中设置合适的投影参数，如图7-90所示。

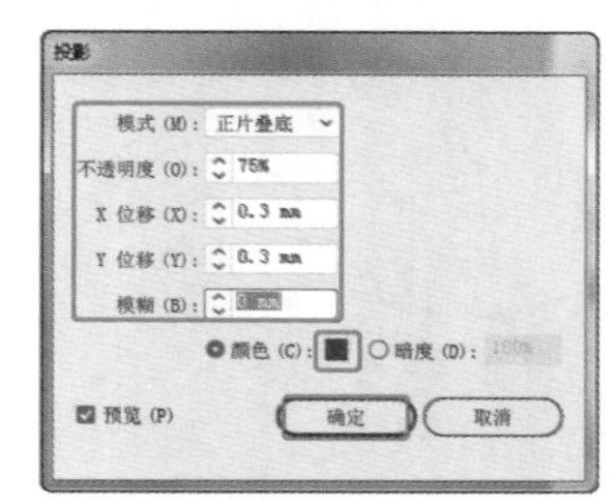

图7-90

11 设置投影的效果如图7-91所示。

图7-91

12 在舞台中添加Logo，如图7-92所示。

13 设置Logo的投影效果，如图7-93所示。

图7-92　　图7-93

14 使用“选择工具”，按住Alt键，移动复制矩形，设置“填色”为#fbc6d6，设置合适的尺寸，如图7-94所示。

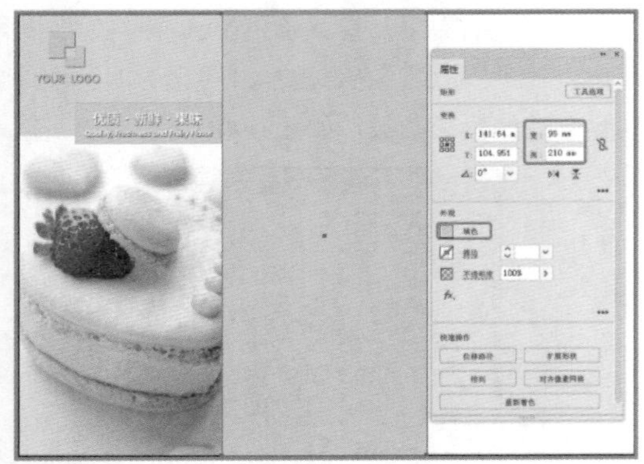

图7-94

15 在舞台中复制Logo到封面的背面，并添加一些文字，如图7-95所示。

图7-95

16 设置文字的“投影”效果，如图7-96所示。

图7-96

17 复制背景矩形，设置“填色”为#e6e6e6，如图7-97所示。

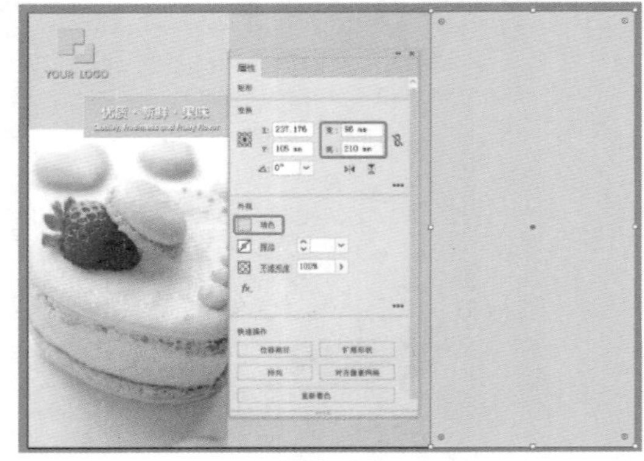

图7-97

18 在菜单栏中选择“文件>置入”命令，在弹出的“置入”对话框中选择随书配备资源中的“蛋糕03.png”文件，单击“置入”按钮，如图7-98所示。

图7-98

19 置入素材后，调整素材的大小和位置，如图7-99所示。

图7-99

20 在“属性”面板中单击“裁剪图像”按钮，在舞台中裁剪图像，然后在“属性”面板中单击“应用”按钮，应用裁剪，如图7-100所示。

图7-100

21 设置裁剪图形的尺寸，设置“不透明度”为40%，如图7-101所示。

图7-101

22 使用“矩形工具”，在舞台中创建矩形，设置“填色”为白色，设置“描边”为无，设置矩形合适的“不透明度”，如图7-102所示。

23 在舞台中使用“文字工具”T，在舞台中创建文字，如图7-103所示。

图7-102　　图7-103

24 设置文字的颜色为白色，并为其设置投影效果，如图7-104所示。

图7-104

25 在舞台中创建文字，并设置文字的投影效果，如图7-105所示。

图7-105

26 在底部创建联系方式和地址，如图7-106所示。

图7-106

27 至此，本案例制作完成。

7.5 优秀作品欣赏

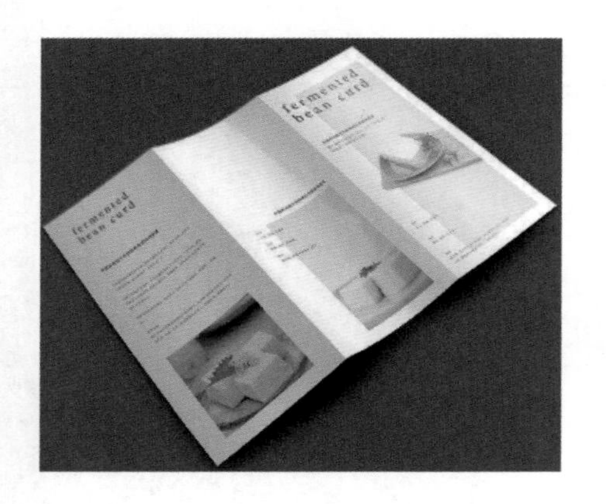

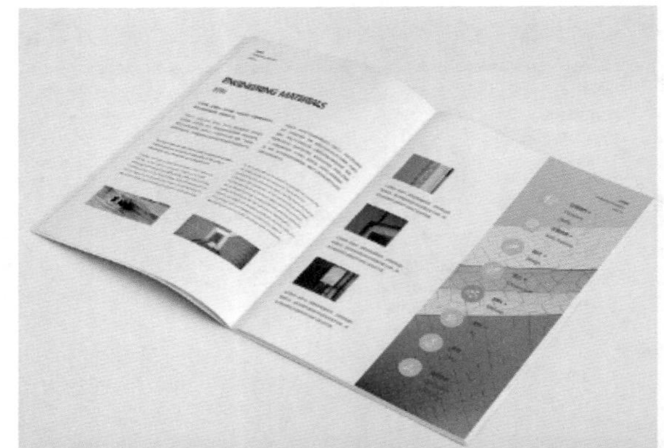

图书、杂志、相册、画册等首先映入眼帘的是封面，封面设计得好与坏直接影响其吸引力和销售量。

本章节主要分析和介绍封面设计的一些相关内容。

8.1 封面设计概述

封面也称为书封面、封皮、外封等，一般封面印有书名、出版社、作者和版权等，是装帧艺术的重要组成部分，如图8-1所示为一些优秀的封面设计效果。

图8-1

封面设计中要遵循平衡、韵律与调和的造型规律，突出主题，大胆设想，运用构图、色彩、图案等知识，设计出比较完美、典型，富有情感的封面，提高设计应用的能力。封面设计的成败取决于设计定位。即要做好前期的客户沟通，具体内容包括：封面设计的风格定位；企业文化及产品特点分析；行业特点定位；画册操作流程；客户的观点等都可能影响封面设计的风格。所以说，好的封面设计一半来自前期的沟通，才能体现客户的消费需要，为客户带来更大的销售业绩。

8.1.1 封面的组成要素

与其他广告和海报的设计一样封面设计同样包括文字、图形和色彩三大要素，设计者就是根据书籍的不同性质、用途和读者对象，把三者有机地结合起来，从而表现出书籍的丰富内涵，并以一种传递信息为目的和一种美感的形式呈现给读者。如图8-2所示为书籍设计的优秀作品。

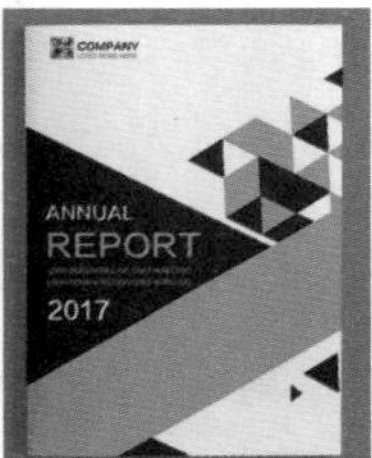

图8-2

（1）文字。封面中的文字主要包括书名、作者名、出版社名、说明文字、责任编辑、装帧设计者、书号和定价。在设计过程中为了封面画面不与另一书名重复，也可以加上英文或拼音。还可以添加一些内容简介和吸引人的内容等。有时为了画面的需要，封面上也可以不署名作者和出版社，这些信息出现在书脊和扉页上，封面上只留下不可缺少的书名。

（2）图形。封面的图形可以是插画、摄影和图案。

（3）色彩。色彩是书籍装帧和广告中重要的艺术语言，代表着作品的风格和情感暗示，是一种特殊的语言表达形式。封面可以没有图形，但不能没有色彩，而色彩的运用要与书籍内容的基调相吻合，与绘画色彩设计不同，书籍色彩采用装饰性色彩，更具概括力，也更醒目。

8.1.2 封面设计的分类

封面根据行业分类和类型可以分为以下几类。

（1）企业封面设计。企业封面设计应该从企业自身的性质、文化、理念、地域等方面出发，来体现企业的精神。

（2）产品封面设计。产品画册的设计着重从产品本身的特点出发，分析出产品要表现的属性，运用恰当的表现形式和创意来体现产品的特点。这样才能增加消费者对产品的了解，进而增加产品的销售。

（3）企业形象封面设计。企业形象画册的设计更注重体现企业的形象，应用恰当的创意和表现形式来展示企业的形象。这样画册才能给消费者留下深刻的印象，加深对企业的了解。

（4）宣传封面设计。这类的封面设计根据用途不同，会采用相应的表现形式来体现此次宣传的目的。用途大致分为：展会宣传，终端宣传，新闻发布会宣传等。

（5）画册封面设计。画册的封面设计是画册内容、形式、开本、装订、印刷后期的综合体现。好的画册封面设计要从全方位出发。

（6）医药类封面设计。医药类的封面设计要求稳重大方、安全、健康，给人以和谐、信任的感觉。设计风格要求大众化。

（7）食品封面设计。食品封面设计要从食品的特点出发，来体现视觉、味觉等特点，诱发消费者的食欲，达到购买欲望。

（8）房产封面设计。房产封面设计一般根据房地产的楼盘销售情况做相应的设计。

（9）酒店类封面。酒店的封面设计要求体现高档、舒适等感觉，在设计时用一些独特的元素来体现酒店的品质。

（10）学校类封面。学校宣传封面设计根据用途不同大致分为：形象宣传、招生、毕业留念册等。

（11）服装类封面。服装类封面设计更注重消费者档次、视觉、触觉的需要，同时要根据服装的类型风格不同，设计风格也不尽相同，如休闲类、工装类等。

（12）招商类封面。招商类封面设计主要体现招商的概念，展现自身的优势，来吸引投资者的兴趣。

（13）体育封面设计。时尚、动感、方便是这个行业的特点，根据具体的行业不同，表现也略有不同。

8.1.3 封面设计的表现手法

根据封面效果来说封面设计有三大表现手法。

（1）写实法。用书中的具体情节和形象来表现书的内容。写实手法的特点就是形象直观、易于理解，如图8-3所示。

（2）象征法。用联想、比喻、象征、抽象等方法简洁地体现书籍的内容，如图8-4所示。

图8-3

图8-4

（3）装饰法。用于实际内容相协调的线条、色块和装饰图案来表现，适用于不宜用具体形象表达书籍内容的封面，通常用于理论书籍，如图8-5所示。

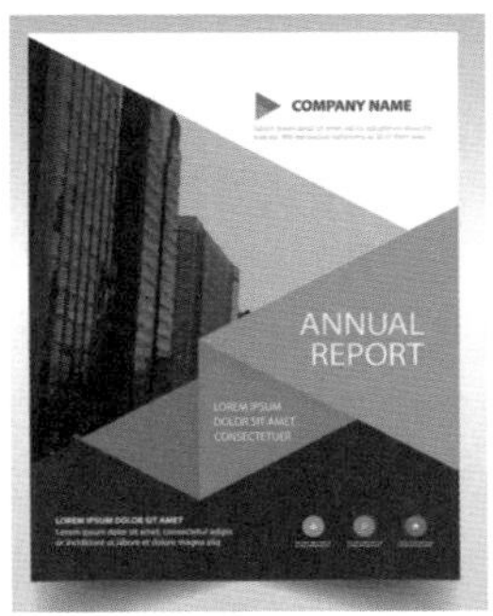

图8-5

8.1.4 封面设计的重要性

封面是体现书籍美学的一种表现形式，对美学和传播价值都起着非常重要的作用，它既是从业人员创造力的表达，也是产品观点的表达。

从视觉角度来考虑，封面醒目、可识别，可以抓住人们的需求，决定了杂志或书籍的零售成效。封面能营造话题，形成长期深入的营销力量，并体现书籍、杂志或画册的文化。

封面设计的成败也取决于设计定位。要做好前期与客户的沟通，通过客户的需求，设计师们来定位封面的风格。通过分析企业文化和产品特点，来对产品的封面进行行业特点的定位。客户的观点有时可能影响封面设计的风格，所以，在设计封面前期和中期的沟通也是非常重要的。

8.2 商业案例——儿童图书封面模板设计

8.2.1 设计思路

扫码看视频

■ 案例类型

本案例设计制作一款儿童图书模板。

■ 项目诉求

本案例将要设计一款针对2～6岁孩子的图书封面，这个年龄段的小孩的兴趣会比较广泛、爱浪漫、爱幻想，本案例的主题将体现在卡通的、易于辨别和易懂的图案，通过简单的卡通动物来激发儿童的愉悦和幻想。

■ 设计定位

根据项目要求，将使用一个简笔画的小动物作为封面主角，并在此基础上绘制环境，环境将主要设计为简单的卡通的效果，环境不能太复杂、不能太过凌乱和花哨，使小孩子专注力集中的主角上。

8.2.2 配色方案

由于是套系，这里先设计其中一款饱和度较高的绿色、白色和红色卡通，并使用一些装饰色调例如黄、蓝。

8.2.3 封面的表现手法

本案例将采用象征法，整体采用绘制卡通图像来使孩子对事物产生联想，封面使用抽象绘制方法来表现动物、植物等，这样会让小朋友更好地产生联想和想象力。

8.2.4 项目实战

■ 制作流程

本案例首先创建背景，再绘制羊；然后绘制不规则形状，绘制高光，创建花瓣；最后创建文字标题和注释，并调整文字的形状，如图8-6所示。

图8-6

■ 技术要点

使用“矩形工具”创建背景；

使用“椭圆工具”绘制羊；

使用“钢笔工具”绘制不规则形状；

使用“画笔工具”绘制高光；

使用“圆角矩形工具”创建花瓣；

使用“形状生成器工具”生成形状；

使用“文字工具”创建文字标题和注释；

使用“制作封套”调整文字的变形；

使用“路径查找器”修剪图像。

■ 操作步骤

创建文件

在制作封面时，首先要确定图书的尺寸，根据尺寸创建封面。

01 运行Illustrator软件，新建文件，在弹出的对话框中设置“宽度”为211mm、“高度”为232mm，单击“创建”按钮，创建文档，如图8-7所示。

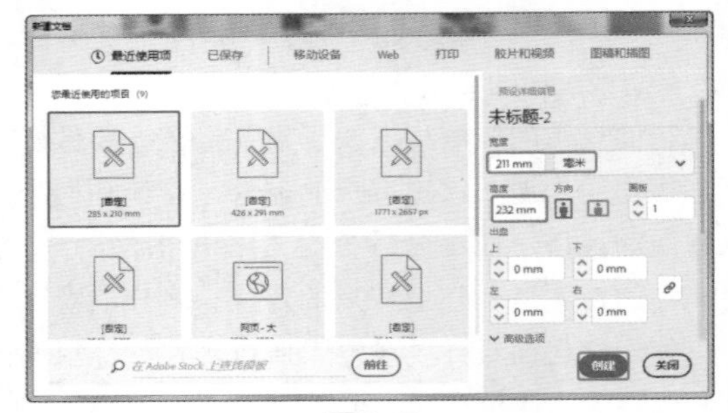

图8-7

02 使用“矩形工具”，在舞台中创建合适大小的矩形，在“属性”面板中设置“填色”为#0ca500、“描边”为无，如图8-8所示。

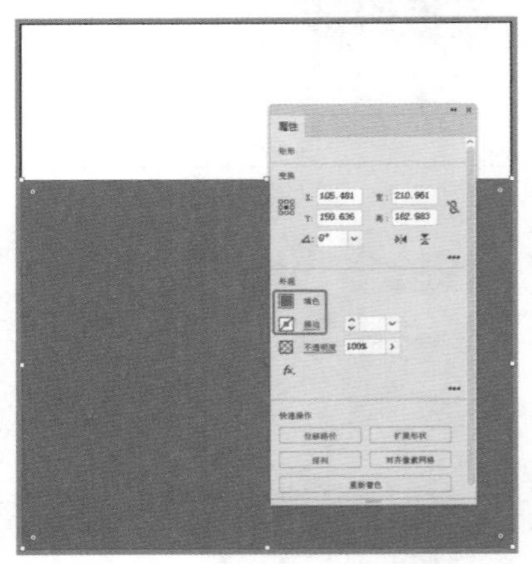

图8-8

03 创建背景矩形后，在“图层”面板中锁定“图层1”，新建“图层2”图层，如图8-9所示。

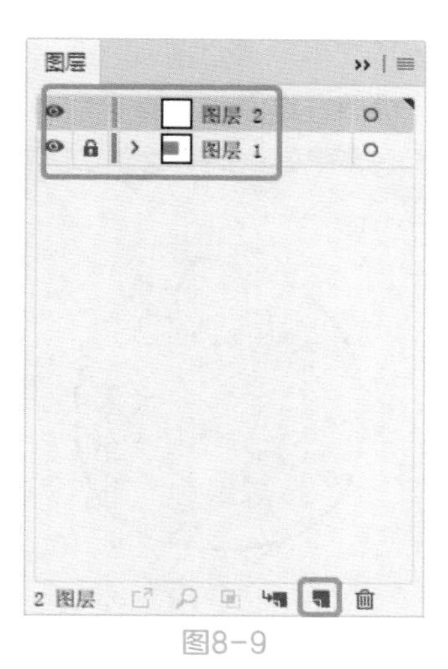

图8-9

绘制卡通图像

创建文件后，下面将创建主角动物和植物图像，绘制的过程非常简单，就是重复简单的步骤，需要读者有耐心。

01 使用“椭圆工具”，在舞台中创建圆，作为羊的身体，如图8-10所示。

图8-10

02 复制圆，调整圆的大小，再次复制圆，作为羊的毛，如图8-11所示。

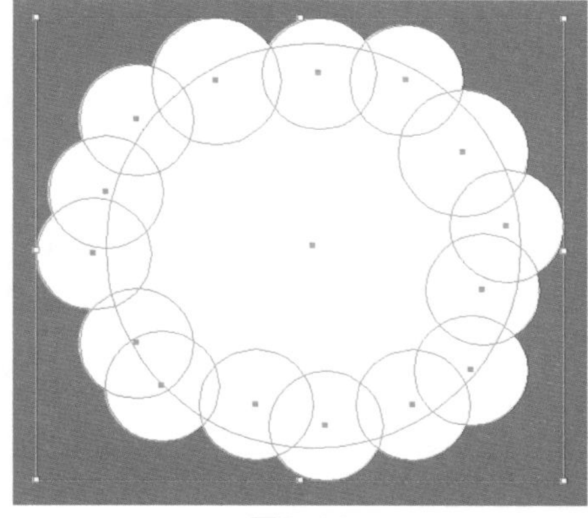
图8-11

锁定图层的使用提示

在Illustrator中“锁定”的对象是无法被选中编辑的。可以使用Ctrl+Alt+2组合键将文档内的全部锁定对象进行“解锁”；若要对指定的对象进行“解锁”，可以在“图层”面板中找到对象所在的图层，然后单击图标，即可进行“解锁”操作。

03 在舞台中选择所有的圆，在“路径查找器”面板中单击“联集”按钮，将所选的圆合并为一体，如图8-12所示。

图8-12

04 联集后的效果如图8-13所示。

图8-13

05 在“属性”面板中设置“填色”为白色，设置“描边”的颜色为#553520，设置“描边”的粗细为2pt，如图8-14所示。

图8-14

06 下面绘制小羊的脸，使用“椭圆工具” ，在舞台中创建圆，如图8-15所示。

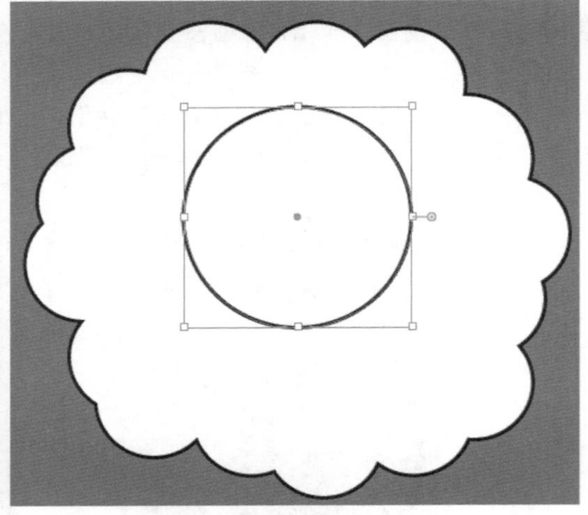

图8-15

07 使用“直接选择工具” ，在舞台中调整圆的形状，调整出脸形，如图8-16所示。

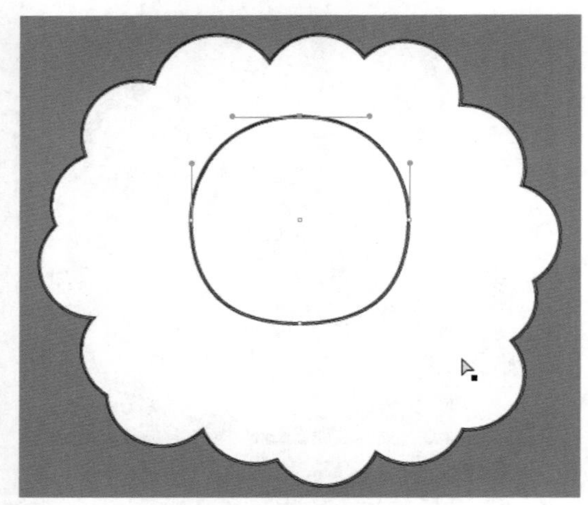

图8-16

08 在“属性”面板中设置“填色”为#ffe3d5，设置“描边”的颜色为#553520，如图8-17所示。

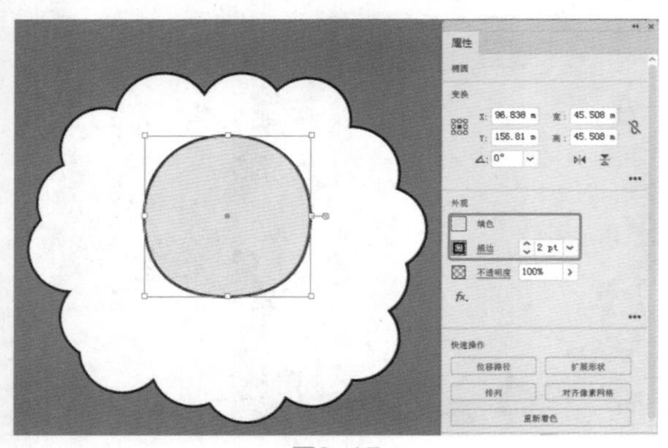

图8-17

09 使用“椭圆工具” ，在如图8-18所示的位置创建三个椭圆，作为头上的羊毛。

图8-18

10 在场景中选择作为脸的椭圆和刚创建的三个椭圆，在“路径查找器”面板中单击“减去顶层”按钮，修剪图像，如图8-19所示。

图8-19

11 修剪图像后得到如图8-20所示的效果。

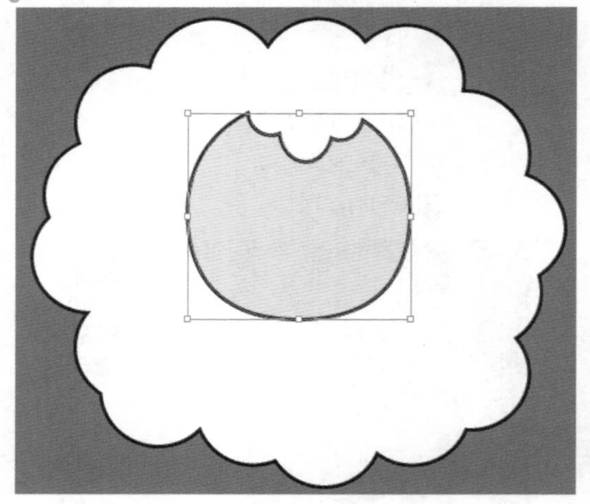

图8-20

12 使用“椭圆工具” ，在脸上创建椭圆，作为眼睛，设置眼睛的底部“填色”为#42210b，创建眼睛的白色区域，如图8-21所示，对眼睛进行复制。

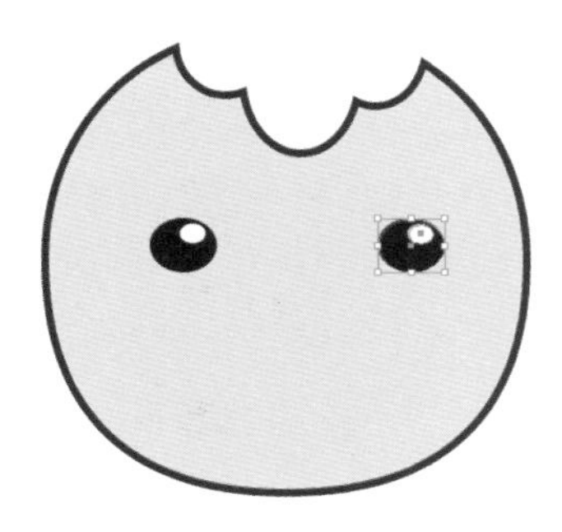

图8-21

13 使用同样的方法复制眼睛作为鼻子，使用“直接选择工具”▷调整鼻子的形状，如图8-22所示。

图8-22

14 使用“钢笔工具”✒，在舞台中创建如图8-23所示的形状，设置“填色”为无，“描边”的颜色为#553520。

图8-23

15 复制形状，如图8-24所示。

图8-24

16 使用“椭圆工具”◯，在眼睛下方创建椭圆，设置椭圆的填充为粉色到透明的渐变，设置合适的渐变参数即可，如图8-25所示，设置“描边”为无。

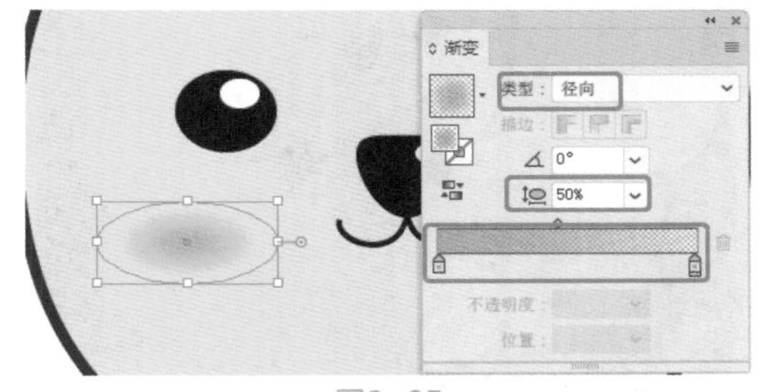

图8-25

17 复制作为高光的椭圆放置到脸蛋的粉色上，并复制脸蛋，如图8-26所示。

图8-26

18 使用“钢笔工具”✒绘制下的形状，如图8-27所示。

图8-27

19 设置形状的“填色”为#553520，继续绘制形状，设置“填色”为无，设置“描边”颜色为#553520，对图形进行复制，如图8-28所示。

图8-28

20 使用“直接选择工具”设置图像的圆角，如图8-29所示。

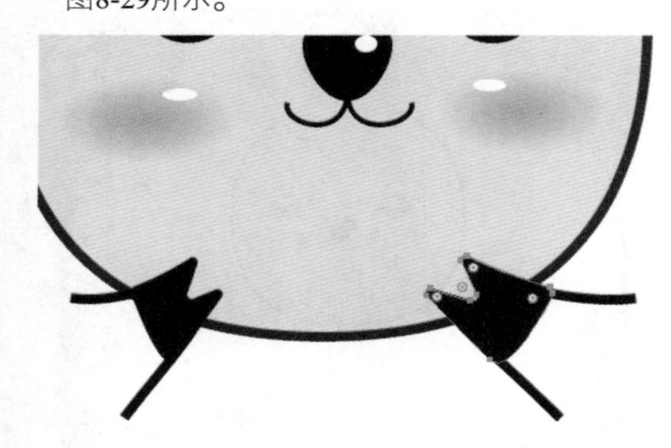

图8-29

21 使用“钢笔工具”绘制腿脚，如图8-30所示。

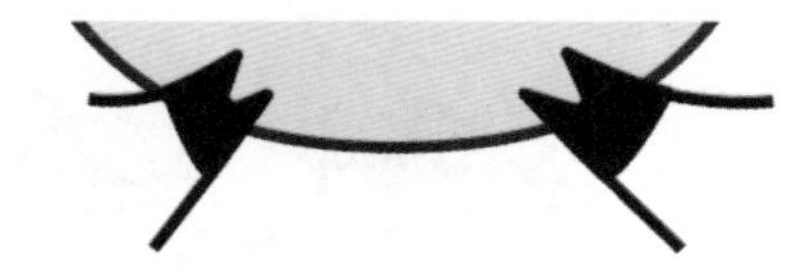

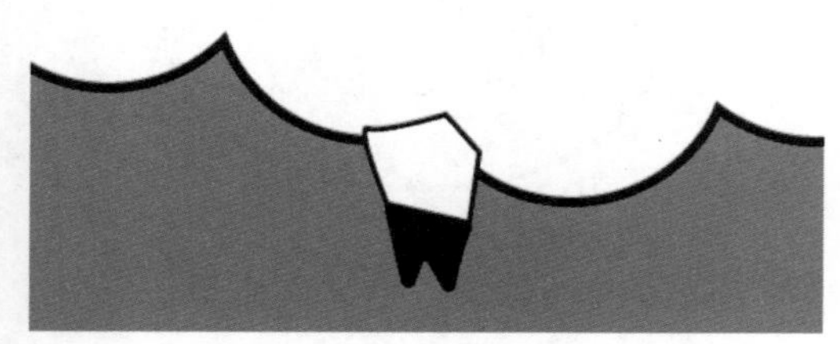

图8-30

22 复制腿脚效果，如图8-31所示。

图8-31

23 使用“椭圆工具”，在舞台中创建椭圆，设置“填色”为# dac9b9，设置“描边”颜色为42210b，如图8-32所示。

图8-32

24 使用“直接选择工具”，在舞台中调整椭圆的形状，如图8-33所示。

图8-33

25 使用“钢笔工具”，在舞台中创建纹理，如图8-34所示。

图8-34

26 使用“画笔工具” ，设置合适的画笔笔触，绘制高光，如图8-35所示。

图8-35

27 复制羊角到另一侧，如图8-36所示。

图8-36

28 这样，卡通羊的图像就制作完成，在“图层”面板中将卡通羊所在的“图层2”图层锁定，创建“图层3”图层，如图8-37所示。

图8-37

29 使用“钢笔工具” ，在舞台中绘制小草形状，设置填充为绿色到透明的渐变，在“渐变”面板中设置合适的渐变参数，如图8-38所示。

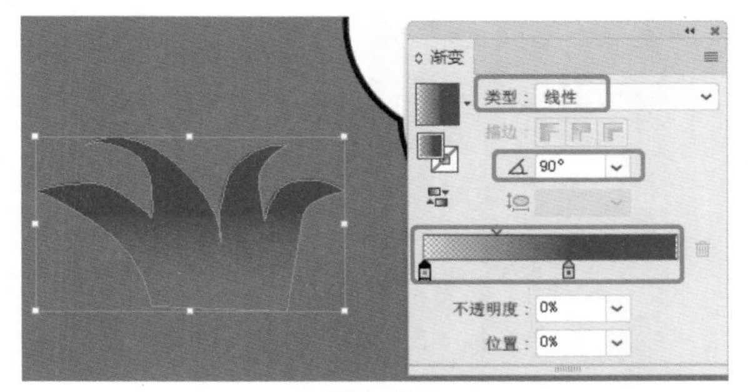

图8-38

30 设置“描边”为无，在舞台中复制小草效果，并调整合适的大小，如图8-39所示。

图8-39

31 使用“矩形工具” ，在舞台中创建矩形，使用“直接选择工具” 设置矩形的圆角，设置“填色”为#ff5f5f，如图8-40所示。

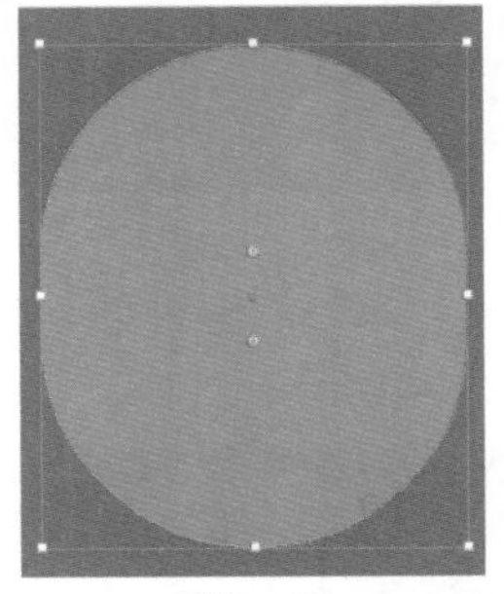
图8-40

32 在舞台中复制圆角矩形，可以在“属性”面板中设置“旋转” 角度为30°，如图8-41所示。

33 复制圆角矩形，调整合适的角度，也可以直接对图形周围的变形进行旋转，绘制出花瓣效果，如图8-42所示。

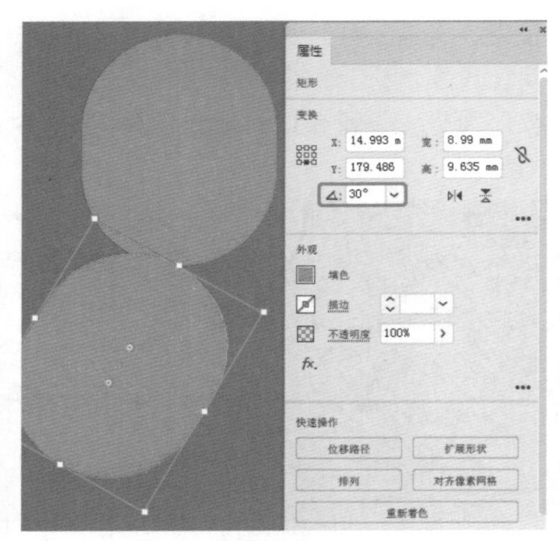

图8-41

图8-42

34 使用“椭圆工具” 绘制花朵的黄色花心，如图8-43所示。

图8-43

35 使用“画笔工具” 绘制花朵的高光和花心的纹理，如图8-44所示。

图8-44

36 将绘制的花朵图形选中，按Ctrl+G组合键，将花朵进行编组，在舞台中复制花朵，如图8-45所示。

图8-45

37 在菜单栏中选择“文件>置入”命令，在弹出的“置入”对话框中选择随书配备资源中的“蝴蝶.png”文件，如图8-46所示。

图8-46

38 置入素材后，调整素材的位置，如图8-47所示。

图8-47

39 使用“椭圆工具”，在舞台中创建如图8-48所示的椭圆。

图8-48

40 对绘制的椭圆进行复制，设置“填色”为无，设置描边为绿色，在“描边”面板中设置描边为“虚线”，设置合适的参数即可，如图8-49所示。

图8-49

创建标题和注释

创建图像后，下面使用简单的图像和文字制作标题和图书的注释、说明内容。

01 使用“文字工具”T，在如图8-50所示的位置创建文字。

图8-50

02 在舞台中创建椭圆和矩形，并将其重叠，如图8-51所示。

03 在工具箱中选择“形状生成工具”，在需要保留的形状上单击，即如图8-52所示的三处单击，即可生成新形状。

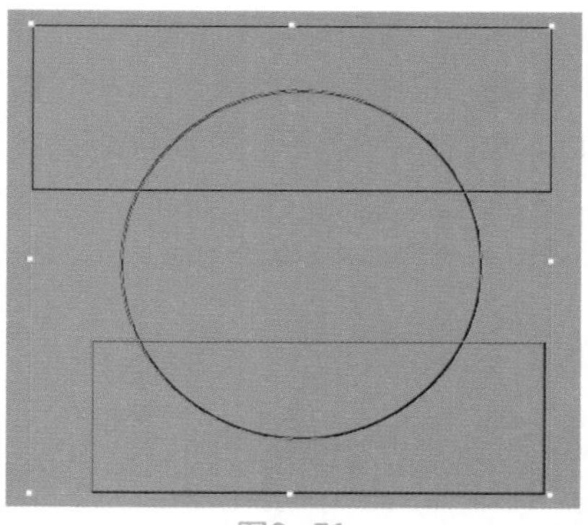
图8-51

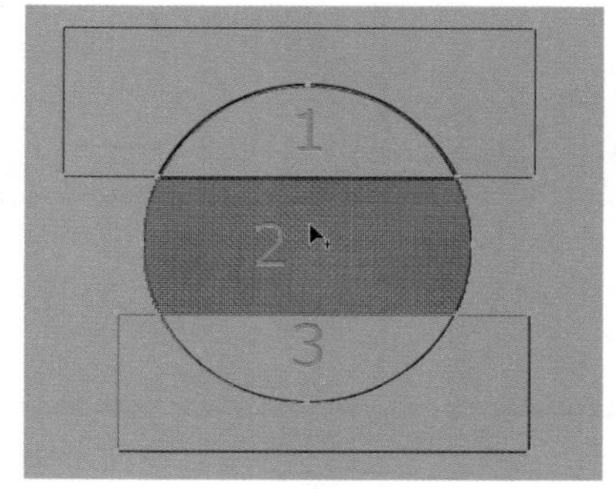

图8-52

04 删除不需要的图形，如图8-53所示。

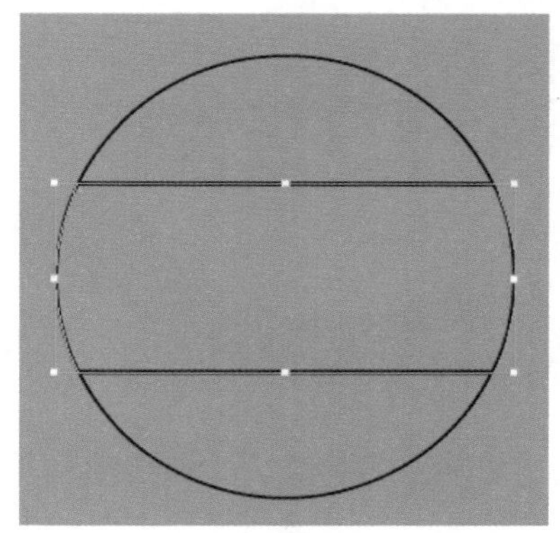
图8-53

05 将圆形放置到舞台上，分别填充黄色、绿色、白色，设置“描边”为无，如图8-54所示。

图8-54

06 使用“椭圆工具”◯，设置椭圆的“填色”为无，设置“描边”为墨绿色，在“描边”面板中设置描边的虚线，设置合适的参数，如图8-55所示。

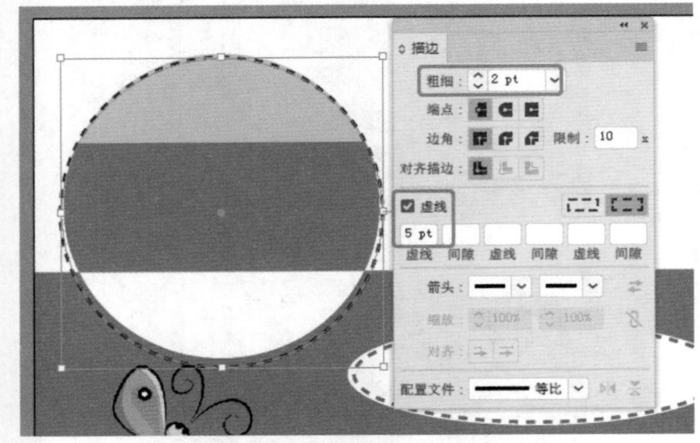
图8-55

07 在舞台中创建文字，并添加装饰，如图8-56所示。

图8-56

08 使用“文字工具”T，在舞台中创建文字标题，设置合适的字体和颜色，如图8-57所示。

图8-57

09 在菜单栏中选择“对象>封套扭曲>用变形建立”命令，在弹出的“变形选项”对话框中设置“样式”为“弧形”，设置“弯曲”为15%，如图8-58所示。

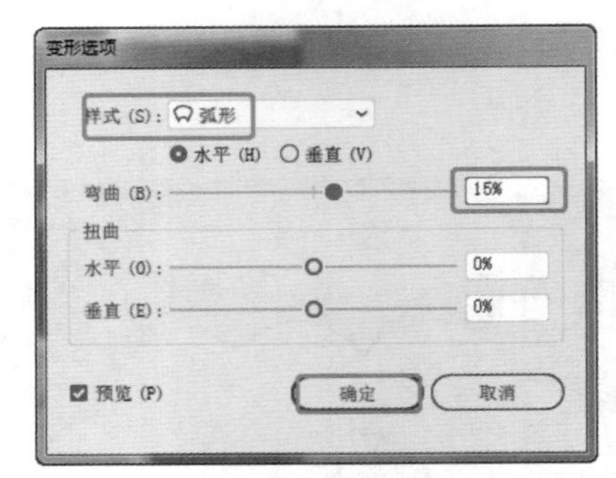

图8-58

10 设置变形后，在菜单栏中选择“对象>扩展”命令，在弹出的“扩展”对话框中使用默认的参数，单击“确定”按钮，如图8-59所示。

图8-59

11 调整后，复制图形，设置图形的填充为无，设置“描边”为绿色，设置“描边”类型为虚线，设置合适的参数，如图8-60所示。

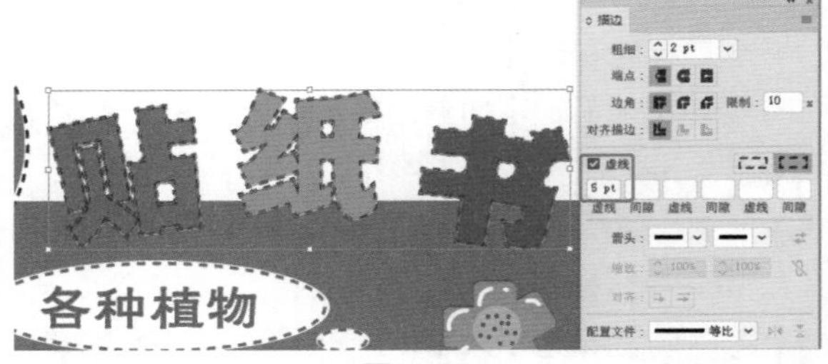

图8-60

12 分别设置描边的颜色，如图8-61所示。

图8-61

13 在舞台中创建如图8-62所示的形状。

图8-62

14 设置图形的填充，如图8-63所示，分别为青色、绿色和黄色。

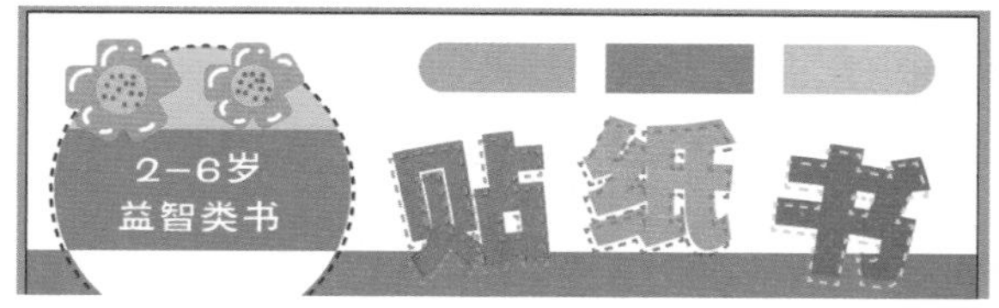

图8-63

15 在图形上创建文字，如图8-64所示。

图8-64

制作书籍展示效果

前面制作了封面的正面效果，下面将调整其图像的角度和投影效果，制作出图层的展示效果。

01 在舞台中将封面所有图层选中，按Ctrl+G组合键，将其进行编组，编组后，复制封面图像到舞台的一侧，在工具箱中按住鼠标左键单击“比例缩放工具”，在弹出的隐藏工具中单击右侧的箭头，可以将隐藏的工具显示为浮动窗口，如图8-65所示，从中选择“倾斜工具”，选择工具后单击封面左下角，以该处为中心，拖曳至封面的右上角，调整倾斜效果，如图8-66所示。

图8-65

图8-66

02 使用“钢笔工具”，在舞台中书本的下方创建厚度，如图8-67所示。

图8-67

03 继续创建侧面的图像设置其侧面的厚度，设置底部图形厚度的“填色”为灰色，侧面“填色”为深灰，如图8-68所示。

图8-68

04 将所有图形进行编组，使用“钢笔工具”，在舞台中创建与书本形状相同的形状，设置“描边”为无，设置“填充”为灰色，在菜单栏中选择“效果>风格化>投影”命令，在弹出的“投影”对话框中设置合适的参数，如图8-69所示。

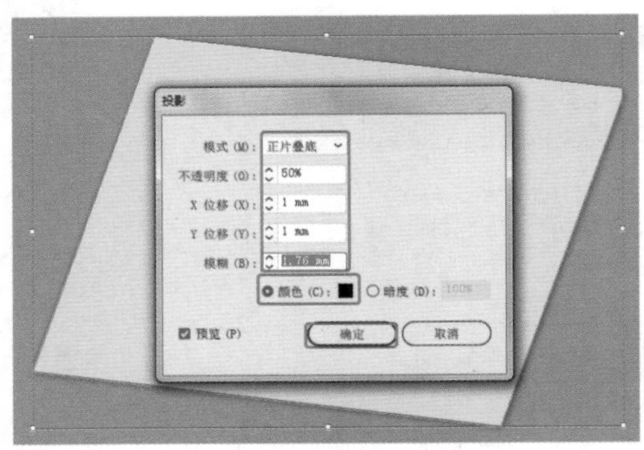

图8-69

05 按Ctrl+[组合键，调整图形到书图形的下方，如图8-70所示。

06 对书本进行复制，完成展示的效果，如图8-71所示。

图8-70

图8-71

07 至此，本案例制作完成。

8.3 商业案例——作品集封面设计

8.3.1 设计思路

扫码看视频

■ 案例类型

本案例制作一款个人作品集的封面模板。

■ 项目分析

作品集就是把创作者的作品整理、编辑后，通过印刷装订成册或制作成光碟、PPT、动感影集等形态表现出来，这种表现系列统称为作品集。本案例要求制作一个炫酷的黑色多边形作品集封面。

■ 设计定位

根据客户需求，本案例将在图形上主要使用不规则的多边形，并通过渐变模拟出立体效果，通过简单的平面多边形碎片来装饰立体多边形，整体效果搭配出来需要有种黑色的多边形的立体科技感效果。

8.3.2 配色方案

配色上根据客户需要，将主要采用黑色调，但不能整个版面都采用黑色，只采用半个版面的黑色区域就够了；黑色代表稳定、庄重和高雅，黑色给人的心理感受就是神秘。在黑色的基础上也将会采用变色到黑色的渐变表现立体效果，并使用灰色和黑色的多边形作为装饰。

8.3.3 同类作品欣赏

8.3.4 项目实战

■ 制作流程

本案例首先创建背景，再创建不规则形状；然后创建文字注释，制作投影效果；最后制作高光效果，如图8-72所示。

图8-72

技术要点

使用“矩形工具”创建背景；

使用“钢笔工具”创建形状；

使用“文字工具”创建文字注释；

使用“投影”命令制作出投影效果；

使用“椭圆工具”和“渐变”面板制作出高光效果。

操作步骤

设计封面的平面效果

根据设计思路将对封面进行设计。

01 运行Illustrator软件，新建文件，在弹出的“新建文档”对话框中设置“宽度”为425mm、“高度”为215mm，单击“创建”按钮，创建文档，如图8-73所示。

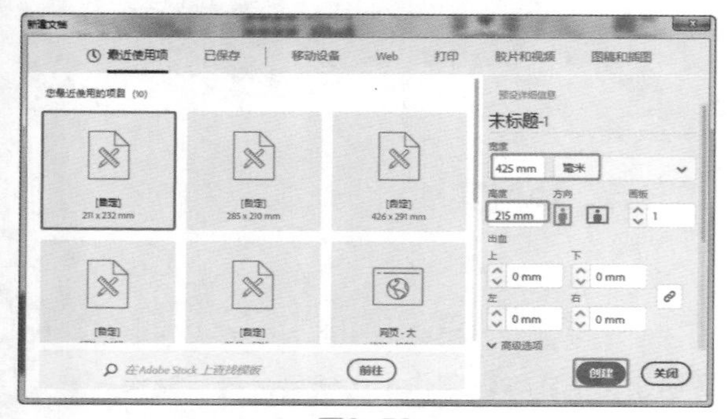

图8-73

02 在工具箱中选择“矩形工具”，在舞台中单击，在弹出的“矩形”对话框中设置“宽度”为212.5mm，设置“高度”为215mm，单击“确定”按钮，创建矩形，如图8-74所示。

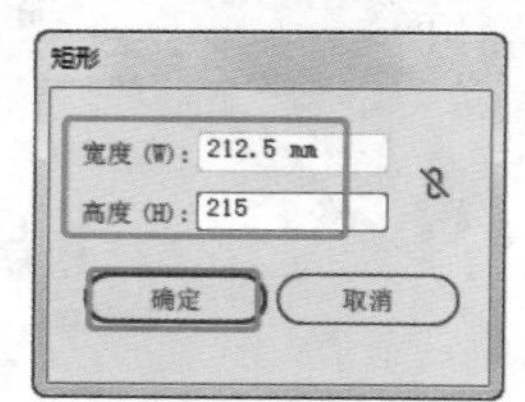

图8-74

03 在舞台中将移动矩形作为背景，设置矩形的“填色”为白色，“描边”为黑色，如图8-75所示。

04 使用“钢笔工具”，在舞台中创建不规则形状，设置“填色”为黑色，如图8-76所示。

图8-75

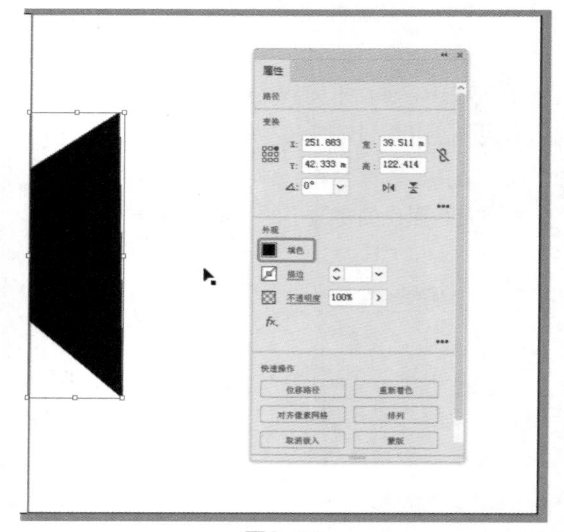

图8-76

05 继续使用“钢笔工具”创建三角形，如图8-77所示。

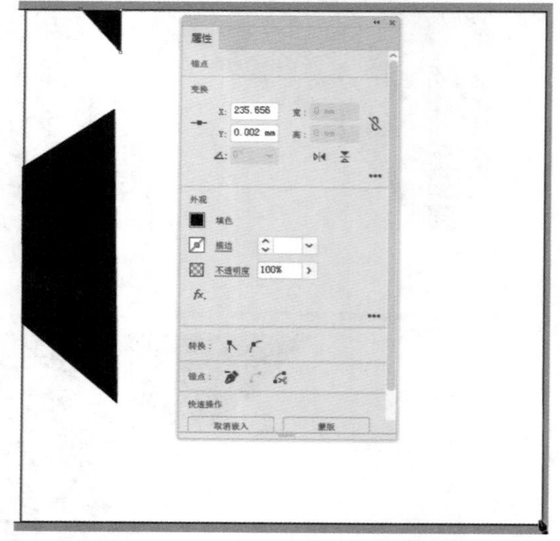

图8-77

06 为三角形设置“填色”为灰色到深灰色的渐变，设置合适的“渐变”参数，如图8-78所示。

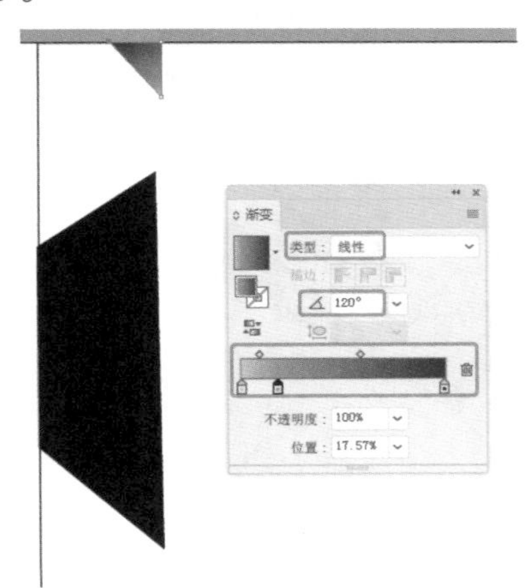

图8-78

07 在舞台中创建如图8-79所示的形状，设置其“填色”为渐变，并在“渐变”面板中调整渐变效果，如图8-79所示。

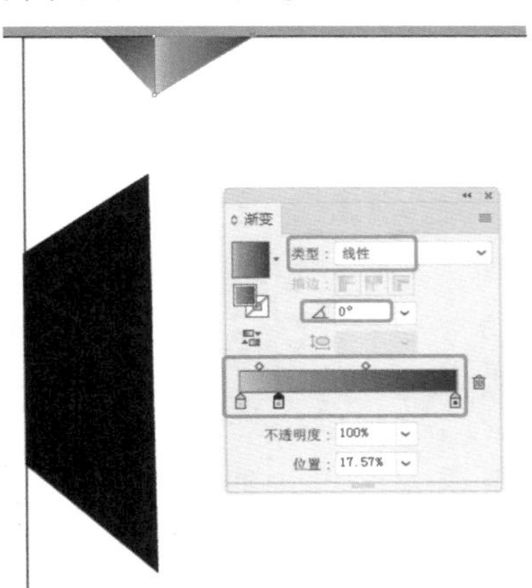

图8-79

08 使用同样的方法，创建多个不规则的形状，并填充渐变和灰色以及接近黑的深灰色，多边形效果如图8-80所示。

图8-80

09 使用“钢笔工具”，创建不规则形状，填充形状为黑色，如图8-81所示。

图8-81

10 继续创建多边形，设置填充为浅灰色，如图8-82所示。

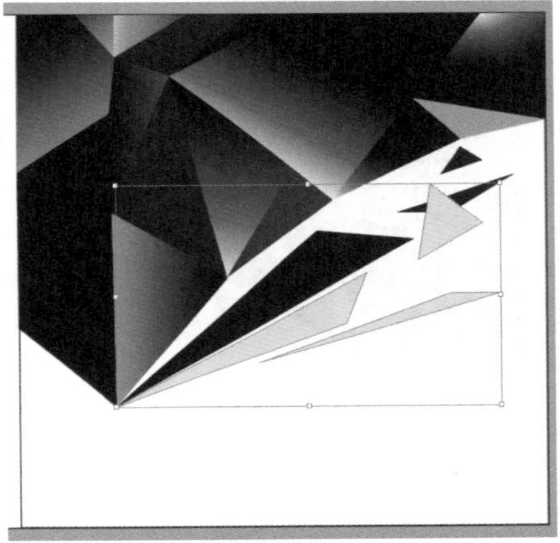

图8-82

11 调整图像的排列顺序，如图8-83所示。

图8-83

12 创建不规则形状，设置填充为灰色，如图8-84所示。

图8-84

13 创建两个黑色的多边形，尽量少地使用黑色装饰多边形，如果是单独出现的黑色多边形，会显得突兀，少许地添加会很自然，有种与上面的立体多边形衔接的感觉，如图8-85所示。

图8-85

14 使用“文字工具”T，创建标题文字注释，如图8-86所示。

图8-86

15 继续创建标题，选择合适的字体，设置合适的大小，设置文字的颜色为黑色，如图8-87所示。

图8-87

16 在菜单栏中选择“效果>风格化>投影”命令，在弹出的“投影”对话框中设置投影的效果，如图8-88所示。

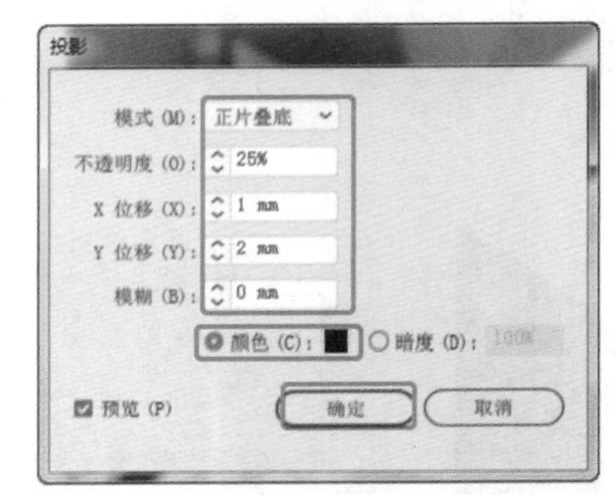

图8-88

17 设置的投影效果如图8-89所示。

图8-89

18 继续创建其他的文本注释，如图8-90所示。

图8-90

19 使用“椭圆工具”◯，在舞台中创建椭圆，设置椭圆的填充为渐变，在“渐变”面板中设置填充为黄色到透明的渐变，如图8-91所示。

20 在“外观”面板中单击“不透明度”，在弹出的下拉面板中设置“混合模式”为“强光”，如图8-92所示。

图8-91

图8-92

21 选择制作完成的整个右侧页面，按Ctrl+G组合键将图形编组，复制图形到左侧，在“变换”面板中单击≡按钮，在弹出的菜单中选择“水平翻转”命令，如图8-93所示。

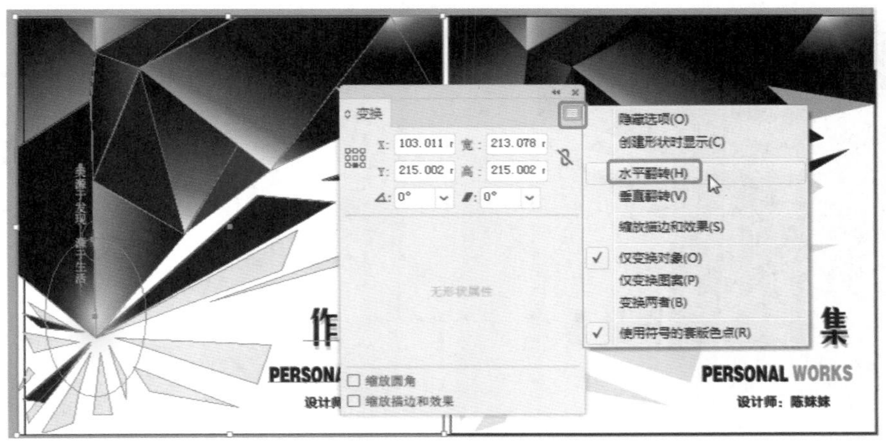

图8-93

22 修改左侧页面中的图形和文字，得到最终的效果，如图8-94所示。

图8-94

封面展示

制作完成封面的平面展示后，下面将制作封面的陈列展示效果。

01 将正面封面复制，移动到舞台的空白处，如图8-95所示。

图8-95

02 使用“矩形工具”，在舞台中创建矩形，如图8-96所示。

图8-96

03 设置矩形的填充为渐变，在“渐变”面板中设置渐变为黑色，“不透明度”为50%～0%，如图8-97所示。

图8-97

04 使用“钢笔工具”，在场景中创建封面的投影形状，设置渐变填充，在“渐变”面板中设置渐变填充为黑色，“不透明度”为80%到透明的渐变，如图8-98所示。

图8-98

05 选择作为投影的图像，按Ctrl+[组合键，调整图像到封面的后面，如图8-99所示 。

图8-99

06 在菜单栏中选择“效果>模糊>高斯模糊”命令，在弹出的“高斯模糊”对话框中设置合适的参数，如图8-100所示。

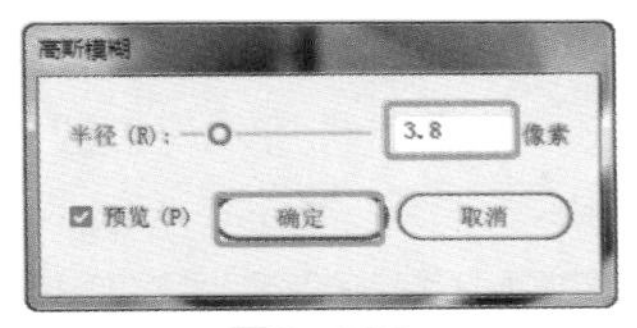

图8-100

07 至此，本案例制作完成，最终效果如图8-101所示。

图8-101

8.4 商业案例——家装家居杂志封面设计

8.4.1 设计思路

扫码看视频

■ 案例类型

本案例设计制作一款家装家居杂志的封面模板。

■ 项目诉求

这是一本面向设计师的浏览性杂志，以家装、家居配饰为主，每月发行一刊，需要设计一款具有环保色的封面，并配以家装图像来表现。

■ 设计定位

家装家居类杂志要求版面清新、简约、体现环保内容，整体构图要协调统一、醒目大气，添加的各种图像要与主题相符；版面中的其他元素可以进行重新构造，在设计时主要通过色彩来体现环保，符合整体的风格版面规划。

8.4.2 配色方案

在本案例中客户提供了几张图像，以供挑选，本期的主题是环保，所以需要在已有的图像的基础上搭配出协调的颜色。

■ 主色

家装家居的封面在色彩搭配上需要使用一些代表环保的颜色，其中绿色是环保色中最有代表性的颜色，绿色给人以生机和新生的感觉，现实中绿色多数是一些植物，如图8-102所示，除了配图之外，还使用不同色彩饱和度和明暗度的绿色，来添加一些注释文字。

图8-102

■ 辅助色

主色选择了一种比较鲜亮的绿色，在辅助色上可以尝试一些比较低调的颜色，例如灰色、浅粉色，这样亮色可以突出主题色，灰色和粉色作为陪衬，辅助色是为了衬托主题而存在，使其与主色有互补的效果。

8.4.3 版面构图

杂志的版式构图大同小异，本案例采用的就是最常见的构图方式，主图采用室内装修效果图，上部分为图像，下部分为文字，如果想要做些改变，可以在图像分布和文字分布上下功夫，只要整体协调、版面丰满即可。

8.4.4 项目实战

■ 制作流程

本案例首先置入图像，并进行裁剪；然后创建矩形，创建文字注释；最后创建椭圆，如图8-103所示。

图8-103

图8-103（续）

技术要点

使用“置入”命令置入图像；

使用“裁剪图像”裁剪导入的图像；

使用“矩形工具”创建矩形；

使用“钢笔工具”创建形状；

使用“文字工具”创建文字注释；

使用“椭圆工具”创建椭圆；

使用“路径查找器”设置图像的裁剪 。

操作步骤

制作杂志正面封面

在制作封面之前，需要创建合适的舞台，在舞台中绘制封面。下面来介绍杂志封面正面的制作。

01 运行Illustrator软件，新建文件，在弹出的“新建文档”对话框中设置“宽度”为210mm、“高度”为285mm，选择“画板”为2，单击“创建”按钮，创建文档，如图8-104所示。

图8-104

02 创建两个画板，如图8-105所示。

图8-105

03 在工具箱中选择“画板工具”，在舞台中可以选择其中一个模板，选择“画板2”可以对其进行移动，将其与“画板1”对齐，如图8-106所示。

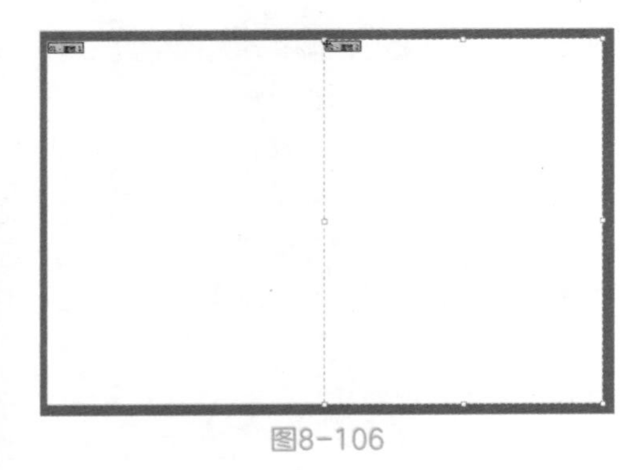

图8-106

画板工具使用提示

在使用“画板工具”的状态下，选择需要修改的画板，在“属性”面板中则显示出画板的一些修改参数，可以重新设置画板的大小、变换、命名、删除、新建等操作。

04 在菜单栏中选择“文件>置入”命令，在弹出的“置入”对话框中选择随书配备资源中的“客厅.jpg”文件，单击“置入”按钮，如图8-107所示。

图8-107

05 使用“直接选择工具”调整素材的大小，如图8-108所示。

图8-108

06 在工具箱中选择“矩形工具”，在舞台中单击，在弹出的“矩形”对话框中设置“宽度”为210mm，设置“高度”为285mm，单击“确定”按钮，创建矩形，如图8-109所示。

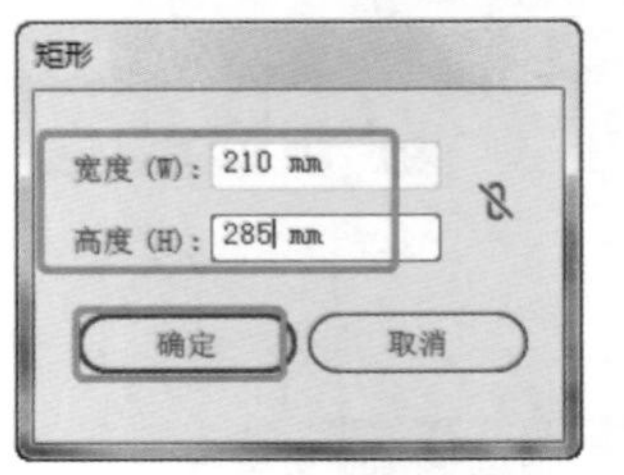

图8-109

07 在舞台中创建矩形后，在“属性”面板中调整其X和Y的位置，设置“填色”为白色，设置“描边”为黑色，粗细为1pt，如图8-110所示。

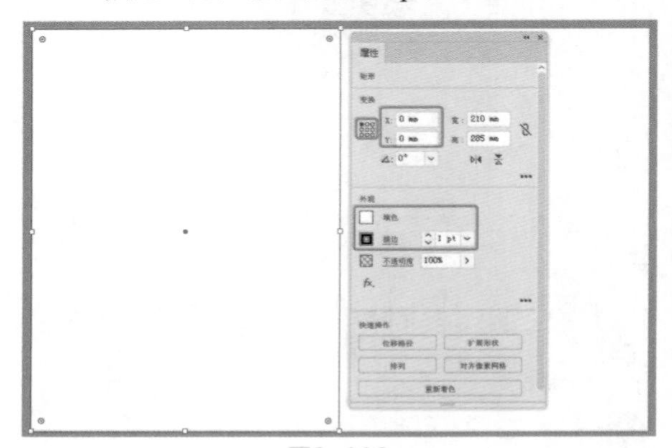

图8-110

08 在舞台中按Ctrl+[组合键，将矩形放置到图像的底部，选择导入的图像，调整图像的位置，如图8-111所示。

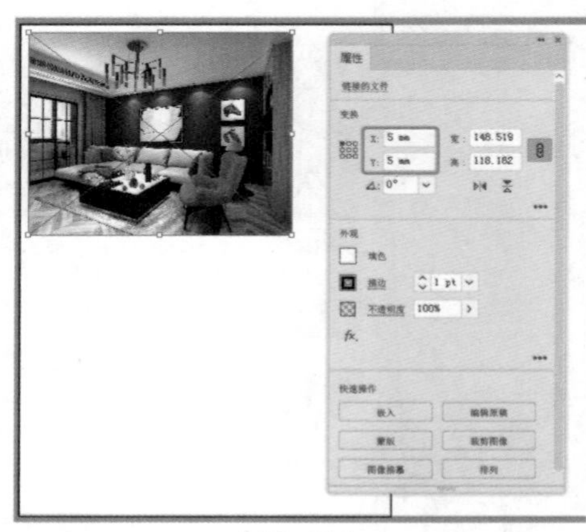

图8-111

09 在菜单栏中选择“文件>置入”命令，在弹出的“置入”对话框中选择随书配备资源中的“室内素材（2）.jpg”文件，单击“置入”按钮，如图8-112所示。

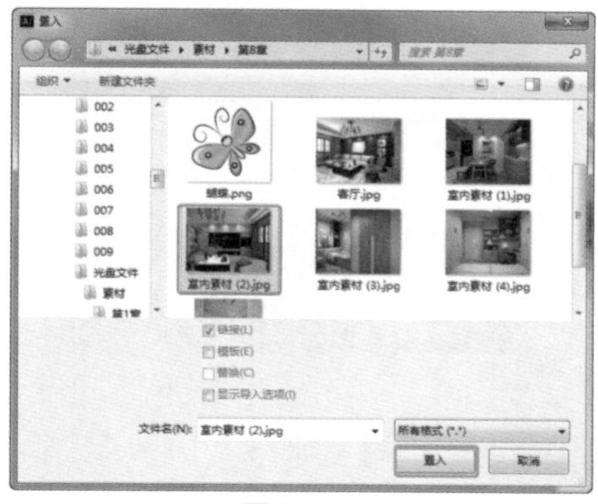

图8-112

10 置入素材到舞台后，调整素材的位置和大小，在“属性”面板中单击“裁剪图像”按钮，在舞台中裁剪图像，如图8-113所示。

图8-113

11 裁剪图像后，在“属性”面板中单击“应用”按钮，确定裁剪，调整素材的位置和大小，如图8-114所示。

图8-114

12 在菜单栏中选择“文件>置入”命令，在弹出的“置入”对话框中选择随书配备资源中的“主卧.jpg”文件，单击“置入”按钮，如图8-115所示。

图8-115

13 置入素材到舞台后，对主卧素材复制两个，选择其中一个，在“属性”面板中单击“裁剪图像”按钮，在舞台中调整图像的裁剪区域，调整合适的区域后，在“属性”面板中单击“应用”按钮，如图8-116所示。

图8-116

14 选择复制出的另一个主卧图像，使用“裁剪图像”命令，在舞台中调整图像的裁剪区域，调整合适的区域后，在“属性”面板中单击“应用”按钮，如图8-117所示。

图8-117

15 选择另外一个复制出的主卧图像，裁剪其区域，如图8-118所示。

图8-118

16 最后组合图像得到如图8-119所示的效果。

图8-119

17 使用“钢笔工具”，在舞台中绘制如图8-120所示的形状，设置“填色”为白色，设置“描边”为无，设置“不透明度”为50%。

图8-120

18 使用同样的方法绘制图形，如图8-121所示。

图8-121

19 使用“矩形工具”，在舞台中绘制矩形，设置矩形的填充为深绿色，如图8-122所示。

图8-122

20 可以使用“直线段工具”，设置合适的“描边”粗细，并设置描边颜色为绿色，如图8-123所示。

图8-123

21 继续绘制直线段，如图8-124所示。

图8-124

22 使用“文字工具” T，注释文字，设置合适的属性，在舞台中调整其位置，如图8-125所示。

图8-125

23 继续创建文字，如图8-126所示，在舞台中可以随时更改封面中的图形、图像，如果白色的遮罩区域太过朦胧，可以设置“不透明度”为20%。

图8-126

24 创建文字注释，如图8-127所示。

图8-127

25 使用“矩形工具”，在舞台中创建渐变的矩形，只需设置填充即可创建出绿色的渐变矩形效果，如图8-128所示。

图8-128

26 创建文字注释，使用“椭圆工具”绘制如图8-129所示的底纹形状，设置“填色”为灰色、“描边”为无。

图8-129

27 在椭圆上创建文字，设置文字为粉色，如图8-30所示，这样封面的正面就制作完成。

图8-130

制作杂志背面封面

家装家居杂志的正面封面制作完成后，下面将简单的制作杂志背面。杂志背面主要添加一些出版社的内容和书号等信息，这里简单地添加一些英文，用到该版面模板时，对文字进行替换即可。

01 在菜单栏中选择“文件>置入”命令，在弹出的“置入”对话框中选择随书配备资源中的室内素材（1）.jpg”文件，单击“置入”按钮，如图8-131所示。

图8-131

02 置入素材后，将其放置到“画板2”中，调整素材的大小，如图8-132所示。

图8-132

03 在“画板1”舞台中复制封面正面中的背景矩形到“画板2”，调整矩形的位置，如图8-133所示。

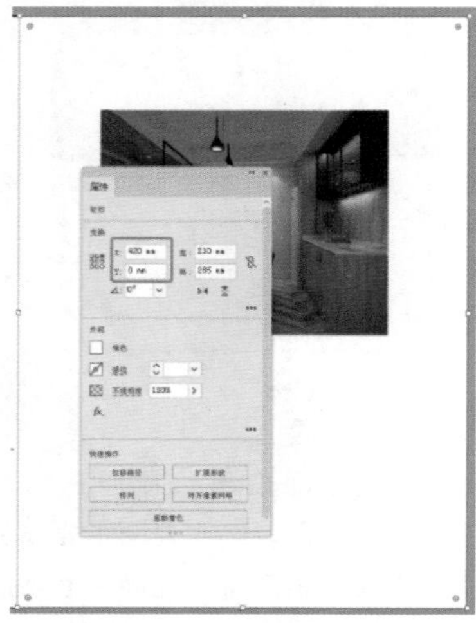

图8-133

04 选择矩形，按Ctrl+[组合键，将矩形放置到图形的后方，使用“椭圆工具”，在舞台中创建椭圆，如图8-134所示，将该椭圆作为遮罩图形。

图8-134

05 在舞台中选择椭圆和矩形，在“路径查找器”面板中单击“减去顶层”按钮，创建圆形的洞效果，使其正好显示出后面的效果图，如图8-135所示。

图8-135

06 使用“椭圆工具”，在舞台中创建椭圆，设置填充为绿色，设置“不透明度”为10%，如图8-136所示。

图8-136

07 在舞台中复制椭圆，设置椭圆的“填色”为无、“描边”为绿色，设置描边的粗细为20pt，设置“不透明度”为50%，如图8-137所示，调整各个素材的图形的位置。

图8-137

08 在舞台中如图8-138所示的位置创建文字，说明该位置需要放置标志，并在标志下创建“直线段工具”，设置直线段的“描边”颜色为绿色，设置粗细为3pt，如图8-138所示。

图8-138

09 在“描边”面板中设置直线段为虚线，如图8-139所示。

图8-139

10 复制虚线，如图8-140所示，在此位置中输入一些出版信息，这里就不详细介绍了。

图8-140

11 为了模板的好看，在如图8-141所示的位置随便添加了一些文字，当需要使用该模板时根据提供的内容进行填写即可，这样封面的平面设计就制作完成了。

图8-141

封面展示

制作完成封面的平面展示后，下面将制作封面的立体陈列展示效果。

01 选择“画板1”中的所有图形、图像、形状和文字等，按Ctrl+G组合键，将其进行编组，编组后，将其放置到舞台的空白处，使用“钢笔工具”绘制出顶部的浅灰色厚度，以及侧面的浅绿色书脊，如图8-142所示。

图8-142

02 使用“钢笔工具”绘制形状，设置形状的填充为黑色到透明的渐变作为投影，如图8-143所示。

图8-143

03 按Ctrl+[组合键，将投影图形放置到编组后面，如图8-144所示。

图8-144

04 在上图中可以发现倒影太过生硬，针对这种情况，可以在菜单栏中选择“效果>模糊>高斯模糊”命令，在弹出的“高斯模糊”对话框中设置合适的参数，如图8-145所示。

图8-145

05 至此，本案例制作完成，如图8-146所示。

图8-146

8.4 优秀作品欣赏

PATTERNS
THIS IS MY WORK 2008.
THE GREATEST STORIES EVER TOLD
GREG LAURIE
New York
60 local creatives bring you the best of the city

包装作为一件产品最直接的外观显示形态，也见证了这个社会的发展历程。产品包装设计是立体领域的设计项目。与标志设计、海报设计等依附于平面的设计项目不同，包装设计需要创造出有材质、体感、重量的“外壳”，必须根据商品的外形、特性采用相应的材料进行设计。

本章节主要从产品包装的含义、产品包装的常见分类、产品包装的常用材料等几个方面来学习产品包装设计。

9.1 产品包装设计概述

包装是在流通的过程中为保护产品、方便储蓄、促进销售，按一定的技术方法所用的容器以及辅助物等的总称。

9.1.1 什么是产品包装

产品是品牌理念、产品特性、消费心理的综合反映，它直接影响消费者的购买欲望。产品包装既能保护产品的内容又能通过包装美化来促进消费者的感官，从而引导消费，如图9-1所示。

图9-1

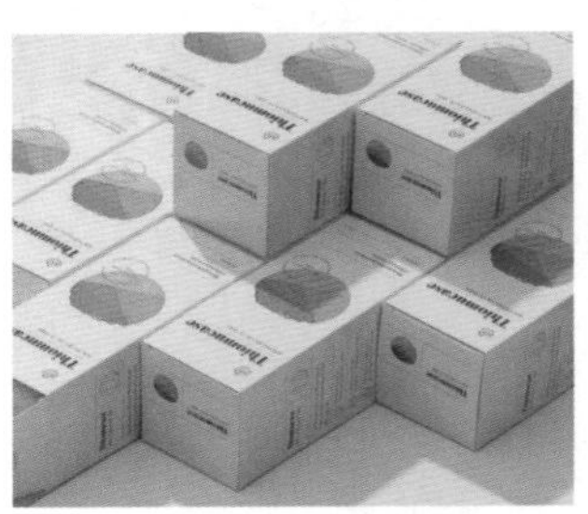

图9-1（续）

9.1.2 产品包装的常见形式

产品包装的形式多种多样，分为盒类、袋类、瓶类、罐类、坛类、管类、包装筐和其他包装类。

（1）盒类包装：盒类包装包括纸盒、木盒、皮盒等多种类型，如图9-2所示。

图9-2

（2）袋类包装：袋类包装重量轻、强度高、耐腐蚀，是最常见也是最方便的一种包装方式，包括塑料袋、布袋、纸袋等多种类型，应用范围广，如图9-3所示。

图9-3

（3）瓶类包装：瓶类的包装也是十分常见的一种包装方式，一般应用于液体包装，如酒、洗发水、洗衣液、化妆品等，常用的瓶类材质有玻璃、塑料等类型，如图9-4所示。

图9-4

（4）罐类包装：罐类包装一般用于咖啡、糖、饼干、调料、罐头等。常见的罐类包装材质有铁罐、铝罐、玻璃罐等。由于罐类包装刚性好、不易破损，所以它也是常用的一种包装类型，如图9-5所示。

图9-5

（5）坛类包装：坛类包装一般用于酒类和腌制品，如图9-6所示。

图9-6

（6）管类包装：管类包装常用于盛放凝胶状液体，包括软管、复合软管、塑料软管等类型，如图9-7所示。

图9-7

（7）包装筐：多用于数量较多的产品，如瓶酒、饮料类，如图9-8所示。

图9-8

（8）其他包装类：包括托盘、纸标签、瓶封等多种类型，如图9-9所示。

图9-9

9.1.3 产品包装的常用材料

产品的包装是产品的重要组成部分，它不仅在运输过程中起保护的作用，而且直接关系到产品的综合品质。

下面介绍常用的包装材料。

（1）纸质包装：纸质包装是一种轻薄、环保的包装，也可分为包装纸、蜂窝纸、纸袋纸、干燥剂包装纸、蜂窝板纸、牛皮纸、工业纸板、蜂窝纸芯等。纸质包装应用广泛，具有成本低、便于印刷和可批量生产的优势，如图9-10 所示。

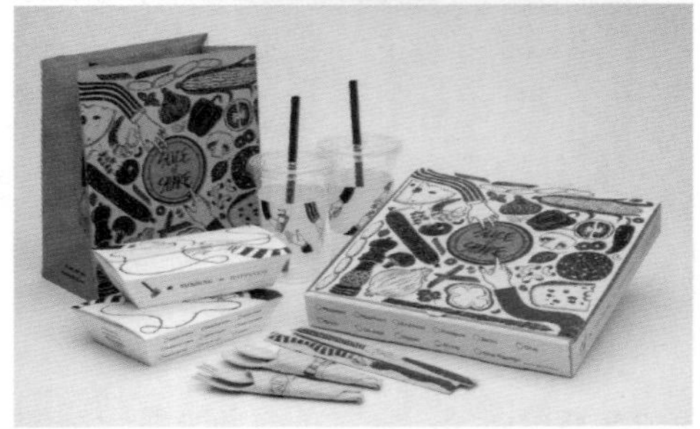

图9-10

（2）塑料包装：塑料包装是用各种塑料加工制作的包装材料，有封口膜、收缩膜、塑料膜、缠绕膜、热收缩膜等类型。塑料包装具有强度高、防滑性好、防腐性强等优点，如图9-11所示。

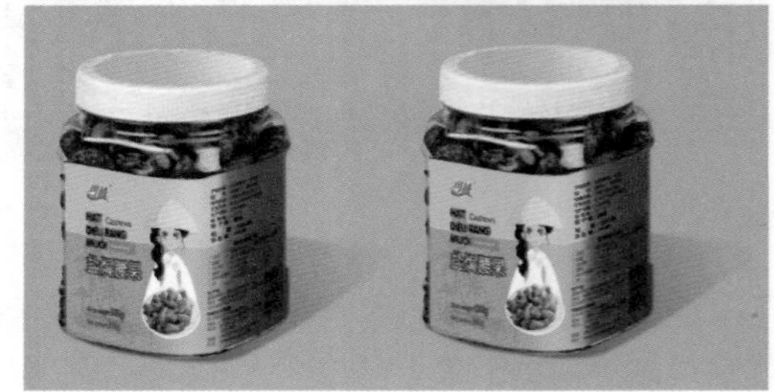

图9-11

（3）金属包装：常见的金属包装有马口铁皮、铝、铝箔、镀铬无锡铁皮等类型。金属包装具有耐蚀性、防菌、防霉、防潮、牢固、抗压等特点，如图9-12 所示。

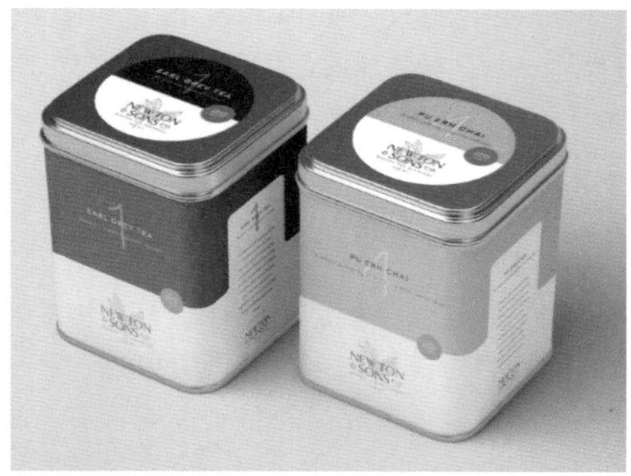

图9-12

（4）玻璃包装：玻璃包装具有无毒、无味、清澈性好等特点，但其最大的缺点是易碎，且重量相对过重。玻璃包装包括食品用瓶、化妆品瓶、药品瓶、碳酸饮料瓶等多种类型，如图9-13 所示。

图9-13

图9-13（续）

（5）陶瓷包装：陶瓷包装是极富艺术性的包装容器。瓷器釉瓷有高级釉瓷和普通釉瓷两种。陶瓷包装具有耐火、耐热、坚固等优点。其与玻璃包装一样，易碎，且有一定的重量，如图9-14 所示。

图9-14

9.2 商业案例——手提袋包装设计

9.2.1 设计思路

扫码看视频

■ 案例类型

本案例是设计一个手提袋包装项目。

■ 项目诉求

手提袋是一种简易的袋子，制作材料有纸张、塑料、无纺布、工业纸板等。此类产品通常用于厂商盛放产品；也有在送礼时盛放礼品；还有很多时尚前卫的西方人更将手提袋用作包类产品使用，可与其他装扮相匹配，所以越来越被年轻人所喜爱。手提袋还被称为手挽袋、手袋等，如图9-15所示。

图9-15

■ 设计定位

本案例将采用牛皮纸制作手提袋，用牛皮纸制作的手提袋，其特点是牢度较大，成本最低，一般用于盛放普通商品。在设计本案例中，将采用白色的手提袋，白色比较适宜印刷深色的文字与线条，也可设计一些对比强烈的色块和公司的代表图案或Logo。

9.2.2 配色方案

配色上采用黑白灰，这三种颜色是极简和时尚的颜色，因为没有任何色彩，所以这三种颜色搭配在一起使整体效果显得特别高端、有内涵，如图9-16所示。

图9-16

■ 其他配色方案

下面制作了四款配色方案，绿色、黄色、蓝色和粉色。蓝色的搭配比较大众化，适用于任何场合的任何人，没有针对性；粉色是有针对性的颜色，粉色是代表女人的颜色，这种颜色的手提袋一般会放置女装、女性用品等，如图9-17所示。

图9-17

图9-17（续）

9.2.3 版面设计

整体构图采用了对称构图，右下角为图，左上角为标志，这种对称构图一般比较简单，也比较商务化。

9.2.4 同类作品欣赏

9.2.5 项目实战

■ 制作流程

本案例首先创建背景，创建圆，生成椭圆交叉位置的形状；然后创建文字注释，绘制手袋绳；最后设置图像的倾斜，如图9-18所示。

图9-18

■ 技术要点

使用“矩形工具”创建背景；

使用“椭圆工具”创建圆；

使用“形状生成器工具”生成椭圆交叉位置的形状；

使用“路径查找器”修剪形状；

使用“文字工具”创建标题；

使用“画笔工具”绘制手袋绳；

使用“内发光”设置绳子的效果；

使用“倾斜工具”设置图像的倾斜效果；

使用“钢笔工具”绘制出立体的其他效果。

■ 操作步骤

制作手提袋的正面展示

下面制作手提袋的正面图像效果。

01 运行Illustrator软件，新建文件，在弹出的“新建文档”对话框中设置“宽度”为500mm、“高度”为500mm，单击“创建”按钮，创建文档，如图9-19所示。

02 使用“矩形工具”▢，在舞台中单击，在弹出的“矩形”对话框中设置“宽度”为300mm、“高度”为400mm，单击“确定”按钮，如图9-20所示。

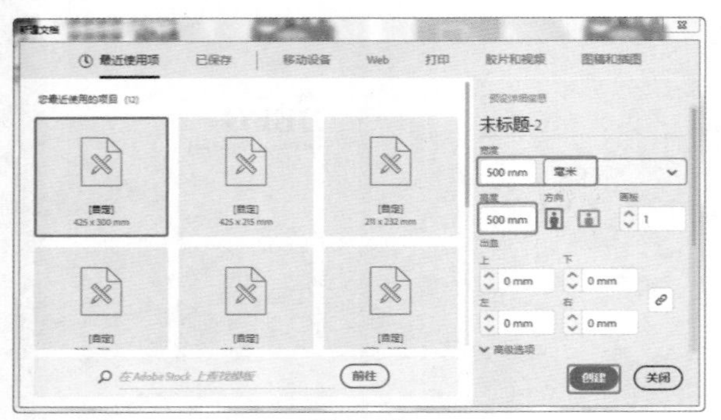

图9-19

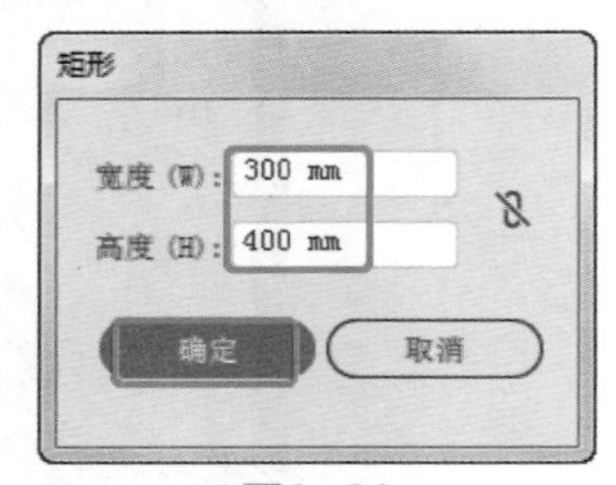

图9-20

03 在舞台中创建矩形，设置其“填色”为# cccccc，如图9-21所示。

图9-21

04 使用“椭圆工具”，在舞台中创建圆，如图9-22所示。

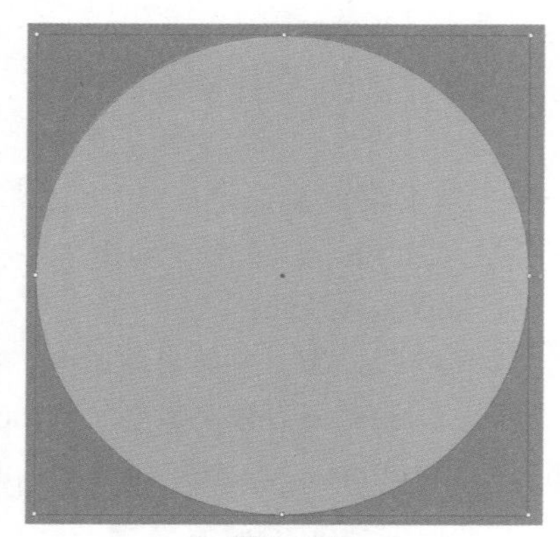
图9-22

05 复制椭圆，如图9-23所示。

图9-23

06 在工具箱中选择“形状生成器工具”，在需要的形状上单击，如图9-24所示。

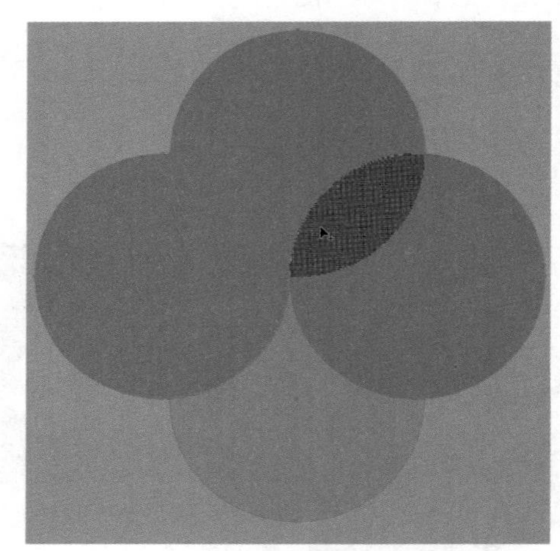
图9-24

形状生成器工具的使用和技巧

在Illustrator软件中，很多工具可以分割图形，其中包括形状生成器工具，如“路径查找器”，除此之外，还有一个工具可以分割图形，那就是“形状生成工具”。形状生成工具的使用方法如下。

在舞台中创建连个图形，使用“形状生成工具”，选择需要合并来创建形状的路径，生成后使用“选择工具”拖曳形状，可以看到生成的形状，如图9-25所示。

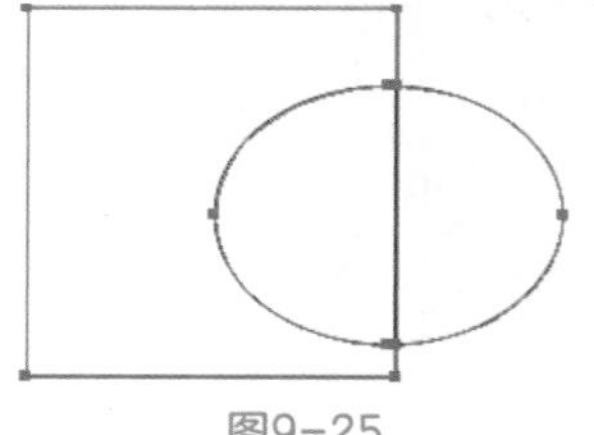
图9-25

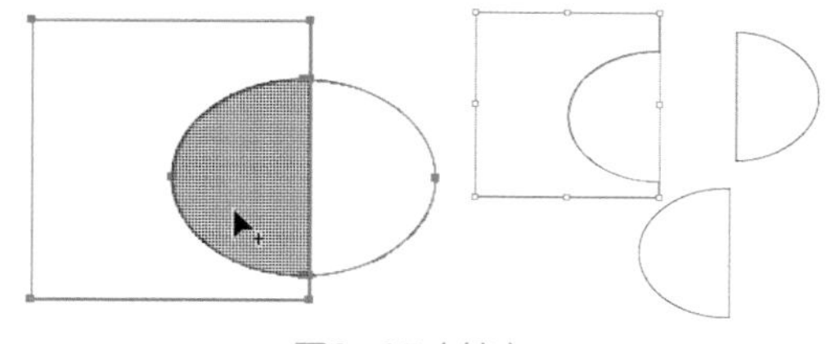

图9-25（续）

从工具面板或按 Shift+M组合键选择“形状生成工具”。默认情况下，该工具处于合并模式；在此模式下，可以合并不同的路径。在此模式下，指针显示为。

若要合并路径，沿选区拖动并释放鼠标，两个选区将合并为一个新形状，如图9-26所示。

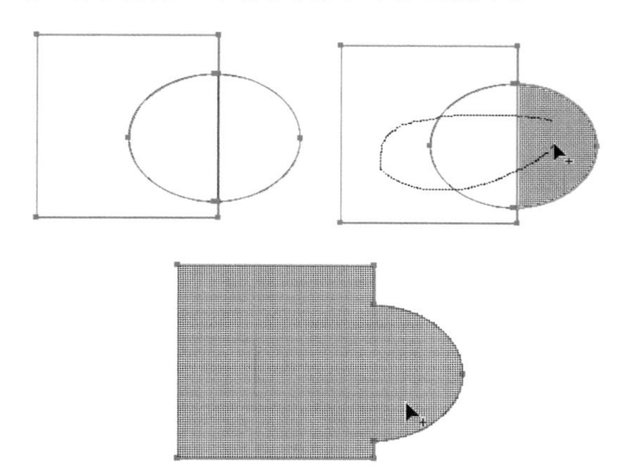

图9-26

若要使用形状生成器工具的抹除模式，请按住Alt键(Windows)或Option键(Mac OS)并单击想要删除的闭合选区。按Alt键或Option键时，指针会变为形状。

在抹除模式下，可以在所选形状中删除选区。如果要删除的某个选区由多个对象共享，则分离形状的方式是将选框所选中的那些选区从各形状中删除，如图9-27所示。

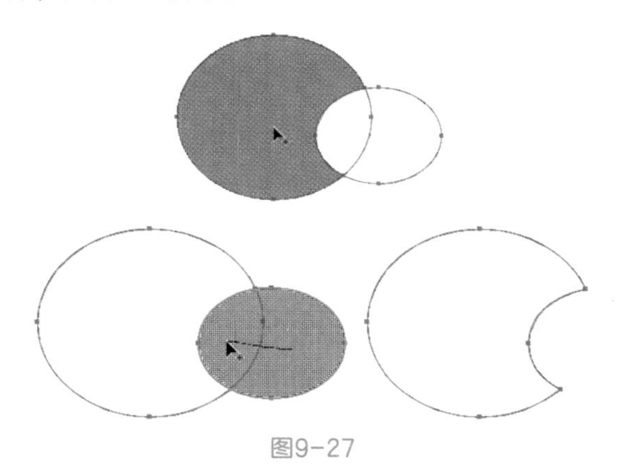

图9-27

也可以在抹除模式中删除边缘。此选项在创建所需形状后清除剩余部分时非常有用。

07 生成形状后，删除不需要的形状，如图9-28所示。

图9-28

08 选择修改后生成的形状，按Ctrl+C和Ctrl+B组合键，粘贴图像到后面，按Ctrl+G组合键可以将其图形进行编组，使用“选择工具”，调整形状的高度，如图9-29所示。

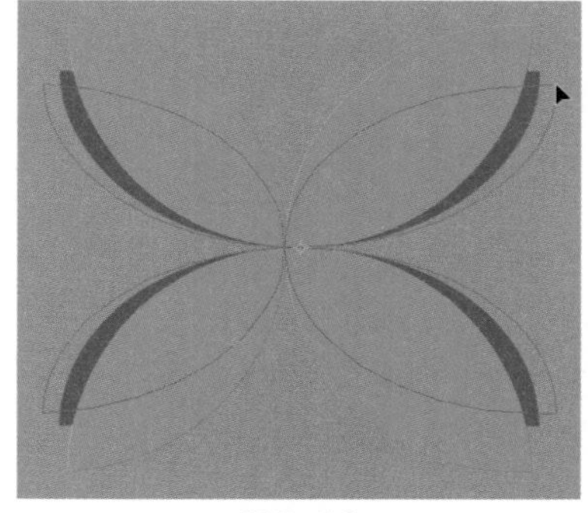

图9-29

09 继续复制并调整图形，如图9-30所示。

图9-30

10 选择所有的形状，在“路径查找器”面板中单击“差集”按钮，修剪图形，如图9-31所示。

图9-31

11 将修剪后的形状放置到手袋的矩形上，并将手袋矩形进行复制，如图9-32所示。

图9-32

12 选择复制出的矩形，按Ctrl+]组合键，将其放置到形状图形上，如图9-33所示。

图9-33

13 对矩形和修剪的图形进行修剪，在“路径查找器”面板中单击“减去后方对象”按钮，如图9-34所示。

图9-34

14 修剪后的图形效果如图9-35所示。

图9-35

15 使用“文字工具”T，创建文字，如图9-36所示。

图9-36

16 使用“椭圆工具”，在舞台中手提袋绳子的位置创建两个椭圆，设置填充为黑色，如图9-37所示。

图9-37

17 使用“画笔工具” ，设置合适的画笔粗细，并设置画笔的颜色为灰色，在舞台中绘制绳子，如图9-38所示。

图9-38

18 在菜单栏中选择“对象>扩展外观”命令，将形状转换为填充，如图9-39所示。

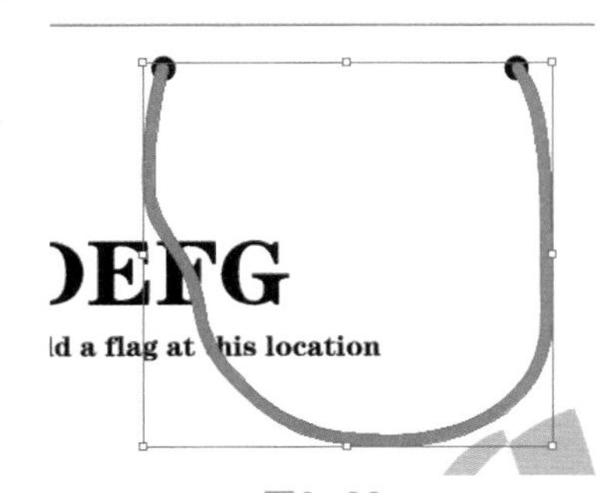

图9-39

19 在菜单栏中选择“效果>风格化>内发光”命令，在弹出的“内发光”对话框中设置合适的内发光参数，如图9-40所示。

20 设置的内发光效果如图9-41所示。

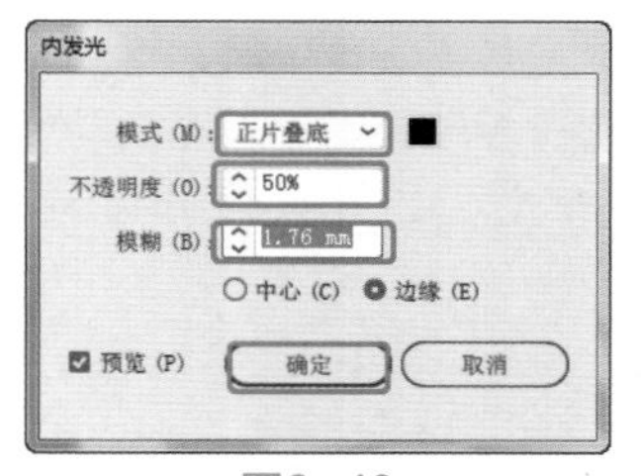

图9-40

图9-41

手提袋的立体展示

01 选择所有的图像，按Ctrl+G组合键，将正面图像成组，成组后，在工具箱中选择“倾斜工具” ，在舞台中移动侧面，设置其倾斜效果，如图9-42所示。

图9-42

倾斜工具使用提示

倾斜操作可沿水平或垂直轴，或相对于特定轴的特定角度，来倾斜或偏移对象。对象相对于参考点倾斜，如图9-43所示（默认的参考点在图形的中心位置，可以通过单击重新定位参考点，上图参考点为中心位置，下图参考点在左下角），而参考点又会因所选的倾斜方法而不同，而且大多数倾斜方法中都可以改变参考点。可以在倾斜对象时，锁定对象的一个维度，还可以同时倾斜一个或多个对象。

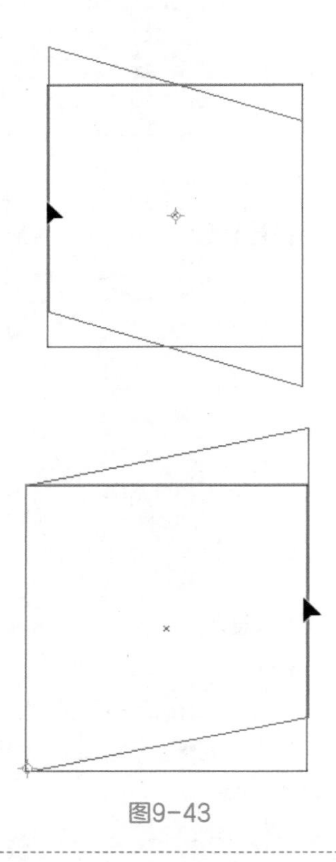

图9-43

02 使用“钢笔工具”绘制侧面形状，设置图形的“填色”为浅灰色，如图9-44所示。

图9-44

03 使用“钢笔工具”绘制侧面形状，设置形状的“填色”为灰色，如图9-45所示。

04 继续创建形状，设置“填色”，如图9-46所示。

图9-45

图9-46

05 绘制顶部的形状，设置“填色”为白色，设置“描边”为灰色，如图9-47所示。

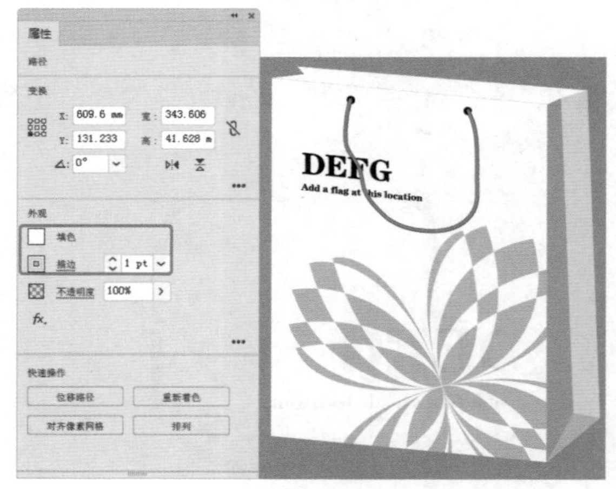

图9-47

06 绘制如图9-48所示的形状，设置“填色”为浅灰色。

07 复制手袋图像，调整其翻转效果，并调整其合适的“不透明度”，如图9-49所示。

图9-48

图9-49

08 在舞台中创建矩形，通过“路径查找器”面板修剪图形的形状，如图9-50所示。

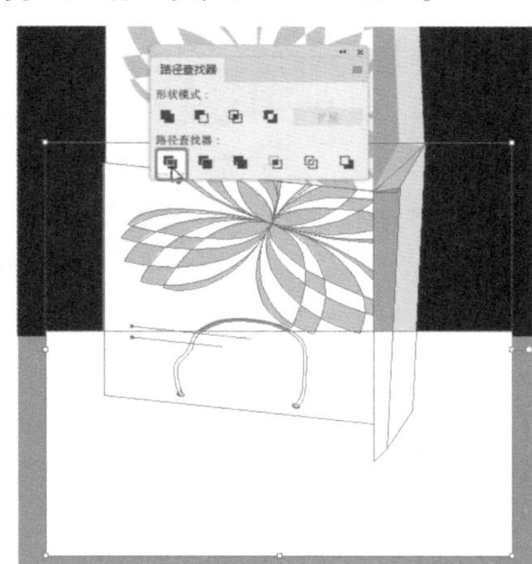

图9-50

09 修剪后调整出倒影效果，如图9-51所示。

10 至此，本案例制作完成。

图9-51

9.3 商业案例——果汁包装设计

9.3.1 设计思路

扫码看视频

■ 案例类型

本案例设计一款果汁包装盒。

■ 设计背景

橙汁是以橙子为原料通过榨汁机榨的果汁饮料，营养价值高，可经过冷冻的方法饮用或直接饮用，如图9-52所示。

图9-52

本案例是一款针对青少年无添加的纯果汁饮品，整体要求包装与饮品的属性相匹配，画面整体要协调。

■ 设计定位

为了吸引青少年消费者群体的注意，整体风格采用卡通形式，以卡通形象覆盖包装正面的大面积区域，标志部分以椭圆形为外轮廓，同时也可以模拟卡通形象，为包装增添趣味，如图9-53所示。

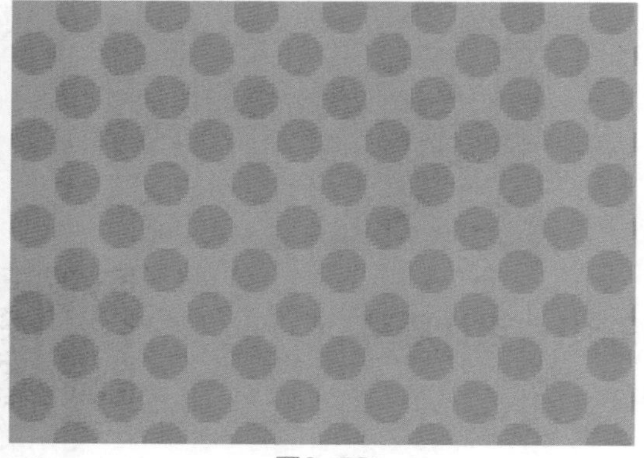

图9-53

图9-53（续）

我们将这款果汁包装的整体风格定位为简约、形象的效果，包装采用直立手拿式果汁的环保包装，使消费者拿在手里大小适中，轻重适度，便于携带和直接饮用。

9.3.2 配色方案

橙汁包装主要还是使用橙子和橙色作为主角和主色，这样会使顾客联想到橙汁的味道，其次可以使用绿色作为点缀。将会在包装中心的位置采用明度和纯度都较高的色彩，可以将文字的字体修改整齐一些，使画面简单、明确、突出主题。

■ 主色

本案例使用橙色作为主色，主要是因为与橙子和橙汁的色调一致，其次橙色因其具有明亮、华丽、健康、兴奋、温暖、欢乐、辉煌以及容易动人的色感，常作装饰色。橙色是欢快活泼的光辉色彩，是暖色系中最温暖的色，它使人联想到金色的秋天、丰硕的果实，是一种富足、快乐而幸福的颜色，如图9-54所示。

图9-54

■ 辅助色

包装中以大面积的橙色为主色，而辅助以肤色，这种颜色可以通过在橙色中混入大量的白色得来，所以两种颜色搭配在一起非常和谐。肤色部分主要用于卡通形象区域。通过使用绿色和红色对包装进行点缀，使整体包装更加富有画面感和节奏感。

■ 其他配色方案

设计者可以在此包装的基础上更改一下卡通动物的颜色，使其颜色更加白嫩一些，整个画面更加活泼，如图9-55上图所示。将橙色更换掉会发现偏离了橙汁的方向，黄色的包装会使人联想到酸酸的柠檬，所以黄色偏多的话不合适，如图9-55下图所示。

图9-55

9.3.3 构图方式

本案例采用的构图方式类似于半圆形构图，主要是针对包装中的卡通形象设计展开的，小熊卡通形象的设计在局部上运用了抽象化的表现形式，小熊嘴部的区域抽象地表现为一个椭圆形，而且椭圆形作为商品标志的组成部分，与包装上的装饰图案很好地结合在一起，又不乏趣味性。

9.3.4 同类作品欣赏

9.3.5 项目实战

■ 制作流程

本案例首先创建矩形模块，再添加锚点调整形状；然后绘制不规则的形状，最后创建文字注释，如图9-56所示。

图9-56

图9-56（续）

■ 技术要点

使用“矩形工具”创建矩形模块；

使用“直接选择工具”调整形状；

使用“添加锚点工具”添加锚点调整形状；

使用“钢笔工具”绘制不规则的形状，如耳朵；

使用“椭圆工具”创建椭圆的肚皮；

使用“文字工具”创建文字注释；

使用“置入”命令置入素材。

■ 操作步骤

绘制平面包装

在制作包装前，首先要设置好画板，在画板中绘制包装的基本形状。

01 运行Illustrator软件，新建文件，在弹出的“新建文档”对话框中设置“宽度”为100mm、“高度”为150mm，单击“创建”按钮，创建文档，如图9-57所示。

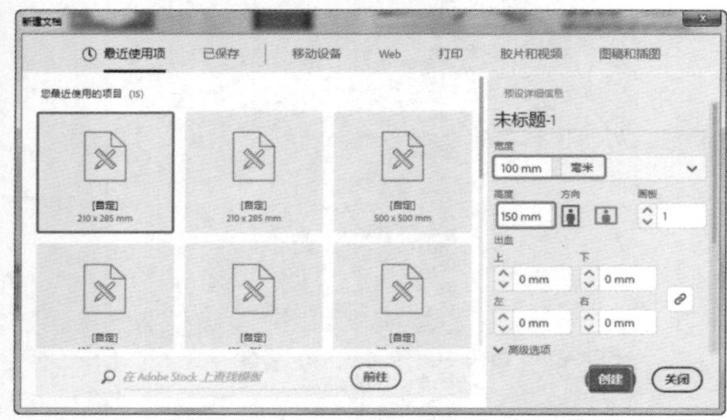

图9-57

02 在工具箱中选择“画板工具”，在工具“属性”面板中单击按钮，新建画板2，如图9-58所示。

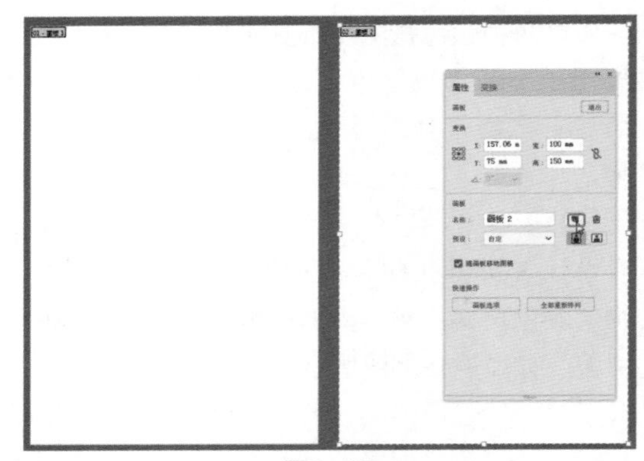

图9-58

03 选择新建的画板2，在“属性”面板中设置“宽”为60mm、“高”为150mm，如图9-59所示。

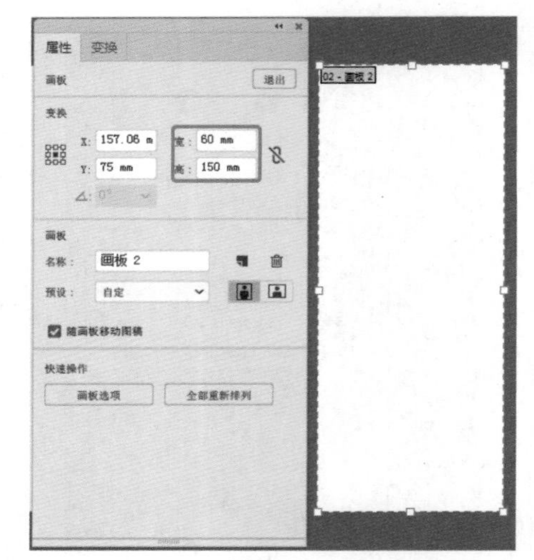

图9-59

04 使用“画板工具”将画板2对齐到画板1，可以在“属性”面板中设置调整位置，如图9-60所示。

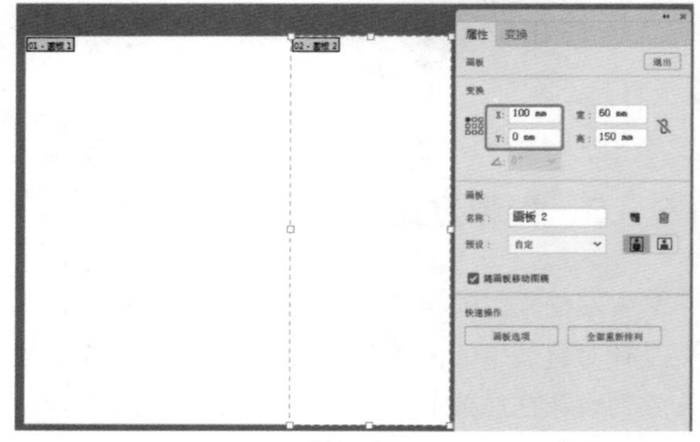

图9-60

05 按住Shift键使用“画板工具” 选择两个画板，按住Alt键移动复制画板，调整画板的位置，如图9-61所示。

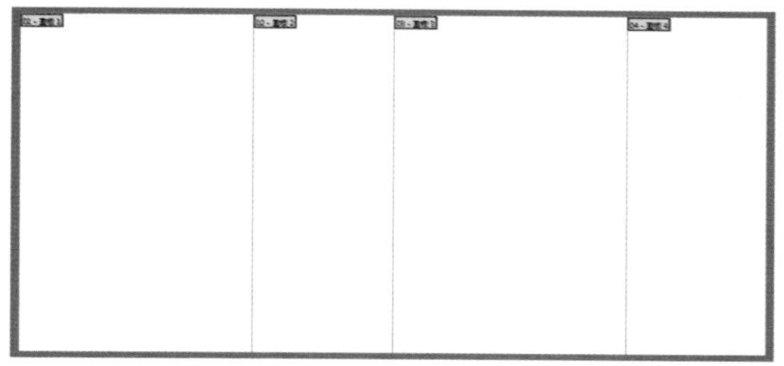
图9-61

06 使用“矩形工具” ，在“画板1”中单击，在弹出的“矩形”对话框中设置“宽度”为100mm、“高度”为150mm，单击“确定”按钮，如图9-62所示。

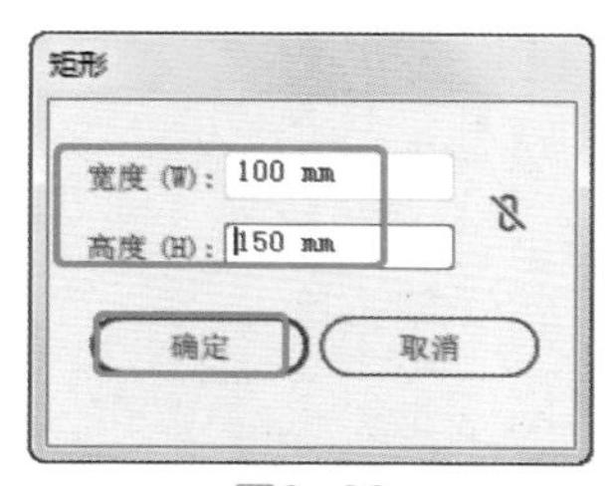

图9-62

07 创建矩形后，设置矩形的“描边”为无，设置“填色”为橙色，如图9-63所示。

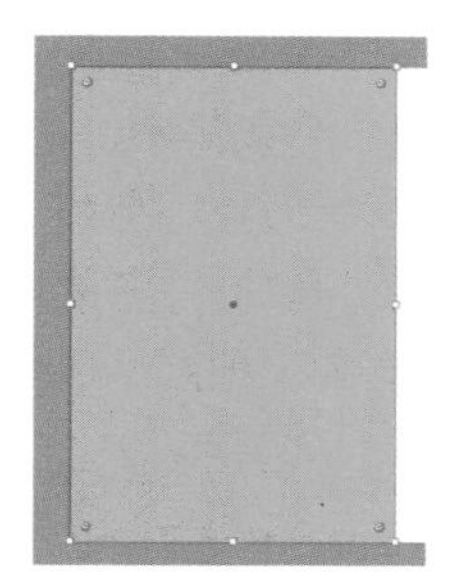
图9-63

08 使用“矩形工具” ，在舞台中单击，在弹出的“矩形”对话框中设置“宽度”为100mm、“高度”为50mm，单击“确定”按钮，如图9-64所示。

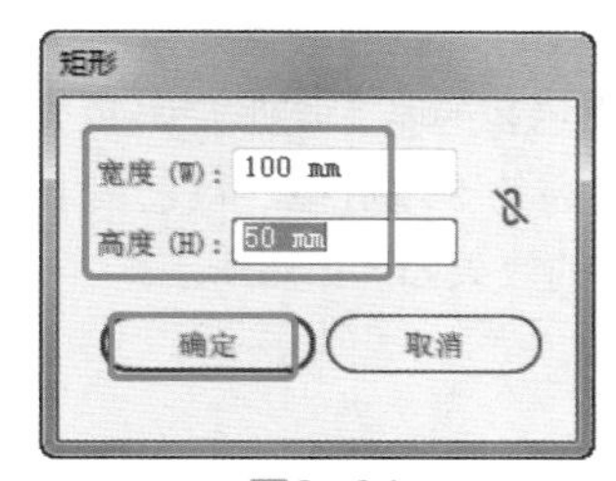

图9-64

09 调整矩形的位置，可以在“属性”面板中对矩形进行调整，如图9-65所示。

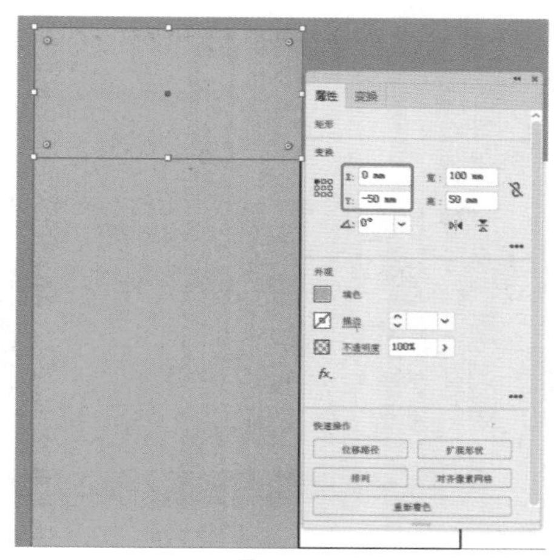
图9-65

10 使用“矩形工具” ，在舞台中单击，在弹出的“矩形”对话框中设置“宽度”为100mm、“高度”为20mm，单击“确定”按钮，如图9-66所示。

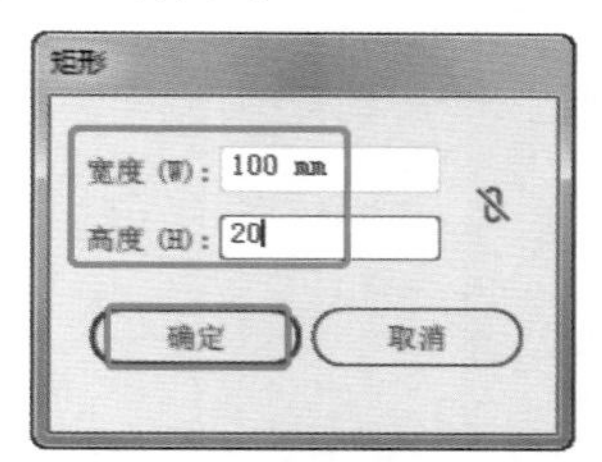

图9-66

11 使用“直接选择工具” ，设置圆角效果，如图9-67所示。

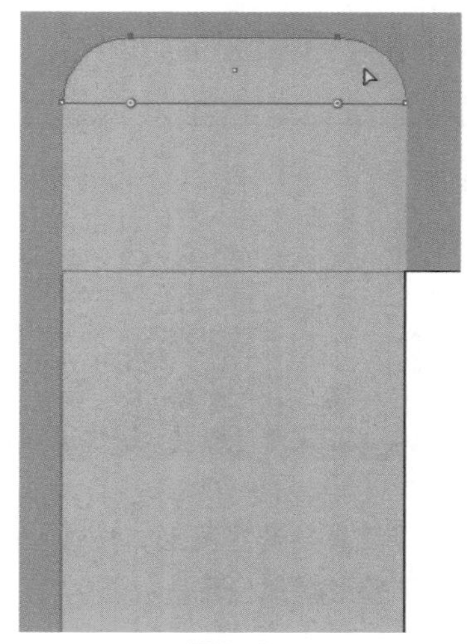
图9-67

12 复制第二个矩形到包装矩形的下方，调整矩形的位置和填色，设置“填色”为肤色，如

图9-68所示。

13 使用“添加锚点工具”，在矩形的形状边上单击，添加可控制的锚点，如图9-69所示。

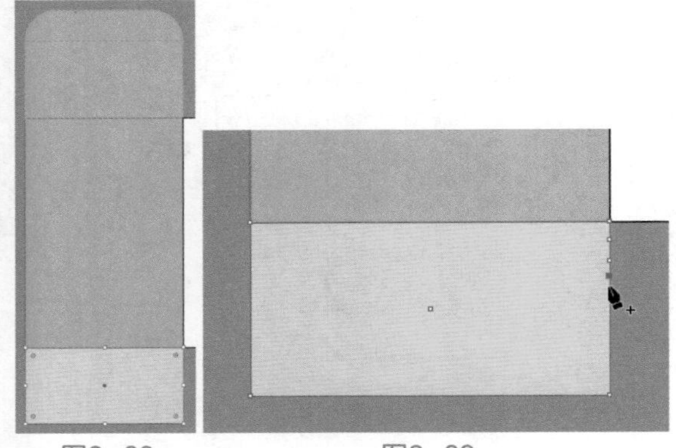

图9-68　　图9-69

14 添加锚点后，使用“直接选择工具”调整添加的锚点位置，如图9-70所示。

图9-70

15 使用“添加锚点工具”和“直接选择工具”调整添加的锚点位置，如图9-71所示。

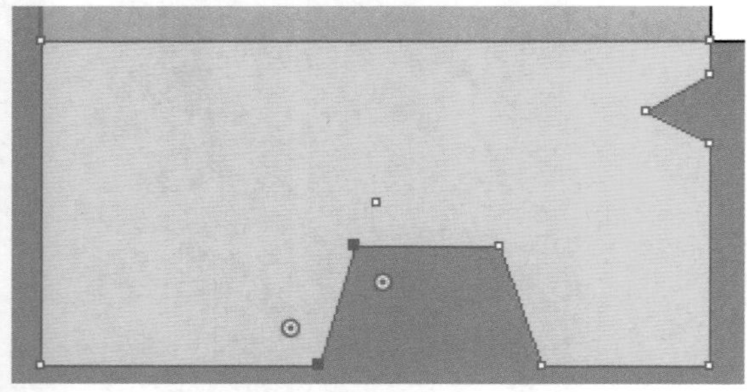

图9-71

16 使用“选择工具”选择图形，按住Alt键移动复制形状，调整形状的位置，如图9-72所示。

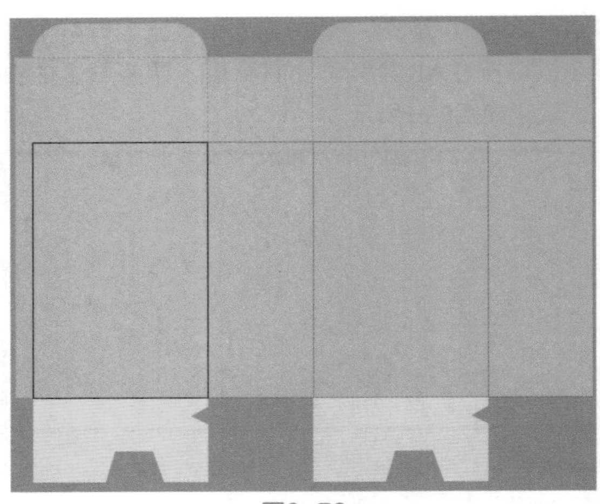

图9-72

17 复制并调整矩形，如图9-73所示。

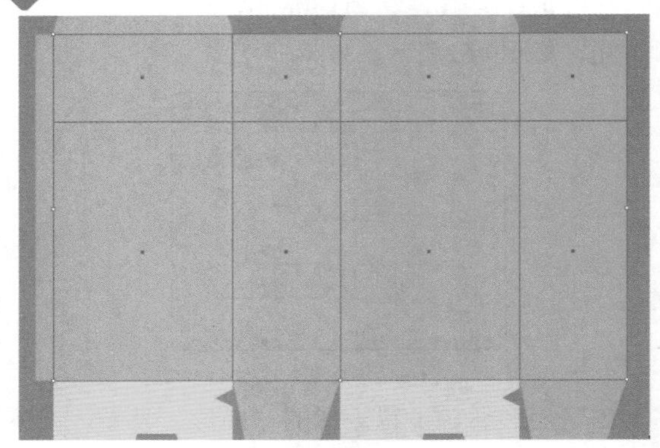

图9-73

18 在舞台中选择作为显示出来的包装图形，按Ctrl+C和Ctrl+F组合键复制、粘贴图像到上方，在菜单栏中选择“窗口>色板库>图案>基本图形>基本图形_点”，在打开的“基本图形_点”面板中单击预设的一种点，如图9-74所示。

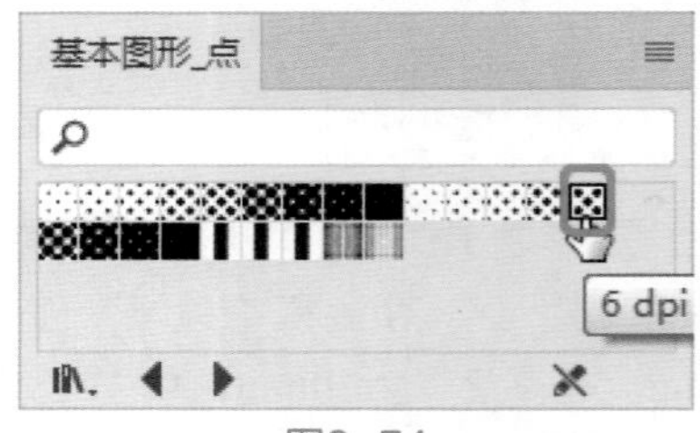

图9-74

填充包装圆点、绘制卡通图像

制作完成包装的基本图形后，填充基本背景图案，并绘制包装的卡通造型，将包装丰满起来。

01 填充点后的效果如图9-75所示。

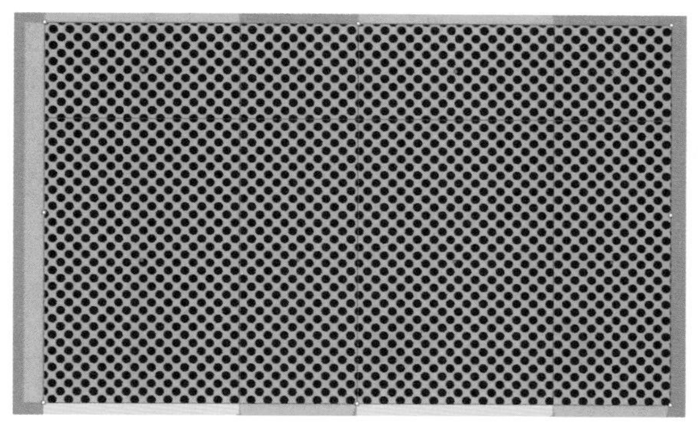
图9-75

02 选择填充的点的所有图形，在“透明度”面板中选择混合模式为“柔光”，如图9-76所示。

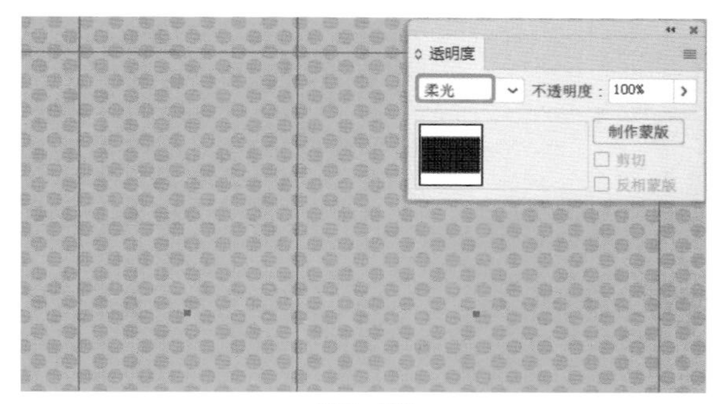

图9-76

03 使用“矩形工具”，在正面的画板中绘制矩形，使用“直接选择工具”设置矩形上方的圆角，如图9-77所示。

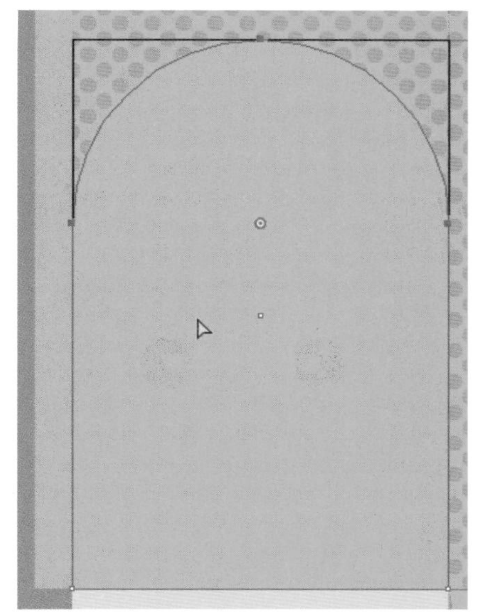
图9-77

04 设置“填色”为#ffe4c0，如图9-78所示。

05 使用“钢笔工具”，在舞台中创建图形作为耳朵，如图9-79所示。

图9-78

图9-79

06 使用“直接选择工具”，设置耳朵的圆角，复制形状，设置耳朵形状的填充为粉色，如图9-80所示。

图9-80

07 复制耳朵图形，如图9-81所示。

图9-81

08 使用“椭圆工具”绘制眼睛，并使用“钢笔工具”，绘制形状，设置“填色”为无，设置合适的“描边”，如图9-82所示，调整合适的整体效果。

图9-82

09 使用“椭圆工具”在舞台中创建椭圆，作为肚皮，设置“描边”为白色，设置合适的粗细，设置“填色”为偏粉的肤色，如图9-83所示。

图9-83

10 使用“文字工具”T，在舞台中创建文字，如图9-84所示。

11 在菜单栏中选择“对象>扩展”命令，在弹出的“扩展”对话框中使用默认的参数，单击“确定”按钮，如图9-85所示。

图9-84　图9-85

12 扩展文字后，使用“整形工具”，调整文字的形状，如图9-86所示。

图9-86

13 调整后的文字效果，可以为文字设置描边，设置合适的填色，如图9-87所示。

图9-87

14 在菜单栏中选择“文件>置入”命令，在弹出的“置入”对话框中选择随书配备资源中的“001.png”文件，单击“置入”按钮，如图9-88所示。

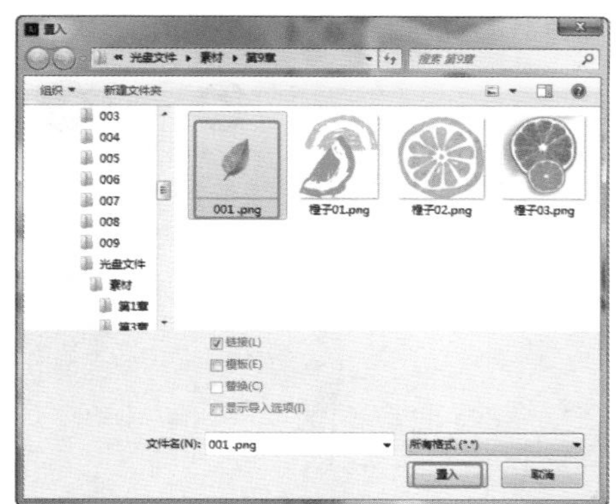

图9-88

15 置入素材后，调整素材的位置、大小和角度，作为文字的装饰，如图9-89所示。

图9-89

16 使用“文字工具”T，在舞台中如图9-90所示的位置创建文字。

图9-90

17 选择创建的文字，在工具属性栏中单击“编辑封套”按钮，在弹出的“变形选项”对话框中设置“样式”为“凸出”，设置“弯曲”为17%，单击“确定”按钮，如图9-91所示。

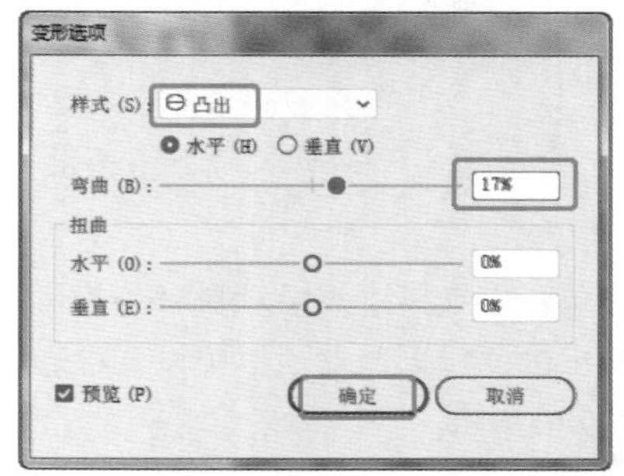

图9-91

18 设置出变形后，在菜单栏中选择“效果>风格化>投影”命令，在弹出的“投影”对话框中设置投影的参数，如图9-92所示。

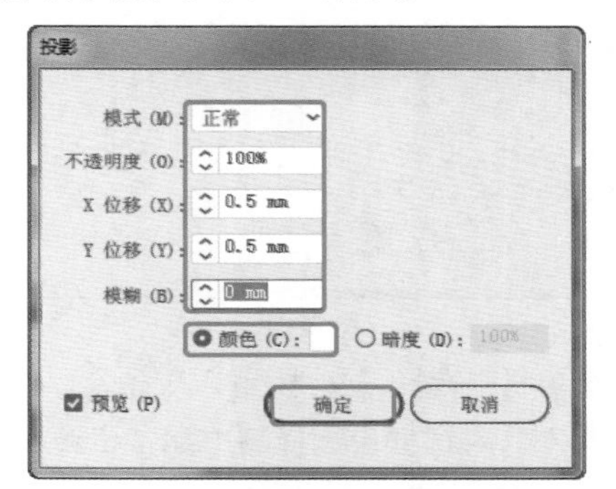

图9-92

19 制作出的变形和投影效果，如图9-93所示。

图9-93

20 使用“文字工具”T，在舞台中如图9-94所示的位置创建文字。

图9-94

21 在菜单栏中选择“效果>风格化>投影”命令，在弹出的“投影”对话框中设置投影的参数，如图9-95所示。

图9-95

22 在菜单栏中选择“文件>置入”命令，在弹出的“置入”对话框中选择随书配备资源中的“橙子02.png”文件，单击“置入”按钮，如图9-96所示。

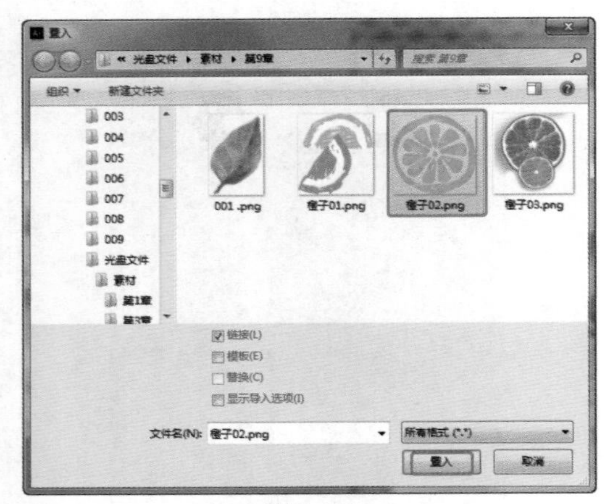

图9-96

23 置入素材后，调整素材图像的位置，在“透明度”面板中设置图像的混合模式为“强光”，如图9-97所示。

24 使用“文字工具”T，结合使用“矩形工具”和“直接选择工具”调整矩形的圆角，或直接使用“圆角矩形工具”，制作出底部的注释内容，如图9-98所示。

图9-97

图9-98

25 使用“文字工具”T，输入果汁的毫升，在舞台中调整各个图形的位置和效果，如图9-99所示。

图9-99

26 在舞台中复制并调整素材，得到包装的整体效果，如图9-100所示。

图9-100

制作包装的立体展示

包装制作完成后，下面来制作包装的展示效果。

01 将图形每个面分别编组，在舞台中复制编组，复制出图形，如图9-101所示。

图9-101

02 单击“自由变换工具”，弹出隐藏工具的浮动窗，从中使用“自由扭曲”，调整侧面包装的变形，如图9-102所示。

图9-102

03 调整变形，直到满意为止，继续调整顶部图形的变形，如图9-103所示。

图9-103

04 使用“钢笔工具”绘制形状，设置“填色”为较暗的橘色，如图9-104所示。

图9-104

05 复制图形，填充圆点，设置图形的混合模式，如图9-105所示。

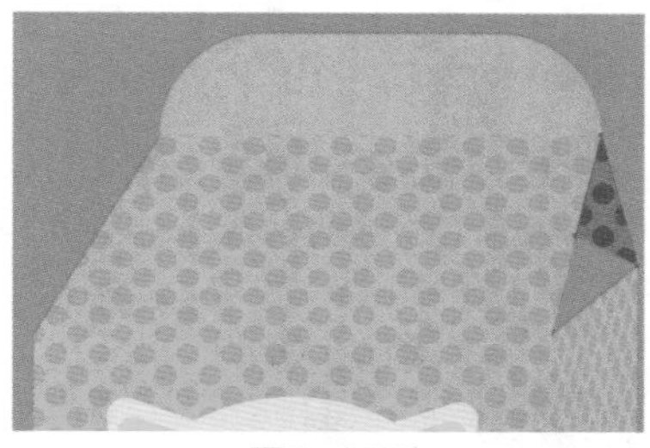

图9-105

06 继续创建如图9-106所示的效果。

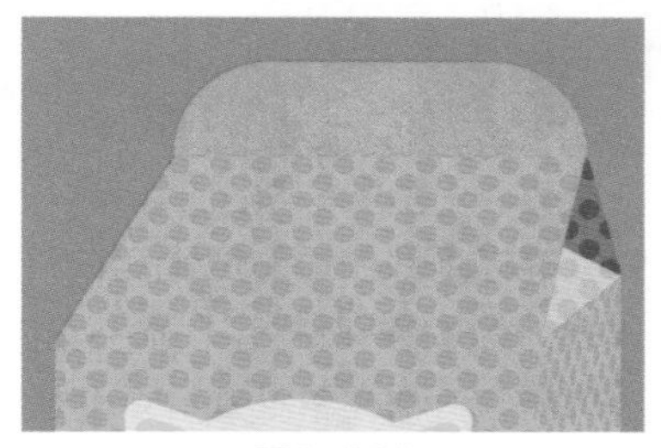

图9-106

07 使用“钢笔工具”创建图形，设置图形的填充为渐变，在“渐变”面板中设置“类型”为“线性”，设置角度为90°，设置渐变为白色，“不透明度”为50%到透明的渐变，如图9-107所示的高光效果。

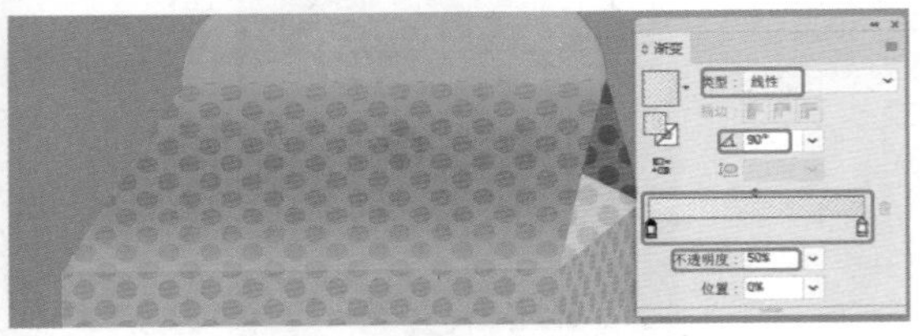

图9-107

08 使用“钢笔工具”创建侧面的形状设置合适的渐变填充，作为高光和阴影的效果，如图9-108所示。

图9-108

09 使用“钢笔工具”在舞台中创建形状，设置形状的渐变填充，作为投影，如图9-109所示。

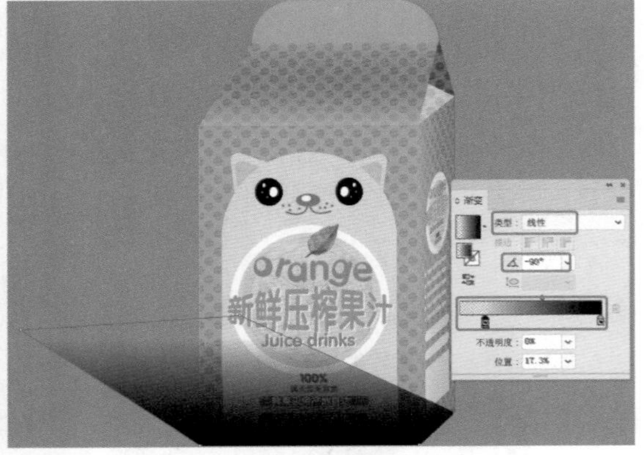

图9-109

10 调整阴影的排列到合适的位置，在菜单栏中选择“效果>模糊>高斯模糊”命令，在弹出的“高斯模糊”对话框中设置合适的模糊参数，如图9-110所示。

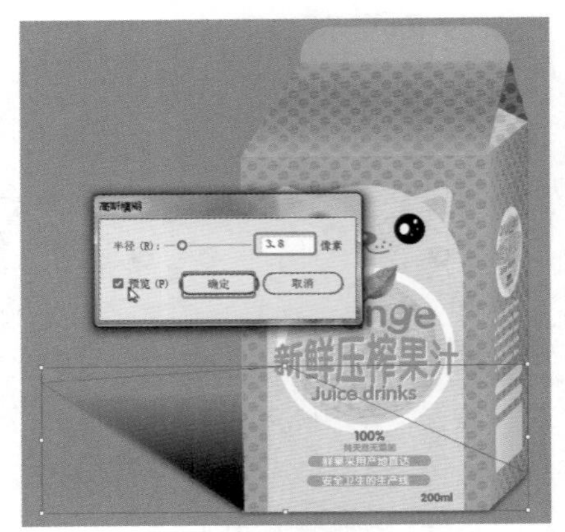

图9-110

11 设置出的模糊效果如图9-111所示，制作出影子的效果。

图9-111

12 至此，本案例制作完成。

9.4 商业案例——糖果包装盒设计

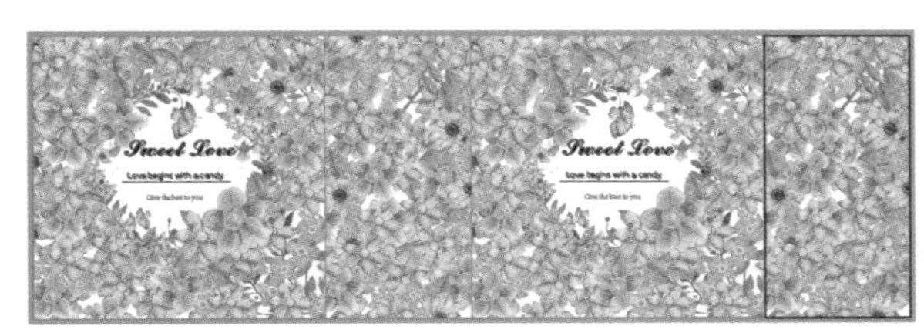

9.4.1 设计思路

扫码看视频

■ 案例类型

本案例设计一款清新的糖果包装盒。

■ 设计背景

糖果其实也是属于糕点的一种，是节日期间相互赠予的一种礼物，本案例要求设计一款清新的、带有花朵的外包装，如图9-112所示为客户提供的参考包装案例。

图9-112

■ 设计定位

根据客户的要求，需要将包装设计为带有插画花的图形，如图9-113所示，在此基础上创建留白，使用留白区域添加标题，这样可以从复杂的图案中寻找留白，以求标志的突出和醒目。

图9-113

9.4.2 构图方式

本案例采用椭圆形构图方式，将整体的素材放置到周围，并在花团锦簇下创建椭圆，椭圆作为留白，在空白的地方创建标题，这种效果构图可以将标题放置到中心的椭圆留白中，如图 9-114所示。

图9-114

9.4.3 同类作品欣赏

9.4.4 项目实战

■ 制作流程

本案例首先创建并调整画板，建立剪切蒙版；然后创建文字注释；最后创建矩形背景和遮罩矩形，如图9-115所示。

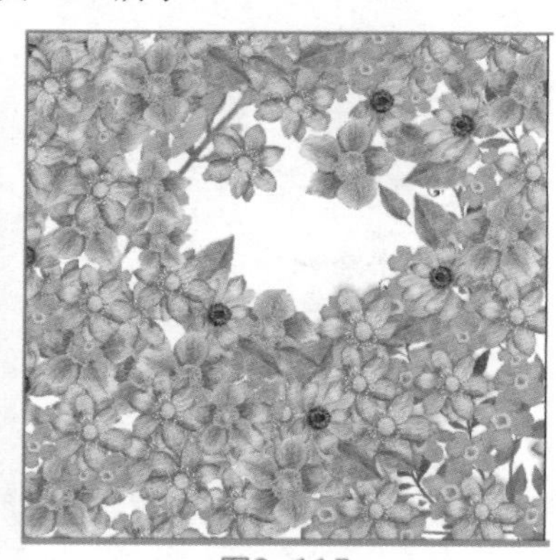

图9-115

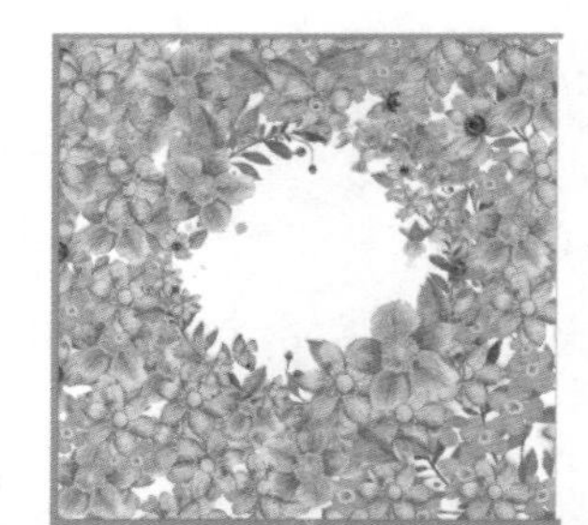

图9-115（续）

■ 技术要点

使用“画板工具”创建并调整画板；
使用“置入”命令添加素材；
使用“选择工具”复制图像；
使用“建立剪切蒙版”建立剪切遮罩效果；
使用“椭圆工具”创建椭圆留白；
使用“文字工具”创建文字注释；
使用“直线段工具”创建直线；
使用“矩形工具”创建矩形。

■ 操作步骤

01 运行Illustrator软件，新建文件，在弹出的“新建文档”对话框中设置“宽度”为100mm、“高度”为100mm，单击“创建”按钮，创建文档，如图9-116所示。

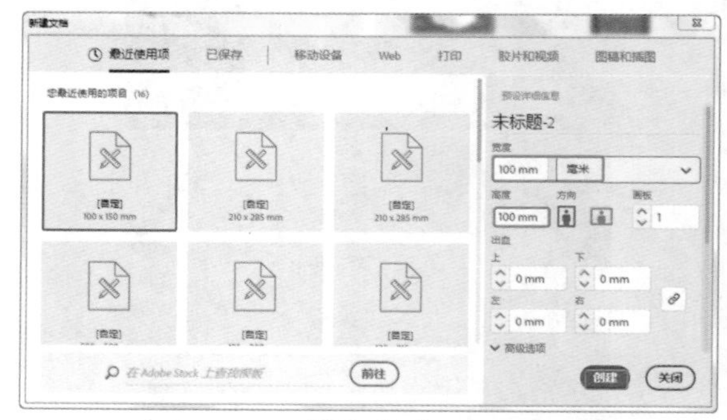

图9-116

02 在工具箱中选择“画板工具”，在“属性”面板中单击按钮，新建画板2，设置画板2的“宽”为50mm、“高”为100mm，如图9-117所示。

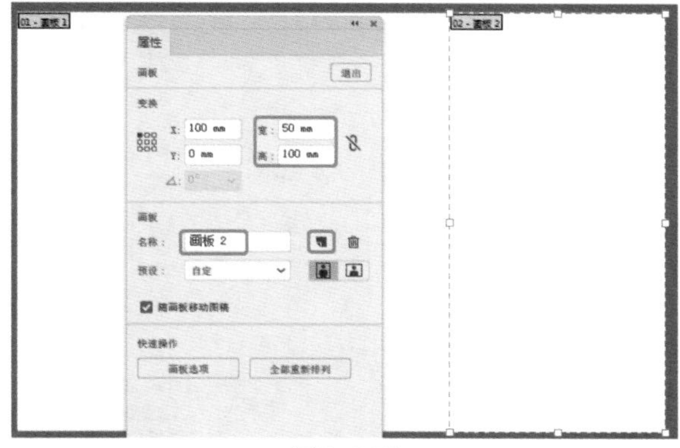

图9-117

03 使用“画板工具”并按住Shift键，选择画板1和画板2，按Alt键移动复制花瓣，如图9-118所示。

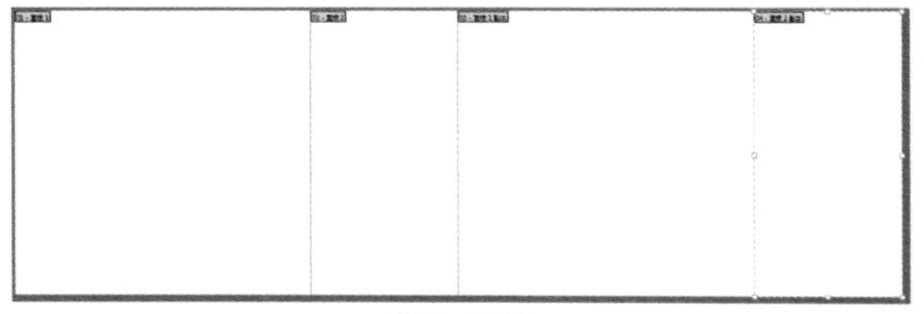

图9-118

04 在菜单栏中选择“文件>置入”命令，在弹出的“置入”对话框中选择随书配备资源中的“001（7）.png”文件，单击“置入”按钮，如图9-119所示。

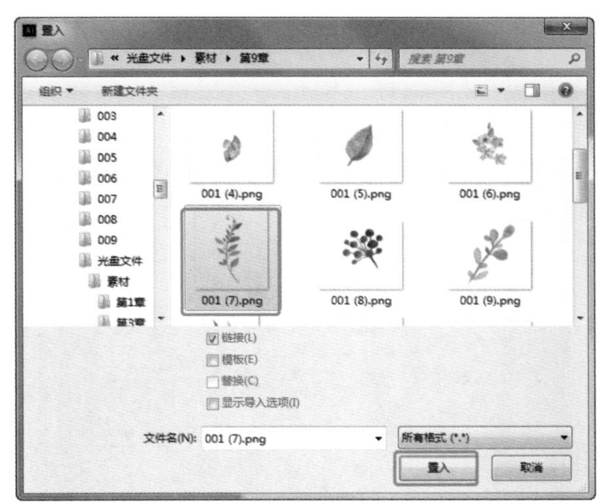

图9-119

05 置入素材后，使用“选择工具”，按Alt键移动复制图像，调整图像的位置和角度，组合出如图9-120所示效果。

06 在菜单栏中选择“文件>置入”命令，在弹出的“置入”对话框中选择随书配备资源中的“001（1）.png”文件，单击“置入”按钮，如图9-121所示。

图9-120

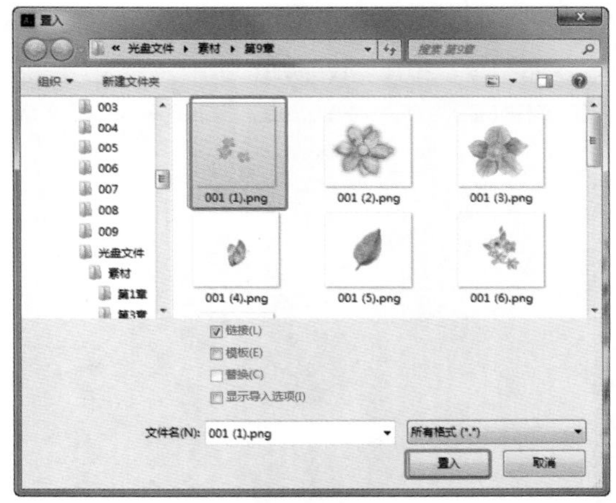

图9-121

07 置入素材后，使用“选择工具”，按Alt键移动复制图像，如图9-122所示。

图9-122

08 在菜单栏中选择“文件>置入”命令，在弹出的“置入”对话框中选择随书配备资源中的“001（2）.png”文件，单击“置入”按钮，如图9-123所示。

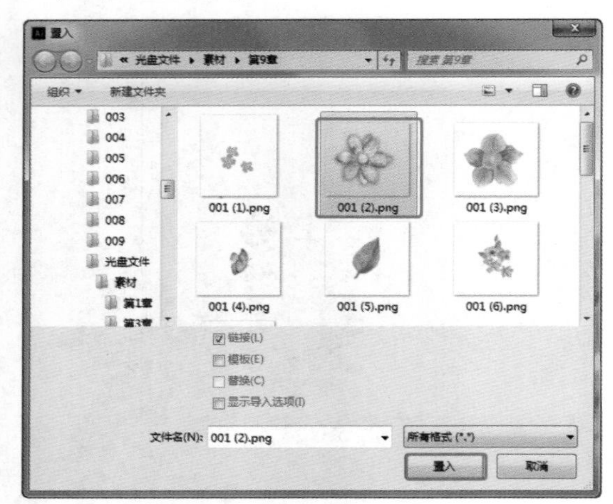

图9-123

09 置入素材后，使用“选择工具”，按Alt键移动复制图像，如图9-124所示。

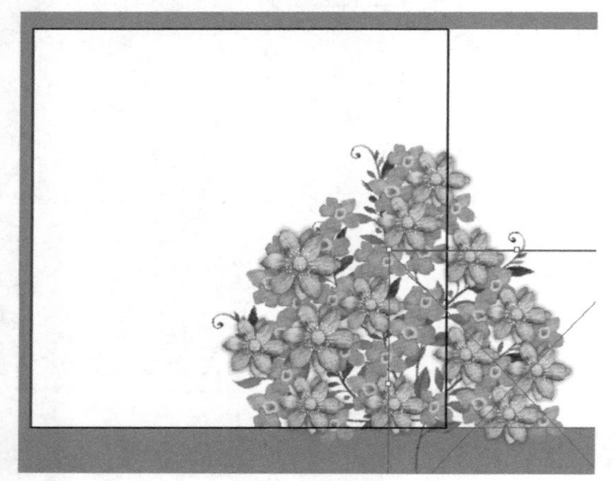

图9-124

导入素材的顺序提示和技巧

通过上面几个步骤可以看到导入素材的步骤，首先是添加了作为底层的枝和叶，在枝叶上添加一些小的辅助的花朵，最后再放入主要花朵部分，这样省下了许多的调整排列顺序的步骤，所以在制作过程中条理性是非常重要的。

10 在菜单栏中选择“文件>置入”命令，在弹出的“置入”对话框中选择随书配备资源中的“001（6）.png”文件，单击“置入”按钮，如图9-125所示。

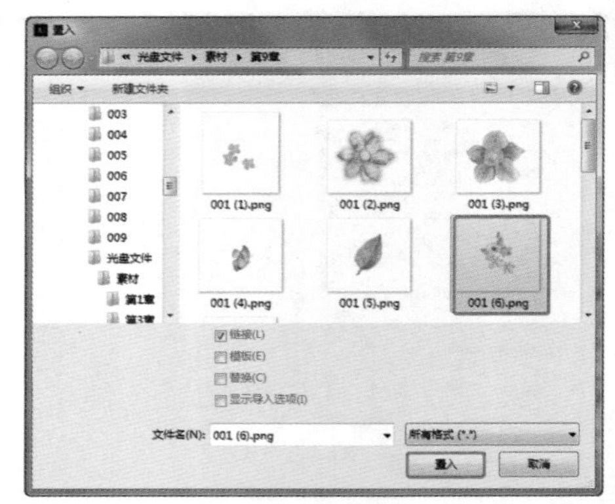

图9-125

11 复制导入的花素材，组成粉色花系列区域，如图9-126所示。

图9-126

12 在菜单栏中选择“文件>置入”命令，在弹出的“置入”对话框中选择随书配备资源中的“001（9）.png”文件，单击“置入”按钮，如图9-127所示。

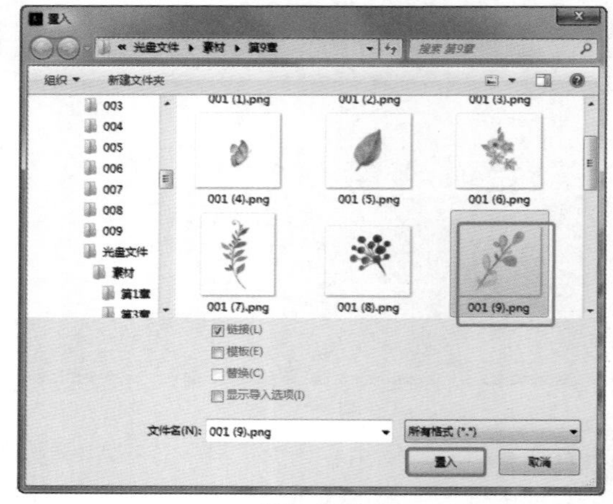

图9-127

13 在舞台中将置入的素材进行复制，如图9-128所示。

图9-128

14 复制素材，形成如图9-129所示的效果。

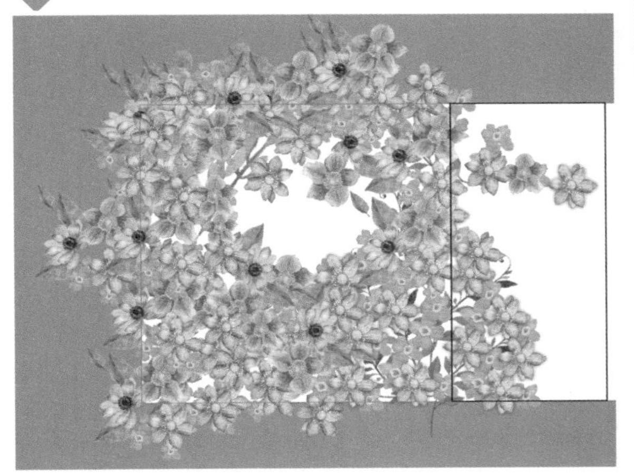

图9-129

15 使用“矩形工具”▭，在舞台中单击，在弹出的“矩形”对话框中设置“宽度”为100mm、“高度”为100mm，在舞台中创建与画板相同大小的矩形，如图9-130所示。

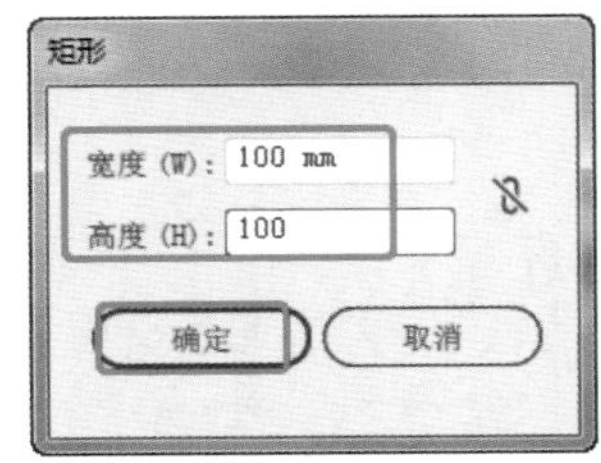

图9-130

16 将矩形放置到画板1上，调整合适的位置，如图9-131所示，该矩形作为蒙版矩形。

17 在舞台中选择矩形和添加的图像，如图9-132所示。

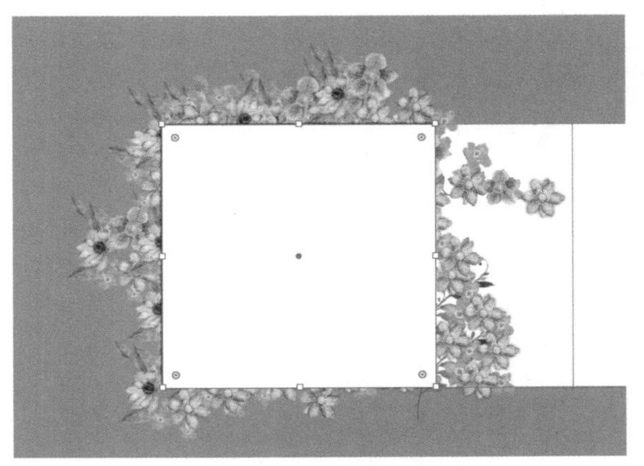

图9-131

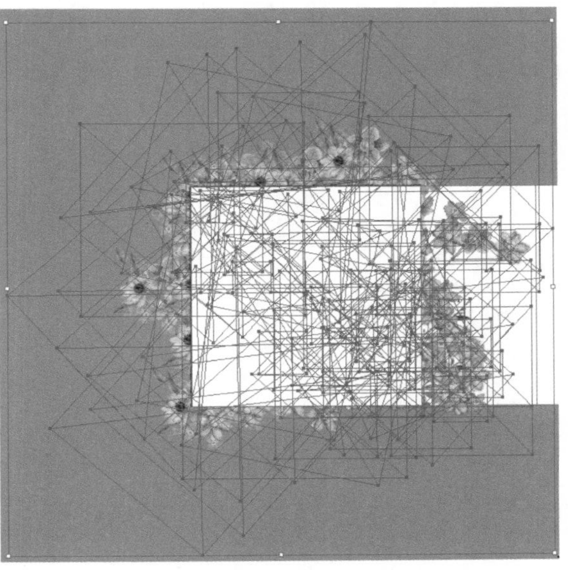

图9-132

18 在“属性”面板中单击“建立剪切蒙版”按钮，通过矩形剪切图像，创建出剪切的效果，如图9-133所示。

图9-133

19 在菜单栏中选择“文件>置入”命令，在弹出的“置入”对话框中选择随书配备资源中的“001

（35）.png”文件，单击“置入”按钮，如图9-134所示。

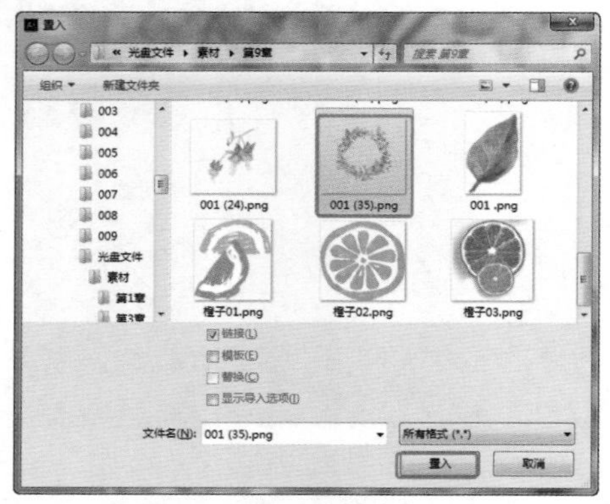

图9-134

20 导入图像到舞台中，在图像的底部创建白色的椭圆，如图9-135所示。

图9-135

21 将图形和白色椭圆放置到画板中，如图9-136所示。

图9-136

22 使用“文字工具”T，创建文字，使用“直线段工具”╱创建直线，如图9-137所示。

图9-137

23 使用“文字工具”T，创建文字，如图9-138所示。

图9-138

24 在菜单栏中选择“文件>置入”命令，在弹出的“置入”对话框中选择随书配备资源中的“001（4）.png”文件，单击“置入”按钮，如图9-139所示。

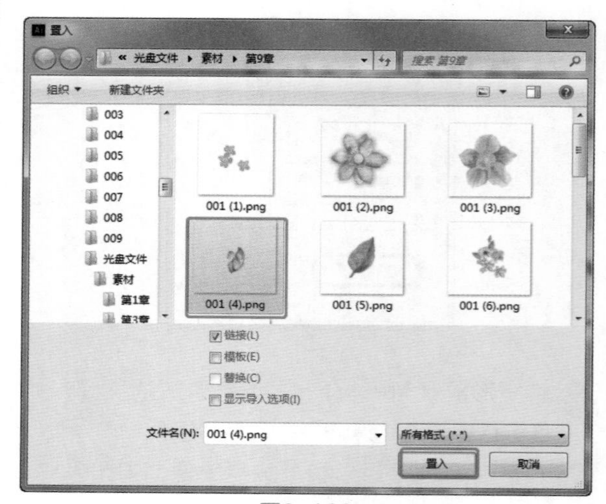

图9-139

25 在舞台中置入素材，并调整素材到文字的位置，作为留白的装饰，丰满一下留白区域，如图9-140所示，虽是留白但是也不要留有太多空间。

图9-140

26 置入素材，或是将正面图像没有被剪切遮罩前的图像进行复制，复制到舞台的另一面，如图9-141所示。

图9-141

27 使用“矩形工具”，在舞台中单击，在弹出的“矩形”对话框中设置“宽度”为50mm、“高度”为100mm，在舞台中创建与画板2相同大小的矩形，如图9-142所示。

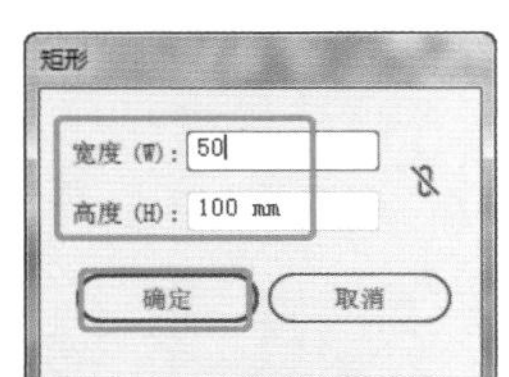

图9-142

28 调整矩形的位置，如图9-143所示，作为剪切遮罩的矩形，选择图像和矩形。

图9-143

29 在“属性”面板中单击“建立剪切蒙版”按钮，通过矩形剪切图像，创建出剪切的效果，如图9-144所示。

图9-144

30 复制效果得到最终的平面效果，如图9-145所示。

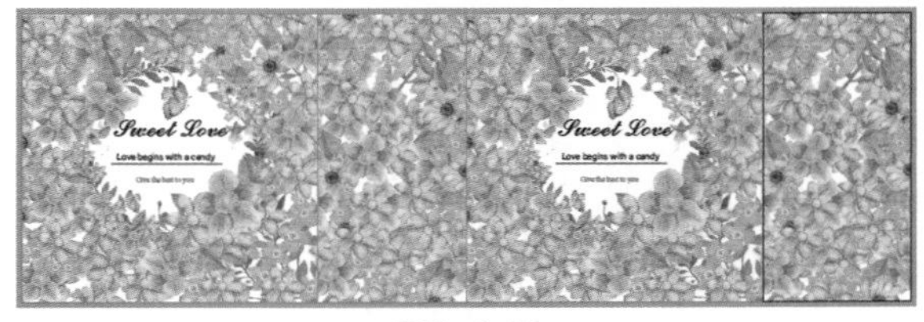

图9-145

31 这里将展示放置到Photoshop中进行，因为对于平面来说，Photoshop对调整图像和图形的变形更加成熟一些，这里就不详细介绍了。

32 至此，本案例制作完成。

9.5 优秀作品欣赏

Chesters Best
WINTERMINT
Chesters Best
ORIGINAL
Chesters Best
RASPBERRY
grow your own
grow your own
grow your own
PORTER
PALE ALE
Beer
Handcrafted with courage
Jimmy's
ICED COFFEE
SKINNY LOVE
Jimmy's
ICED COFFEE
ORIGINAL
Jimmy's
ICED COFFEE
SKINNY LOVE
Jimmy's
ICED COFFE
ORIGINAL
peared
peared
peared

第10章 网页设计

随着以计算机技术为支撑的互联网络的迅速发展和普及，网页设计也逐步脱离了传统广告设计的范畴，形成特殊而独立的体系。

本章主要从网页设计的含义、网页的组成、网页的基本构成要素、网页的常见布局、网页设计安全等方面来学习网页设计。

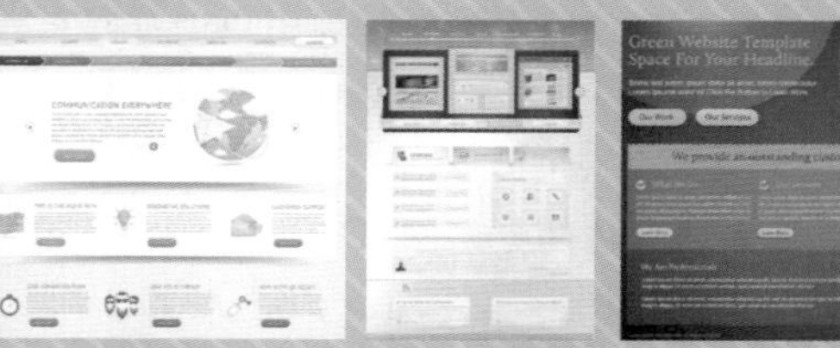

10.1 网页设计概述

网页设计师是一个网站的“美容师”，根据客户的需求来确定网站的整体风格和色彩搭配，完成整体网站的设计。

10.1.1 什么是网页

在设计网页之前需要知道什么是网页，网页不同于网站，随着科技和信息化时代的来临，浏览网页也是人们生活中不可缺的一种获取信息的渠道。

网页是构成网站的基本元素，是承载各种网站应用的平台。通俗地说，网站就是由网页组成的。本章涉及的主要是网页形式上的设计，也常被称为网页美工设计，网站美工也叫作网页制作师，如图10-1 所示。

图10-1

图10-1（续）

10.1.2 网页的组成

网页的基本组成部分包括网页标题、网站标志、网页页眉、网页导航、网页的主体部分、网页页脚等。

（1）网页标题：网页标题即是网站的名称，也就是对网页内容的高度概括。一般使用品牌名称等，以帮助搜索者快速辨认网站。网页标题要尽量简单明了。其长度一般不能超过32 个汉字。

（2）网站的标志：网站的标志即网站的Logo、商标，是互联网上各个网站用来链接其他网站的图形标志。网站的标志便于受众选择，也是网站形象的重要体现。

（3）网页页眉：网页页眉位于页面顶部，常用来展示网页标志或网站标题。

（4）网页导航：网页导航是为用户浏览网页提供提示的系统，用户可以通过单击导航栏中的按钮，快速访问某一个网页项目。

（5）网页的主体部分：网页的主体部分即网页的主要内容，包括图形、文字、内容提要等。

（6）网页页脚：网页页脚位于页面底部，通常包括联系方式、友情链接、备案信息等。

10.1.3 网页的构成要素

网页的构成要素主要有文本、图像、图标、表格、超链接等，如图10-2所示。

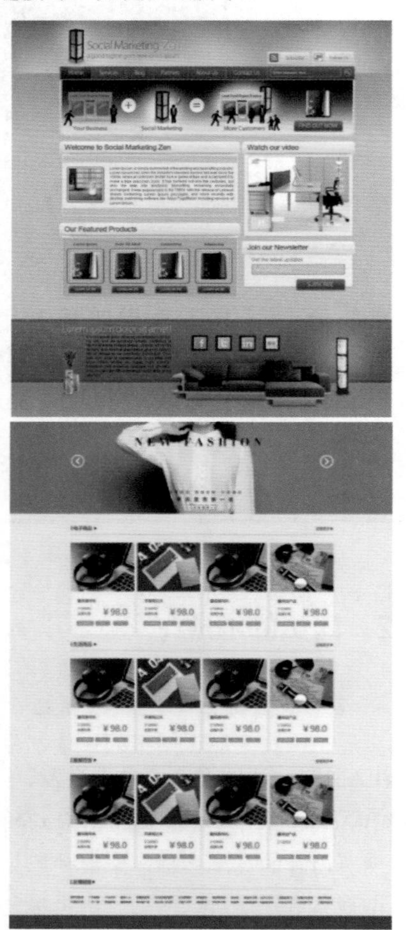

图10-2

（1）文本：文本即页面中的文字信息。版面的文字要考虑网站使用者的电脑配置及字体软件的安装。文字的大小要合理，尽量使用系统自带的字体，避免网站使用者因字体不同而导致的内容缺失现象。

（2）图像：图像即页面中的图片、图形等，用来装饰页面和传播信息，图像的选择应体现网页的特色。网页中常用的图像格式主要有JPEG、GIF、PNG、BMP等。

（3）图标：图标即网页中的图形化标志按钮，用来实现视觉引导和功能划分。网页图标的设计和整个网页的风格应该是统一的。

（4）表格：表格用来控制网页元素在网页中的位置、组织和显示数据，形成精致完美的页面效果。

（5）超链接：超链接是一种允许同其他网页或站点相连接的元素。可以通过单击超链接直达另一个网页或同网页上的不同位置。超链接的内容可以是一个图片、电子邮件或文件等。

（6）其他元素：传统的网页设计包含的多是静态元素，随着技术的发展，出现了许多动态的元素，如GIF 动画、Flash 动画、音乐、视频等，使得整个网页更加生动活泼。

10.1.4 网页设计的要素

想要设计出一个成功的作品，需要注意以下几项重要的因素。

（1）整体布局。网站的整体布局需要给人以干净整洁、条理清楚、专业水准、引人入胜的感觉，网页应该力求抓住浏览者的注意力，过多的色彩和复杂的功能以及太多的图像都会使浏览者无从下手，这些都是浏览者离开的因素，所以在设计过程中需要避免这些复杂的板块和因素。

（2）信息。人们搜索网站的目的就是求知，只要有提供浏览者需要的信息才可以得到目的，信息的放置需要简洁、明了，不要放一些不相干的烦琐的一些信息。

（3）速度。网页的下载时间是越快越好，如果是20～30s都打不开的网页是没有人愿意浏览的。

（4）图形和版面设计。其实图形和版面设计关系到人们对网页的第一印象，如果您是商业站点，不需要放置过于显眼和鲜艳的动画在首页，如果是游戏站点，动画就必不可少了。

（5）颜色。颜色是影响网页的重要因素，不同的颜色对人的感觉是不同的，如红色使人兴奋、黄色使人愉悦、绿色使人放松等。

（6）文字的可读性。文字在网页中的位置非常重要，周围要留有足够的空间，不要让人感觉拥挤不堪；文字的可读性和易懂性也非常重要，不要让人考虑文字的含义，要直白的表达；再就是文字的颜色，文字的颜色不要花里胡哨的，使人眼花缭乱。

（7）标题的可读性。也就是说跟文字一样，都需要易于阅读和易懂。

（8）导航。由于人们阅读习惯是由左到右，所以主要的导航条应放置在页面左边，对于较长的页面来说，在底部设置一个简单的导航也是很有必要的。

10.1.5 网页的常用布局

网页布局在网页设计中占有重要地位。过于繁复杂乱的布局会造成视觉的混乱，一个合理舒适的网页不仅可以带来一种视觉享受，也能带来心理层面的舒适感。网页的常见布局有“国”字形、拐角型、标题正文型、封面型、“T”结构布局、“口”型布局、对称对比布局、POP 布局等类型。下面来逐一进行了解。

（1）“国”字形：“国”字形网页即最上面是网站的标题以及横幅广告条，接下来是网站的主要内容，左右分列一些条目内容，中间是主要部分，与左右一起罗列到底，最下面是网站的基本信息、联系方式、版权声明等，如图10-3所示。

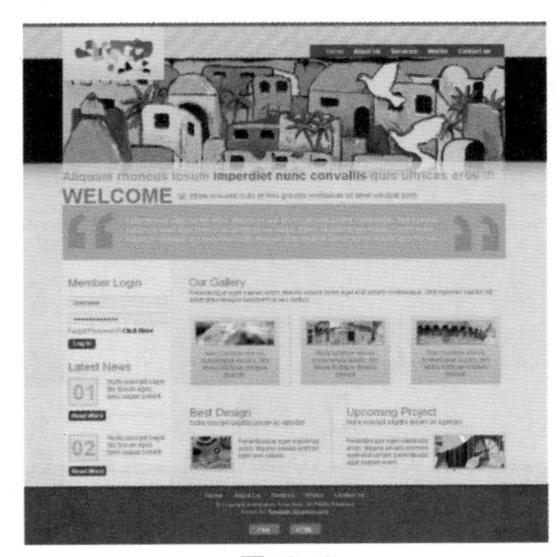

图10-3

（2）拐角型：拐角型网页即最上面是标题及广告横幅，接下来的左侧是导航链接等内容，最下面是网站的辅助信息，如图10-4 所示。

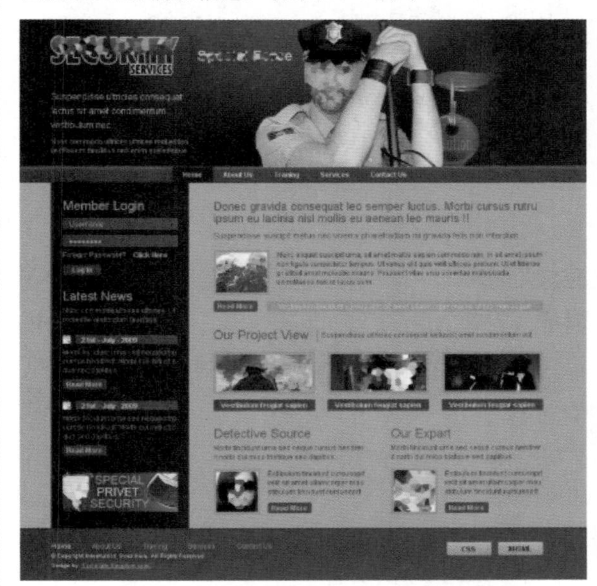

图10-4

（3）标题正文型：标题正文型即最上面是标题等内容，下面是正文，例如常见的文章正文页面、用户注册页面等，如图10-5所示。

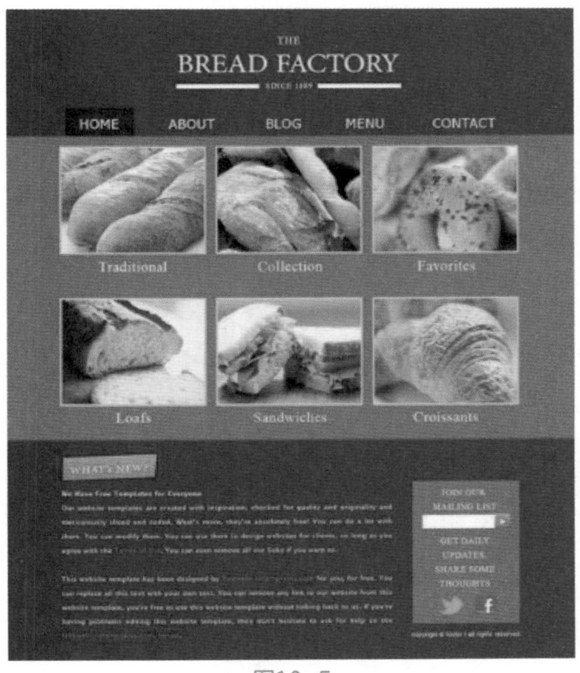

图10-5

（4）封面型：封面型网页常见于网站首页，即利用一些精美的平面设计，结合一些小的动画和几个简单的链接等组成的页面。这种类型多用于企业网站和个人主页，如图10-6所示。

图10-6

（5）“T”结构布局：“T”结构布局即页面最上方为横条网站标志和广告条，左下方为主菜单，右侧显示内容。“T”结构可随实际情况而稍加改变，如左右两栏式布局，一半为正文，另一半是图片或导航等，如图10-7所示。

图10-7

（6）“口”型布局：“口”型布局即页面上下各有一个广告条，左边是主菜单，右边是友情链接等，中间是主要内容。若处理得当，整个页面呈现饱满充实之感；若处理不当，则会出现页面拥挤、死板的情况，如图10-8 所示。

图10-8

（7）对称对比布局：对称对比布局即上下对称或左右对称，一半深色一半浅色，或选择两种互补色，展现一种冲突感强烈的视觉效果，如图10-9所示。

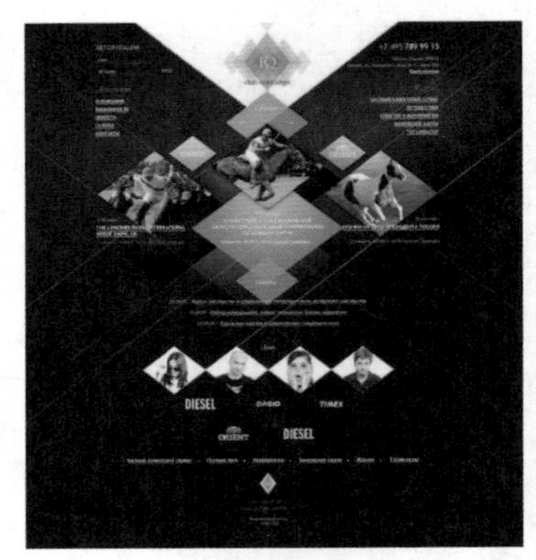

图10-9

（8）POP 布局：POP 布局即以一张精美的图片作为页面的设计中心，整个布局像一张宣传海报。视觉效果强烈，较为生动、吸引人，如图10-10所示。

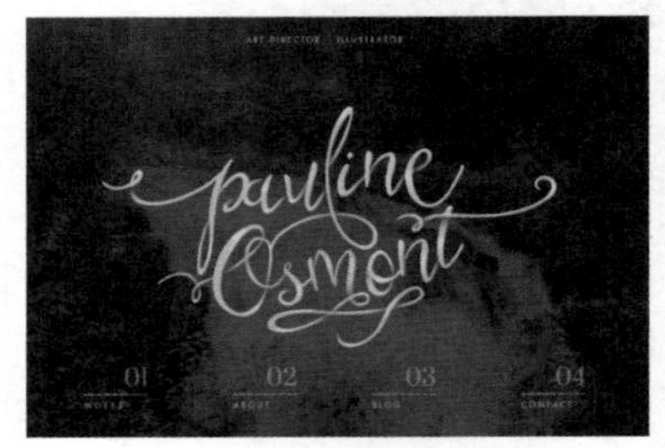

图10-10

10.2 商业案例——素材网站设计

10.2.1 设计思路

扫码看视频

■ 案例类型

本案例是设计一个图像的素材网站项目。

■ 项目诉求

该网站主要是以提供摄影图像为主，包括了人像、动物、植物、卡通、平面等的一些平面素材，比较适合各种平面设计使用的一种网站，该网站应着重表现出站内的一些平面素材，如图10-11所示。

图10-11

■ 设计定位

根据网站的诉求，网站页面在设计之初整体风格要丰富和饱满，使最大限度地表现出站内的精彩图像，整个页面采用了华丽的黑色，尽显整体的时尚感，如图10-12所示。

图10-12

10.2.2 配色方案

平面素材会给人特别花哨的感觉，所以这里采用没有装饰的肃静的版面。

■ 主色

由于平面素材网站中的图像都有各自的效果，各种图像在一起会给人以复杂、饱满的感觉，所以在本案例中将主要使用黑色低调的颜色，显示出该网站的一种质感和品位。

■ 辅助色

在该网页中辅助色使用白色，点缀色为绿色，没有使用太多颜色的原因是素材图像本身就有很多色彩，所以这里使用简约朴实的色彩。

■ 其他配色方案

下面制作了三款配色方案，深雾霾蓝色、深绿和灰色。这三种搭配整体会庄重一些、商务化一些，如图10-13所示。

图10-13

10.2.3 版面设计

整个页面主要分为三大块。网页上部分为标题、导航和通告栏广告，中间部分为平面素材，下面部分为网页底栏，整体页面层次分明，有一定的秩序感。

除此之外，整个页面以丰满型的“国”字形排列，这种版面的排列整个网页都会比较饱满，呈现的信息和内容也比较多。

10.2.4 同类作品欣赏

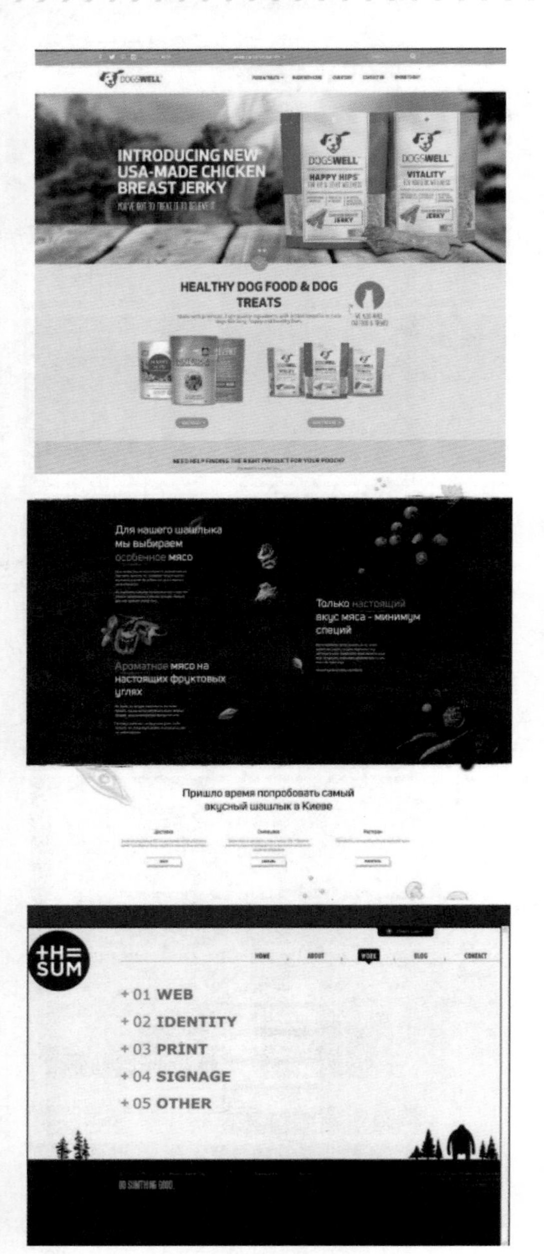

10.2.5 项目实战

■ 制作流程

本案例首先创建矩形功能区域；然后创建文字注释，设置投影效果；最后裁剪图像区域，如图10-14所示。

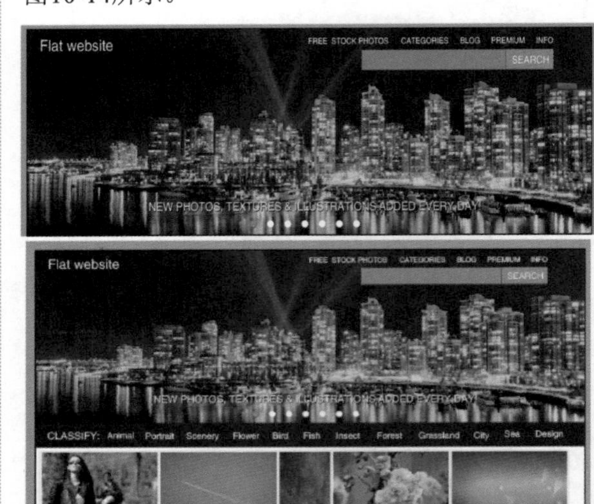

图10-14

■ 技术要点

使用“置入”命令置入素材到舞台中；

使用“矩形工具”创建矩形功能区域；

使用“文字工具”创建文字注释；

使用“投影”设置投影效果；

使用“图像裁剪”裁剪图像区域。

■ 操作步骤

01 运行Illustrator软件，新建文件，在弹出的“新建文档”对话框中设置“宽度”为1080mm、“高度”为1050mm，单击“创建”按钮，创建文档，如图10-15所示。

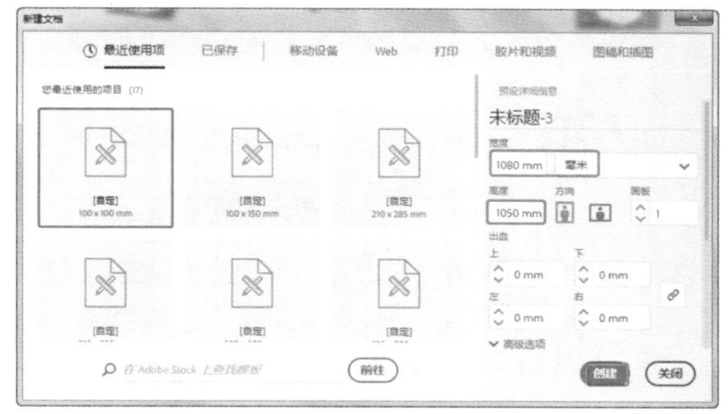

图10-15

02 在菜单栏中选择“文件>置入”命令，在弹出的“置入”对话框中选择随书配备资源中的“建筑.jpg”，如图10-16所示。

图10-16

03 置入素材后，在“属性”面板中单击“裁剪图像”按钮，在舞台中调整裁剪的区域，在“属性”面板中设置“宽”为1080mm、“高”为350mm，单击“应用”按钮，如图10-17所示。

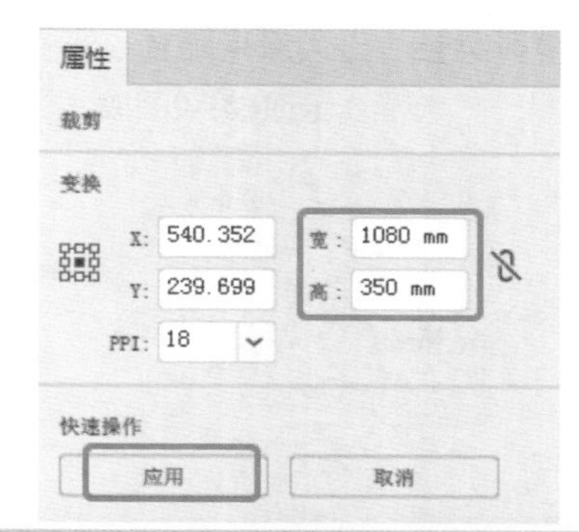

图10-17

04 应用裁剪后，调整素材在舞台中的位置，如图10-18所示。

图10-18

05 使用“矩形工具”，在舞台中单击，在弹出的“矩形”对话框中设置“宽度”为1080mm、“高度”为350，如图10-19所示。

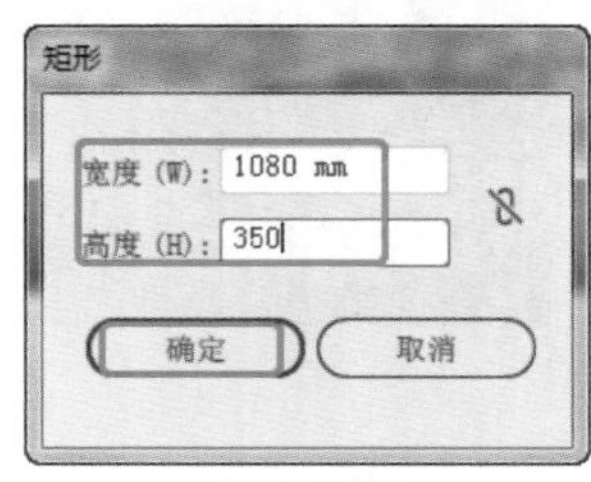

图10-19

06 创建矩形后，在“属性”面板中调整位置，并设置“填色”为黑色，设置“描边”为无，设置“不透明度”为10%，如图10-20所示。

07 为舞台中的图像设置出一个黑色的矩形，使其不要太过清晰，因为需要在图像上添加一些文字注释，所以需要暗一些，如图10-21所示。

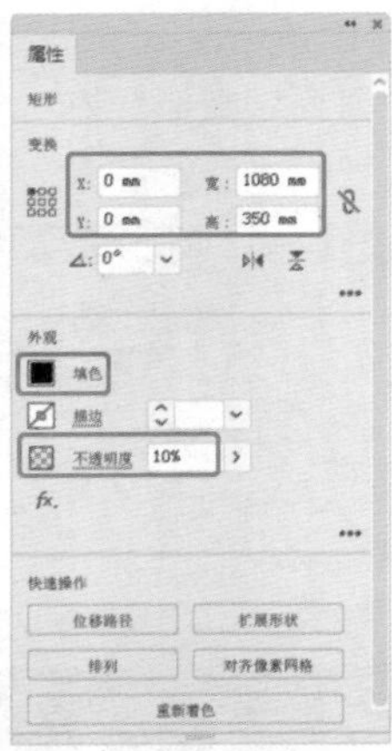

图10-20

图10-21

08 使用“文字工具” T，在舞台中创建网站的页眉，如图10-22所示。

图10-22

09 使用“文字工具” T，在舞台图像中创建标题，如图10-23所示。

图10-23

10 可以看到标题文字不够明显，可以为其设置一些投影效果，在菜单栏中选择“效果>风格化>投影”命令，在弹出的“投影”对话框中设置合适的投影参数，如图10-24所示。

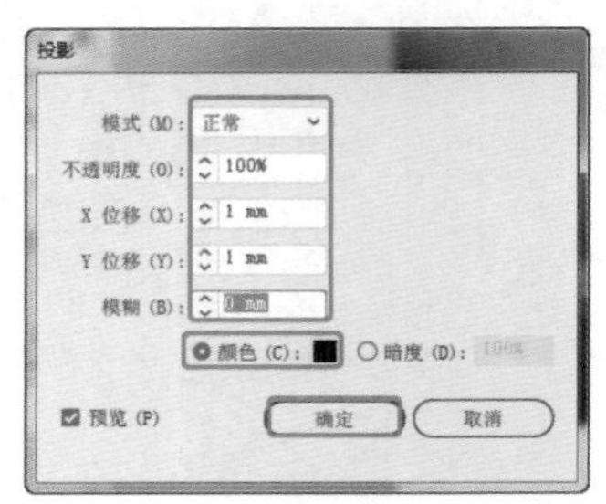

图10-24

11 此时可以看到文字明显了许多，使用“矩形工具” ，在舞台中如图10-25所示的位置创建矩形，设置为搜索区域，设置矩形的“填色”为白色，设置“描边”为黑色，粗细为1pt，设置矩形的“不透明度”为50%。

图10-25

12 继续创建矩形，设置矩形的填充为蓝色，在矩形上创建文字；使用“椭圆工具” ，在舞台中如图10-26所示的位置创建椭圆，选择其中一个圆，设置其颜色为青色。

图10-26

13 在图像下创建矩形，设置矩形填充为黑色，添加文字作为网页的导航，如图10-27所示。

图10-27

14 在菜单栏中选择“文件>置入”命令，在弹出的“置入”对话框中选择随书配备资源中的“素材1.png”文件，单击“置入”按钮，如图10-28所示。

图10-28

15 置入素材，调整素材的位置和大小，使用“置入”命令，置入“素材2.png”文件，如图10-29所示。

图10-29

16 在舞台中选择置入的素材文件，在“属性”面板中单击“裁剪图像”按钮，调整裁剪区域，如图10-30所示。

图10-30

17 调整出裁剪区域后，调整素材的位置，并在素材的位置创建矩形，设置矩形的“填色”为无，“描边”为黑色，作为素材区域的边框，并使用圆角矩形作为滚动条，如图10-31所示。

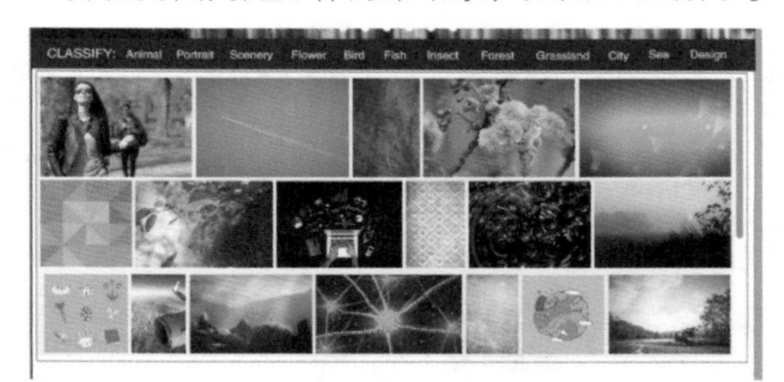

图10-31

18 使用矩形创建页脚的底部颜色，设置矩形合适的大小和位置，设置填色为黑色，使用“文字工具”T，创建页脚的文字内容，如图10-32所示。

图10-32

19 继续添加文字内容和矩形，制作出整个页面，如图10-33所示。

图10-33

20 至此，本案例制作完成。

10.3 商业案例——灯具公司网页设计

10.3.1 设计思路

扫码看视频

■ 案例类型

本案例设计一款灯具网页项目。

■ 设计背景

该网站以销售灯具为主，包括各种类型的照明灯具产品。灯具是照明工具，现代的灯具包括家居照明、工业照明、道路照明、景观照明、特种照明等，本网页将着重表现灯具的美好灯光，如图10-34所示。

图10-34

■ 设计定位

根据网站的诉求，网站页面在设计之初就将整体风格定为奢华风格。能代表奢华风格的莫过于接近黑色、深灰色与暖色灯光进行搭配，尽显时尚、华丽质感，如图10-35所示。

图10-35

10.3.2 配色方案

灯具给人以照明的实用性和科技性，所以本案例将采用灯具的夜晚照明效果作为配图，暖暖的灯光搭配黑夜，低调而奢华。

■ 主色

由于灯光在夜晚中能够表现出效果，所以在本案例中将主要使用黑色和灰色表现黑夜的效果，如图10-36所示可以发现夜晚的星光是很美的。

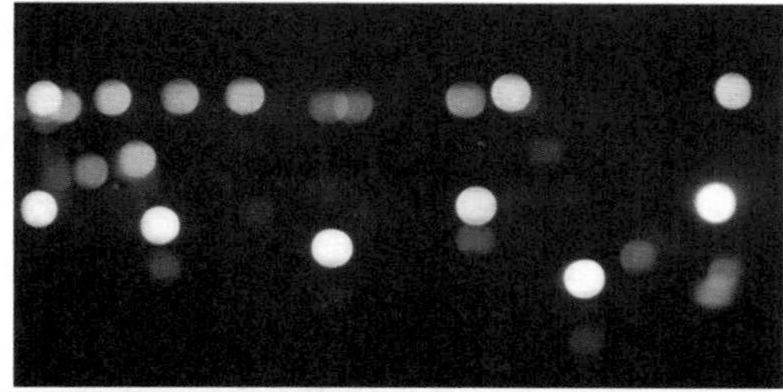

图10-36

■ 点缀色

点缀色采用橘色，橘色是暖光系的灯光光照颜色，在低调的黑色中活跃了整个画面，如图10-37所示，又协调了整个夜晚光效素材的画面。

图10-37

■ 其他的配色方案

下面提供了4种可供选择的网页方案，从中可以看到蓝色、绿色和红色都更显时尚，咖啡色使整个画面更具有大气和辉煌的效果，如图10-38所示，这四种配色方案都比较合适，可供客户选择。

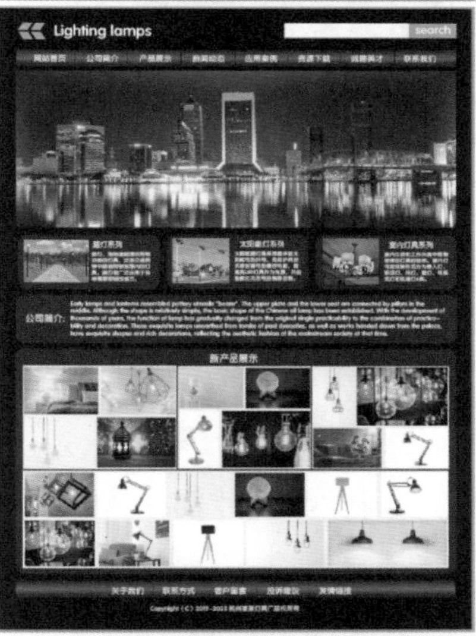

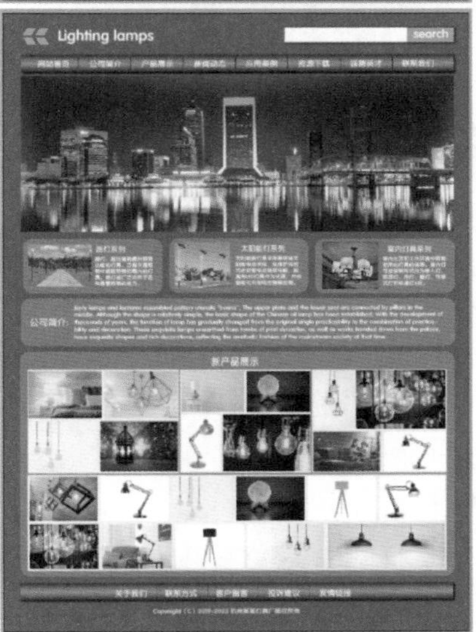

图10-38

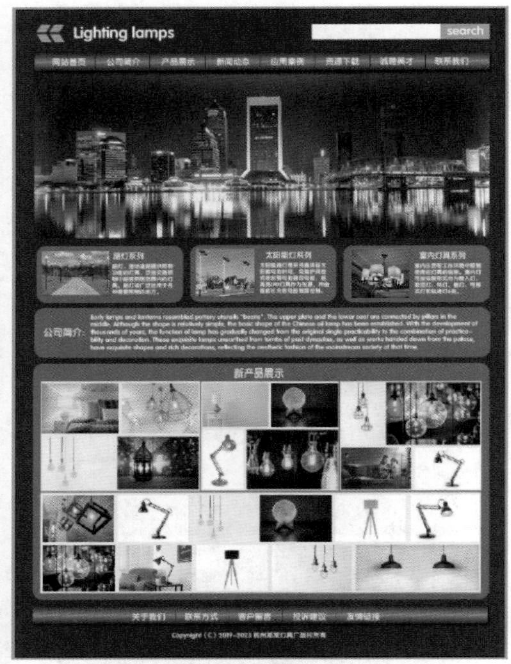

图10-38（续）

10.3.3 构图方式

构图方式使用常规的“国”字形网页排版，这样的构图方式排列非常紧凑。

10.3.4 同类作品欣赏

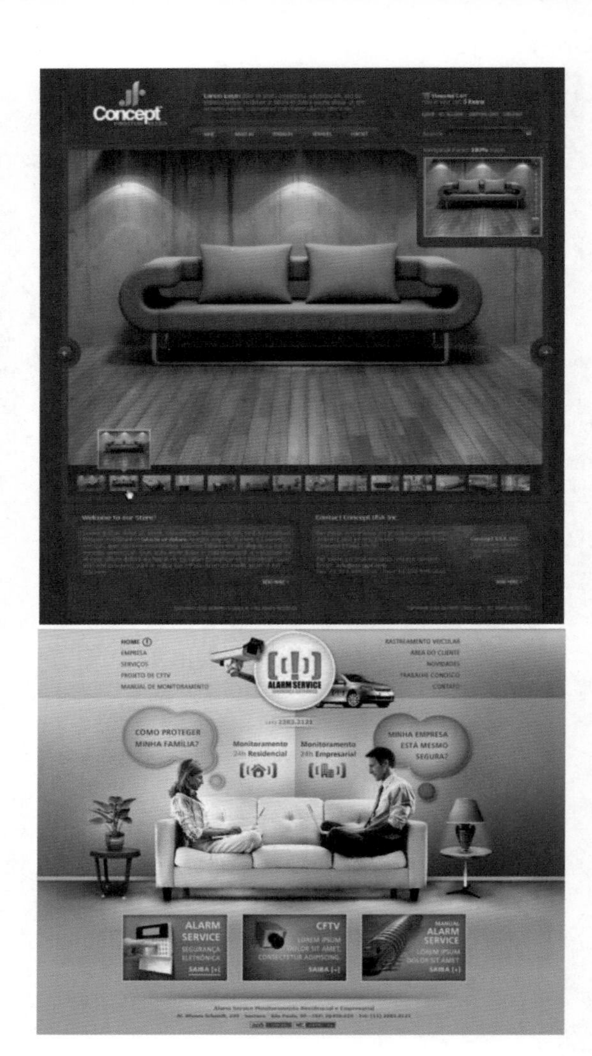

10.3.5 项目实战

■ 制作流程

本案例首先创建分割区域；然后创建文字注释；最后置入素材，裁剪位图，设置矩形的圆角，如图10-39所示。

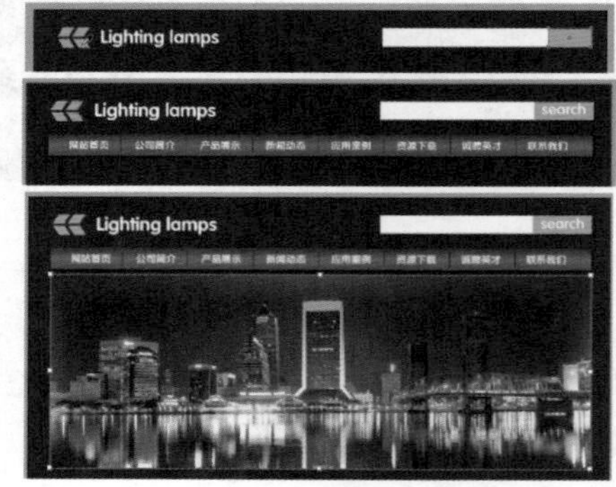

图10-39

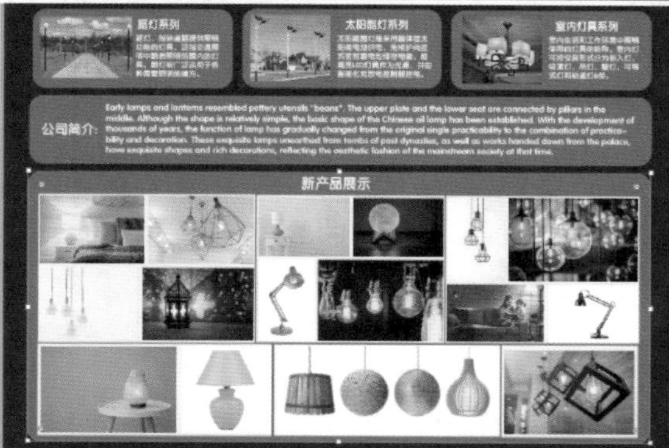

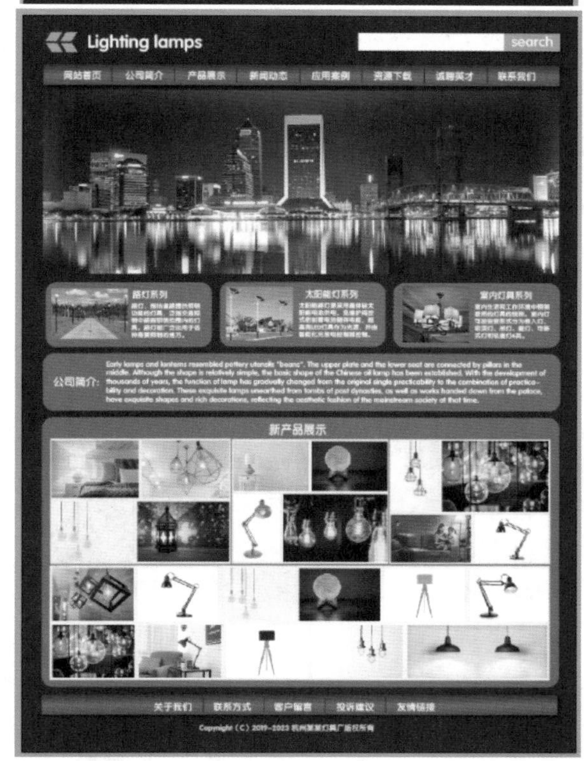

图10-39（续）

■ 技术要点

使用“矩形工具”创建分割区域；

使用“文字工具”创建注释；

使用“置入”命令置入素材；

使用“裁剪图像”按钮裁剪位图；

使用“直接选择工具”设置矩形的圆角。

■ 操作步骤

01 运行Illustrator软件，新建文件，在弹出的“新建文档”对话框中设置“宽度”为936mm、“高度”为1280mm，单击“创建”按钮，创建文档，如图10-40所示。

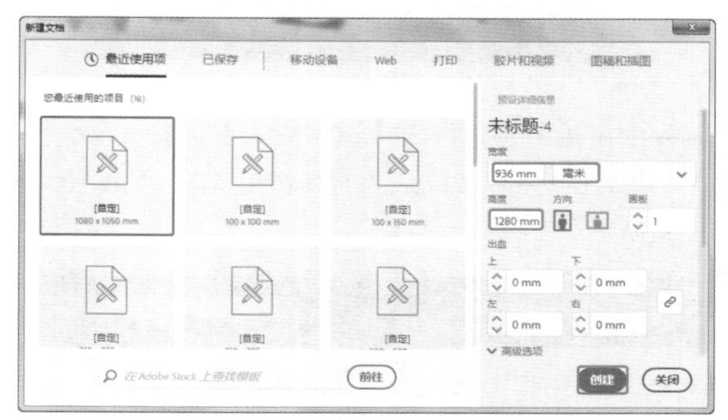

图10-40

02 使用“矩形工具”，在舞台中单击，在弹出的“矩形”对话框中设置“宽度”为936mm、“高度”为1280，如图10-41所示。

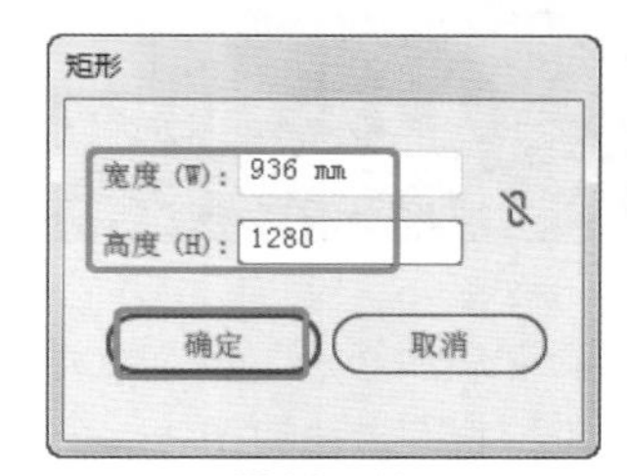

图10-41

03 创建矩形后，在舞台中调整矩形的位置，设置矩形的“填色”为# 232323，如图10-42所示。

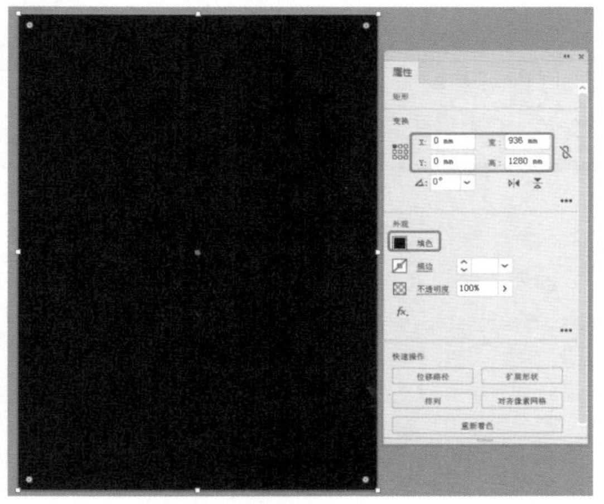

图10-42

04 设置矩形背景后，使用矩形工具创建4个矩形并设置颜色为橘色，然后设置其倾斜角度，组合出Logo，并输入公司名称，如图10-43所示。

图10-43

05 使用矩形创建搜索按钮和文本框，设置作为文本框的矩形为白色，设置按钮为橘色，如图10-44所示。

图10-44

06 使用“文字工具”T，在搜索按钮上输入文字，如图10-45所示。

图10-45

07 使用“矩形工具”□，在舞台中创建矩形，作为导航按钮，如图10-46所示。

图10-46

08 设置导航按钮的填充为渐变，在“渐变”面板中设置渐变的效果，深灰到浅灰到深灰的渐变，设置“类型”为“线性”，设置角度为90°，如图10-47所示。

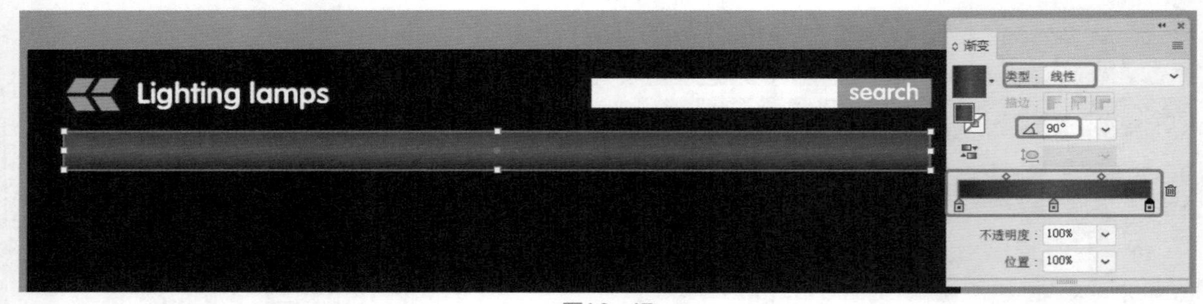

图10-47

09 选择设置渐变后的矩形，在菜单栏中选择“效果>风格化>投影”命令，在弹出的“投影”对话框中设置合适的投影参数，如图10-48所示。

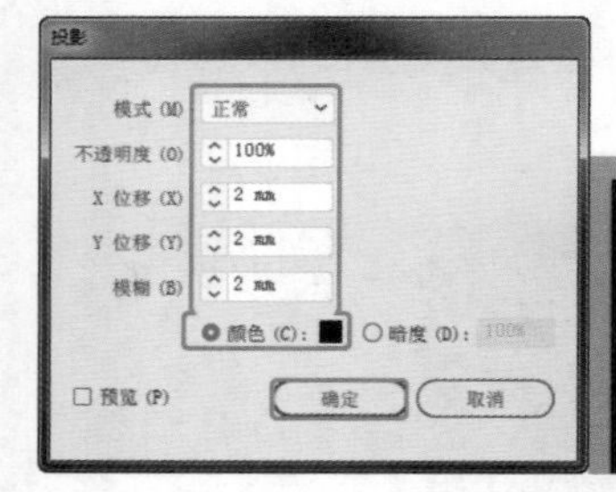

图10-48

10 使用“文字工具”T，在舞台中创建文字，创建文字后，使用“选择工具”按住Shift键，选中所有的文字，在“对齐”组中单击“垂直底对齐”和“水平居中分布”两个按钮，如图10-49所示。

图10-49

对齐窗口的使用和提示

在AI里移动图像确实是一件麻烦事，虽然有参考线的辅助，但是有诸多麻烦。使用“对齐”面板中的按钮，可以设置选择对象的对齐和分布，这样可以使对象对齐到需要的效果，其实使用对齐的操作非常简单，就是选择需要对齐的对象，然后选择合适的对齐或分布按钮，具体的对齐和分布效果读者可以尝试使用一下，由于篇幅有限，这里就不详细讲述了。

11 使用“直线段工具”，在如图10-50所示的位置创建直线，设置“描边”为2，设置颜色为黑色。

图10-50

12 在菜单栏中选择“效果>风格化>外发光”命令，在弹出的“外发光”对话框中设置合适的参数，如图10-51所示。

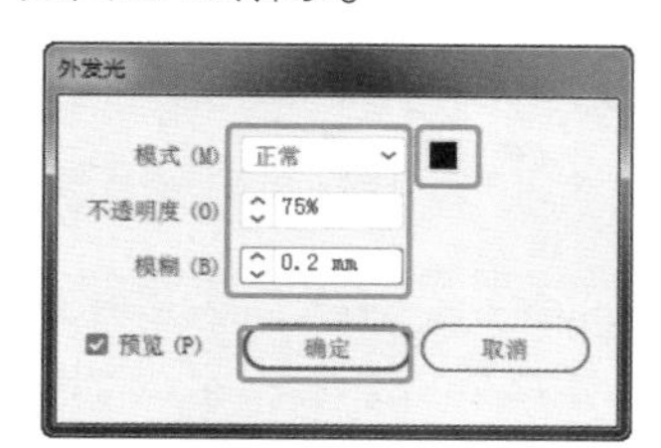

图10-51

13 设置出的外发光效果如图10-52所示。

图10-52

14 在舞台中将直线复制到每个导航文字后，复制后，选择所有的线段，在“对齐”组中单击“垂直底对齐”和“水平居中分布”两个按钮，如图10-53所示。

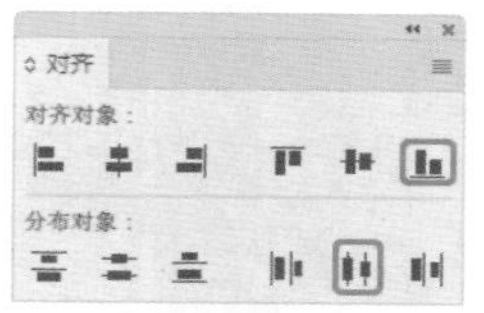

图10-53

15 分布后的线段效果如图10-54所示。

图10-54

16 在菜单栏中选择“文件>置入”命令，在弹出的“置入”对话框中选择随书配备资源中的“夜景01.jpg”文件，单击“置入”按钮，如图10-55所示。

图10-55

17 置入素材到舞台中，调整素材的大小，如图10-56所示。

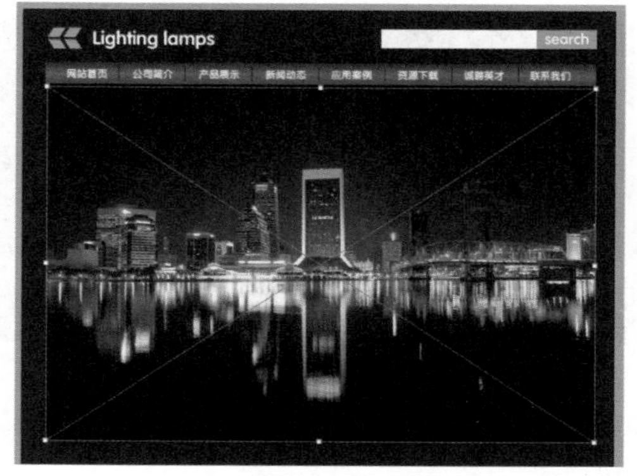

图10-56

18 在“属性”面板中单击“裁剪图像”按钮，在舞台中裁剪置入的素材图像，裁剪图像后，单击“应用”按钮，如图10-57所示。

图10-57

19 在舞台中调整图像的位置，如图10-58所示。

图10-58

20 裁剪图像后，在菜单栏中选择“效果>风格化>内发光”命令，在弹出的“内发光”对话框中设置合适的内发光参数，设置其内发光效果，如图10-59所示。

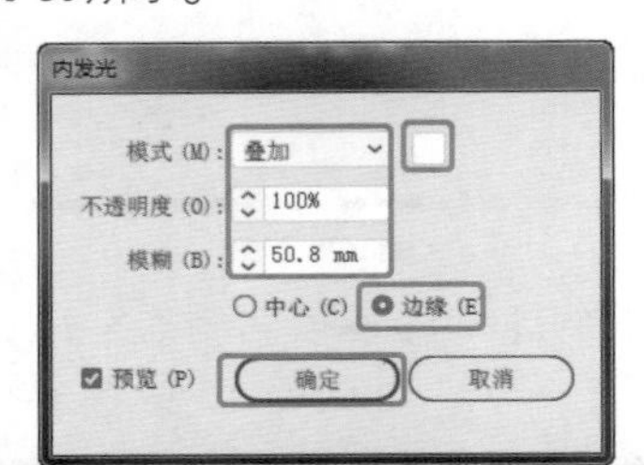

图10-59

21 在如图10-60所示的位置创建圆角矩形，设置其填充为灰色。

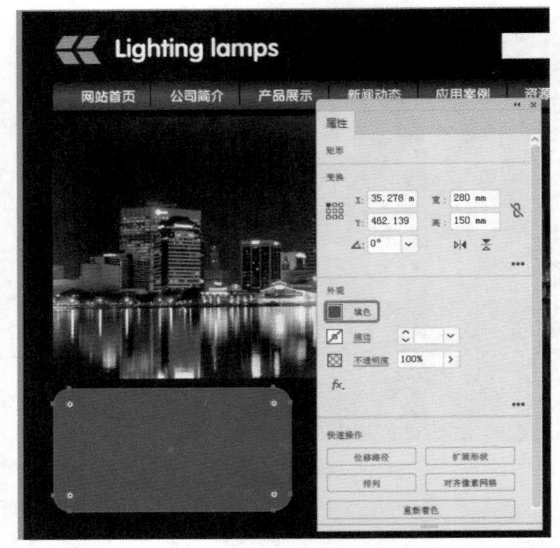

图10-60

22 在菜单栏中选择“文件>置入”命令，在弹出的“置入”对话框中选择随书配备资源中的“素材3.png”文件，单击“置入”按钮，如图10-61所示。

图10-61

23 置入素材，并调整素材的大小和位置，并在圆角矩形中添加文字注释，如图10-62所示。

图10-62

24 复制并调整圆角矩形和内容，如图10-63所示。

图10-63

25 修改圆角矩形中的图像和内容，如图10-64所示。

图10-64

26 创建圆角矩形，设置其填色为灰色，使用“文字工具”T，创建文字，如图10-65所示。

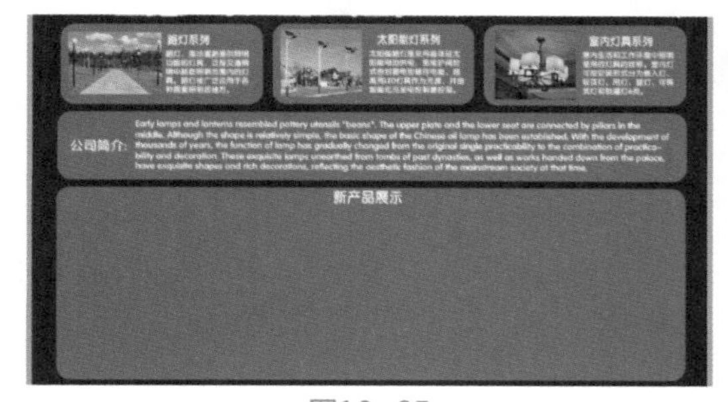

图10-65

27 在菜单栏中选择“文件>置入”命令，在弹出的“置入”对话框中选择随书配备资源中的“素材6.png”文件，单击“置入”按钮，如图10-66所示。

图10-66

28 置入素材，并使用同样的方法置入其他素材，可以裁剪图像区域，如图10-67所示。

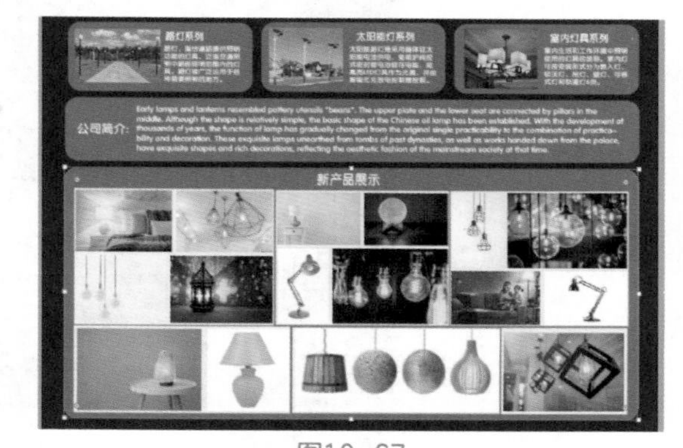

图10-67

29 调整素材，在舞台中复制渐变的导航按钮，将其复制到底部，如图10-68所示。

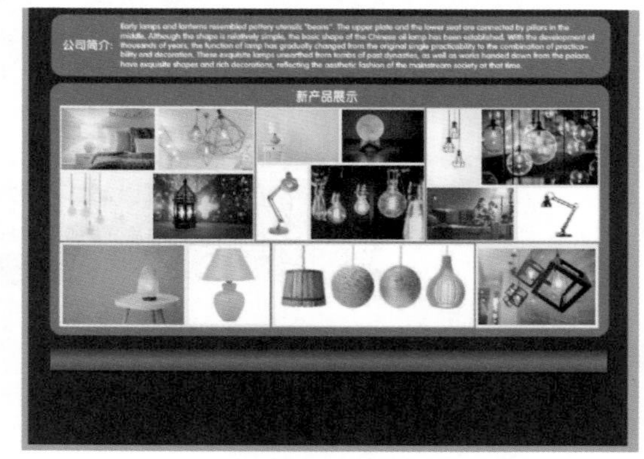

图10-68

30 创建文字，可以将上面导航中的线段复制到底部导航，对其进行复制，如图10-69所示。

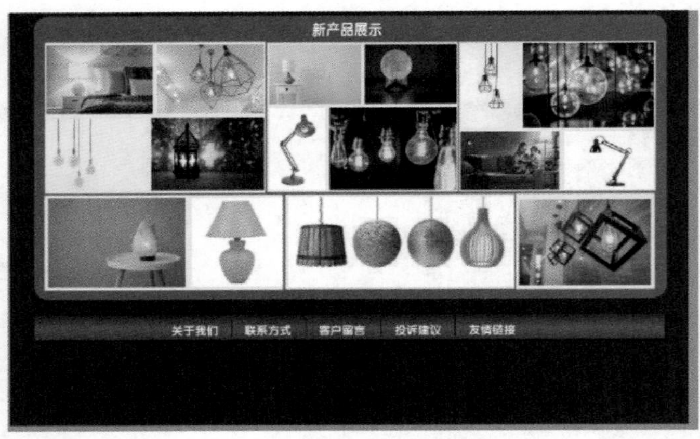

图10-69

31 在底部添加文字，调整版面的整体效果，如图10-70所示。

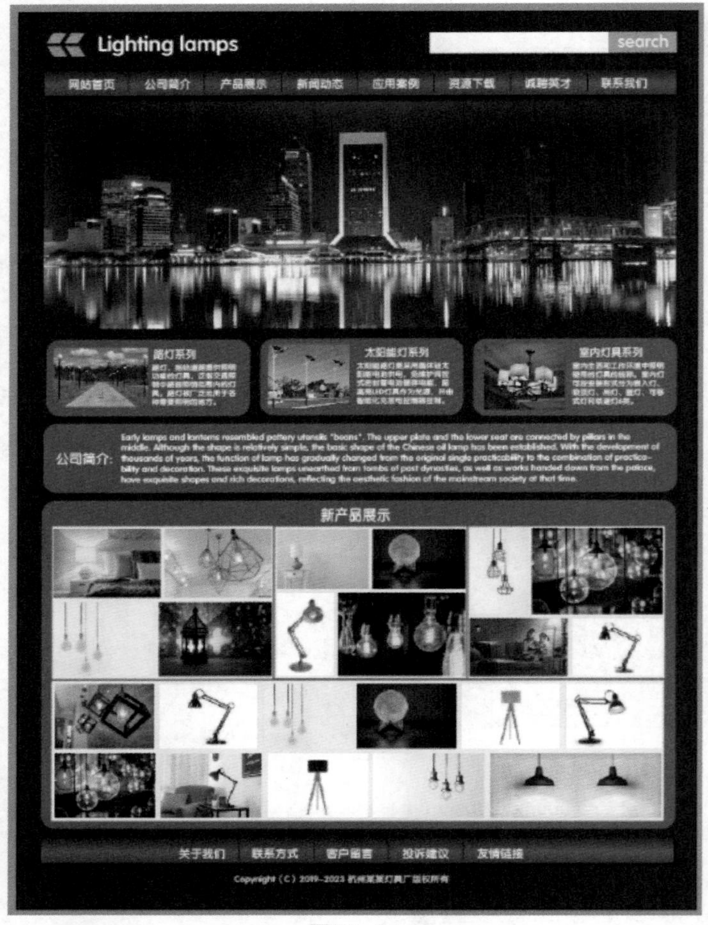

图10-70

32 至此，本案例制作完成。

10.4 优秀作品欣赏

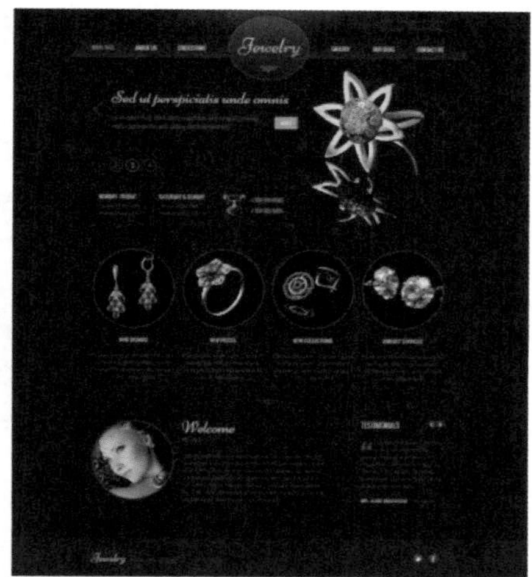

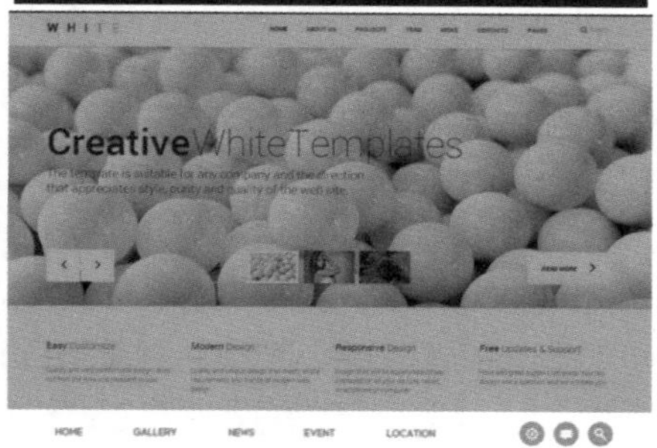

HOME GALLERY NEWS EVENT LOCATION

Natural
HEALING TRAVEL

TRAVEL EVENT 01 TRAVEL EVENT 01 TRAVEL EVENT 01

GO EXPLORE DREAMS COME TRUE

Explore the World

Hosting opens up a world of opportunity

UI设计是指用户界面设计，目前根据不同的用户界面来划分UI设计，主要分为Web界面设计和移动界面设计。UI设计最重要的不在于操作什么软件，而是创意和构思，一个好的构思想法，即便是一些小图标，也让其有自己的特色，突出自身的亮点和设计。

本章节主要介绍UI设计的一些相关内容和案例。

11.1 UI设计概述

UI设计还是一个不断成长的设计领域。在飞速发展的电子产品中，界面设计一点点地被重视起来。做界面设计的“美工”也被称为“UI设计师”或“UI工程师”。其实软件界面设计就像工业产品中的工业造型设计一样，是产品的重要卖点。一个电子产品拥有美观的界面会给人带来舒适的视觉享受，拉近人与商品的距离，是建立在科学性之上的艺术设计。检验一个界面好坏的标准既不是某个项目开发组领导的意见也不是项目成员投票的结果，而是终端用户的感受。

11.1.1 什么是UI

UI即User Interface（用户界面）的简称，是指用户和某些系统进行交互方法的集合，这些系统不单单指电脑程序，还包括某种特定的机器、设备、复杂的工具等。

UI设计是产品的重要卖点，一个友好美观的界面会给人带来舒适的视觉感受，拉近人与电脑的距离，为商家制造卖点，如图11-1所示。

UI设计不但是美术绘画创意，还需要定位针对的使用者、使用环境、使用方式并且为最终用户而设计，是纯粹的科学性的艺术设计。

图11-1

11.1.2 UI设计的原则

随着科技的发展，不久的将来所有的产品会组成一体，变成无处不在的电脑，这台电脑控制着用户的所有家用产品和资料。用户只要有一个自己的账号，就可以通过任何一个产品来控制其他产品，而所有的产品都具有终端的功能。而这个终端操作的基本形式就是软件的UI设计，以下是UI设计的一些原则。

（1）确认目标用户。在UI设计过程中，需要设计角色来确定软件的针对用户，获取最终用户的需求，用户界面的不同会引起交互设计的不同。

（2）清晰明确地设计用户界面。清晰是用户界面设计中一个重要的条件，模糊的界面会影响用户的整体印象。

（3）简洁明了。界面除了清晰，还需要简洁，看上去一目了然。如果界面上充斥着太多的东西，会让用户在查找内容的时候比较困难和乏味。

（4）界面的一致性。在UI设计时，保持界面风格的一致性不会让用户感到错愕。

（5）界面的美观性。在UI设计时，要注重美观度的加强。

11.1.3 UI设计的控件

UI控件包括在用户界面中肉眼可见的一些现实文字的数据，UI控件最典型的就是按钮了，这是用户交互的关键。还有其他的控件，比如滚动条、开关控件、工具栏、文本控件、单选按钮、复选框、进度条、对话框时间控件、图片控件、时间控件、日期控件等，如图11-2所示。

图11-2

对于日益增加的UI控件需求，市场上也出现了很多可供选择的UI控件，满足用户比较复杂的需求。这些控件有助于简化UI设计工作，提高效率。

11.2 商业案例——手机软件个人中心登录界面

11.2.1 设计思路

扫码看视频

■ 案例类型

本案例是设计一款手机App软件的个人中心登录界面项目。

■ 项目诉求

手机软件主要是指安装在智能手机上的软件，完善系统的不足与个性化，使手机功能更加完善、丰富，如图11-3所示。

图11-3

图11-3（续）

本案例将设计一款手机的个人中心登录界面，要求使用蓝色和渐变色来设计，要求简约大方些。

■ 设计定位

根据项目诉求将主要设计成一款商务界面，在界面中，将尽量使用简约的构图色彩，不添加任何装饰素材。

11.2.2 配色方案

配色方案主要使用比较干净的颜色。

■ 主色

主色使用大众的商务蓝渐变，蓝色在商务的手机软件中是比较常用的，蓝色也用于清新和简单的一些App中，如图11-4所示为本案例使用的渐变蓝。

图11-4

■ 辅助色

辅助色使用浅灰和白色的按钮作为搭配，如图11-5所示。

图11-5

■ 其他配色方案

根据不同的主题定义了以下四种颜色方案，第一种方案比较清新，第二个方案比较适合女性，第三种方案比较温馨，第四个方案较为时尚，可以根据客户需求提供不同的选择方案，如图11-6所示。

图11-6

11.2.3 版面设计

整体版面是属于整体构图，由圆角矩形将头像和信息部分组合为一个整体，下面部分为个人的系统按钮。

11.2.4 同类作品欣赏

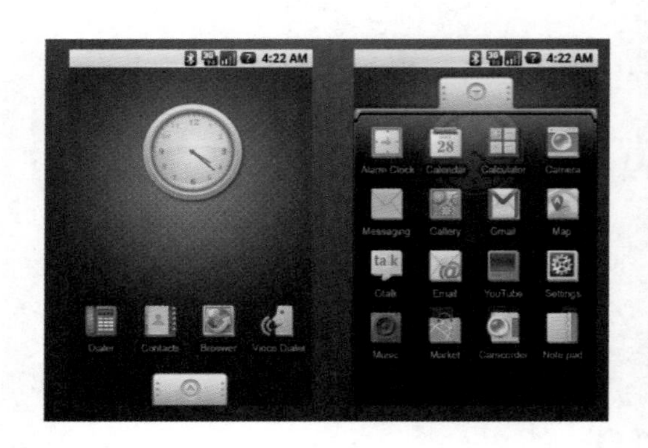

11.2.5 项目实战

■ 制作流程

本案例首先创建背景，设置矩形的圆角，绘制头像的轮廓；然后添加文字注释；最后绘制直线，如图11-7所示。

图11-7

■ 技术要点

使用“矩形工具”创建背景；

使用“直接选择工具”设置矩形的圆角；

使用“椭圆工具”绘制头像的轮廓；

使用“置入”命令置入素材；

使用“文字工具”添加注释；

使用“直线段工具”绘制直线。

■ 操作步骤

01 运行Illustrator软件，新建文件，在弹出的对话框中设置“宽度”为255mm、“高度”为450，单击“创建”按钮，创建文档，如图11-8所示。

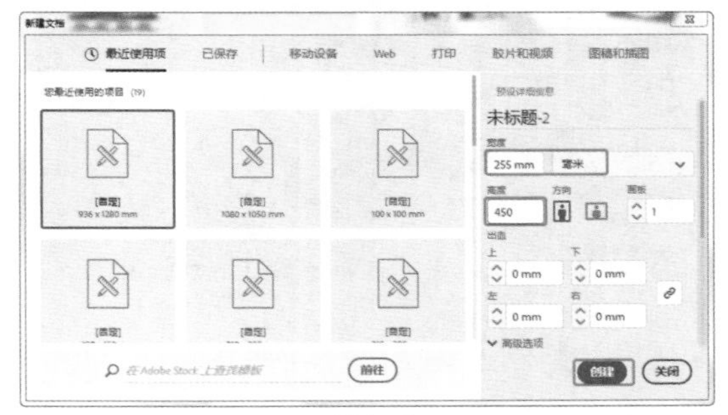

图11-8

02 使用“矩形工具”，在舞台中单击，在弹出的“矩形”对话框中设置“宽度”为255mm、“高度”为450，单击“确定”按钮，创建矩形，如图11-9所示。

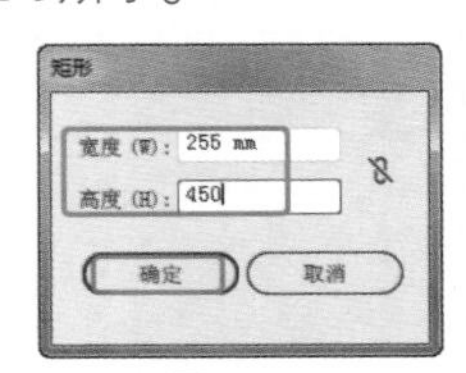

图11-9

03 选择创建的矩形，在“属性”面板中设置其位置，如图11-10所示。

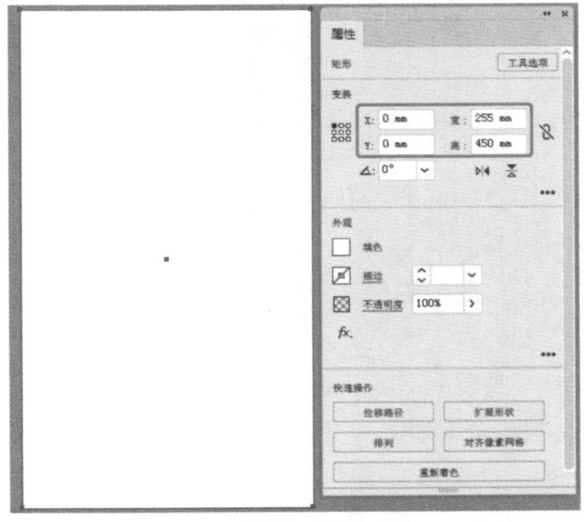

图11-10

04 设置矩形的填充为渐变，在“渐变”面板中设置“类型”为“线性”，设置角度为-90°，设置渐变由# afd1ff到# 63a0f1的渐变，如图11-11所示。

05 设置的渐变填充效果如图11-12所示。

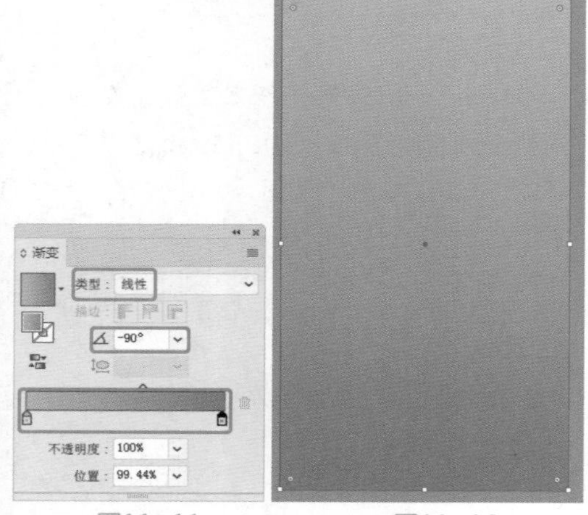

图11-11　　图11-12

06 使用“矩形工具”，在舞台中创建矩形，设置矩形的“填色”为白色，设置“描边”为无，如图11-13所示，使用“直接选择工具”设置矩形的圆角。

图11-13

07 在舞台中选择圆角矩形，在“对齐”面板中单击按钮，在弹出的菜单中选择“显示选项”命令，显示隐藏的选项，从中选择“对齐”子菜单中的“对齐画板”命令，再单击“水平居中对齐”按钮，设置圆角矩形的居中对齐，如图11-14所示。

08 使用“文字工具”，在舞台中创建文字注释，调整文字的位置，如图11-15所示。

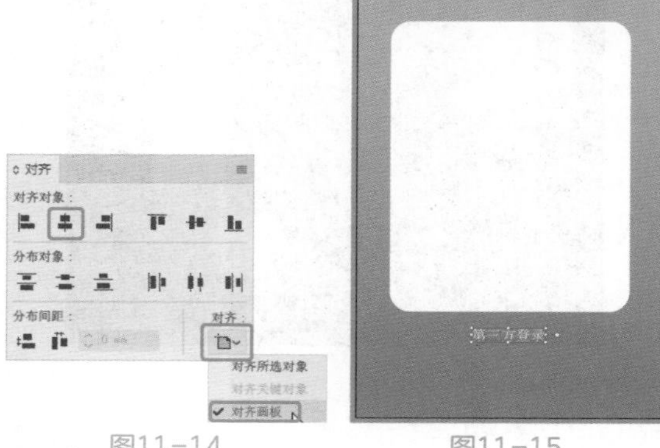

图11-14　　图11-15

09 使用“直线段工具”创建直线段，设置“描边”为白色，设置合适的描边粗细，如图11-16所示，对直线段进行复制。

图11-16

10 使用“椭圆工具”，在舞台的左上角创建圆，设置圆的“填色”为黑色，复制圆，并设置最后两个圆的“描边”为黑色，设置“填色”为无，如图11-17所示。

图11-17

11 在圆点后，使用“文字工具” T，在舞台中创建文字注释，如图11-18所示。

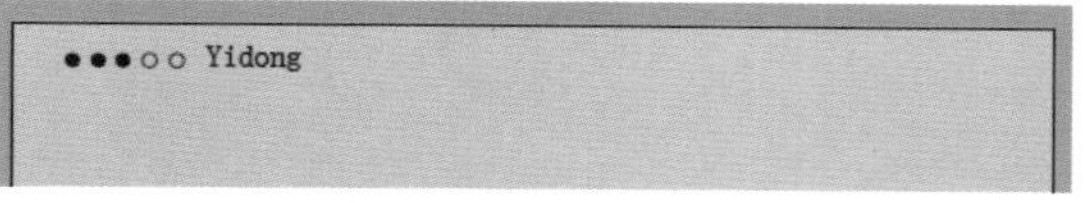

图11-18

12 在工具箱中按住左键单击“直线段工具”，在弹出的快捷工具中单击右侧按钮，可以打开隐藏的工具面板，从中选择“极坐标网格工具”，如图11-19所示。

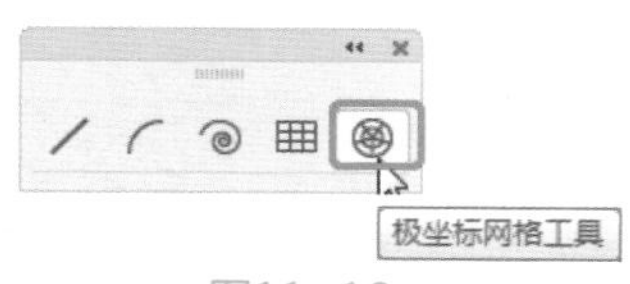

图11-19

13 选择工具后，在舞台中单击，在弹出的“极坐标网格工具选项”对话框中设置同心圆分割线的“数量”为6，如图11-20所示。

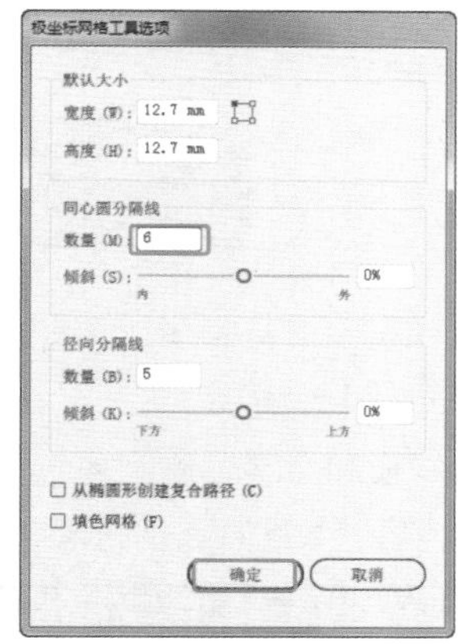

图11-20

14 在舞台中创建极坐标网格，使用“实时上色工具”，在舞台中填充极坐标网格，绘制信号，如图11-21所示。

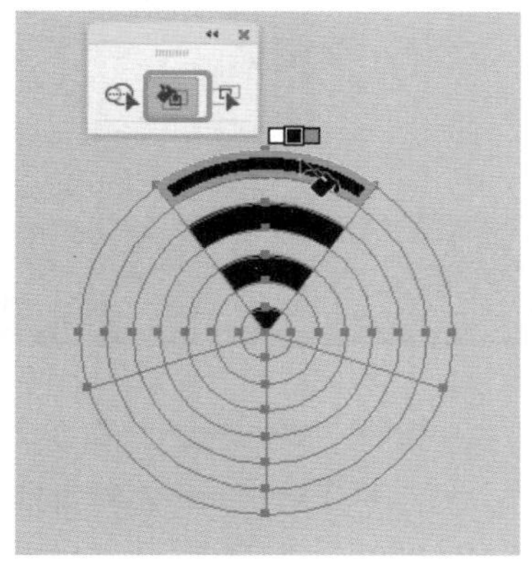

图11-21

实时上色工具使用提示

“实时上色工具”是“形状生成工具”的隐藏工具，使用“实时上色工具”时，会弹出一个对话框，如图11-22所示，出现这种情况时，说明当前需要填充的形状没有处于选择状态，全选需要填充的形状，在工具属性栏中单击“合并实时上色”按钮，使用“实时上色工具”，即可填充颜色，如图11-23所示。

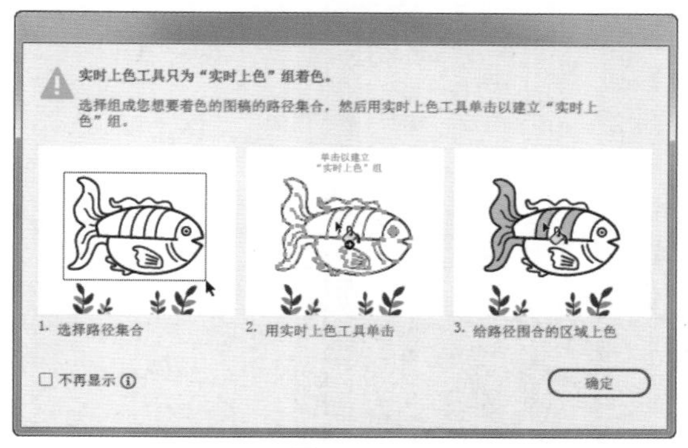

图11-22

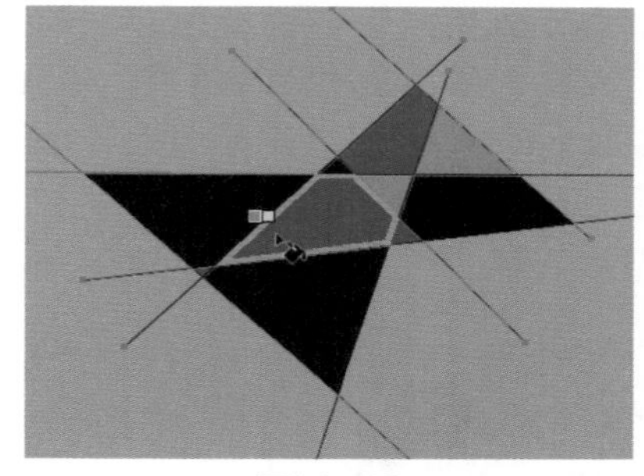

图11-23

15 移动调整极坐标网格至如图11-24所示的位置。

图11-24

16 使用“文字工具” T，在舞台中添加文字，如图11-25所示。

图11-25

17 使用“矩形工具”绘制电池状态，如图11-26所示的效果。

图11-26

18 组合完成手机顶部的信息状态，如图11-27所示。

图11-27

19 使用“椭圆工具”，在舞台中如图11-28所示的位置创建椭圆，设置“填色”为无，“描边”为白色，描边粗细为4pt。

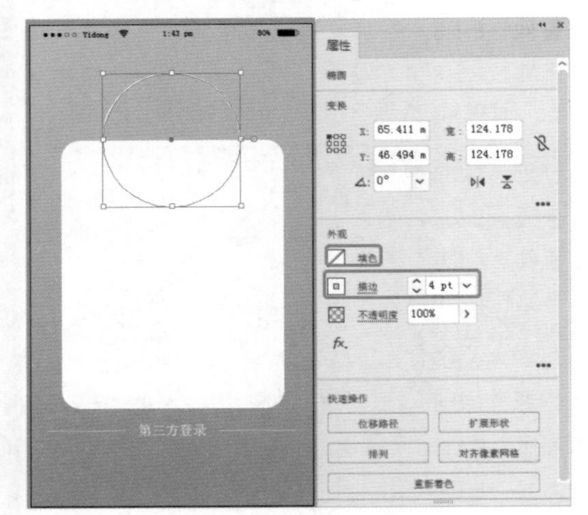
图11-28

20 在菜单栏中选择“文件>置入”命令，在弹出的“置入”对话框中选择随书配备资源中的“头像.png”，单击“置入”按钮，如图11-29所示。

图11-29

21 置入素材作为头像素材的位置，如图11-30所示，创建圆角矩形，设置矩形合适的大小，并设置“填色”为无，设置“描边”为灰色。

22 在圆角矩形中使用“文字工具”T，设置文字的颜色为灰色，创建并调整文字的位置和大小，如图11-31所示，对圆角矩形和文字复制，调整其位置和文字的内容。

图11-30

图11-31

23 继续创建文字，设置文字的颜色分别为灰色和浅蓝色，如图11-32所示。

24 复制圆角矩形和文字，修改其颜色为浅蓝色，修改文字内容，如图11-33所示。

图11-32　图11-33

25 在菜单栏中选择“文件>置入”命令，在弹出的“置入”对话框中选择随书配备资源中的“第三方01~03.png”3个素材文件，单击“置入”按钮，如图11-34所示。

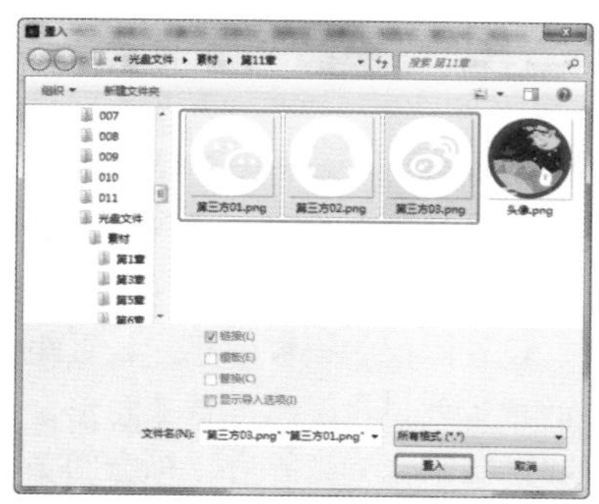

图11-34

26 移入素材后调整素材的位置和大小，如图11-35所示。

图11-35

27 至此，本案例制作完成。

★★★★

11.3 商业案例——手机App音乐播放界面设计

11.3.1 设计思路

■ 案例类型

本案例设计一款手机App的音乐播放界面。

■ 设计背景

科技在发展进步，时尚同样也在发展进步，数码产品的典型代表MP3播放器也被手机中自带的App软件所替代，手机完美呈现了“一机在手”，什么都有的效果，不仅可以消费、通信，还可以社交等，听音乐已经成了手机最平常不过的功能了。

■ 设计定位

在本案例中将主要设计音乐播放器界面，需要设计播放器的背景，将跟随播放的专辑封面而自动更换，随着色调的变化，播放按钮的颜色也随着变换，这里需要制作一款什么颜色的背景案例，主要看一下整体的布局效果。

11.3.2 表现形式与风格

本案例主要使用上下结构布局，将歌手图像放置到中间位置，将歌名、歌手和品质放置到上方，下面放置进度条和按钮。

11.3.3 其他方案欣赏

在制作案例时，往往会延伸出许多方案供客户挑选，以下是提供的其他三种配色方案，如图11-36所示。

图11-36

图11-36（续）

11.3.4 同类作品欣赏

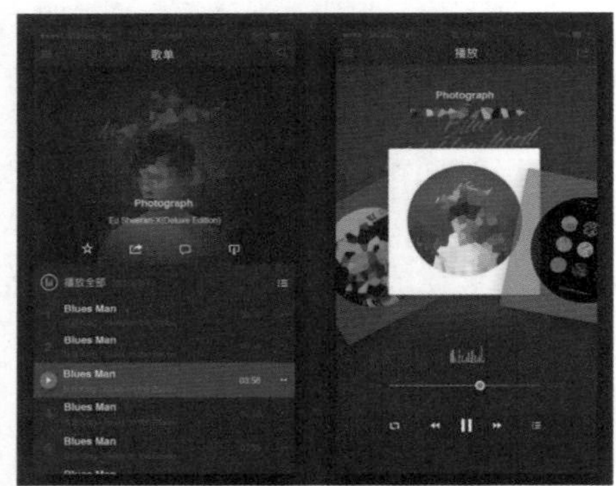

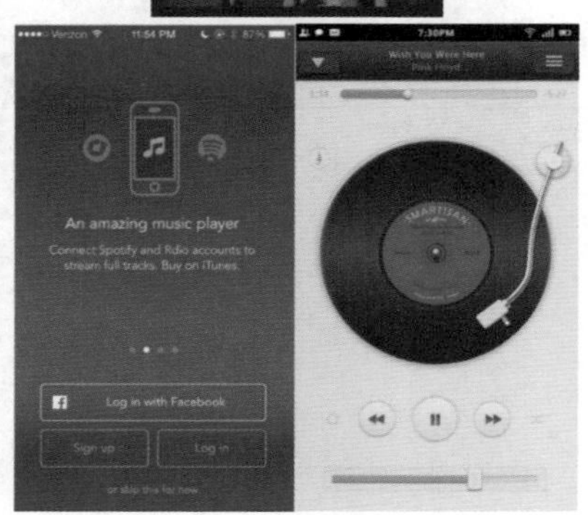

11.3.5 项目实战

制作流程

本案例首先使用前面11.2节中的“手机软件个人中心登录界面”案例进行修改和编辑；然后创建文字注释，设置图像的模糊效果，设置矩形渐变，设置叠加的背景效果；最后创建三角形，创建箭头形状，创建椭圆形，创建直线，创建圆角矩形，设置外发光效果凸出文字和按钮，如图11-37所示。

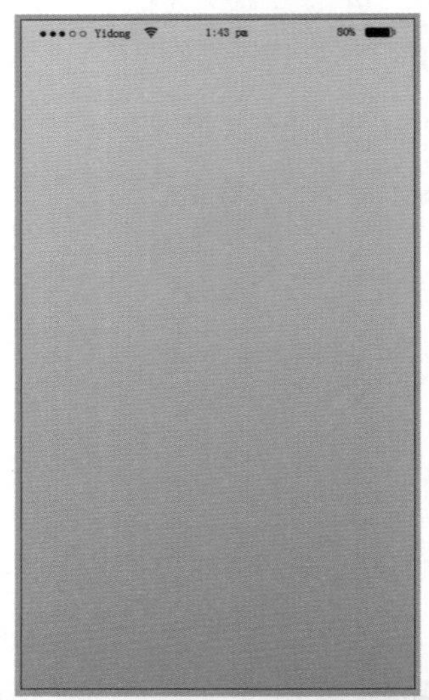

图11-37

技术要点

使用“文字工具”创建注释；

使用“置入”命令置入素材；

使用“高斯模糊”设置图像的模糊效果；

使用“矩形工具”设置矩形的渐变并设置出叠加的背景效果；

使用“多边形工具”创建三角形；

使用“钢笔工具”创建箭头形状；

使用“椭圆工具”创建椭圆；

使用“直线段工具”创建直线；

使用“圆角矩形工具”创建圆角矩形；

设置“外发光”效果凸出文字和按钮效果。

■ 操作步骤

01 打开前面制作的“手机软件个人中心登录界面”，然后在菜单栏中选择“文件>存储为”命令，在弹出的“储存为”对话框中存储为“手机音乐播放软件.ai”文件，单击“保存”按钮，如图11-38所示。

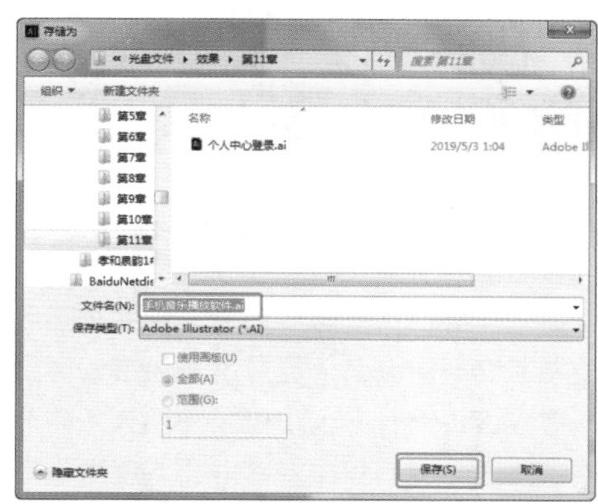

图11-38

02 保存文件后，在舞台中删除不需要的素材文件，如图11-39所示。

图11-39

03 在菜单栏中选择“文件>置入”命令，在弹出的“置入”对话框中选择随书配备资源中的“bg01.png”素材文件，单击“置入”按钮，如图11-40所示。

图11-40

04 置入素材后，在舞台中调整素材的大小和位置，如图11-41所示。

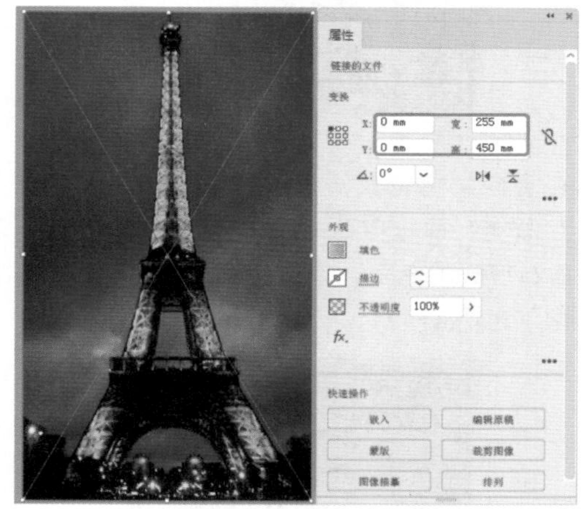

图11-41

05 选择置入的素材文件，在菜单栏中选择“效果>模糊>高斯模糊”命令，在弹出的“高斯模糊”对话框中设置合适的模糊参数，如图11-42所示。

图11-42

06 设置模糊后，按Ctrl+[组合键，设置背景素材的排列顺序，效果如图11-43所示。

图11-43

07 在舞台中将背景矩形放置到图像的上方，在“渐变”面板中修改其渐变颜色由#3f1500到# 2a1700的渐变，设置角度为90°，设置“类型”为“线性”，如图11-44所示。

图11-44

08 在“外观”面板中单击“不透明度”，在弹出的快捷面板中选择混合模式为“柔光”，设置“不透明度”为50%，如图11-45所示。

09 使用“多边形工具”，在舞台中单击，在弹出的“多边形”对话框中设置“边数”为3，单击“确定”按钮，创建多边形，如图11-46所示。

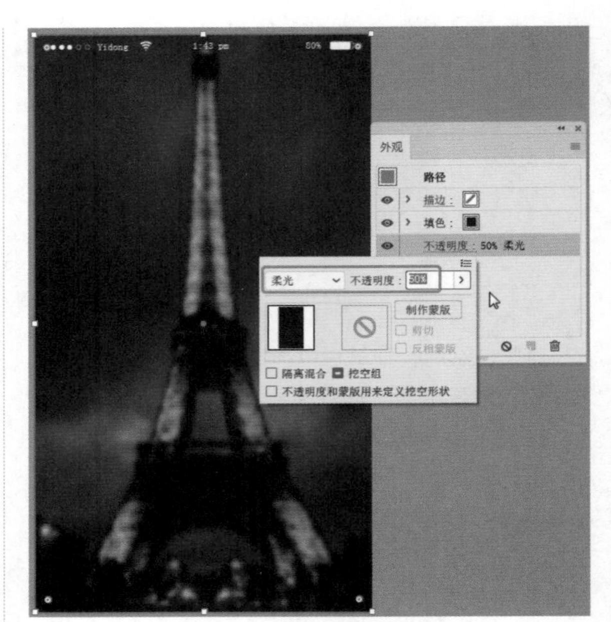
图11-45

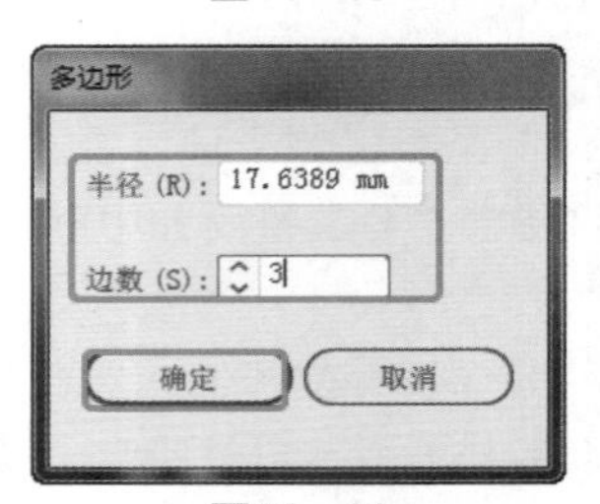

图11-46

10 在舞台中调整绘制的三角形的大小，如图11-47所示。

图11-47

11 使用“钢笔工具”绘制下三角，删除作为辅助的三角形形状，设置钢笔绘制的形状的“填色”为无，设置“描边”为白色，设置合适的描边粗细，如图11-48所示。

图11-48

12 使用“椭圆工具”绘制右侧的椭圆，设置填充为灰色，如图11-49所示。

图11-49

13 使用“文字工具”T，在舞台中创建文字，使用“直线段工具”／绘制直线，设置文字和直线的颜色为白色，如图11-50所示。

图11-50

14 在舞台中绘制圆角矩形，设置其“填色”为无，设置“描边”为绿色，在圆角矩形中创建文字，复制下三角箭头到圆角矩形中，调整其颜色，如图11-51所示。

图11-51

15 复制圆角矩形，对矩形和矩形中的内容以及颜色进行修改，如图11-52所示。

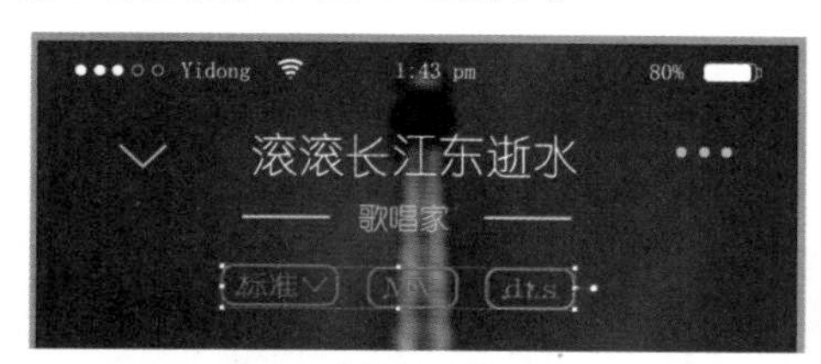

图11-52

16 在舞台中选择创建的文字、圆角矩形、形状、直线、椭圆，在菜单栏中选择“效果>风格化>外发光”命令，弹出的“外发光”对话框中设置合适的参数，单击“确定”按钮，如图11-53所示。

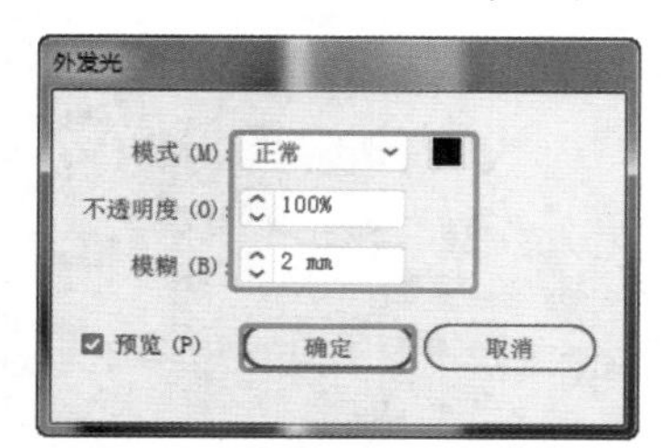

图11-53

17 设置的外发光效果如图11-54所示。

图11-54

18 使用“椭圆工具”◯，在舞台中如图11-55所示的位置创建椭圆，在“属性”面板中设置“宽”为180mm、“高”为180mm，设置其位置，设置“填色”为黑色。

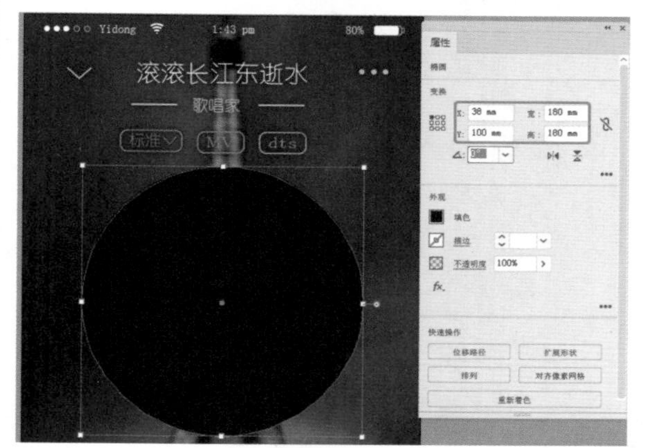

图11-55

19 在菜单栏中选择“文件>置入”命令，在弹出的“置入”对话框中选择随书配备资源中的“头像2.png”素材文件，单击“置入”按钮，如图11-56所示。

图11-56

20 置入素材后，调整素材的位置和大小，如图11-57所示。

第11章 UI设计

图11-57

21 选择创建的椭圆，在“外观”面板中单击“填色”下的“不透明度”，在弹出的快捷面板中选择混合模式为“叠加”，如图11-58所示。

图11-58

22 设置的椭圆混合模式的效果如图11-59所示。

图11-59

23 在椭圆下创建文字，如图11-60所示。

图11-60

24 设置文字的外发光效果，具体参数可以参考前面的“外发光”参数的设置，如图11-61所示。

图11-61

25 在文字的下方创建3个椭圆和1条直线，如图11-62所示。

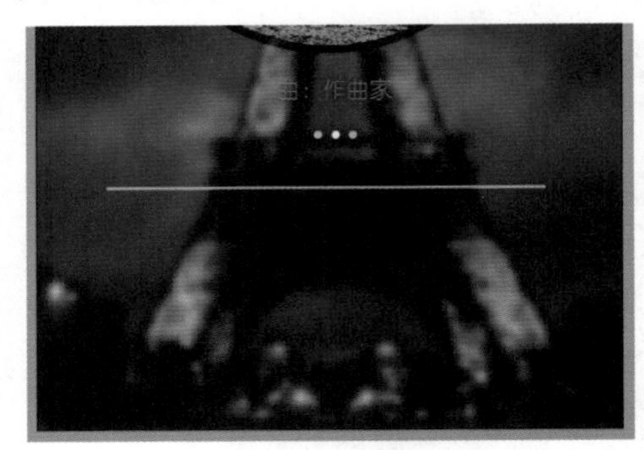

图11-62

26 在直线上创建绿色椭圆，在椭圆的左侧创建绿色直线，作为进度条，如图11-63所示。

图11-63

27 使用“文字工具” T 创建进度条的时间，如图11-64所示。

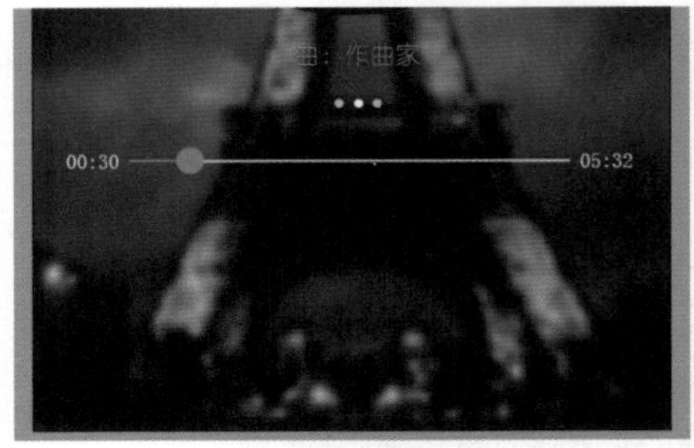

图11-64

28 使用“椭圆工具”，在进度条下创建椭圆，设置“填色”为无，设置“描边”为绿色，如图11-65所示。

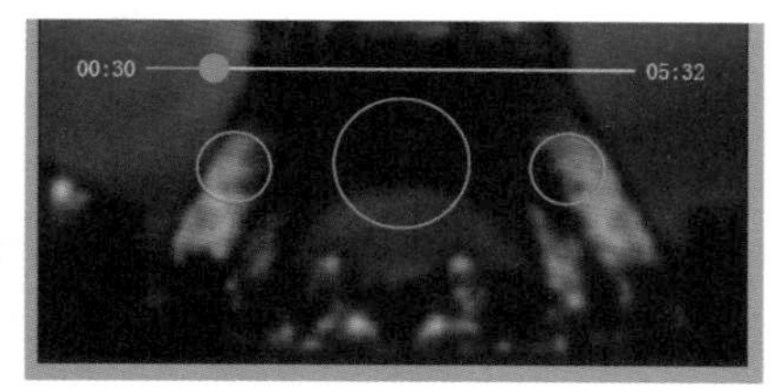

图11-65

29 使用“多边形工具”⬡，在舞台中单击，在弹出的“多边形”对话框中设置“边数”为3，单击“确定”按钮，如图11-66所示。

图11-66

30 创建三角形后，设置合适的位置、大小和角度，如图11-67所示。

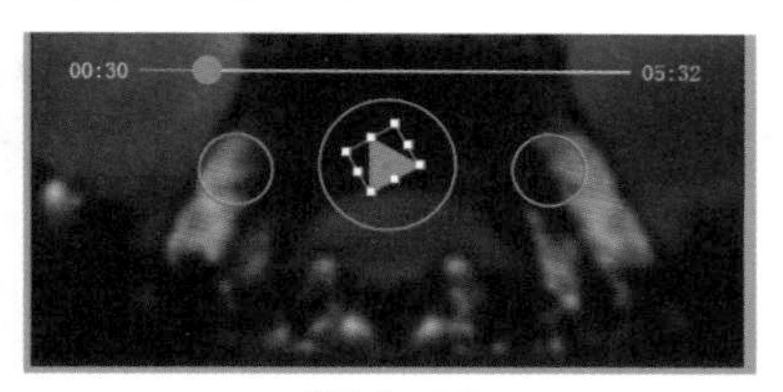

图11-67

31 复制三角形，并使用“直线段工具”╱，创建直线，如图11-68所示，设置颜色为绿色。

图11-68

32 在播放按钮、进度条、时间段，设置外发光效果，如图11-69所示。

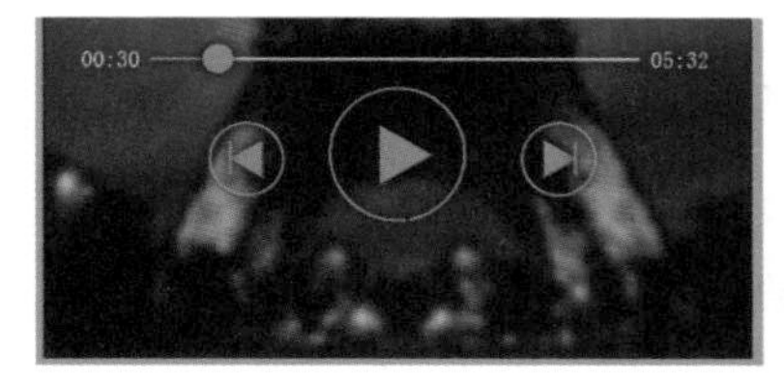

图11-69

33 在菜单栏中选择“文件>置入”命令，在弹出的“置入”对话框中选择随书配备资源中的“音乐播放01.png”素材文件，单击“置入”按钮，如图11-70所示。

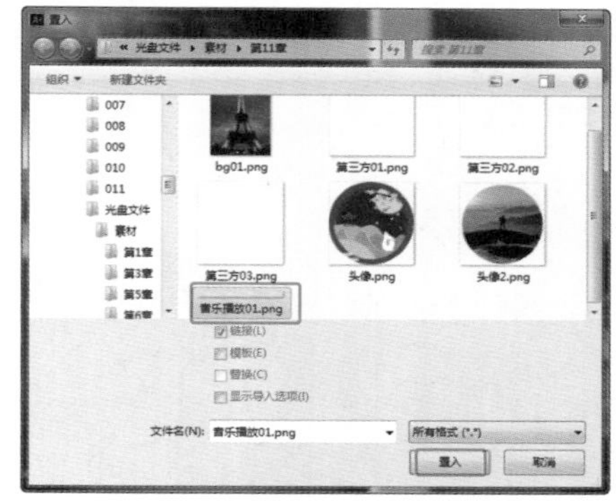

图11-70

34 置入素材后，设置素材的“不透明度”为80%，如图11-71所示。

图11-71

35 设置置入素材后的外发光效果，如图11-72所示。

图11-72

36 至此，本案例制作完成。

11.4 商业案例——消消看游戏关卡界面设计

11.4.1 设计思路

扫码看视频

■ 案例类型

本案例设计一款消消看关卡界面。

■ 设计背景

水果消消看是一款用相同水果抵消来累计积分的休闲类小游戏，相同的水果在一起就会抵消，抵消一组水果就会有一定的积分作为累计，当积分达到限定积分即可通关的一种闯关状态。

■ 设计定位

根据游戏类型将设计一款较为卡通的水晶图形作为主要内容，本案例将主要设计消消看的游戏关卡界面，所以将突出水晶按钮关卡，并加一些比较优秀的平面作品作为背景。游戏界面作为关卡的开始玩游戏的初始界面，好与坏都会给人留下一定的印象，所以游戏的关卡界面是非常重要的。

11.4.2 配色方案

色彩上将主要使用一些色彩鲜艳的、饱和度高的颜色，这些颜色会使人快乐。由于饱和度高、色彩鲜艳，在玩游戏的过程中也便于辨认和操作。

■ 主要配色

本案例主要使用绿色、黄色、红色、蓝色作为主色，本案例因为色彩比较丰富且色彩鲜艳，给人以明亮、华丽、健康、兴奋、温暖、欢乐、辉煌的色感。

■ 其他方案

在此构图的基础上，可以调整一下背景图像的效果，给人以不同的关卡内容。如图11-73所示为可供选择的其他几种方案。

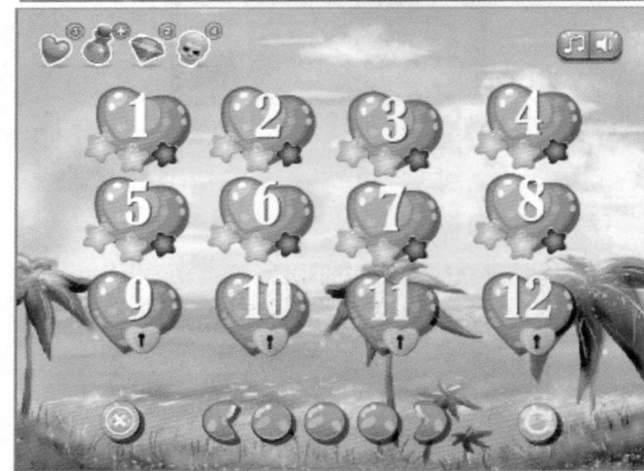

图11-73

11.4.3 表现形式

本案例将主要内容关卡放置到中间位置，为中心构图，添加一些操作按钮以及复制工具，协调一下整体的布局，当然，这些功能按钮是必不可少的，在排列和布局上，只需要搭配协调即可。

11.4.4 项目实战

■ 制作流程

本案例首先创建矩形作为剪切蒙版的图像，创建星形并设置星形的内发光效果和高光效果；然后绘制不规则的形状，将描边和效果转换为图形，设置投影效果；最后调整出心形锁效果，创建椭圆水晶按钮，设置按钮的外发光效果，如图11-74所示。

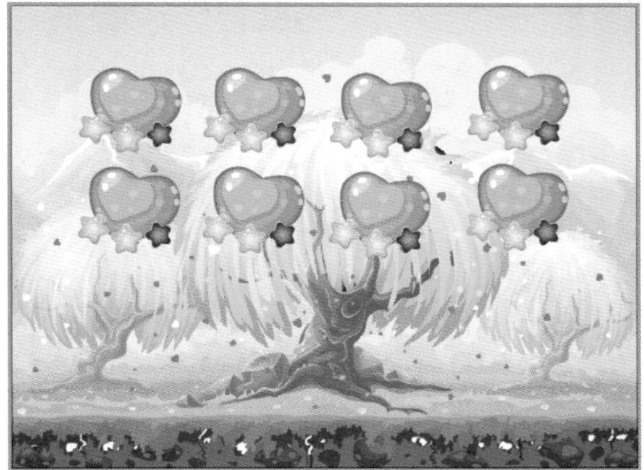

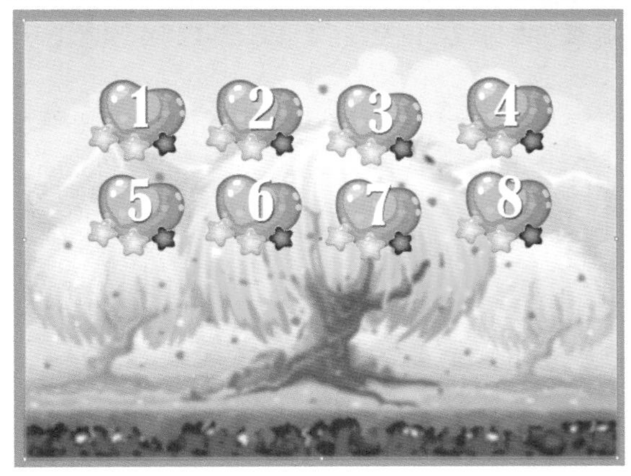

图11-74

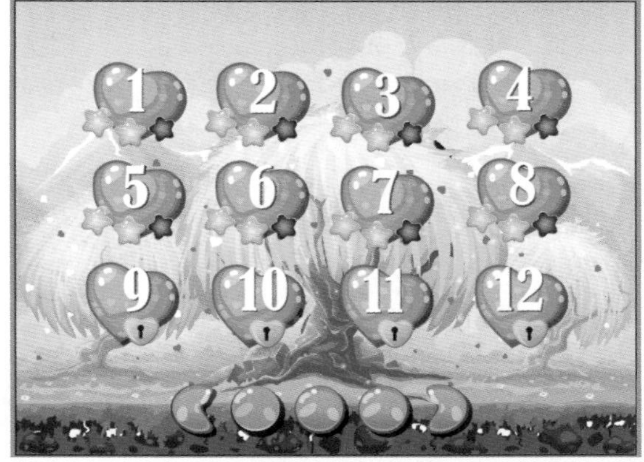

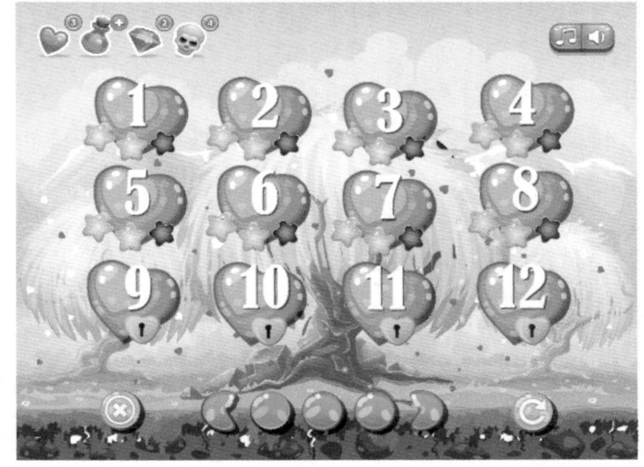

图11-74（续）

■ 技术要点

使用“置入”命令置入素材作为背景和其他的按钮素材；

使用“矩形工具”创建矩形作为剪切蒙版的图像；

使用“星形工具”工具创建星形；

使用“内发光”命令设置星形的内发光效果；

使用“画笔工具”绘制星形的高光；

使用“钢笔工具”绘制不规则的形状；

使用“扩展外观”和“扩展”命令将描边和效果转换为图形；

使用“投影”命令设置投影效果；

使用“椭圆工具”创建出椭圆水晶按钮；

使用“外发光”命令设置出按钮的外发光效果。

■ 操作步骤

制作背景

下面来导入素材作为界面背景，并设置素材的剪切蒙版效果得到背景。

01 运行Illustrator软件，新建文件，在弹出的“新建文档”对话框中设置“宽度”为500mm、“高度”为381mm，单击“创建”按钮，创建文档，如图11-75所示。

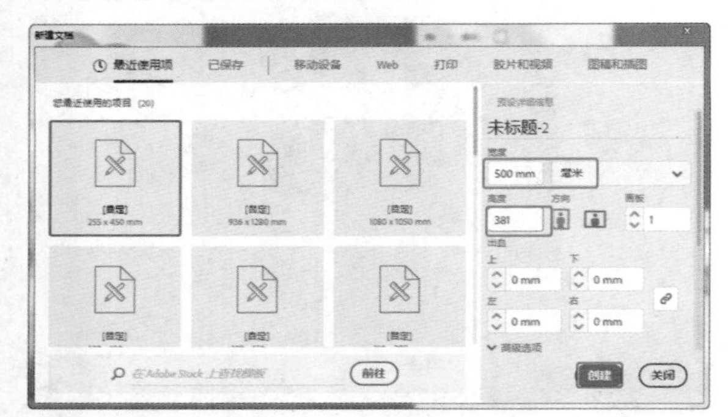

图11-75

02 在菜单栏中选择“文件>置入”命令，在弹出的“置入”对话框中选择随书配备资源中的“资源1.png”素材文件，单击“置入”按钮，如图11-76所示。

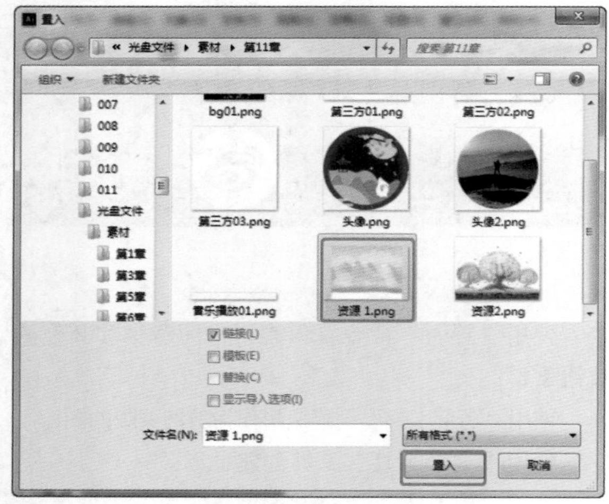

图11-76

03 置入素材后，在舞台中调整素材的位置和大小，如图11-77所示。

图11-77

04 在菜单栏中选择“文件>置入”命令，在弹出的“置入”对话框中选择随书配备资源中的“资源 2.png”素材文件，单击“置入”按钮，如图11-78所示。

图11-78

05 置入素材后，调整素材的位置和大小，如图11-79所示。

06 使用“矩形工具”，在舞台中单击，在弹出的“矩形”对话框中设置“宽度”为500mm、“高度”为381，单击“确定”按钮，创建矩形，如图11-80所示。

图11-79

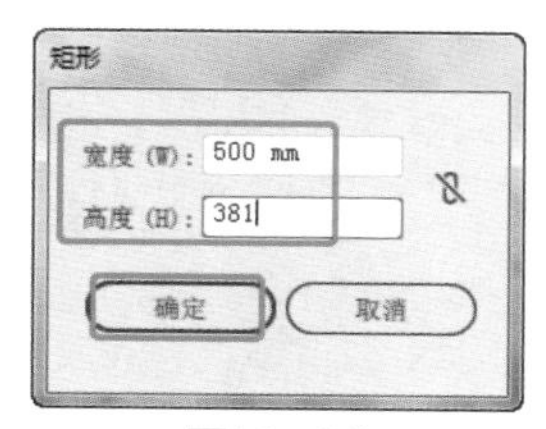

图11-80

07 创建矩形后，在舞台中调整矩形的位置，如图11-81所示。

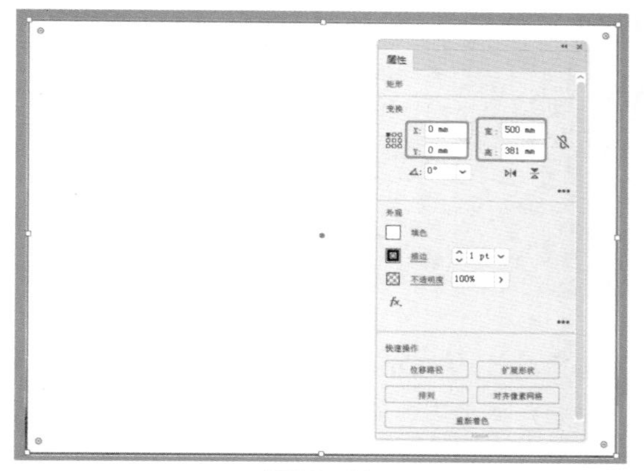

图11-81

08 调整矩形在舞台中的位置后，选择矩形和两个置入的素材，在“属性”面板中单击“建立剪切蒙版”按钮，如图11-82所示。

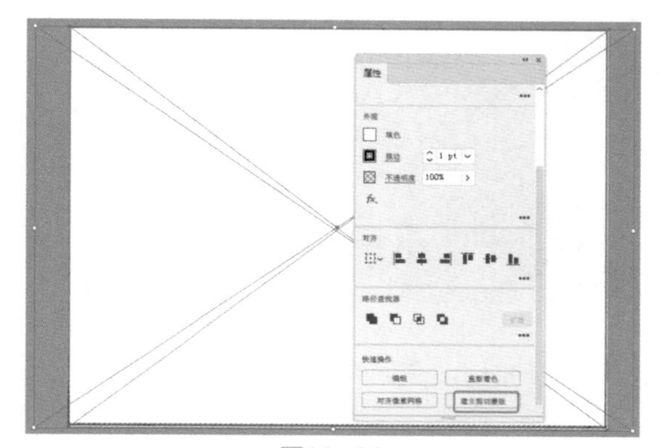

图11-82

09 剪切后的效果如图11-83所示。

图11-83

10 在菜单栏中选择“文件>打开”命令，在“打开”对话框中选择第4章制作的“游戏艺术字.ai”文件，如图11-84所示。

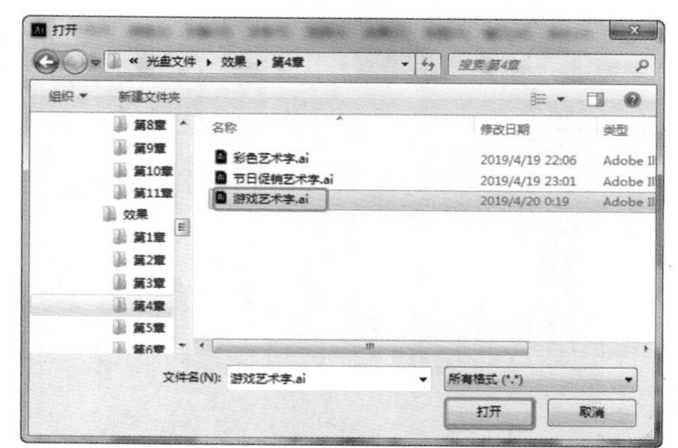

图11-84

制作关卡图像

将通过绘制图形并不断地调整组合出水晶关卡按钮。

01 打开文件后，从中选择水晶的心形，按Ctrl+C组合键，复制水晶心形，如图11-85所示。

图11-85

02 切换到消消看舞台中，按Ctrl+V组合键，粘贴所复制的心形到舞台中，删除多余的图形，如图11-86所示。

图11-86

03 在舞台中修改心形的填充，使其颜色变得更加鲜艳一些，如图11-87所示。

图11-87

04 选择所有心形的形状，按Ctrl+G组合键，将心形编组，编组后，选择“星形工具”，在舞台中单击，在弹出的“星形”对话框中设置合适的参数，单击“确定”按钮，如图11-88所示。

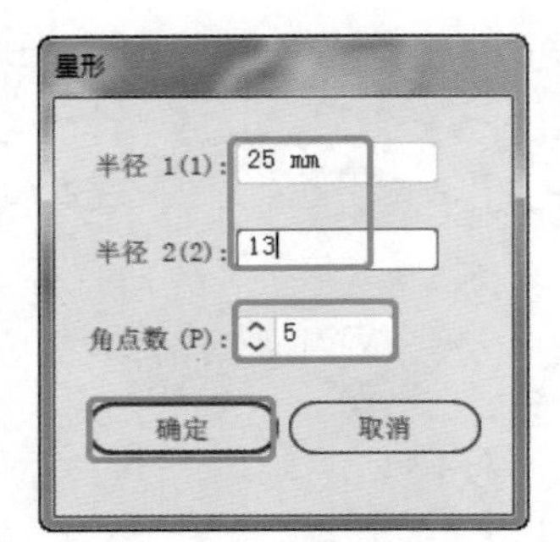

图11-88

05 使用“直接选择工具”，设置星形的半径1的控制点为圆角，如图11-89所示。

06 设置星形的填充为渐变，在“渐变”面板中选择“类型”为“线性”，设置角度为-90°，设置渐变由#fceed9到#fcd433到#fb9a3b的渐变，调整渐变色标到合适的位置，如图11-90所示。

图11-89

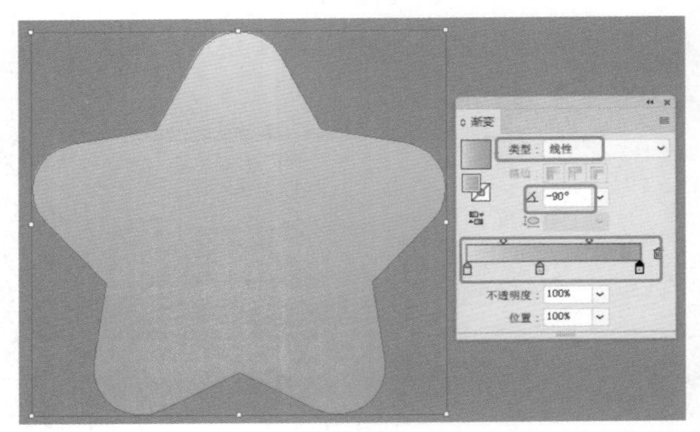

图11-90

07 选择星形，按Ctrl+C和Ctrl+F组合键，复制、粘贴星形到上方，修改其大小，在“渐变”面板中修改其渐变由#fb9a3b到#8f0200的渐变，选择“类型”为“径向”，如图11-91所示。

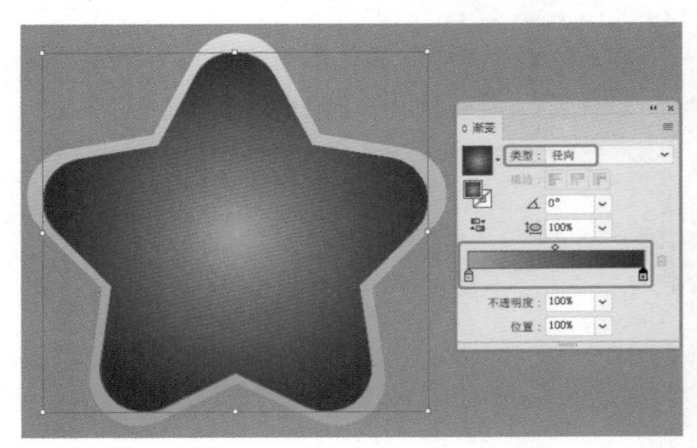

图11-91

08 设置渐变后，在菜单栏中选择“效果>风格化>内发光”命令，在弹出的“内发光”对话框中设置合适的内发光参数，如图11-92所示。

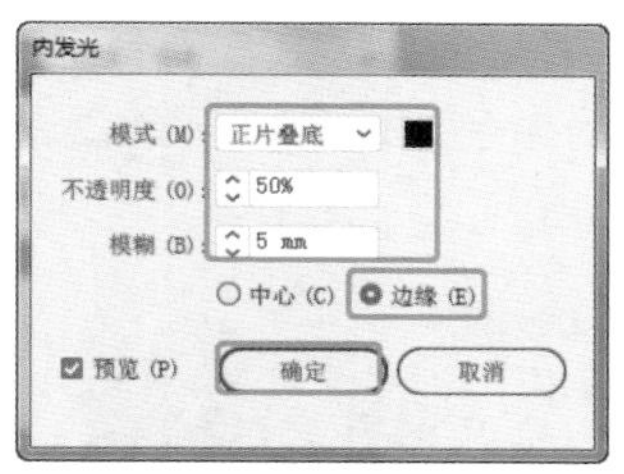

图11-92

09 设置内发光效果后，使用“选择工具”，选择星形的两个形状，按Alt键移动复制出另外的星形，如图11-93所示。

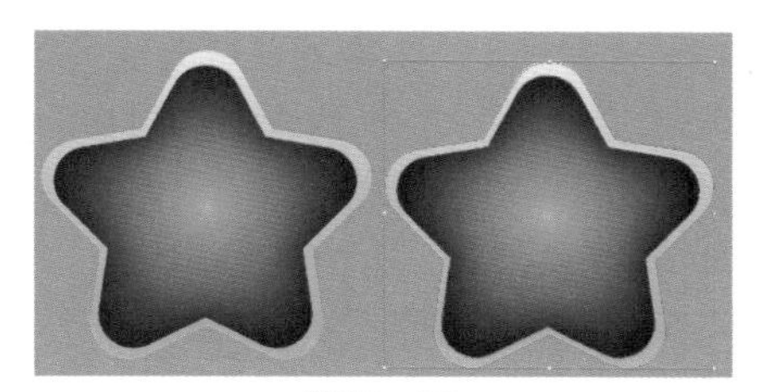

图11-93

10 选择复制出的星形，修改其上方的星形的填充“类型”为“线性”，设置角度为-90°，设置渐变填充由#fceed9到#fcd433到#fb9a3b的渐变，调整色标到合适的位置，如图11-94所示。

图11-94

11 可以看到当前的星形还有“内发光”效果，选择星形，在“外观”面板中选择“内发光”效果，单击🗑按钮，将效果删除，如图11-95所示。

图11-95

12 删除效果后得到如图11-96所示的效果。

图11-96

13 选择底部的星形，复制到上方，调整星形的大小，得到如图11-97所示的效果。

图11-97

14 继续复制星形，设置星形的渐变填充，如图11-98所示。

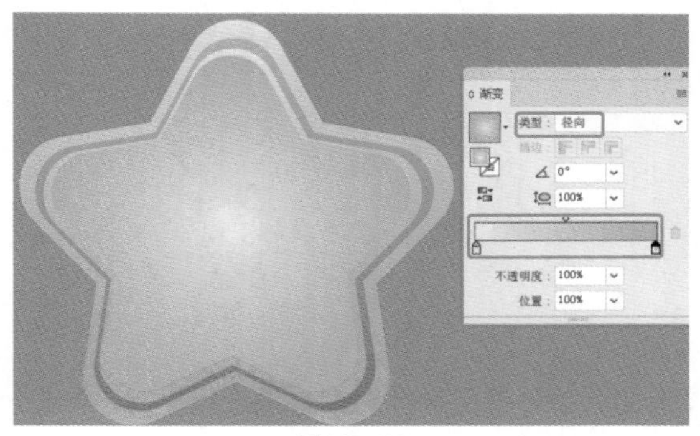

图11-98

15 使用“画笔工具”🖌，设置颜色为白色，选择黑色的画笔笔触和粗细，在舞台中创建出高光效果，如图11-99所示。

图11-99

16 使用“钢笔工具”，在舞台中绘制形状，设置其“填色”为白色，设置“描边”为无，设置“不透明度”为30%，如图11-100所示。

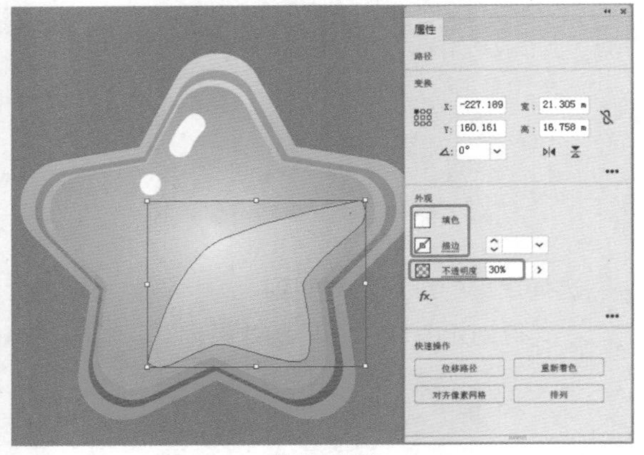

图11-100

17 在舞台中选择两个星星图像，在菜单栏中选择“对象>扩展外观”命令，然后选择“对象>扩展”命令，将效果和形状转换为图形。

18 在舞台中分别组合星星，并调整星星的位置和角度，组合到心形上，得到如图11-101所示的效果。

图11-101

19 组合心形效果后，对其效果进行复制，调整至舞台合适的位置，如图11-102所示。

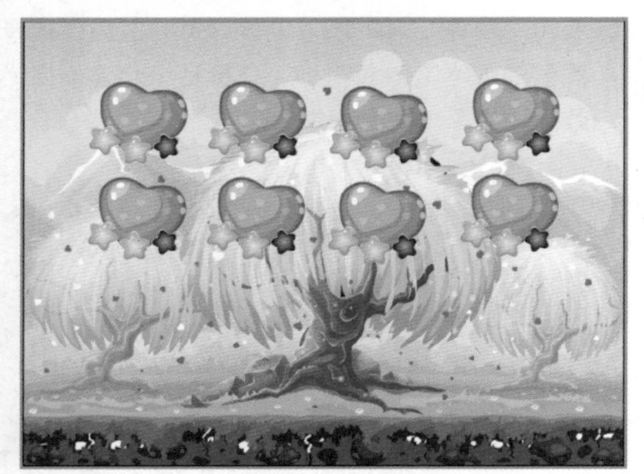

图11-102

20 使用“文字工具”T，在舞台中创建文字，设置文字的颜色为白色，设置合适的属性，如图11-103所示。

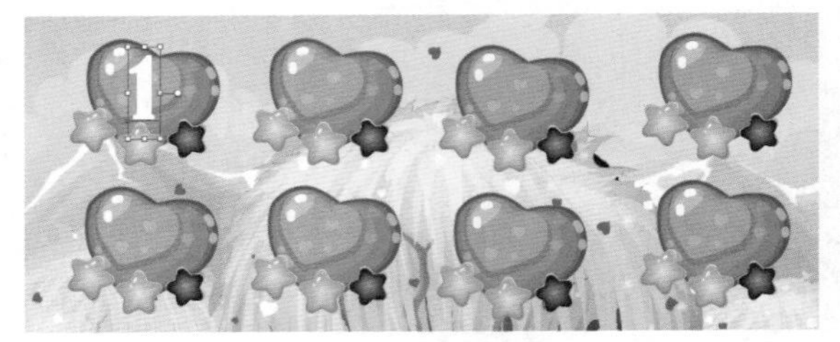

图11-103

21 选中创建的文字，在菜单栏中选择“效果>风格化>投影”命令，在弹出的“投影”对话框中设置投影的参数，单击“确定”按钮，如图11-104所示。

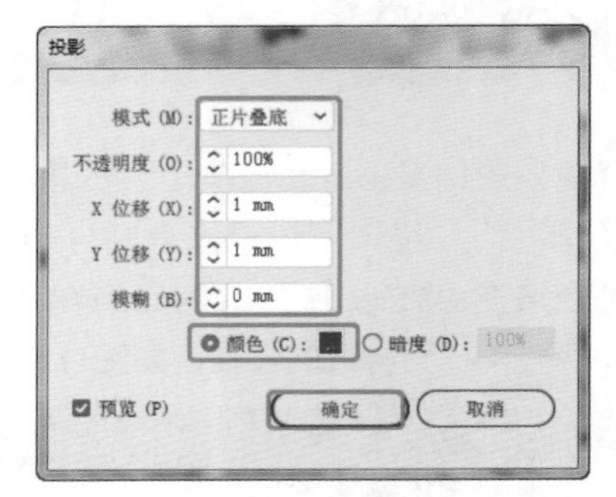

图11-104

22 使用“椭圆工具”，在舞台的空白处创建椭圆，使用“锚点工具”和“直接选择工具”调整椭圆形状为心形，设置心形的“填色”为渐变，在“渐变”面板中设置“类型”为“线性”，设置角度为-60°，设置渐变填充由#fbb03b到#c1272d的渐变，如图11-105所示。

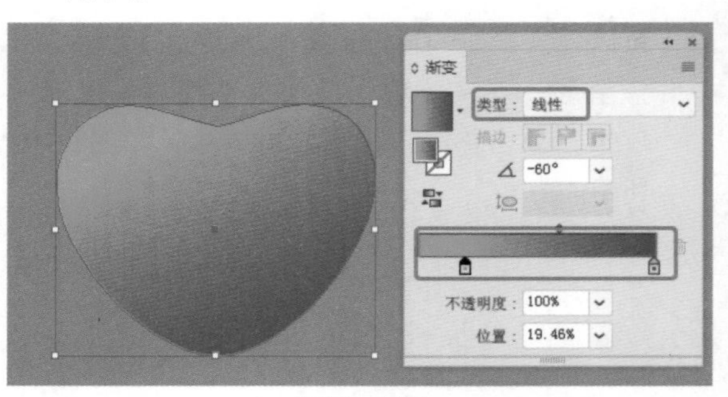

图11-105

23 复制心形，调整心形的大小和排列顺序，在“渐变”面板中修改渐变填充由#fcee21到#f7931e的渐变，如图11-106所示。

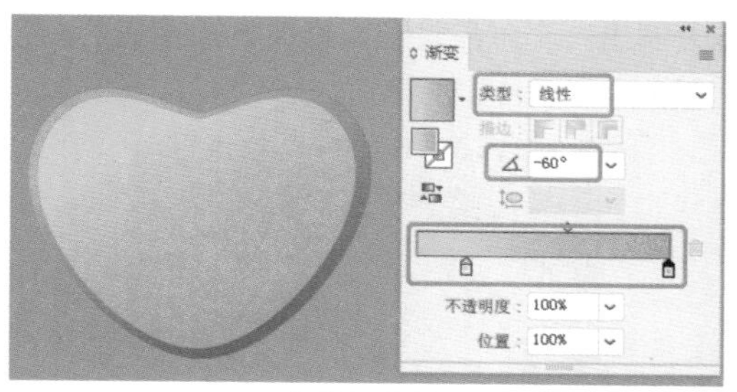

图11-106

24 复制心形，使用“直接选择工具”调整心形的形状，将其填色，在渐变的基础上设置为较浅的渐变，如图11-107所示。

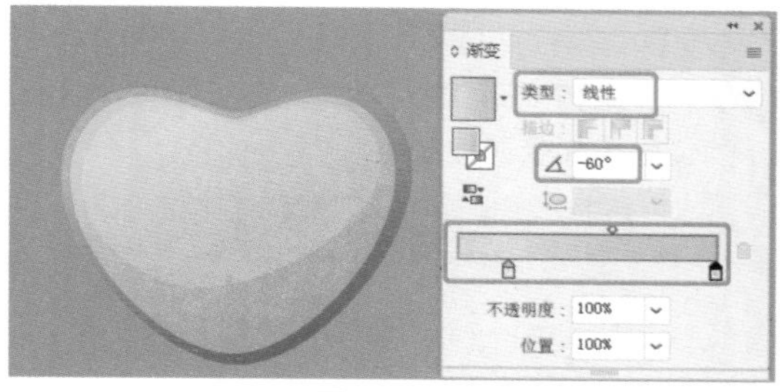

图11-107

25 使用“钢笔工具”，在舞台中创建形状，设置其“填色”为#ffeb99，如图11-108所示。

图11-108

26 使用“椭圆工具”和“矩形工具”，创建形状，组合出心形的锁芯，设置“填色”为#382e06，如图11-109所示。

图11-109

27 复制组合形状，如图11-110所示。

图11-110

制作水晶按钮

下面制作界面中的水晶按钮，其中将会使用到新工具“操控变形工具”，通过调整按钮来熟悉这个新工具。

01 使用“椭圆工具”，在舞台的空白处创建椭圆，在“渐变”面板中设置渐变由#006837到#002e37的渐变，如图11-111所示。

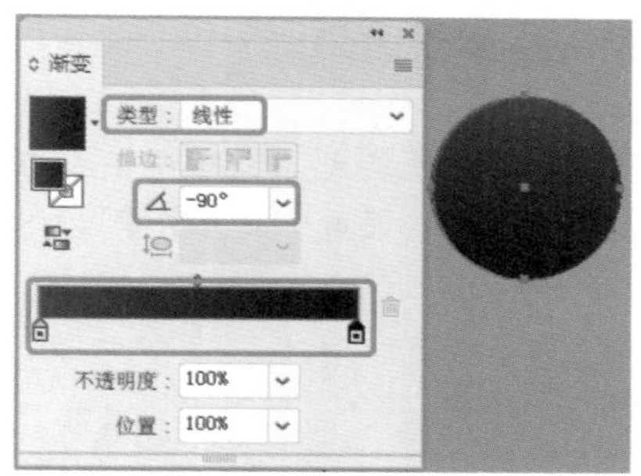

图11-111

02 复制椭圆，调整椭圆的位置和大小，在“渐变”面板中修改渐变填充由# 79ff37到# ffff37的渐变，如图11-112所示。

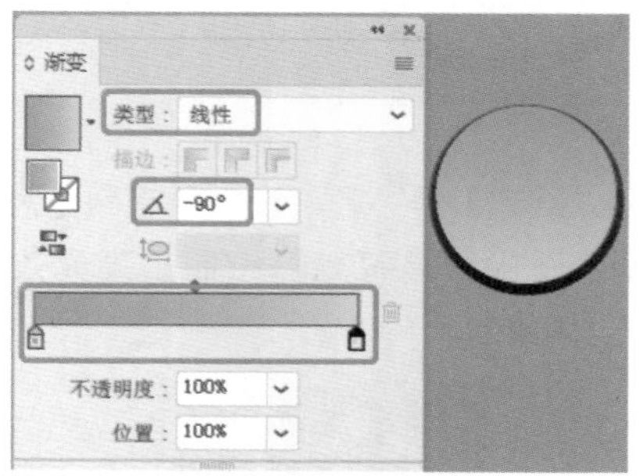

图11-112

03 继续在舞台中复制椭圆，调整椭圆的高度，设置椭圆的渐变由# 79ff37到# 7fc500的渐变，如图11-113所示。

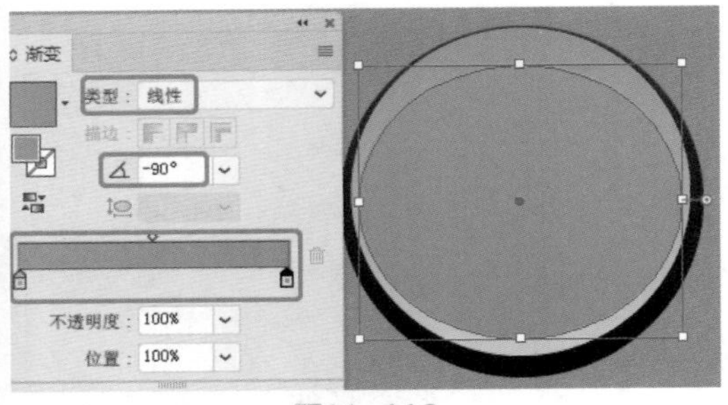
图11-113

04 复制并调整椭圆，设置椭圆的“填色”为黄色，设置“不透明度”为20%，如图11-114所示。

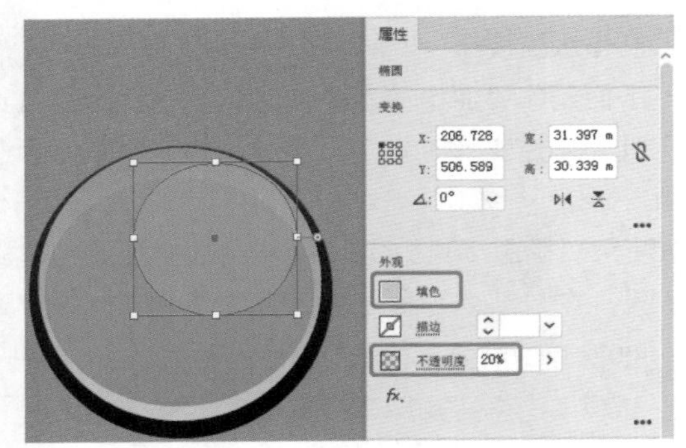
图11-114

05 复制并调整椭圆的形状和角度，设置其“填色”为# e6ff63，设置“不透明度”为80%，如图11-115所示。

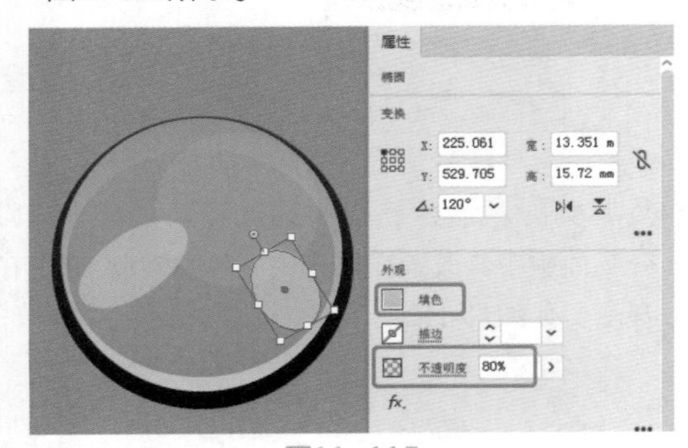
图11-115

06 使用“画笔工具”，设置画笔颜色为白色，设置合适的画笔笔触，绘制出高光效果，如图11-116所示。

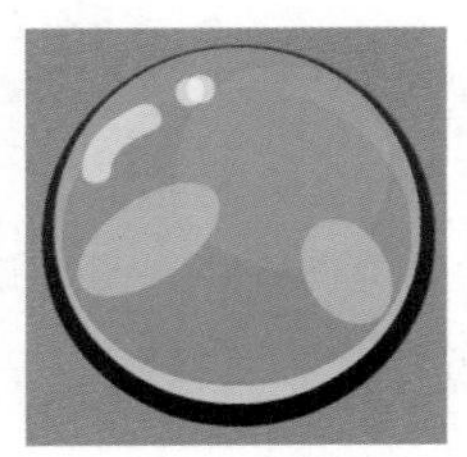
图11-116

07 复制出一个水晶按钮，修改水晶按钮的颜色为蓝色，如图11-117所示。

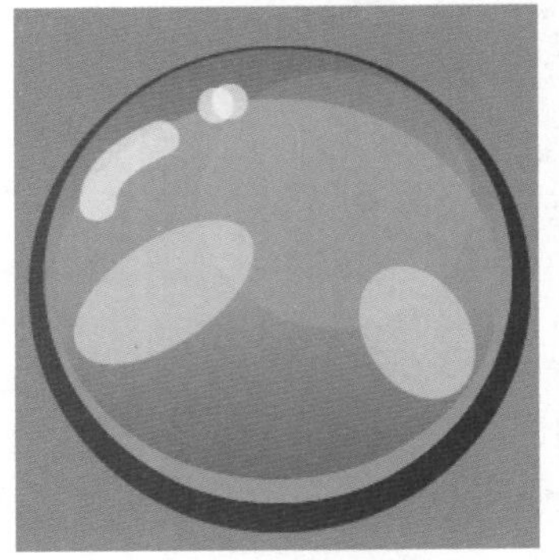
图11-117

08 使用“操控变形工具”，在如图11-118所示的位置添加变形控制点。

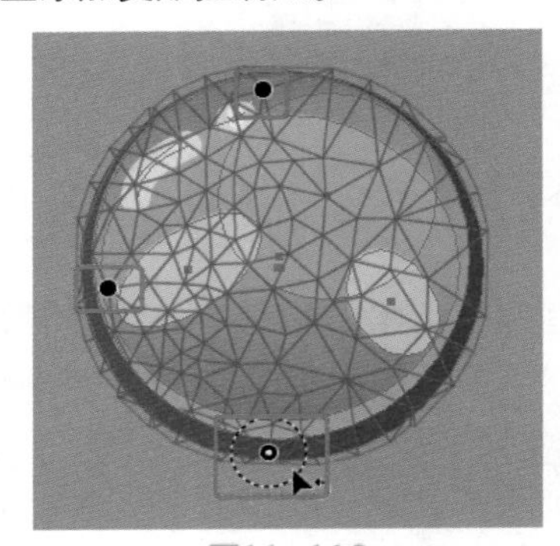
图11-118

09 拖动如图11-119所示的变形点，调整图形的变形。

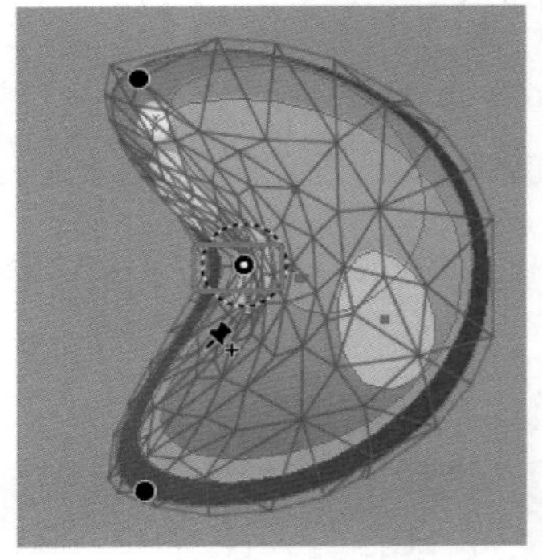
图11-119

操控变形工具的使用提示

操控变形工具的使用原理就是添加一些固定点，通过调整固定点来影响该点周围的图形，不影响其他固定点的形状，这就是变形工具的有趣之处。

10 在舞台中复制水晶按钮，将其放置到关卡的下方，如图11-120所示。

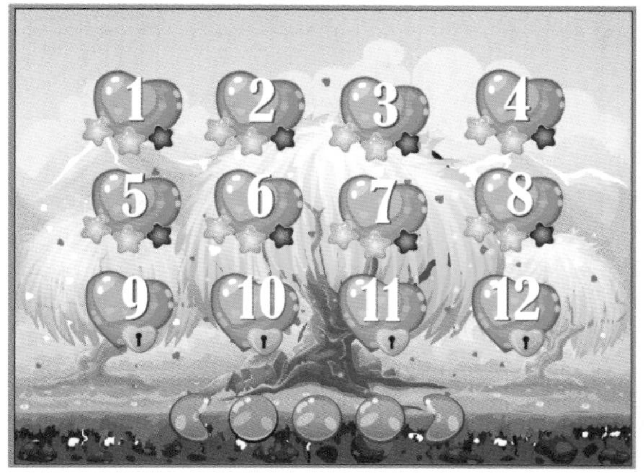

图11-120

11 在场景中选择底部关卡的水晶按钮，在菜单栏中选择“效果>风格化>投影”命令，在弹出的“投影”对话框中设置合适的投影参数，如图11-121所示。

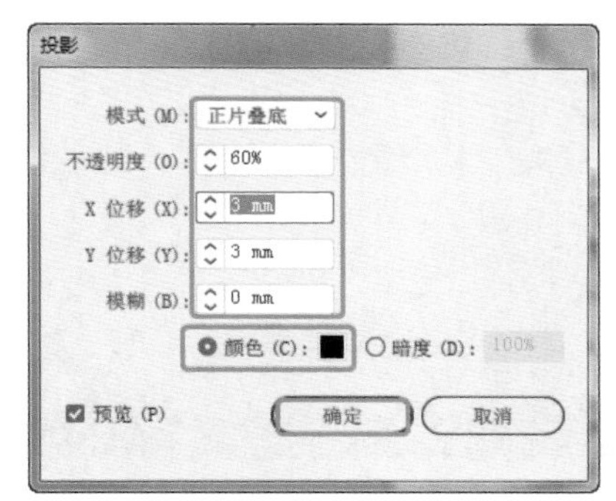

图11-121

12 设置投影后的效果如图11-122所示。

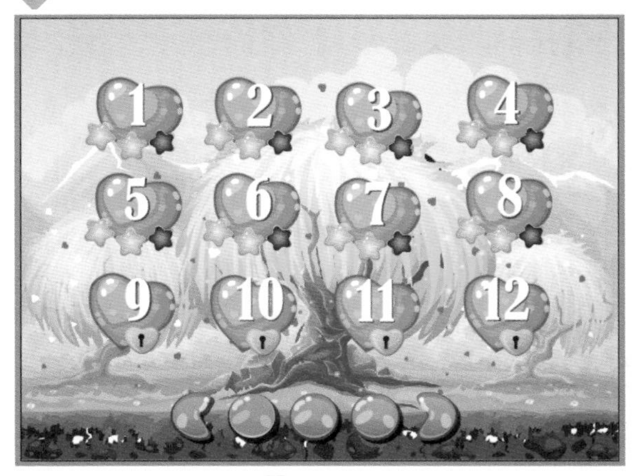

图11-122

13 使用同样的方法设置红色心形关卡的“投影”效果，如图11-123所示。

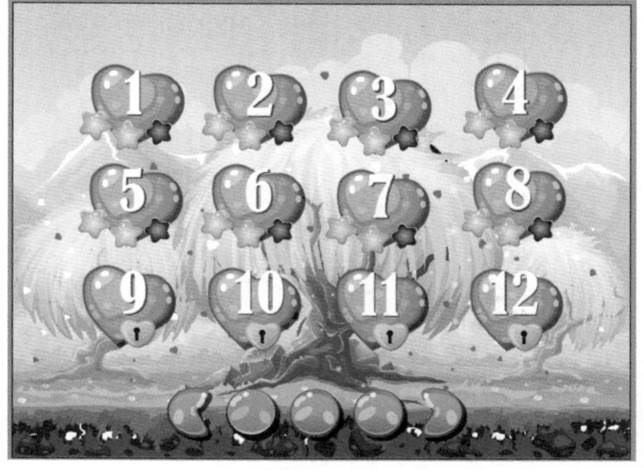

图11-123

14 复制水晶按钮到如图11-124所示的半圆形按钮两侧。

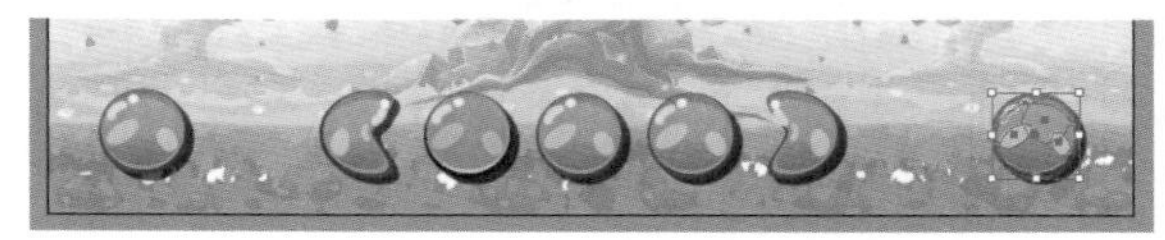
图11-124

15 修改其水晶按钮的颜色为黄色，如图11-125所示。

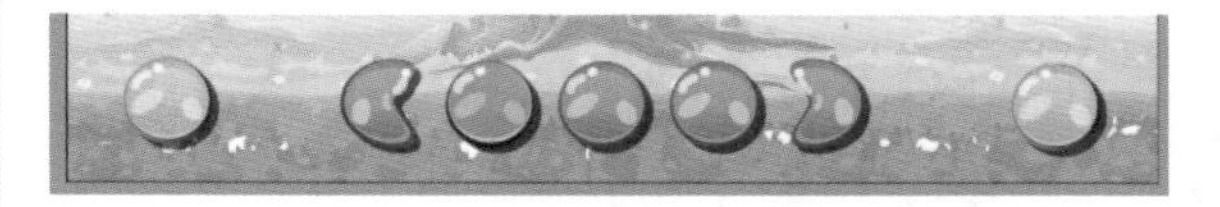
图11-125

16 在菜单栏中选择“窗口>符号”命令，打开“符号”面板，在“符号”面板中单击≡按钮，在弹出的菜单中选择“打开符号库>网页图标”命令，打开“网页图标”面板，从中拖曳按钮图标到如图左侧的黄色水晶按钮上，如图11-126所示。

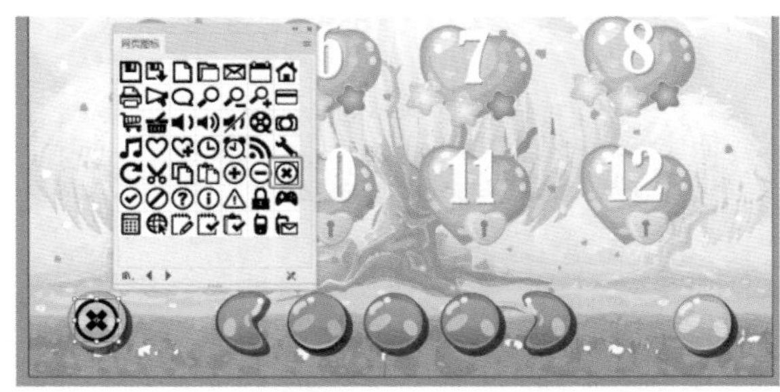

图11-126

17 双击添加的网页图标可以进入编组窗口中，可以再次双击，进入图形状态，修改其颜色为白色，在舞台的空白处双击可以返回到窗口的正常编辑状态，如图11-127所示。

图11-127

18 选择添加的图标，在菜单栏中选择“效果>风格化>外发光”命令，在弹出的“外发光”对话框中设置合适的外发光参数，单击“确定”按钮，如图11-128所示。

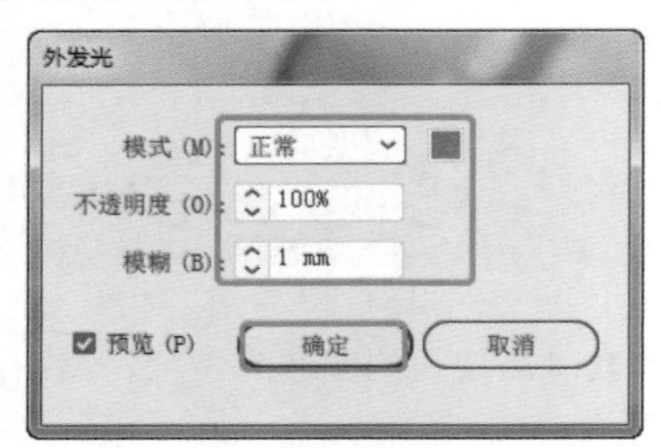

图11-128

19 设置的图标的外发光效果如图11-129所示。

图11-129

20 使用同样的方法添加并设置另外一个图标的效果，如图11-130所示。

图11-130

21 由于所有的水晶按钮制作方法基本相同，只是填充的渐变不一样而已，所以剩下的按钮使用置入的方法，将制作好的素材置入到舞台中。

22 在菜单栏中选择“文件>置入”命令，在弹出的“置入”对话框中选择随书配备资源中的“按钮.png”素材文件，单击“置入”按钮，如图11-131所示。

图11-131

23 将按钮置入到舞台中，如图11-132所示。

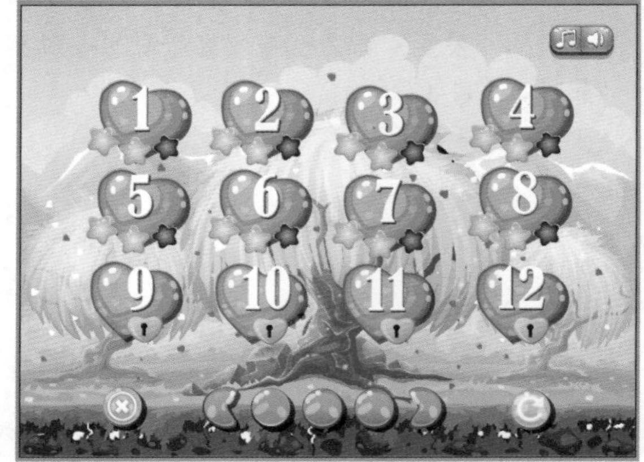

图11-132

24 在菜单栏中选择“文件>置入”命令，在弹出的“置入”对话框中选择随书配备资源中的“按钮1.png”素材文件，单击“置入”按钮，如图11-133所示。

图11-133

25 将按钮置入到舞台中，调整其大小和位置，如图11-134所示。

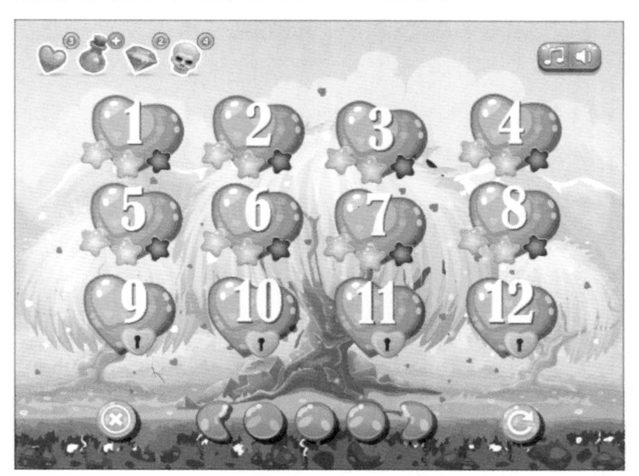

图11-134

26 至此，本案例制作完成。

11.5 优秀作品欣赏

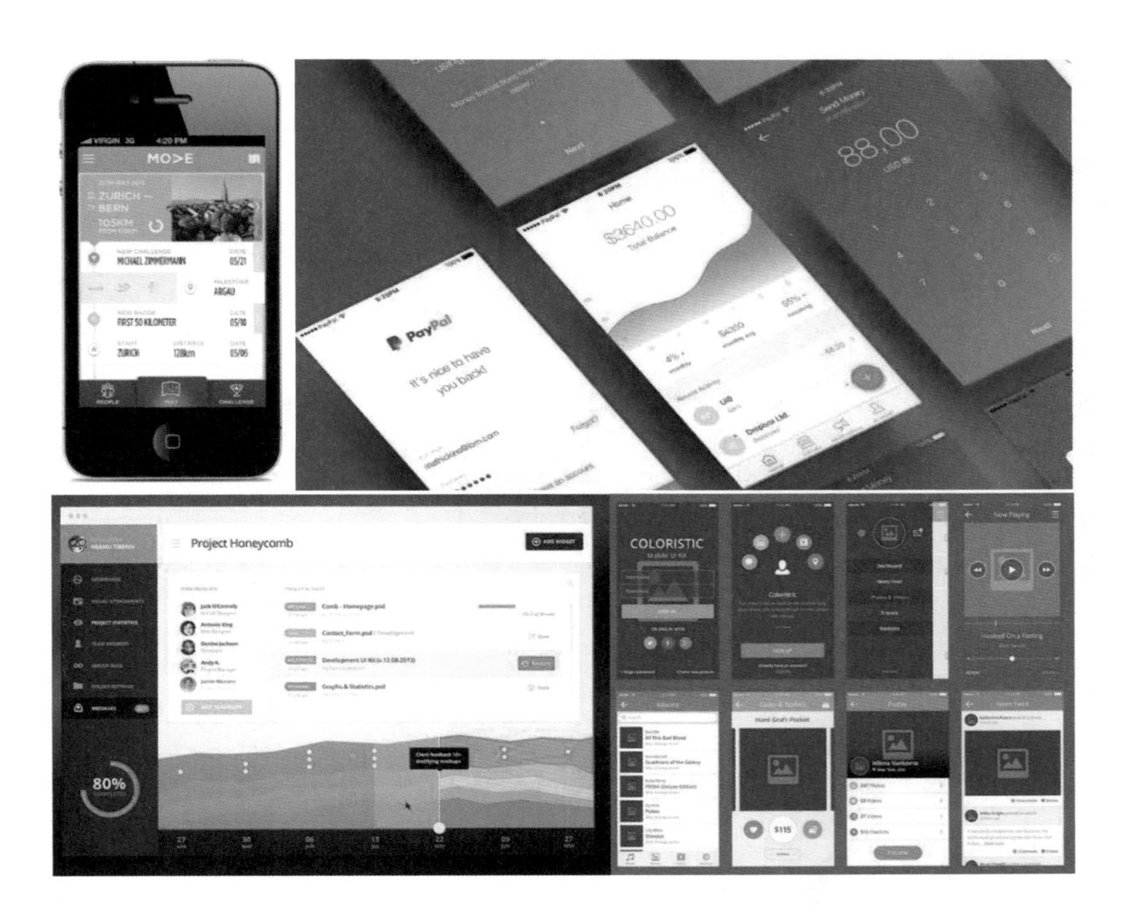

第12章 VI设计

VI设计是企业的视觉设计，VI设计是传播企业经营理念、建立企业知名度、塑造企业形象的快速捷径制图。企业可以通过VI设计，对内可以增加员工的归属感，增强企业的凝聚力，对外可以树立企业的整体形象、传达企业信息给受众。

本章讲解VI设计的概念和一些常识，并通过案例使读者对VI有着更深的了解。

12.1 VI设计概述

VI的主要内容包括：企业名称、标志、标准字、标准色、象征图案、宣传口语、市场报告书等，在前面章节中介绍了标志、名片、包装、画册等都是VI设计中的一部分，下面来了解一下什么是VI。

12.1.1 什么是VI

所谓VI设计，是指以标志为核心的所有视觉识别要素，运用统一的整体传达系统，传达给组织内部和外部人群，从而实现良性认同和沟通。

VI是市场营销系统中最有传播力和感染力的一种营销方式。是人们所感知的外部信息，包括所有视觉所及的传达物，是一个庞大的系统，如办公事务系统中的信封、信纸、便笺、公函、铭牌、胸卡、凭单、公文封、公文夹，合同、卡片、请柬、工作证、备忘录、票据等，如图12-1所示。

图12-1

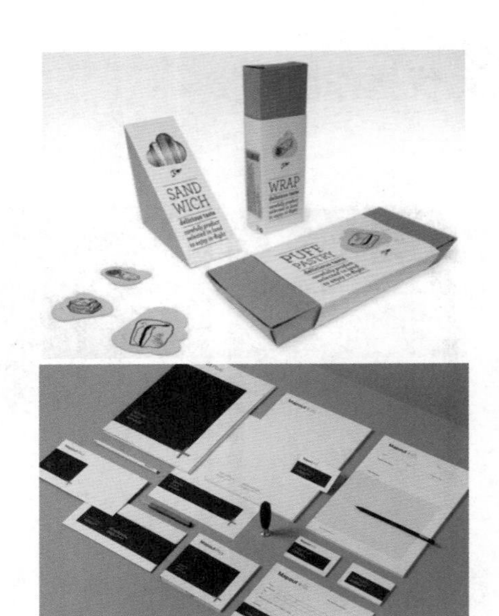

图12-1（续）

12.1.2 VI设计的基本要素

VI设计从根本上规范了企业的视觉要素，基本要素系统是企业形象的核心部分，是企业基本要素，以下则是VI设计的基本要素。

（1）企业名称。企业名称与企业形象紧密联系，是市场营销设计的前提条件，是采用文字来标识的要素。

（2）企业标识。企业的形象标志是企业的识别符号，是市场营销的核心造型，通过简洁、生动的形象传达企业的内容或信息等。

（3）标准字。包括中英文字体，标准字是根据企业名称、标题和地址来进行设计的。

（4）标准色。包括图案、Logo、标准字等都属于标准色的设计。

（5）象征图案。象征图案并不是企业标志Logo，而是Logo的图形补充，通过使用象征图案的丰富造型，来补充标志建立的企业形象，使其意义完整、更易识别。

（6）标语口号。类似于标题与副标题，是企业概念的精简概况，通过文字来宣传标语。

12.2 商业案例——农产品VI设计

12.2.1 设计思路

■ 案例类型

本案例将前面章节中制作的农产品标志制作成VI包装系列。

■ 项目诉求

在前面章节中制作了农产品标志，在本案例中将介绍农产品公司的信封、画册、名片、杯子、工作牌、信纸、公文袋包装的设计，要求制作统一的色系，并在各种包装上面体现公司的标志即可。

■ 设计定位

根据客户的要求，将主要制作一套简约的VI，因为标志上有画面效果，标志就可以产生比较好的装饰效果了，这里就不添加任何装饰了，以免使人产生误会，而不能将注意力集中到标志和标题上。

12.2.2 版面设计

整体版面属于椭圆构图，出于聚焦的目的将标志放置到椭圆中，其他内容将会以辅助方式存在，整个布局比较清新、干净。

12.2.3 同类作品欣赏

12.2.4 项目实战

■ 制作流程

本案例首先创建矩形，创建椭圆的标志背景；然后创建文字注释，填充图形为线条，设置图像的混合模式，调整图形的形状；最后创建直线，修剪图像，创建绳子和杯子把形状，如图12-2所示。

图12-2

■ 技术要点

使用“矩形工具”创建矩形，作为背景；

使用“椭圆工具”创建椭圆的标志背景；

使用“文字工具”创建文字注释；

使用“直接选择工具”调整图形的形状；

使用“直线段工具”创建直线；

使用“路径查找器”修剪图像；

使用“钢笔工具”创建绳子和杯子把形状。

■ 操作步骤

创建文档并导入标志

首先需要创建多个画板，并打开之前制作的标志，将其放置到新建的画板中。

01 运行Illustrator软件，新建文件，在弹出的“新建文档”对话框中设置“宽度”为210mm、“高度”为297mm，设置“画板”数量为12，单击“更多设置”按钮，弹出“更多设置”对话框，从中设置“列数”为4，单击“创建文档”按钮，创建文档，如图12-3所示。

02 可以看到创建的12个画板，其实这里只需要10个，可以根据自己的需求进行设置，如图12-4所示。

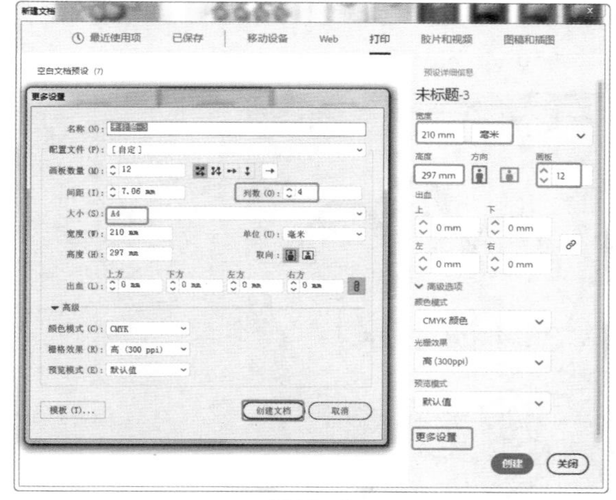

图12-3

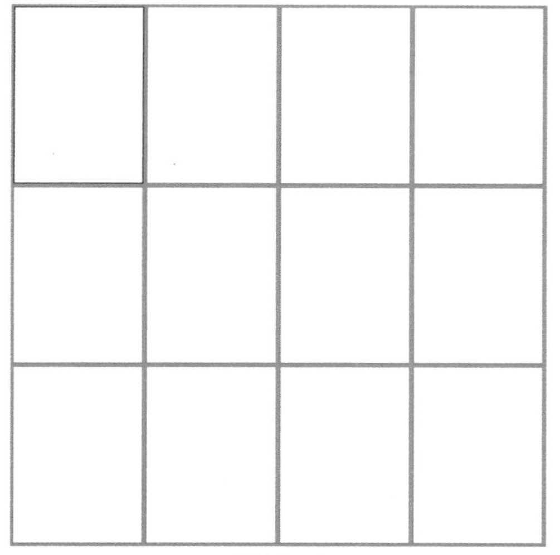

图12-4

03 在菜单栏中选择“文件>打开”命令，打开第2章中制作的“农产品标志.ai”文件，单击“打开”按钮，如图12-5所示。

图12-5

04 打开后，选择标志图形，按Ctrl+C组合键，如图12-6所示。

图12-6

05 切换到舞台中，按Ctrl+V组合键粘贴图像到舞台中，在舞台中选择所有的标志，按Ctrl+G组合键，将图形编组，如图12-7所示。

图12-7

制作画册封面

创建画板之后，首先通过标志来制作画板封面正面和背面。

01 使用“矩形工具”，在舞台中单击，在弹出的“矩形”对话框中设置“宽度”为210mm、“高度”为297，单击“确定”按钮，创建矩形，如图12-8所示。

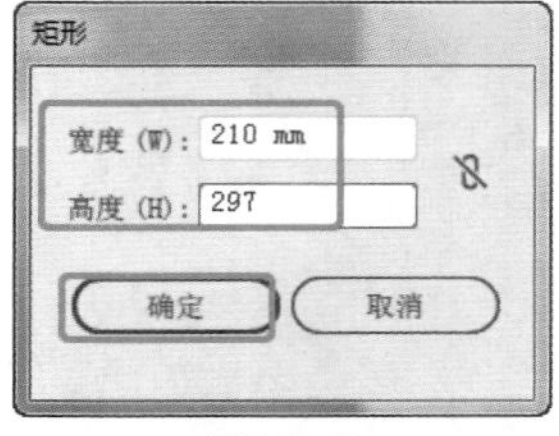

图12-8

02 在舞台中创建矩形后，将其放置到画板中，调整其与画板对齐，设置矩形的“填色”为#288e71，如图12-9所示。

图12-9

03 将标志放置到画板1中，如图12-10所示。

图12-10

04 使用“椭圆工具”，在舞台中标志的位置创建椭圆，设置椭圆的“填色”为白色，如图12-11所示。

图12-11

05 对椭圆进行复制，设置其“填色”为无、“描边”为白色，粗细为10pt，设置“不透明度”为50%，如图12-12所示。

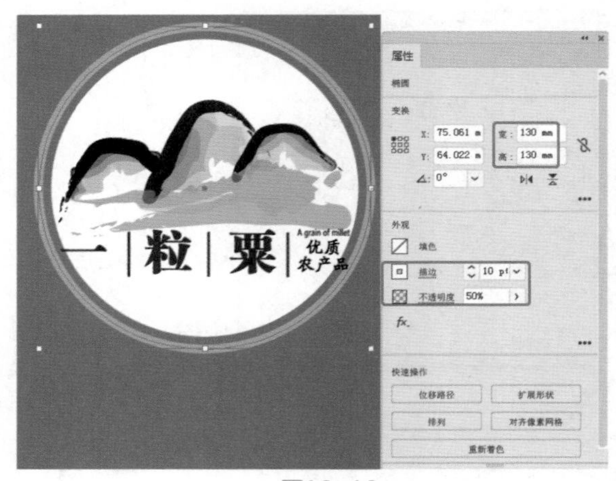

图12-12

06 使用“矩形工具”，在舞台中如图12-13所示的位置创建矩形，设置矩形的“填色”为#d2e8ce、“描边”为无。

图12-13

07 使用“文字工具”T，创建文字，使用“直线段工具”绘制直线，设置文字和直线都为白色，如图12-14所示。

图12-14

08 在菜单栏中选择“窗口>色板”命令，打开“色板”面板，单击☰按钮，在弹出的菜单中选择“打开色板库>图案>基本图形>基本图形_线条”命令，如图12-15所示。

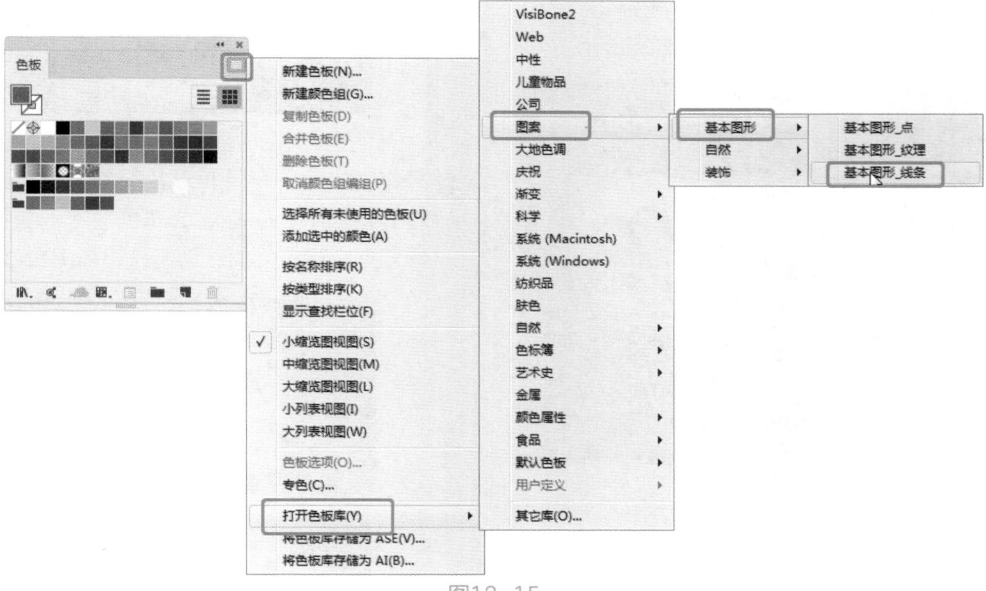

图12-15

09 在舞台中创建文字，在“产品画册”文字的前面创建矩形，在“基本图形_线条”面板中为矩形填充线条，如图12-16所示。

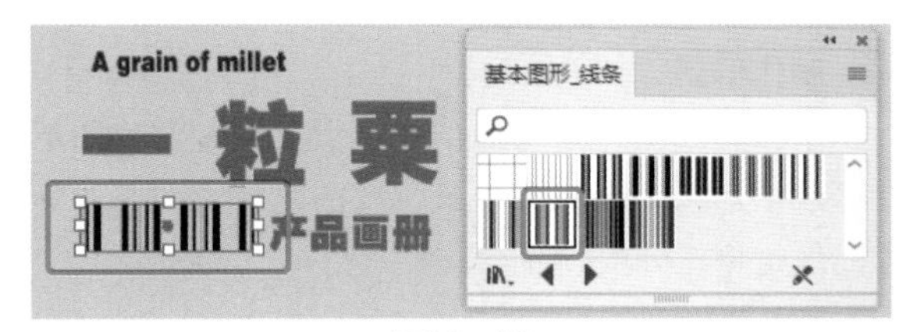

图12-16

10 设置其混合模式为“变亮”，如图12-17所示。

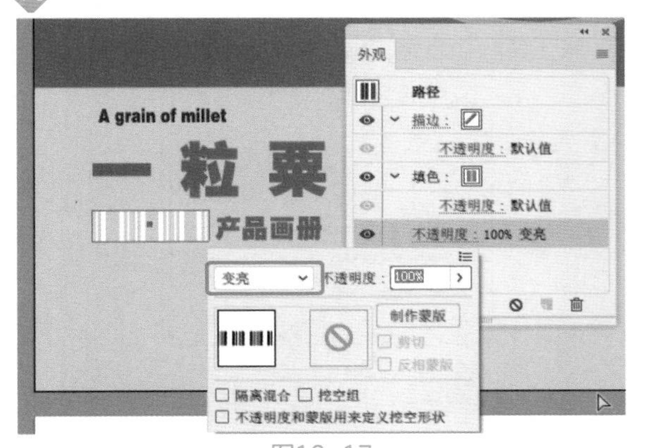

图12-17

11 使用同样的方法，在画册的底部创建矩形，并调整线条，设置线条的混合模式为“变亮”，如图12-18所示。

图12-18

12 继续补充画册正面的文字内容，得到画册正面的效果，如图12-19所示。

图12-19

13 选择画册正面的标志和标志椭圆背景，以及作为画册背景的矩形，使用“选择工具”，按住Alt键移动复制图形到画板2，调整图形的位置，得到画册背面的效果，如图12-20所示。

图12-20

制作名片

下面主要是做一款公司用的商务名片，主要在名片的背面添加上标志，正面输入一些信息即可，简单大气一些，这里需要在画板3中制作。

01 使用“矩形工具”，在舞台中单击，在弹出的“矩形”对话框中设置“宽度”为100mm、“高度”为55，单击“确定”按钮，创建矩形，如图12-21所示。

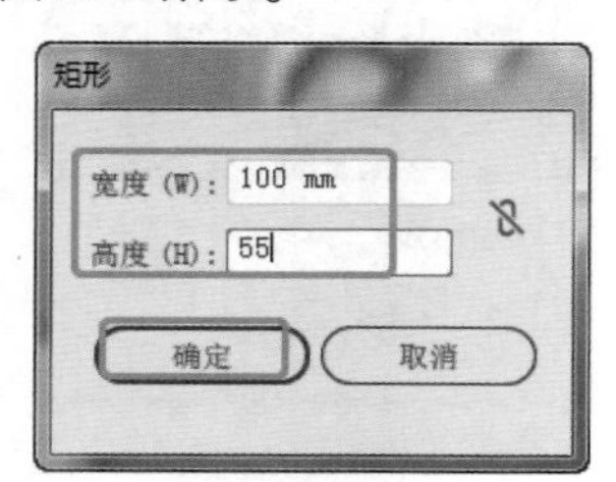

图12-21

02 创建矩形后，设置矩形的“填色”为# 288e71，如图12-22所示。

图12-22

03 将标志和标志的椭圆背景复制到名片上，如图12-23所示，背面的名片制作就这么简单。

图12-23

04 将作为名片的背景矩形复制到下方，并复制标志到矩形上，在标志的右侧输入一些信息，这样即可完成名片的正面制作，如图12-24所示。

图12-24

制作信封

下面介绍制作公司的信封，主要通过创建图形并修改图形来组合完成，最重要的是放上公司的标志，信封将在画板4中绘制。

01 使用“矩形工具”，在舞台中单击，在弹出的“矩形”对话框中设置“宽度”为176mm、“高度”为125，单击“确定”按钮，创建矩形，如图12-25所示。

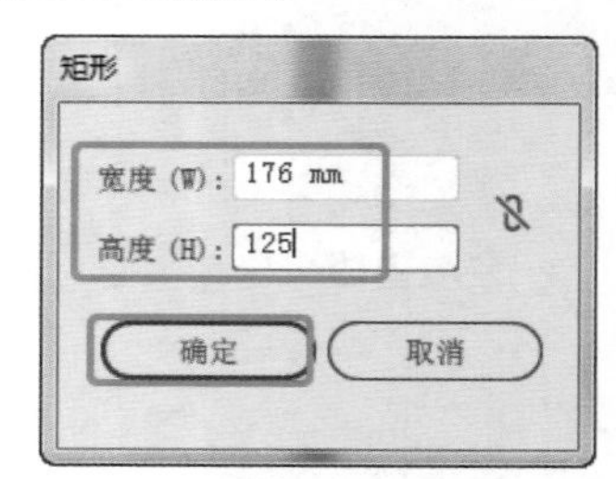

图12-25

02 创建信封矩形，设置矩形的“填色”为#efeff0，并在信封上使用“钢笔工具”创建信封封口图形，设置其“填色”为#727171，如图12-26所示。

图12-26

03 使用“直接选择工具”▷设置圆角效果，如图12-27所示。

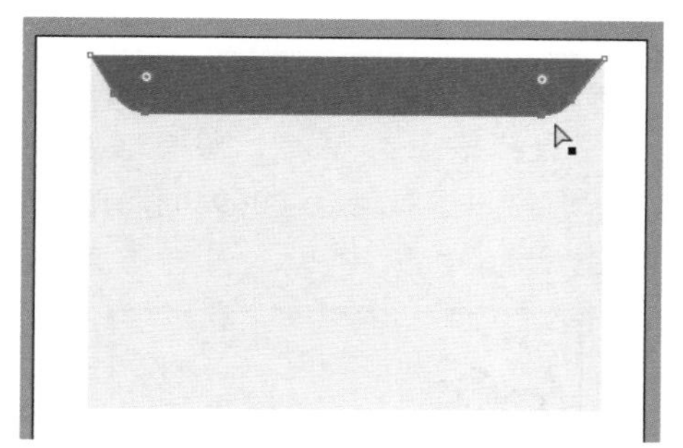

图12-27

04 复制标志到信封的背景，如图12-28所示。

图12-28

05 复制作为信封的矩形和标志图形到画板的空白处，调整图形，使用“矩形工具”▢，在舞台中创建矩形，设置“填色”为无、“描边”为灰色，使用“文字工具”T添加注释，如图12-29所示。

图12-29

06 使用“直线段工具”╱，绘制灰色的直线，并使用“文字工具”T添加注释，完成信封正面的制作，如图12-30所示。

图12-30

制作信纸

下面介绍制作公司的信纸，在信纸的一角放上标志，以直线绘制文字区域，并使用颜色线段作为装饰条，在画板7和画板8中创建信纸。

01 使用“矩形工具”▢，在舞台中单击，在弹出的“矩形”对话框中设置“宽度”为210mm、“高度”为297，单击“确定”按钮，创建矩形，如图12-31所示。

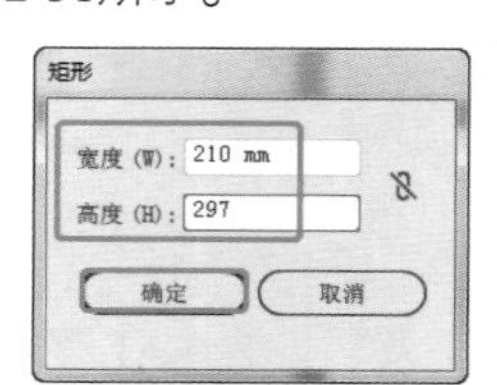

图12-31

02 在舞台中调整矩形对齐到画板8中，设置矩形的“填色”为白色，如图12-32所示。

图12-32

03 在舞台中复制标志到信纸的左上角，使用“直线段工具”，创建直线，如图12-33所示。

图12-33

04 设置直线的颜色为灰色，修改标志椭圆背景的描边为浅绿色和黄色，如图12-34所示。

图12-34

05 使用“选择工具”，按住Alt键向下移动复制出一个线段后，按Ctrl+D组合键，复制出其他的直线，如图12-35所示。

图12-35

06 使用“直接选择工具”，调整复制出线段的长度，如图12-36所示。

图12-36

07 使用“直线段工具”，设置较粗的“描边”，分别设置填色为#006934和#fff100，如图12-37所示。

图12-37

08 选择信纸图形并复制到画板7中，修改底部的颜色线条为矩形的填充，如图12-38所示，这样信纸就制作完成。

图12-38

制作文件袋

下面介绍制作公司的文件袋，同样还是使用主题的色调以及醒目的标志，将在画板5和画板6中绘制。

01 将信纸的底部矩形复制到画板6中，作为背景，使用“钢笔工具”创建顶部的形状，使用“直接选择工具”设置图形的圆角，如图12-39所示，设置“填色”为#727171。

图12-39

02 创建“椭圆工具”，分别设置填充为浅灰色和黑色，并使用“直线段工具”，创建黑色的线，如图12-40所示。

图12-40

03 复制标志到文件袋的背面，并在底部创建两个矩形，分别设置矩形的填色为#288e71和#d9cb2b；复制背面文件袋的矩形和矩形装饰条以及标志到画板5中，修改文件袋正面的效果，使用“直线段工具”绘制线段，文件袋就制作完成，如图12-41所示。

图12-41

制作工作证

工作证主要是使用了矩形和圆角矩形，设置其合适的渐变填色以及透明度组合完成的，效果将在画板9中制作，具体操作如下。

01 使用“圆角矩形工具”，在舞台中单击，在弹出的“圆角矩形”对话框中设置“宽度”为80mm、“高度”为150mm，设置“圆角半径”为8，单击“确定”按钮，如图12-42所示。

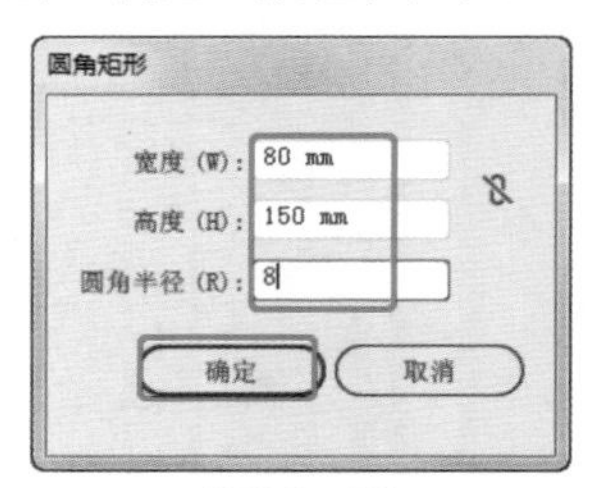

图12-42

02 在舞台中创建圆角矩形，在“属性”面板中设置“填色”为无，“描边”的粗细为10pt，如图12-43所示。

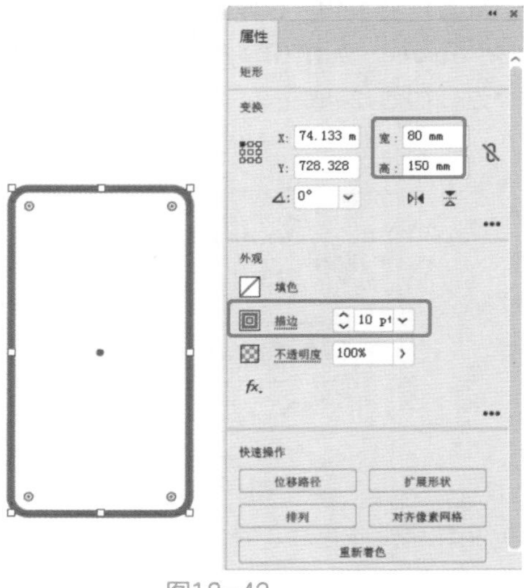

图12-43

03 在菜单栏中选择“对象>扩展”命令，在弹出的“扩展”对话框中使用默认的参数，单击“确定”按钮，如图12-44所示。

图12-44

04 将转换为图形的圆角矩形设置填充为渐变，在“渐变”面板中选择“类型”为“线性”，设置渐变的色标颜色分别为# dbdbdc、# b9baba、# ffffff、# 807f7f，调整各个色标的位置，如图12-45所示。

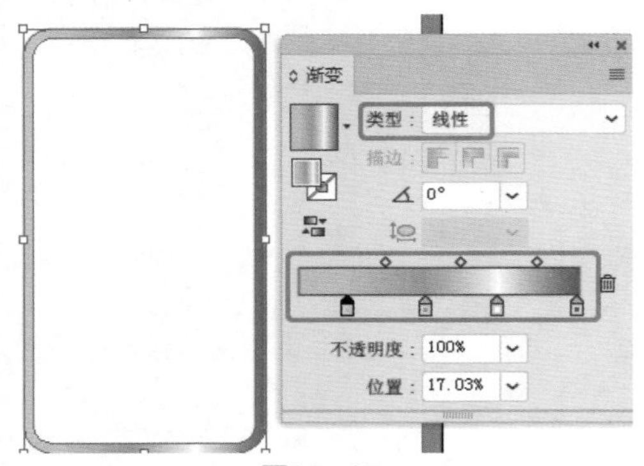

图12-45

05 在“渐变”面板中拖曳渐变填充到描边上，设置其角度为40°，设置其颜色分别为# f0f0f0、# 6f6e6e、# ffffff、# 6b6969，调整色标的位置，如图12-46所示。

图12-46

06 设置渐变描边后，在“属性”面板中设置“描边”的粗细为2pt，如图12-47所示。

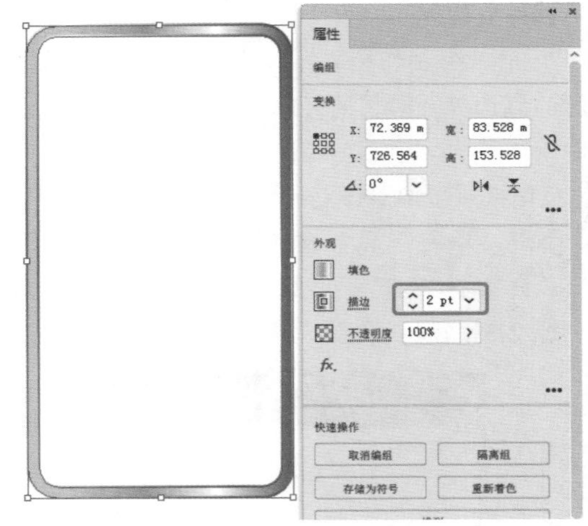

图12-47

07 创建圆角矩形，作为透明的封皮，创建合适的矩形后，设置其填充为渐变，在“渐变”面板中设置“类型”为“线性”，设置角度为60°，设置渐变色块分别为# f0f0f0、# b9baba、# ffffff、# 807f7f，调整色标的位置，如图12-48所示。在“属性”面板中设置“不透明度”为30%。

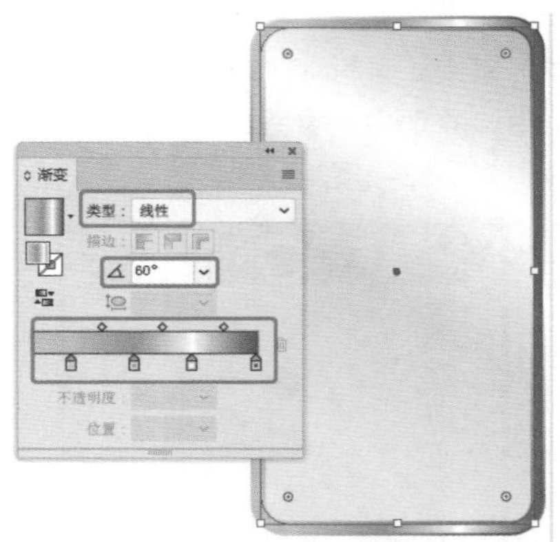

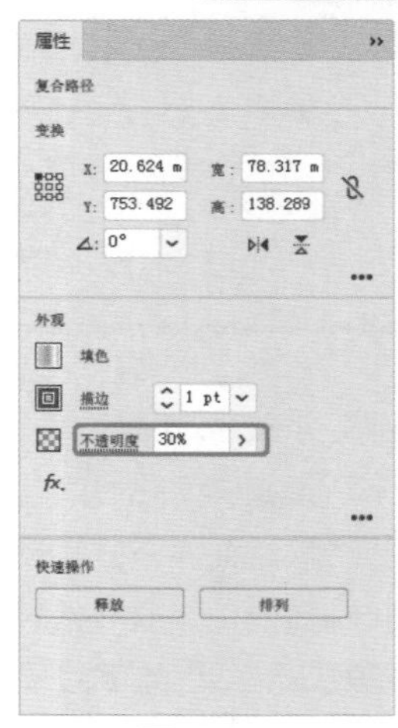

图12-48

08 在如图12-49所示的位置创建圆角矩形。

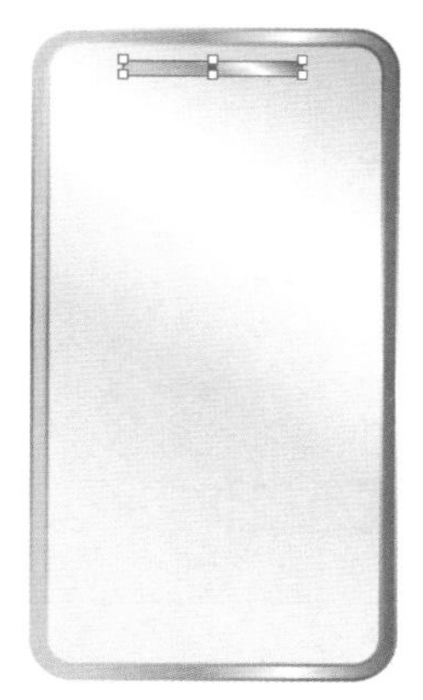

图12-49

09 选择透明的圆角矩形和创建的小圆角矩形，在“路径查找器”面板中单击“减去顶层”按钮 ，如图12-50所示。

图12-50

10 修剪后的图形如图12-51所示。

11 使用“矩形工具” ，在舞台中创建矩形，设置矩形的“填色”为白色，“描边”为灰色，如图12-52所示。

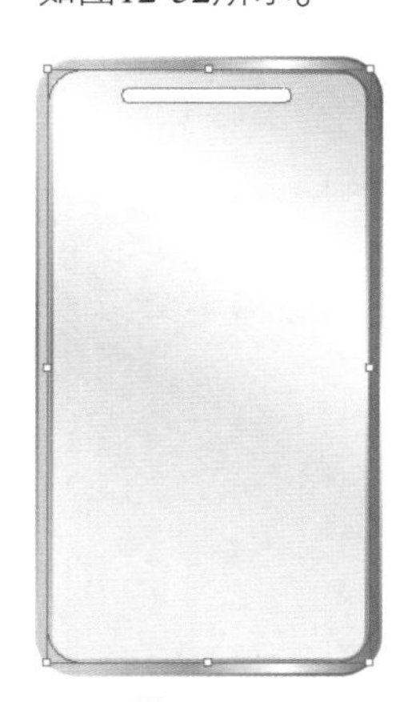

图12-51

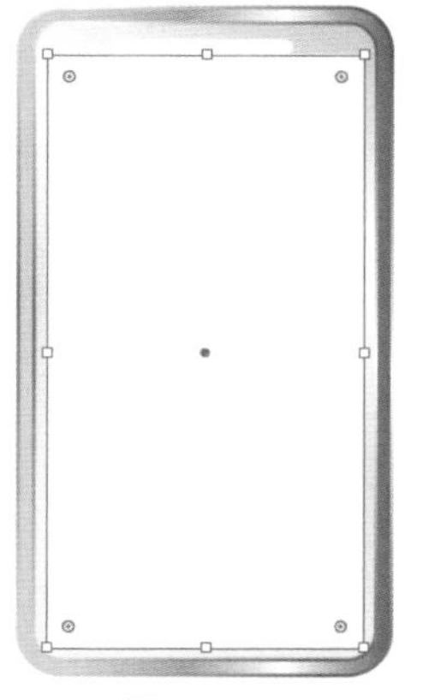

图12-52

12 创建其他矩形，如图12-53所示。

13 在花朵的位置可以添加头像，并在照片位置下方创建文字注释，如图12-54所示。

14 使用“矩形工具” ，在舞台中如图12-55所示的位置创建矩形，设置矩形的填充为渐变，在“渐变”面板中设置渐变的“类型”为“线性”，设置“角度”为90°，设置渐变的颜色分别为#006835、#0ba29a、#006835，调整色标到合适的位置。

图12-53　　图12-54

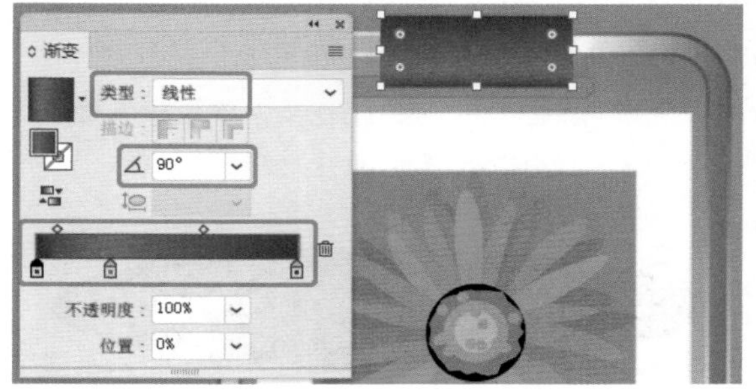

图12-55

15 使用“钢笔工具” ，在舞台中绘制如图12-56所示的形状，创建形状后，可以使用“吸管工具” ，在填充渐变的矩形上单击，即可获取其填色和描边效果。

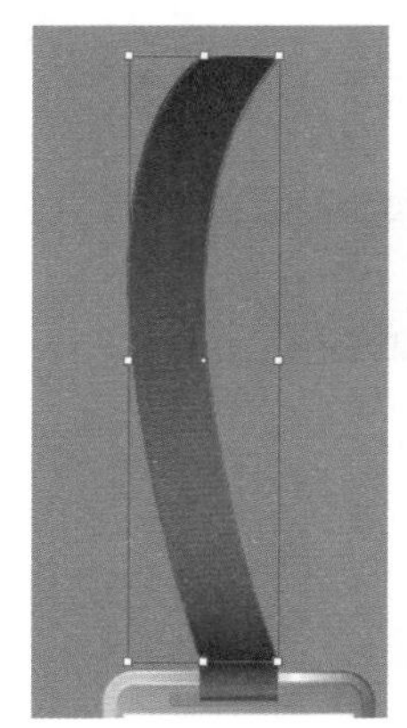

图12-56

16 复制并调整形状，修改其填充，调整出上面图像色调亮、底部图案色调暗的效果，如图12-57所示。

17 至此，工作牌的效果就制作完成，如图12-58所示。

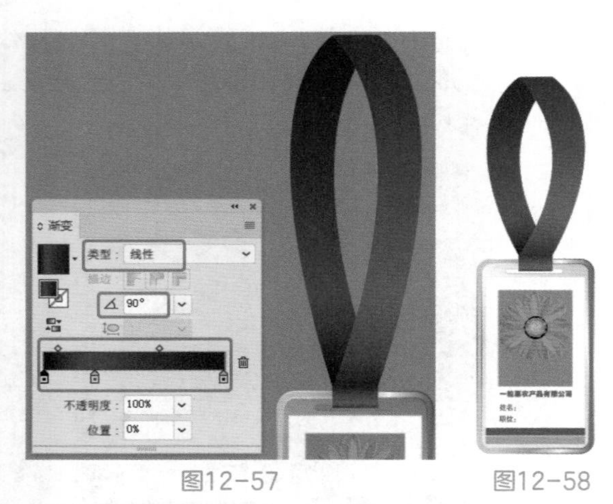

图12-57　　图12-58

制作杯子图案

这里主要设计一个白色的杯子，绿色的杯口，并在杯子上添加公司的标志，将在画板10中进行制作。

01 使用“椭圆工具”，在舞台中创建椭圆的杯子口，如图12-59所示。

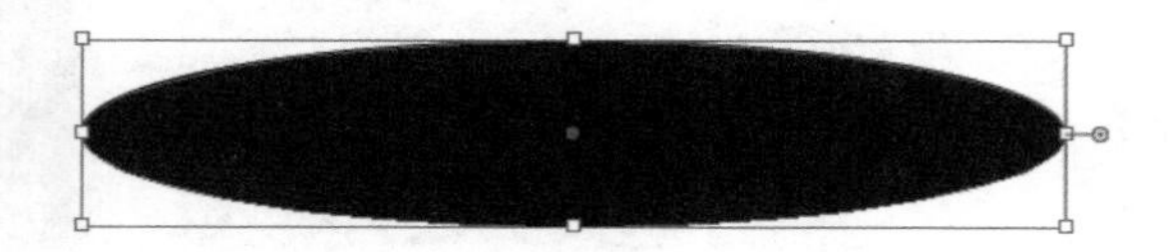

图12-59

02 复制椭圆为杯子口的边，设置其“填色”为无，设置“描边”颜色为绿色，粗细为10pt，如图12-60所示。

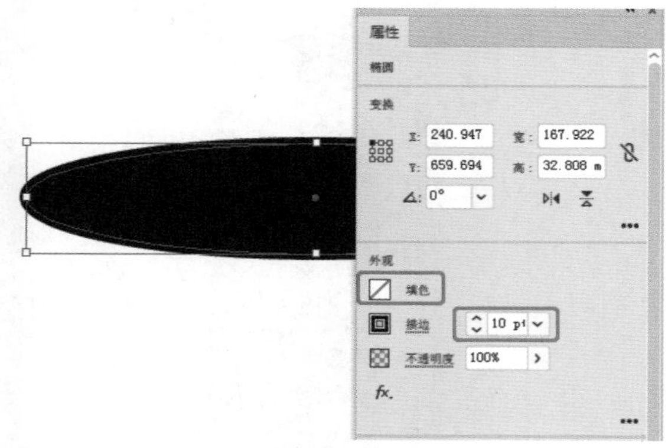

图12-60

03 选择无填色的椭圆，在菜单栏中选择“对象>扩展”命令，在弹出的“扩展”对话框中使用默认的参数，单击“确定”按钮，如图12-61所示。

04 设置为图形后，在菜单栏中选择“效果>风格化>内发光”命令，在弹出的“内发光”对话框中设置合适的参数，如图12-62所示。

图12-61

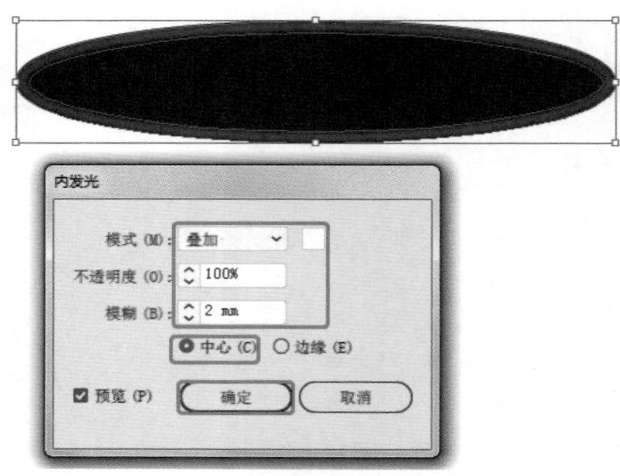

图12-62

05 创建矩形，设置矩形的位置和大小，设置其填充为渐变，在“渐变”面板中设置“类型”为“线性”，设置渐变为#b2b3b3到#ffffff到#dadadb的渐变，调整色标的位置，如图12-63所示。

图12-63

06 使用同样的方法设置椭圆的渐变填充，如图12-64所示。

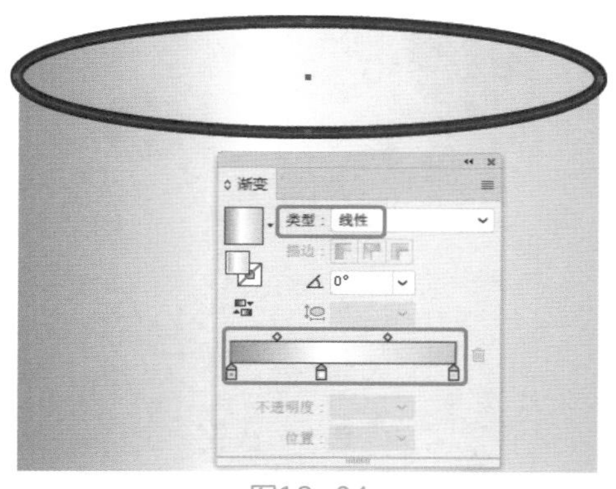

图12-64

07 复制椭圆到底部，可以修改图像的渐变填充至满意为止，如图12-65所示。

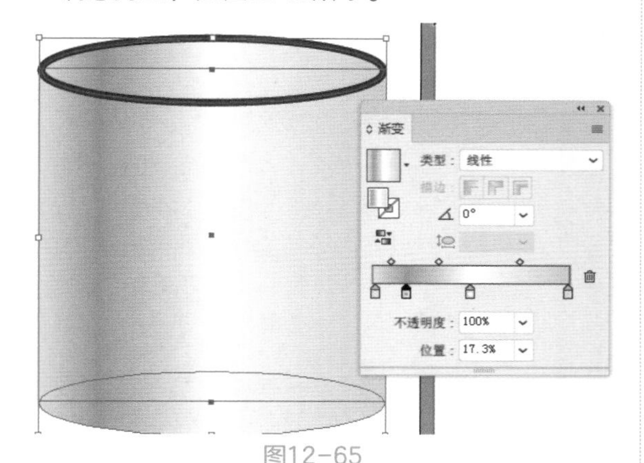

图12-65

08 继续复制底部的椭圆，并调整其排列，设置其填充为深灰色，如图12-66所示。

图12-66

09 在舞台中将标志复制到杯子上，设置标志的混合模式为“正片叠底”，如图12-67所示。

10 使用“钢笔工具”，在舞台中如图12-68所示的位置创建杯子的把手形状。

图12-67

图12-68

11 使用“扩展”命令将把手转换为形状，在菜单栏中选择“效果>风格化>内发光”命令，在弹出的“内发光”对话框中设置合适的参数，如图12-69所示。

图12-69

12 设置内发光后，调整其把手的渐变填充，得到最终的把手效果，如图12-70所示。

图12-70

13 至此，本案例制作完成，可以将多余的画板删除，如图12-71所示。

图12-71

12.3 优秀作品欣赏

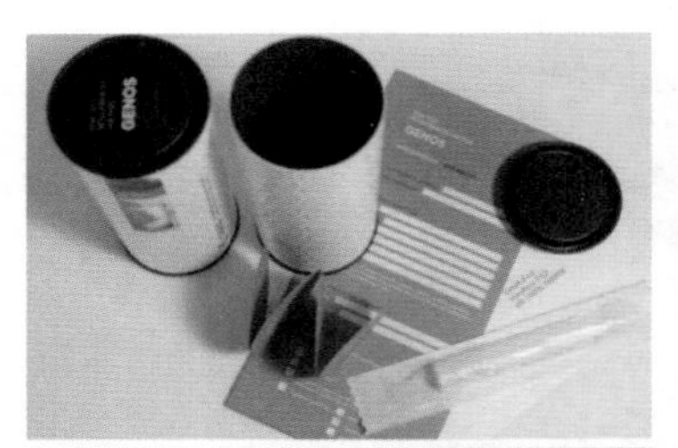

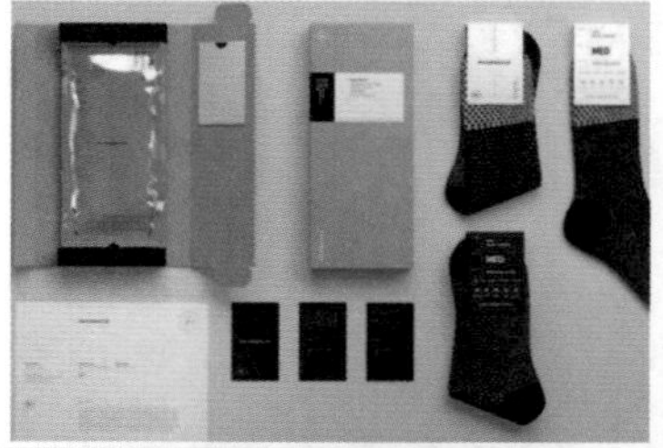